面向综合性国家科学中心建设的关键情报能力与服务体系建设

Analysis of the Output and Impact of Large Research Infrastructure

重大科技基础设施的产出及影响分析

《重大科技基础设施的产出及影响分析》研究组◎著

科学出版社

北京

内 容 简 介

重大科技基础设施是支撑国家科学与技术创新发展、促进综合性国家科学中心建设、吸引国内外科技人才、推动国际科研交流合作的“国之重器”，是实现我国创新驱动发展战略和建设科技强国目标的重要物质基础。当前，随着前沿研究领域对设施性能需求的不断提高，以及设施建设工程技术的不断进步，国际上重大科技基础设施的性能不断突破原有技术的极限，正在酝酿未来重大突破成果。在国际设施发展图景中，我国正在兴建的重大科技基础设施有哪些，与国际同类设施相比有什么特点，未来在设施发展规划上又应当注意哪些问题？本书旨在从科技情报研究和文献计量分析的视角，就上述问题开展客观数据的调研分析，在此基础上提出启示和建议。

本书适合科技管理者、科研人员和广大对科学技术感兴趣的读者阅读。

图书在版编目(CIP)数据

重大科技基础设施的产出及影响分析／《重大科技基础设施的产出及影响分析》研究组著.—北京：科学出版社，2021.12

ISBN 978-7-03-070731-4

Ⅰ.①重… Ⅱ.①重… Ⅲ.①科学技术–基础设施–科技产出–研究–中国 Ⅳ.①G322

中国版本图书馆 CIP 数据核字（2021）第238393号

责任编辑：邹 聪 唐 傲 姚培培／责任校对：韩 杨
责任印制：李 彤／封面设计：有道文化
编辑部电话：010-64035853
E-mail:kxrw@mail. sciencep.com

科学出版社 出版
北京东黄城根北街 16 号
邮政编码：100717
http://www.sciencep.com
固安县铭成印刷有限公司印刷
科学出版社发行 各地新华书店经销
*
2021 年 12 月第 一 版 开本：787 × 1092 1/16
2022 年 1 月第二次印刷 印张：24
字数：485 000
定价：168.00元
（如有印装质量问题，我社负责调换）

《重大科技基础设施的产出及影响分析》

研究组

组　长： 刘细文

副组长： 李泽霞　郭世杰

成　员（按姓氏汉语拼音排序）：

安培浚　陈　方　陈　伟　迟培娟　丁陈君　董　璐

房俊民　郭楷模　黄　健　姜　山　李宜展　刘　晓

刘　学　刘文浩　刘小平　吕凤先　唐　川　田倩飞

万　勇　王　丽　王超男　王立伟　王小理　魏　韧

吴晓燕　杨艳萍　于杰平　张　娟　郑　颖　朱相丽

目 录

第一章 绪　言

刘细文　郭世杰　李泽霞

（中国科学院文献情报中心）

1.1 研究背景

综合性国家科学中心建设是国家建设创新型国家的重要举措之一。2016 年 12 月，我国多部门印发的《国家重大科技基础设施建设“十三五”规划》①正式提出，到2020 年，基本建成若干具有国际影响力的综合性国家科学中心。该文件公布后，上海张江、安徽合肥、北京怀柔的建设方案于 2016 ～ 2017 年相继获国家发展和改革委员会和科学技术部（简称科技部）联合批复，南京、武汉、西安、成都、杭州、深圳等也提出了建设目标②。2018 年 11 月，习近平总书记在上海考察期间指示，要以全球视野、国际标准推进张江综合性国家科学中心建设，集聚建设国际先进水平的实验室、科研院所、研发机构、研究型大学，加快建立世界一流的重大科技基础设施集群③。2019 年 3 月，第十三届全国人民代表大会第二次会议通过《关于 2018 年国民经济和社会发展计划执行情况与 2019 年国民经济和社会发展计划草案的报告》，提出“支持北京、上海科技创新中心建设，支持北京怀柔、上海张江、安徽合肥 3 个综合性国家科学中心建设，以科技创新支撑长江经济带发展、长江三角洲区域一体化发展战略，研究和大力

① 钟源. 国家重大科技基础设施建设“十三五”规划印发. http://news.sciencenet.cn/htmlnews/2017/2/367068.shtm[2019-10-30].

② 吴林静. 北京上海合肥之后，大湾区又获一张“王牌”. http://m.nbd.com.cn/articles/2019-03-21/1312865.html[2019-10-30].

③ 新华社. 习近平在上海考察. http://cpc.people.com.cn/n1/2018/1107/c64094-30387788. html[2019-10-30].

支持建设粤港澳大湾区国际科技创新中心并布局建设综合性国家科学中心”[①]。

从我国顶层设计和发达国家的经验来看，重大科技基础设施在综合性国家科学中心的形成中扮演着至关重要的角色。《国家重大科技基础设施建设“十三五”规划》指出，重大科技基础设施已成为支撑我国经济社会发展不可或缺的创新资源，是实现科技强国“三步走”战略目标和全面建成小康社会发展目标的重要保障。2010年4月，中共中央政治局委员、国务委员刘延东指出：“重大科技基础设施已成为当代战略性、基础性、前瞻性研究的重要平台。”[②]建设重大科技基础设施能够吸引全球人才来到同一地区，加强地方大学、科研机构、政府机构之间的联系，推动孵化和创建新企业，并发挥集聚效应，形成高级技术园区。放眼全球，世界知名的综合性科学中心无不以重大科技基础设施为依托。20世纪下半叶以来，世界范围内形成的多学科、综合性、大型科学基地中，有的是依托大科学装置的独立研究机构，如美国能源部（Department of Energy，DOE）下属的多个国家实验室、日本理化学研究所和高能加速器研究机构、德国电子同步加速器研究所（DESY）等；有的是随着重大科技基础设施不断集聚而带来许多其他研究单元集聚而形成的科学园区，如法国格勒诺布尔（Grenoble）科学园区、英国哈威尔（Harwell）科学园区等。各发达国家和地区在制定科学技术发展长远规划和创新体系发展战略时，都把重大科技基础设施的建设作为战略措施放在极其重要的位置，设立了许多专门投资大科学装置的资金项目，如英国大型设施投资基金（Large Facilities Capital Fund，LFCF）等；出台了大量与大科学装置相关的管理文件以及很多与之配套的实施细则、手册、指南、规范等。此外，国际上许多科技智库、评估咨询机构也发表了大量针对重大科技基础设施的调研报告、研究论文，如《欧洲研究基础设施前景图谱》（*Mapping of the European Research Infrastructure Landscape*，MERIL）[③]、大科学装置的集群与集聚效应研究等。这些政策、规划、规章、报告、论文代表了国际上与大科学装置相关的管理经验和学术研究成果，对我国规划和管理重大科技基础设施、建设综合性国家科学中心具有很高的参考价值。

我国重大科技基础设施经历了从无到有、从小到大的发展过程。20世纪五六十年代，我国为服务“两弹一星”等重大计划建设了一些规模较大的科学装置。20世纪80年代，以北京正负电子对撞机的建设为代表，我国重大科技基础设施的建设经历了一段成长期，中国遥感卫星地面站、兰州重离子加速器等相继建成。“十二五”时期以来，

① 新华社. 关于2018年国民经济和社会发展计划执行情况与2019国民经济和社会发展计划草案的报告. http://www.xinhuanet.com/2019-03/17/c_1210084504.htm[2019-10-30].

② 中国科学院. 刘延东在考察国家天文台观测基地时强调：厚植基础　自主创新　努力提升我国基础研究水平. http://www.bao.ac.cn/xwzx/zhxw/201004/t20100419_2824965.html[2019-10-30].

③ European Commission. Final Report Summary-MERIL（Mapping of European Research Infrastructure Landscape）. https://cordis.europa.eu/project/id/262159/reporting/it [2019-10-30].

我国重大科技基础设施逐渐向体系化发展，特别是上海、北京、合肥等地已形成具有一定国际影响力的大科学装置设施群，目前三地正在以服务国家战略需求的前提下，走差异化发展道路，实现各自特色功能：上海张江综合性国家科学中心作为我国首个获批的科学中心，聚焦生命、材料、环境、能源、物质等科学领域，提升我国在交叉前沿领域的源头创新能力和科技综合实力；北京怀柔综合性国家科学中心建设高能同步辐射光源、物质科学综合极端条件实验、地球系统数值模拟、自由电子激光等大科学装置，力争实现基础前沿研究的重大突破；合肥综合性国家科学中心主要聚焦信息、能源、健康、环境等四大领域，打造量子信息国家实验室、超导核聚变中心、天地一体化信息网络合肥中心、联合微电子中心、离子医学中心、分布式智慧能源创新平台、大基因中心等七大平台，努力建设国际一流水平、面向国内外开放的综合性国家科学中心。

1.2 研究目标

在重大科技基础设施的规划、建设、管理、运行、评价等方面，吸收国外经验、分析挑战和机遇、谋划长远战略举措，可作为支撑综合性国家科学中心建设的保障手段，是我国决策层的明确需求。我国《国家重大科技基础设施建设“十三五”规划》要求，充分利用先进的信息技术（IT），开展设施建设和运行机制的改革探索和先行先试，创新设施建设和运行模式，形成世界级重大科技基础设施集群；并在深化后备项目的筹备论证方面“开展国内外同类设施的对比分析，逐步形成成熟的设施建设方案”。

本书的目标是以三个综合性国家科学中心已建、在建、待建和拟建的科学设施为目标参考对象，重点关注 12 类科学设施，监测、跟踪和分析国际上同类设施的建设布局、发展规划、重要科学成果和最新技术突破等动态；深度分析同一类设施产出的科学成果（期刊论文、专利等），揭示各国研究态势、热点主题、学科交叉和国际合作情况；归纳和总结国际重大科技基础设施建设的经验教训，为我国依托重大科技基础设施建设综合性国家科学中心提供信息支撑与战略情报服务。

本书关注的 12 类重大科技基础设施（其中既包括单址式设施，也包括分布式、系统集成式设施）分别是：同步辐射光源设施；X 射线自由电子激光装置；核聚变设施；超强超短激光装置；空间科技基础设施；地球数值模拟器；生物成像设施；蛋白质研究设施；高性能计算设施；生物医学大数据设施；综合极端条件实验室装置；强磁场设施。本书第二章至第十三章分别对每类设施进行了详细介绍。

1.3 研究方法

围绕重大科技基础设施全生命周期过程，有许多公开的文献和数据可以作为分析对象，而分析过程也离不开和相关科技领域专家的互动咨询。针对 12 类设施，首先从定性调研和动态监测入手，对各类设施的国际分布情况、建设进展、重大科技成果等进行综述；然后围绕各类设施的科学成果产出（论文、专利等）和相关战略规划，通过文献计量和文本挖掘的手段，揭示国际研究态势和热点应用主题、潜在应用方向、未来发展趋势等。主要研究方法路线图如图 1-1 所示。

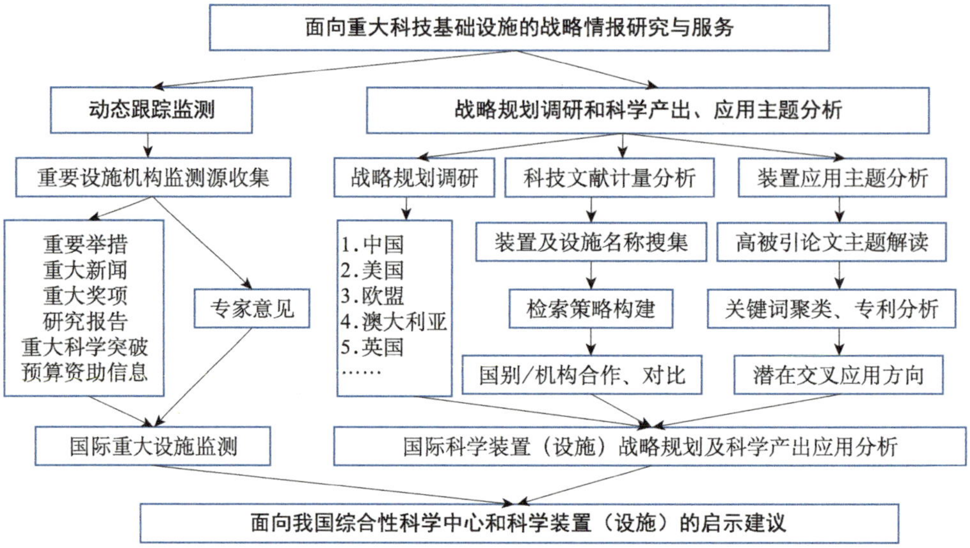

图 1-1 “面向重大科技基础设施的战略情报研究与服务”主要研究方法路线图

（1）数据来源：本书主要从以下两种途径获得各类设施的科学产出成果信息：①各国设施官方网站所公布的与设施相关的期刊论文、会议论文和专利成果；②根据设施名称和管理运行机构等信息构建检索策略，在科睿唯安（Clarivate Analytics）的科学网（Web of Science，WoS）数据库中检索得到的期刊论文、会议论文，以及在智慧芽（PatSnap）等专利数据库中检索到的专利等。本书每章内容均针对一类设施的数据检索和获取方法、数据检索下载时间等进行了说明。

（2）科学计量方法：科学计量学（scientometrics）是应用数理统计和计算技术等数学方法对科学活动的投入（如科研人员、研究经费）、产出（如论文数量、被引数量）和过程（如信息传播、交流网络的形成）进行定量分析，从中找出科学活动规律性的一门科学学分支学科，目前已被广泛应用于国家科技政策或某个学科领域、研究主题的政策研究和分析中。本书针对每一类设施的科学产出数据，通过计量统计揭示了此类设施的宏观发展态势，许多章节中还利用论文关键词及引用关系等信息，从设施应用扩展、研究主题演变等角度分析了重大科技基础设施的应用趋势。

（3）聚类分析方法：“聚类”（clustering）是将数据对象分组为多个类或簇（cluster），其中同一个簇中的对象具有较高的相似度，而不同的簇中的对象差别较大。与人为主观的分类不同，聚类是在事先不知道欲划定的类的情况下对数据进行分析，其目的是根据最大化类内的相似性、最小化类间的相似性这一原则，合理地划分数据集合，把类似的事物组织在一起。本书的多个章节采用聚类分析手段揭示重大科技基础设施的研究主题，所应用的软件有 VOSviewer、德温特数据分析器（Derwent Data Analyzer，DDA）等，这些软件可对文本进行切词，然后将文本转化为词向量，根据词向量之间的“相似度”得到聚类结果，从而生成可视化图谱。

除了上述方法，本书的部分章节还对设施论文的学科类别进行了分析，从中揭示了设施的多学科交叉情况等；许多章节的作者还在分析过程中与相关学科领域专家、装置管理层、装置使用者建立了联系，通过对设施的实地访问和专家咨询，了解到我国科技基础设施情报需求的第一手信息，并用这些信息来指导分析过程，获得更具针对性的研究成果。

由于能力及时间关系，本书难免存在不足之处，敬请批评指正。

第二章 基于同步辐射光源的产出及影响分析

李泽霞　李宜展　董　璐
（中国科学院文献情报中心）

2.1　同步辐射光源的定义及特点

同步辐射是速度接近光速的带电粒子在磁场中沿弧形轨道运动时产生的电磁辐射。它最初是在同步加速器上被观察到的，便又被称为同步加速器辐射。长期以来，同步辐射是不受高能物理学家欢迎的东西，因为它消耗了被加速粒子的能量，阻碍了粒子能量的提高。但是，人们很快便了解到同步辐射的优异特性——光谱范围覆盖远红外到 X 射线、高亮度、高度准直、高度极化、具有偏振特性、可精确计算等，可用以开展其他光源所无法实现的许多前沿科学技术研究。于是，在高能电子加速器上，“寄生运行”的同步辐射光束线及各种应用同步光的实验装置应运而生。至今，同步辐射装置的建造及在其上的研究、应用，经历了三代的发展。

第一代是在为高能物理研究建造的加速器储存环上“寄生”运行的。很快，不仅物理学家，化学家、生物学家、冶金学家、材料科学家、医学家等几乎所有学科的基础研究及应用研究的专家，都从这个新出现的光源上看到了巨大的机会。然而，同步辐射的用户与高能物理学家对储存环性能上的要求是不一致的，主要表现在由电子束发射度所决定的同步辐射的亮度上。这使得用户要求建造专门为同步辐射应用而设计的第二代专用同步光源，发射度由第一代装置的几百 nm · rad 降低到第二代同步光源的 50 ～ 150nm · rad。

第二代同步辐射光源对科学技术研究的巨大推动，促使世界各国政府支持建造新一代具有更高亮度的第三代同步辐射光源。第三代同步辐射光源的储存环发射度一般为 10nm · rad 量级，并借助于安装大量的插入件（波荡器和扭摆器），产生准相干的同步辐射光。这不但使光谱的亮度再提高了几个数量级，而且可以根据需要来优化光子的能量分布和偏振性。

第三代同步辐射光源的亮度比最亮的第二代光源的亮度至少高 100 倍，比实验室用的最好的常规 X 光源要亮一亿倍以上。它使得科学研究从过去只具有静态的、在较大空间范围内平均的手段扩展到空间分辨的和时间分辨的手段，这就为众多的学科和技术应用领域带来前所未有的新机遇。

同步辐射的优点表现在如下几个方面。

（1）高亮度：同步辐射光源是高强度光源，有很高的辐射功率和功率密度，第三代同步辐射光源的 X 射线亮度是 X 射线机的上亿倍（图 2-1）。

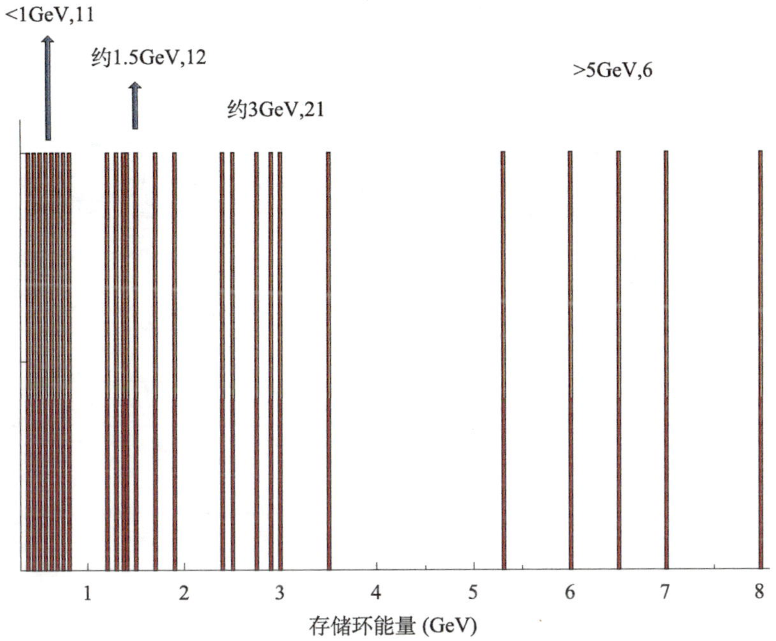

图 2-1　世界同步辐射光源存储环能量的分布

资料来源：由中国科学院高能物理研究所董宇辉研究员提供

（2）宽波段：同步辐射光的波长覆盖面大，具有从远红外、可见光、紫外直到 X 射线范围内的连续光谱，可以根据使用需要来选取特定波长的光且连续可调。

（3）窄脉冲：同步辐射光是脉冲光，有优良的脉冲时间结构，其宽度在 10^{-11} ～ 10^{-8}s 可调，脉冲之间的间隔为几十纳秒至微秒量级，这种特性对“变化过程”的研究非常有用，如化学反应过程、生命过程、材料结构变化过程和环境污染微观过程等。

（4）高准直：同步辐射光的发射集中在以电子运动方向为中心的很窄的圆锥内，张角非常小，其中能量大于 10^9eV 的电子储存环的辐射光锥张角小于 1mrad。

（5）高偏振：从偏转磁铁引出的同步辐射光在电子轨道平面内是完全偏振的，偏振度达 100%；轨道平面上下放出的同步辐射具有椭圆偏振；在全部辐射中，水平偏振占 75%；可以通过特殊设计的插入件得到特殊偏振特性的光。

（6）高纯净：同步辐射光是在超高真空（储存环中的真空度为 10^{-7} ～ 10^{-9}Pa）或高真空（10^{-4} ～ 10^{-6}Pa）的条件中产生的，测试环境纯净。

（7）可精确预知：同步辐射光的光子通量、角分布和能谱等均可精确计算，因此它可以作为辐射计量，特别是真空紫外到 X 射线波段计量的标准光源。

以上诸多优良特性使其成为许多科学领域不可替代的研究工具。

同步辐射光源也是目前世界上数量最多的一类重大科技基础设施。据不完全统计，目前世界上有 48 个同步辐射实验室，运行管理着 52 个存储环。这些光源分布在 24 个国家，其中日本和美国的同步辐射光源数量最多，分别是 8 个和 7 个，而德国有 6 个（表 2-1）。

表 2-1　全球同步辐射实验室及同步辐射光源的国家分布　（单位：个）

国家	同步辐射实验室	同步辐射光源数量	国家	同步辐射实验室	同步辐射光源数量	国家	同步辐射实验室	同步辐射光源数量
美国	7	7	澳大利亚	1	1	新加坡	1	1
日本	7	8	巴西	1	1	西班牙	1	1
德国	6	6	加拿大	1	1	瑞典	1	2
俄罗斯	4	4	丹麦	1	1	瑞士	1	1
中国	4	5	印度	1	2	泰国	1	1
法国	2	2	伊朗	1	1	英国	1	1
意大利	2	2	约旦	1	1	波兰	1	1
亚美尼亚	1	1	韩国	1	1			

不同储存环能量的同步辐射光源能区覆盖范围是不同的，存储环能量能区可以覆盖从红外到硬紫外的广泛能区，中能量光源（存储环能量在 3.5GeV 左右）的数量最多，分布最广，占世界光源总数的 40% 左右；其次是存储环能量在 2GeV 左右的低能量光源，能区覆盖从真空紫外到软 X 射线，数量次之，约占光源总数的 23%；存储环能量在 1GeV 以下的更低能量的光源数量与 2GeV 左右的光源相当，约占光源总数的 21%；目前，世界上超过 5GeV 的高能量光源有 6 个，虽然数量最少，但

由于每个高能量光源引出实验系统的数量很大，从全球范围来看，它们支撑科学研究的能力还是高于其他能量光源的。此外，高能光源应用覆盖范围最广，被许多重要科学前沿研究和战略性高技术发展研究所需要，并且主要科技发达国家对此均有部署。

不同能区光源对不同领域研究的支撑能力不同，高能光源可以产生超硬 X 射线，其穿透能力可达厘米量级，有可能实现原位实时观测工作状态下的零部件性能，如对发动机叶片材料特性的相关研究。中能光源主要是硬 X 射线，兼顾软 X 射线，特别适合类似蛋白质晶体结构解析之类的工作。低能区光源主要工作在真空紫外及软 X 射线能区，主要应用领域是凝聚态物理、化学等。以材料研究为例，硬 X 射线用来观测材料中的原子结构、原子在哪里、原子结构的变化过程；软 X 射线用来观测材料的电子结构、电子（包括自旋）在哪里、电子（自旋）怎么运动等。

国际上光源的能区分布是根据科学发展的实际需要逐渐形成的，合理的能区分布会对科学发展起到全面的支撑作用。美国目前运行着 7 台同步辐射光源，其中高能量光源有 2 台，为先进光子源（advanced photon source，APS，7GeV）、康奈尔高能同步辐射光源（Cornell high energy synchrotron source，CHESS，5.3GeV）；中能量光源有 2 台，为美国国家同步辐射光源（national synchrotron light source Ⅱ，NSLS-Ⅱ，3GeV）、美国斯坦福同步辐射光源（SSRL，3GeV）；低能量光源有 3 台，为先进光源（advanced light source，ALS，1.9GeV）、先进微结构和仪器中心（CAMD，1.3GeV）、紫外同步辐射设施（SURF Ⅲ，0.38GeV）。

2.2 同步辐射光源的发展态势与战略部署

同步辐射光源可以用来研究物质的结构细节，能精确观测和分析每个原子的结构和运动。各种基于同步辐射的方法可以提供有关材料空间结构、化学和电子结构、微观结构、表面和界面的信息。因此，材料研究拥有了一个可以在宏观与极其微观层面快速详细探测样品的内部和表面的工具，这些材料包括非晶体材料和异质材料。同步辐射光源是目前研究物质最有力的工具之一——从横截面成像到纳秒级行为。它为各个领域的理论研究和应用研究提供了对发现新现象不可或缺的新手段。

20 世纪 80 年代，大部分技术先进国家建造的大量同步辐射光源，特别是第三代同步辐射光源的出现，极大地拓展了材料表征的研究手段。世界范围内，同步辐射线站约 70% 的时间用于进行材料研究，其中广泛用于探索材料的性质，研究化学成分、晶体结构、电子结构，以更好地理解半导体的晶体生长和特性，研发金属陶瓷材料，更好地理解腐蚀和金属疲劳等现象。

从传统的玻璃到新型的复合材料，同步辐射支撑材料研究的范围非常广泛。为了适应大量不同类型材料研究的需要，同步辐射使用了大量不同的探测技术。研究范围还拓展到自然界的生物材料，如木材和蛛丝。化学或生物材料的结构通常决定其功能，因此了解详细的结构就可以了解其化学或生物活性，从而帮助我们改进制造材料。科学家利用同步辐射来研究原子和分子，将 100 多种已知化学元素的原子组合成为更复杂的结构，从而形成有用的材料，在原子层面上设计出呈现特定宏观属性和功能的材料。物理学、化学、生物学和工程学等各个领域的进展可以帮助我们实现在分子层面上设计、合成和表征物质，并将其应用到日常生活中。

同步辐射可以在包括红外线、可见光、紫外线和 X 射线在内的宽谱范围内产生高亮度光，因此它们可以用来了解物质的基本结构和性质，以及分析物理学、化学、地质和生物过程。同步辐射光也为制药、采矿、石化、先进材料、电子、制造和健康等多个行业的许多应用打开了大门。

同步辐射光源的部署及基于同步辐射的科学研究活动正在进入一个激动人心的快速发展阶段。各个国家都在积极筹划和部署建设，或将已有光源升级到下一代储存环同步辐射光源。下一代储存环同步辐射光源的目标是将发射度降低到 10pm · rad 量级，辐射光的空间相干性大幅度提高，亮度较第三代高出 3 ～ 4 个数量级。这样的光源被称作衍射极限储存环光源，它对科学研究的支撑能力有变革性的提升作用。

2015 年，欧洲同步辐射光源（European Synchrotron Radiation Facility，ESRF）发布《2015—2022 年 ESRF 第 2 阶段升级计划：技术设计研究》[*ESRF Upgrade Programme Phase Ⅱ（2015—2022）Techical Design Study*]。报告中提出，将投入 1.035 亿欧元，基于对混合多偏转磁铁消色散（hybrid multi-bend achromat，HMBA）磁聚焦结构的研发，将 ESRF 升级为准衍射极限存储环光源，其平衡发射度将达到 150pm · rad。2015 年 3 月，美国阿贡国家实验室（Argonne National Laboratory，ANL）发布《先进光子源 5 年装置计划》（Advanced Photon Source Five-years Facility Plan），从对 X 射线科学支撑能力的提升和在光源科学和技术方面能力的提高两个方面对 APS 进行升级。此外，APS 与众多世界领先的同步辐射 X 射线光源的一样，也将基于多偏转聚焦结构概念升级为接近衍射极限的光源，该实验室计划在 2020 年以后完成 APS 的升级。2015 年，美国劳伦斯伯克利国家实验室（Lawrence Berkeley National Laboratory，LBNL）发布《先进光源 2015—2019 战略计划》①（*ALS Strategic Plan 2015—2019*），指出要提升先进光源的各项参数。近期即将完成的工作包括亮度升级、控制 / 仪器升级、存储环射频升级，以及主要存储环电源更换。远期计划为将先进光源升级为衍射极限存储环光源，以更好地研究材料的纳米尺度和介观尺度结构。衍射

① ALS. ALS Strategic Plan 2015-2019. https://als.lbl.gov/wp-content/uploads/2016/02/strategic_plan_2015-19.pdf[2015-09-01].

极限存储环光源可以实现更高的时空分辨能力、能量分辨能力，以及结合 X 射线衬度制，可用来开创性地研究异质材料和功能器件。

2017年5月，美国布鲁克海文国家实验室（Brookhaven National Laboratory，BNL）发布《国家同步加速器光源Ⅱ 5 年战略规划》（*NSLS-Ⅱ Five-Year Strategic Plan*），公布了计划准备建设的 7 条已选择的高优先级的束线。此外，为了进一步拓展 NSLS-Ⅱ的应用，NSLS-Ⅱ将辐射环境下的材料、先进制造、国家安全、美国国家航空航天局（National Aeronautics and Space Administration，NASA）的样品表征等方面作为 NSLS-Ⅱ未来可能发挥重大作用的若干方向。此外，瑞士光源也计划升级到衍射极限存储环光源[①]，将于 2021 ～ 2024 年升级；日本的 8GeV 超级光子环（super photon ring-8GeV，SPring-8）也正在努力推动政府支持升级为衍射极限存储环光源的计划。

2.3 同步辐射光源设施学科发展分析——以 ESRF 为例

为分析各能量同步辐射光源对科技发展的支撑和影响，本书以 ESRF 为例，开展计量分析，收集 ESRF 官方数据库公布的论文信息（截至 2018 年 5 月），根据数字对象标识符（digital object identifier，DOI）、标题等在 Web of Science 核心合集数据库中检索，构建以期刊论文、会议论文为主的同步辐射光源科学研究产出的数据集，共获得 28 929 条论文题录数据。

2.3.1 ESRF 重大科技基础设施论文的数量分析

早在 1987 年，ESRF 的建设者和相关科研工作者便开展了有关设施设计与建设可行性的研究。在此基础上，1988 年，12 个欧洲国家决定投资 2.2 亿法郎共同建造世界首座第三代高能同步辐射光源 ESRF，设计电子束能量高达 6GeV。建设期间，ESRF 的年发文量均在 100 篇以下。1994 年，ESRF 正式投入使用，发文量随即进入快速增长阶段，年增长率多在 10% 左右，个别年份发文量涨幅显著，1997 年和 1999 年的增长率均超过 60%。2007 年后，ESRF 的年发文量进入稳定期，在 1700 篇处波动（图 2-2），这主要与同步辐射 2007 年基本饱和运行密切相关。ESRF 1994 ～ 2007 年论文快速增长的主要原因是实验站数量逐步增加，管理机制严格把控建设进度，设施科研能力和服务功能逐步完善，同时其亮度、稳定性、相干性等关键性能指标得到进一步改善。

① Streun A，Aiba M，Böge M，et al. Proposed upgrade of the SLS storage ring. Proceedings of the 7th International Particle Accelerator Conference （IPAC 2016），2016：WEPOW038.

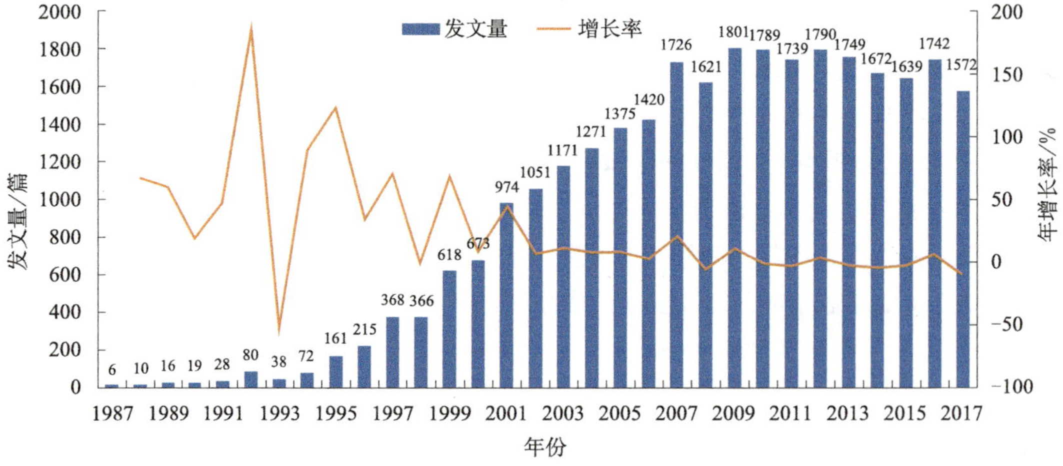

图 2-2　ESRF 设施发文趋势

聚焦到我国，1998 年，中国科学院生物物理研究所以合作者身份参与题为“Protein Crystal Movements and Fluid Flows During Microgravity Growth”的研究，是我国基于 ESRF 开展实验的开端。截至 2017 年，我国共发表论文 418 篇（含合著文章），占发文总量的1.44%①。从发展趋势来看，2008年以后，发文量快速增加，2017年达到顶峰（55 篇），在总量中的占比也快速上升至 3.50%（图 2-3）。这一上升趋势反映出我国科研人员对高能同步辐射光源设施的需求在不断增加，如果考虑到实验提案的申请成功率，我国科研人员的需求要远远大于这个数据。

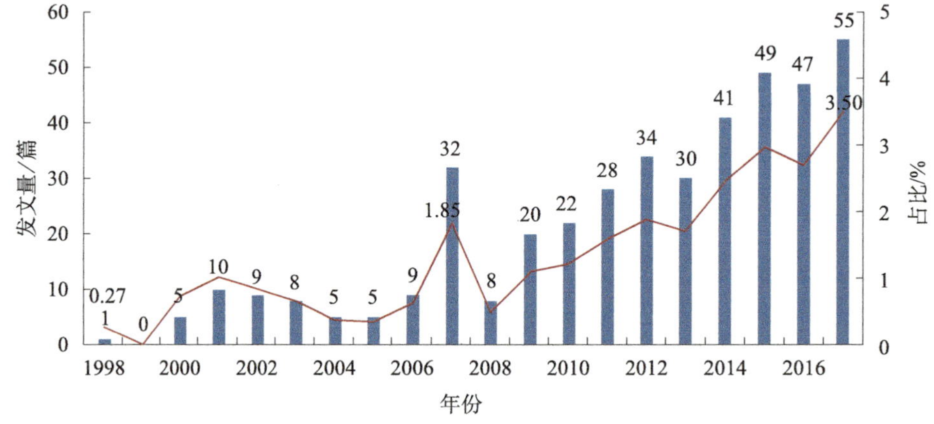

图 2-3　基于 ESRF 设施的我国论文产出

同时我们发现，在 ESRF 的用户中，企业扮演着重要的角色。截至 2017 年，企业

① 基于原有ESRF论文数据集，提取出来源国为中国的文章，以下两种设施的中国论文提取与此法相同。

用户共发文 1313 篇，占发文总量的 4.54%①。自正式投入使用到 2005 年，企业用户的论文产出快速提高，随后进入平稳阶段，年发文量在 70 ～ 90 篇，约占 ESRF 年发文总量的 5%（图 2-4）。

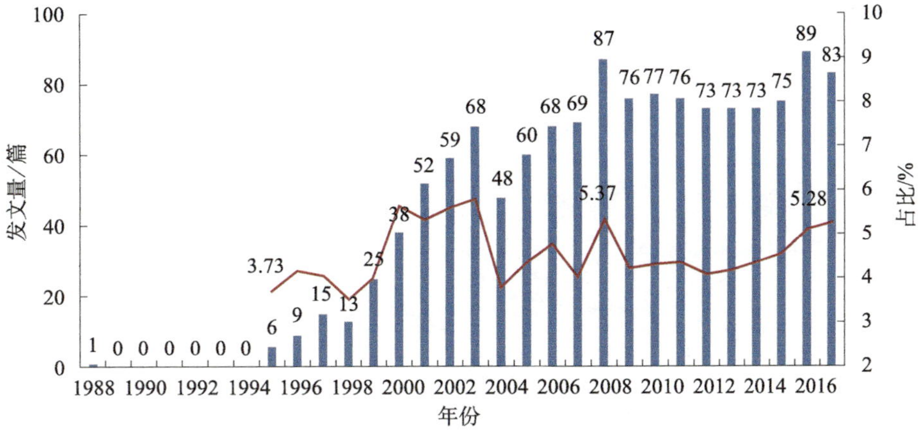

图 2-4　基于 ESRF 的企业论文产出

2.3.2　ESRF 重大科技基础设施论文的研究主题变化分析

利用 VOSviewer 软件绘制论文作者关键词共现网络聚类，根据主题对 ESRF 的研究成果进行聚类，并根据每类包含的论文的研究内容对聚类的结果进行解读，可以发现，作为重要的研究工具和平台，ESRF 支撑了众多学科领域的研究（图 2-5）。它在晶体学（crystallography）的相关研究中应用最为广泛。例如，探索维系生命基础的蛋白质大分子结构，理解其在生物体内运作的结构基础，进行药物的研制与开发［晶体学（crystallography）、蛋白质（protein）、酶（enzyme）、药物设计（drug design）等］；研究化学、生物化学领域中的催化作用，观察化学反应的动态过程和分子结构的变化［催化剂（catalysis）、动力学（kinetics）等］；开展对物质的几何、电子、磁场结构及相关特性之间的关系的研究［电子转移（electron transfer）、磁性（magnetic）等］；利用 ESRF 以低于医院设备的辐射剂量进行医学成像，降低成像过程对人体的伤害，并获得更清晰的影像［层析成像（tomography）、射线成像（radiography）等］；对文物进行无损成像（damage free）等，满足地球科学、工业材料、环境科学研究中高温（high temperature）、高压（high pressure）等极端实验条件；等等。

① 基于原有ESRF论文数据集，提取出来源机构以LTD、CORP、CO、CO　KG、LLC、INC、AG、AS、GMBH、BV、NV、SA、AB、EV为后缀的论文，以下两种设施的企业论文提取与此法相同。

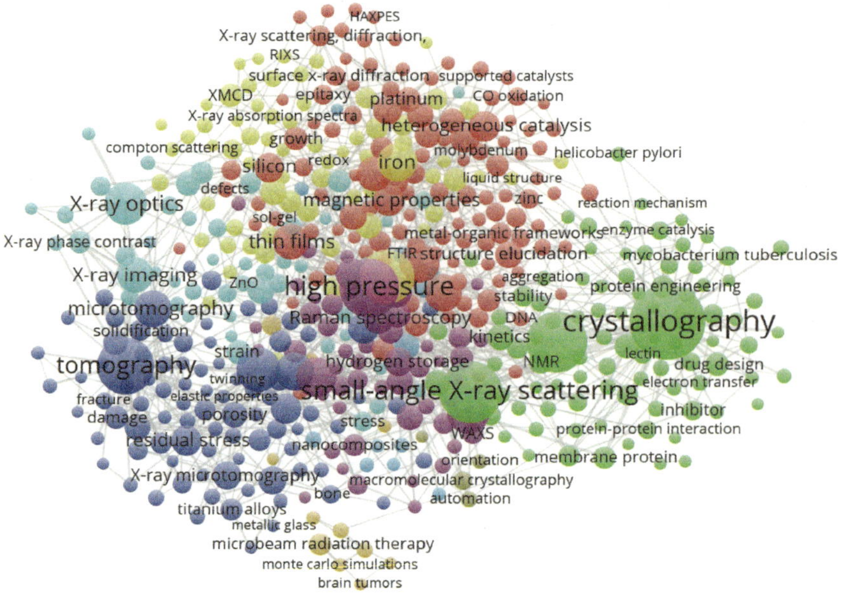

图 2-5　ESRF 研究主题分布

更进一步地，将所有成果按照时间划分成 3 个集合，分析研究主题随时间的变化与发展。2000 年以前，由于线站数量偏少，论文数量和主题词数量相对较少，ESRF 的研究主题词网络较稀疏，主要围绕晶体学（crystallography）、层析成像（tomography）、高压（high pressure）、界面反应（interfaces）等方向开展研究（图 2-6）。

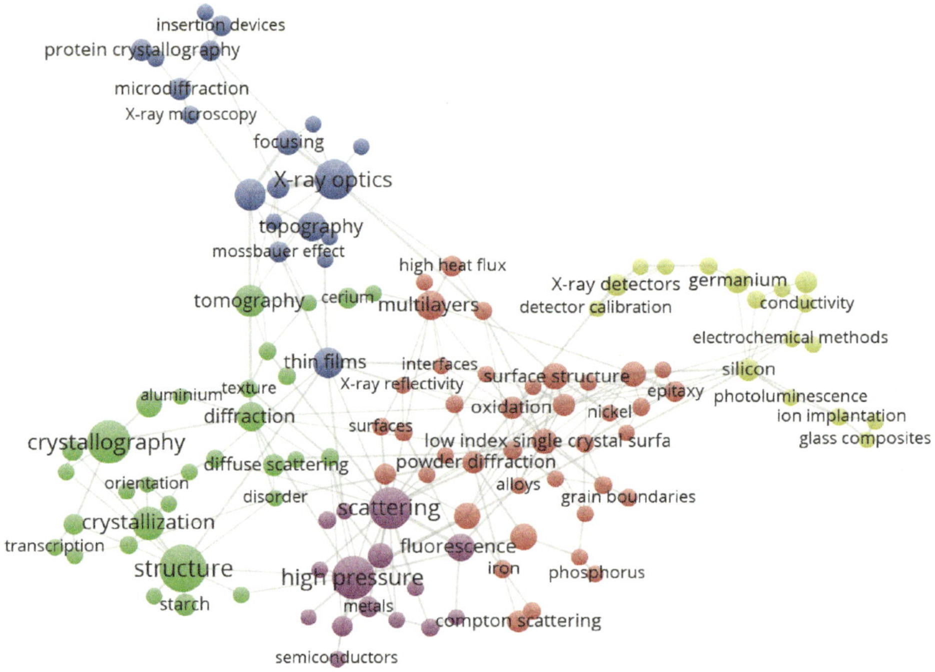

图 2-6　2000 年以前 ESRF 研究主题分布

2001 ～ 2010 年，论文数量较上一阶段增长了 6 倍，主题词的数量大幅增加，应用领域不断扩展。其中，晶体学仍是研究的重点，凭借对晶体结构优秀的解析能力，科研人员开展如膜蛋白、抗体、酶等生物大分子相关的研究，理解关键生命过程，进行药物的设计和研发。X 射线成像是 ESRF 的基础功能之一，科学家不断改进成像方法和技术，在断层扫描、造影、微束辐射等成像方向及 X 射线的剂量、渗透性、破坏性等方面开展大量研究。同时，ESRF 为新材料的研发提供了良好的平台，这些研究涉及的领域方向非常广泛，如材料的磁性研究、电化学性质、自组装特性、新型储氢材料、各种金属催化剂与催化动力机制、工程材料的纹理与应力研究等（图 2-7）。

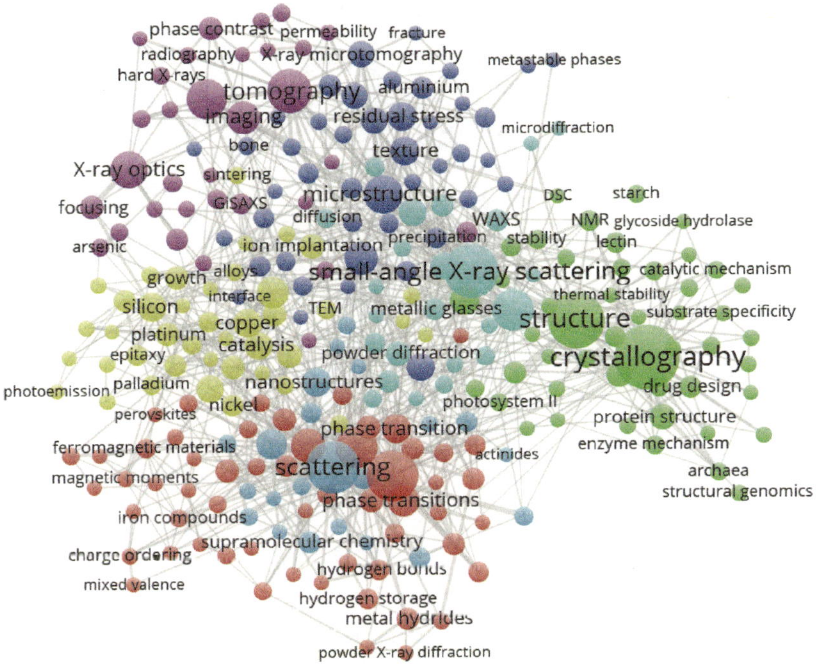

图 2-7　2001 ～ 2010 年 ESRF 研究主题分布

2011 ～ 2017 年，ESRF 的应用研究进一步深入，主题词之间的关联也更加紧密。晶体学研究中，结构生物学（structural biology）的词频增加。可以看出，在 ESRF 平台的支撑下，晶体学与生物学交叉融合，演化出新的学科方向，围绕结核分枝杆菌、大肠杆菌、癌症治疗药物研发的研究也变得更加集中。在层析成像领域，围绕金属疲劳、金属泡沫结构分析、微结构分析的研究成为关注点。利用原位 X 射线衍射技术开发新型储氢材料成为新材料开发中的热点（图 2-8）。

我国科研工作者利用 ESRF 开展了多学科主题的研究探索，主要关注纳米粒子（nanoparticles）、超导电性（superconductivity）、Ⅱ - Ⅵ族半导体（Ⅱ - Ⅵ semiconductor）；块状金属玻璃（bulk metallic glasses）、机械性质（mechanical properties）、热力学性质（thermal properties）；药物靶标（drug target）、癌症（cancer）、酶；清洁能源（clean fuels）；微结构（microstructure）、相变（phase transformation）等内容（图 2-9）。

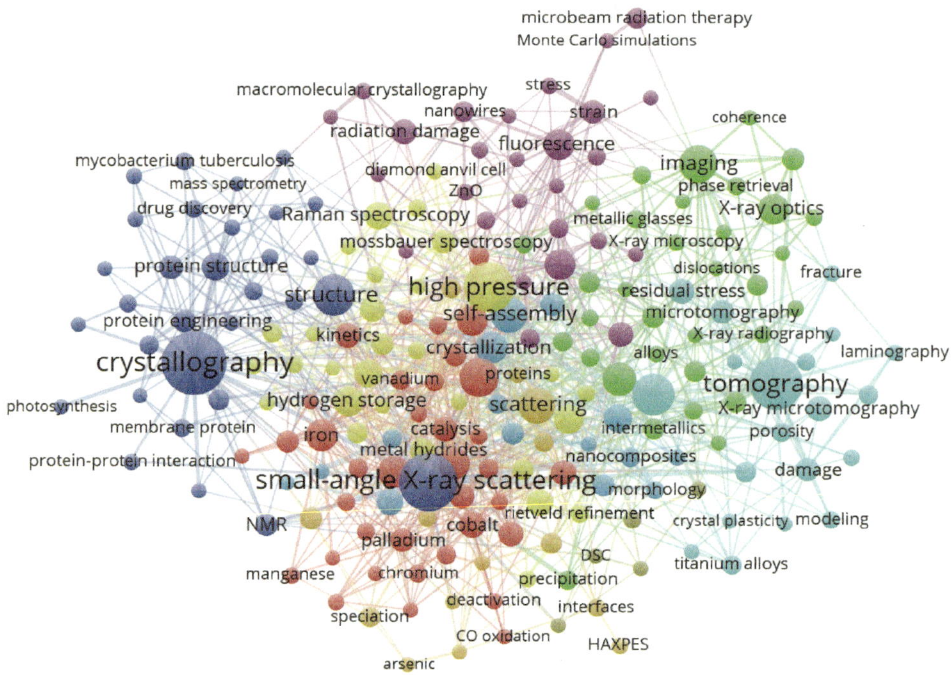

图 2-8　2011 ～ 2017 年 ESRF 研究主题分布

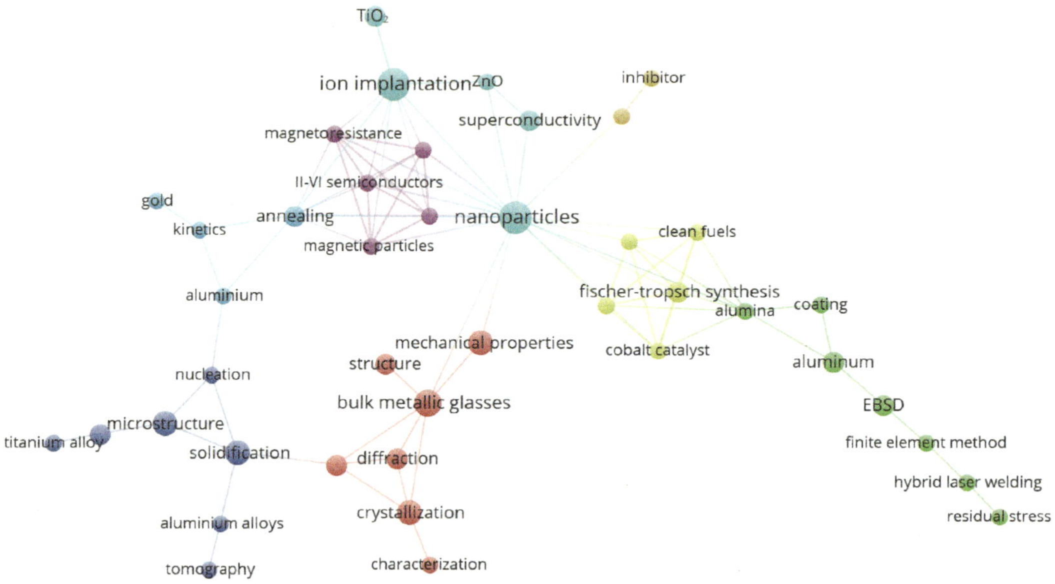

图 2-9　我国关注的研究主题

企业用户所关注的技术方向包括材料的残余应力（residual stress）、微结构（microstructure）、纹理（texture）、原位 X 射线散射（in-situ X-ray diffraction）、记忆

金属（shape memory alloy）；药物研发（drug discovery）、抑制剂（inhibitor）、人类免疫缺陷病毒（HIV）、抗体（antibody）、蛋白质工程（protein engineering）；薄膜（thin film）、辐射损伤（radiation damage）、闪烁体（scintillator）、发光（luminescence）、光学（optics）、化合物半导体（compound semiconductors）等（图 2-10）。

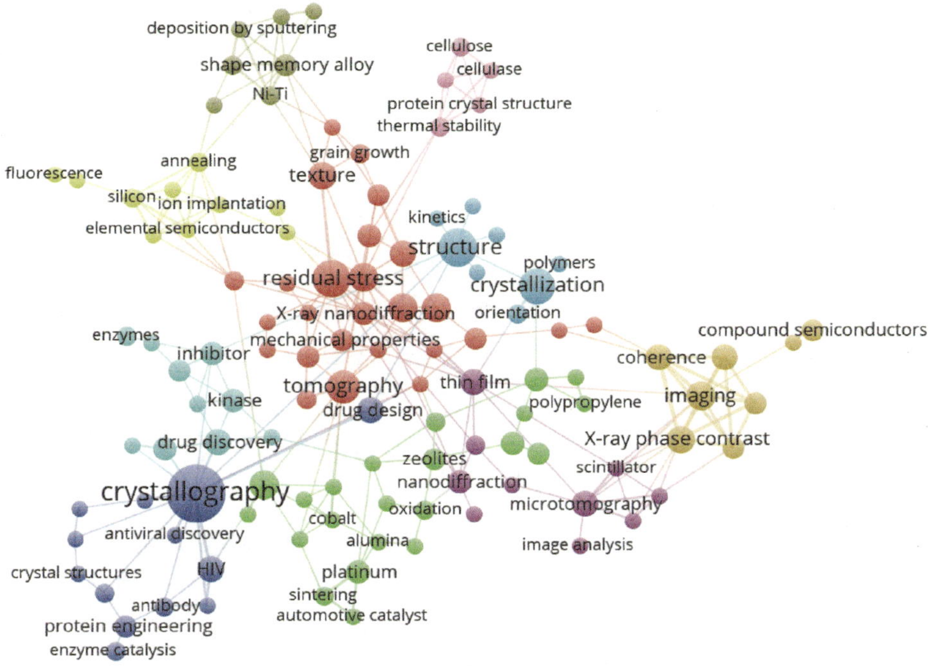

图 2-10　企业关注的研究主题

2.3.3　ESRF 重大科技基础设施论文的机构分析

表 2-2 列出了基于 ESRF 发文数量排名前 20 位的机构。这些机构是 ESRF 的重要用户，从机构性质来看均为科研院所或高校。其中，法国 8 家，英国和德国各 3 家，瑞士 2 家，意大利、西班牙、美国、俄罗斯各 1 家。除 ESRF 建设依托单位外，法国国家科学研究中心（Centre National de la Recherche Scientifique，CNRS）发文量最高，为 3477 篇，主要关注的研究领域包括生物化学与分子生物学；“物理学，凝聚态物质”、“材料科学，多学科交叉”等。德国亥姆霍兹联合会（Helmholtz Association of German Research Centres）发文量为 1726 篇，排第 3 位，主要围绕“材料科学，多学科交叉”“物理学，应用”等领域开展研究。德国亥姆霍兹联合会是一个依托重大科学装置建设的学术团体，其发文量名列前茅也从侧面反映出重大科学装置之间的合作与联用关系紧密。法国格勒诺布尔－阿尔卑斯大学（Université Grenoble Alpes，UGA）发文量排第 4 位，但近三年[①] 活跃度名列前茅，因此未来该机构的发文量排名可能会进一步提升。

① 本章中的近三年为2015～2017年。

表 2-2　ESRF 重要用户

序号	机构	国家	发文量 /篇	近三年活跃度 /%	TOP5 领域
1	欧洲同步辐射光源	法国	10 370	17.3	物理学，凝聚态物质；材料科学，多学科交叉；物理学，应用；物理化学；化学，多学科交叉
2	法国国家科学研究中心	法国	3 477	18.2	生物化学与分子生物学；物理学，凝聚态物质；材料科学，多学科交叉；物理化学；物理学，应用
3	德国亥姆霍兹联合会	德国	1 726	27.2	材料科学，多学科交叉；物理学，应用；物理学，凝聚态物质；物理化学；生物化学与分子生物学
4	格勒诺布尔 – 阿尔卑斯大学	法国	1 578	31.5	生物化学与分子生物学；材料科学，多学科交叉；物理学，凝聚态物质；物理化学；物理学，应用
5	巴黎大学	法国	1 527	18.4	物理学，凝聚态物质；生物化学与分子生物学；材料科学，多学科交叉；物理化学；物理学，多学科交叉
6	法国原子能和替代能源委员会	法国	1 481	17.5	物理学，凝聚态物质；材料科学，多学科交叉；物理学，应用；生物化学与分子生物学；物理化学
7	马克斯・普朗克科学促进学会（简称马普学会）	德国	1 400	17.9	物理学，凝聚态物质；生物化学与分子生物学；物理化学；材料科学，多学科交叉；多学科交叉科学
8	国家研究委员会（Consejo Super Invest Cient，CSIC）	西班牙	992	15.2	生物化学与分子生物学；物理化学；材料科学，多学科交叉；物理学，凝聚态物质；生物物理
9	牛津大学	英国	728	13.7	生物化学与分子生物学；生物物理；细胞生物学；物理学，凝聚态物质；晶体学
10	罗马大学	意大利	696	11.4	物理学，凝聚态物质；物理化学；生物化学与分子生物学；物理学，应用；材料科学，多学科交叉
11	里昂大学	法国	593	23.1	材料科学，多学科交叉；聚合物科学；物理化学；物理学，凝聚态物质；生物化学与分子生物学
12	欧洲分子生物学实验室	德国	542	18.7	生物化学与分子生物学；生物物理；细胞生物学；晶体学；生物化学研究方法
13	劳厄 – 朗之万研究所	法国	469	2.8	物理学，凝聚态物质；材料科学，多学科交叉；物理化学；物理学，多学科交叉；化学，多学科交叉
14	瑞士保罗谢勒研究院	瑞士	443	24.8	物理学，凝聚态物质；物理化学；物理学，应用；材料科学，多学科交叉；光学
15	俄罗斯科学院	俄罗斯	433	24.6	物理学，凝聚态物质；材料科学，多学科交叉；物理化学；生物化学与分子生物学；物理学，应用

续表

序号	机构	国家	发文量/篇	近三年活跃度/%	TOP5 领域
16	伦敦大学学院	英国	432	22.5	生物化学与分子生物学；物理学，凝聚态物质；物理化学；材料科学，多学科交叉；生物物理
17	加州大学系统	美国	426	14.9	生物化学与分子生物学；物理学，凝聚态物质；材料科学，多学科交叉；化学，多学科交叉；细胞生物学
18	曼彻斯特大学	英国	390	16.8	材料科学，多学科交叉；生物化学与分子生物学；冶金和冶金工程学；化学，多学科交叉；物理化学
19	苏黎世联邦理工学院	瑞士	386	15.1	物理化学；材料科学，多学科交叉；化学，多学科交叉；物理学，凝聚态物质；晶体学
20	SOLEIL 同步辐射光源	法国	379	25.4	物理学，凝聚态物质；材料科学，多学科交叉；物理学，应用；生物化学与分子生物学；化学，多学科交叉

聚焦于我国，中国科学院（简称中科院）利用 ESRF 开展的研究数量最多，发文量为 101 篇，主要集中在生物化学与分子生物学、“物理学，凝聚态物质”、“材料科学，多学科交叉”、多学科交叉科学、物理化学领域，研究内容涉及古生物化石、相变过程、超导、药物设计、仪器仪表、分子动力学等。北京大学、复旦大学分别排第 2、3 位，发文量与中国科学院有较大差距，内容涉及量子点、多孔材料、磁性纳米粒子。上海大学排第 7 位，但近三年活跃度高达 54.55%，主要开展材料、冶金、无机化学、纳米技术方向的研究，涉及固液界面反应、纳米颗粒物等内容（表 2-3）。

表 2-3　ESRF 的国内用户

排名	机构	发文量/篇	近三年活跃度/%	TOP5 领域
1	中国科学院	101	34.00	生物化学与分子生物学；物理学，凝聚态物质；材料科学，多学科交叉；多学科交叉科学；物理化学
2	北京大学	22	22.73	物理学，凝聚态物质；生物化学与分子生物学；多学科交叉科学；化学，多学科交叉；材料科学，多学科交叉
3	复旦大学	15	7.14	物理学，凝聚态物质；化学，多学科交叉；材料科学，多学科交叉；物理化学；物理学，应用
4	浙江大学	14	28.57	材料科学，多学科交叉；生物化学与分子生物学；多学科交叉科学；物理学，凝聚态物质；细胞生物学
5	吉林大学	13	15.38	物理学，凝聚态物质；多学科交叉科学；物理化学；材料科学，多学科交叉；化学，应用
5	四川大学	13	38.46	物理化学；材料科学，多学科交叉；生物化学与分子生物学；纳米科学和技术；化学，多学科交叉

续表

排名	机构	发文量 / 篇	近三年活跃度 /%	TOP5 领域
7	上海大学	11	54.55	材料科学，多学科交叉；冶金和冶金工程；物理学，应用；化学，无机和核；纳米科学和技术
8	武汉大学	9	44.44	材料科学，多学科交叉；物理学，应用；物理学，凝聚态物质；冶金和冶金工程；纳米科学和技术
9	清华大学	8	37.50	材料科学，多学科交叉；物理学，凝聚态物质；生物化学与分子生物学；冶金和冶金工程；多学科交叉科学
10	北京航空航天大学	7	14.29	材料科学，多学科交叉；热力学；冶金和冶金工程；物理化学；装置
10	上海交通大学	7	28.57	聚合物科学；材料科学，多学科交叉；机械工程；装置；多学科交叉科学
10	同济大学	7	42.86	多学科交叉科学；细胞生物学；生物化学与分子生物学；生物物理；光谱学

ESRF 的企业用户主要来自德国、荷兰、法国、瑞士、丹麦、奥地利等欧洲国家；非欧洲地区机构仅美国的全球相位有限公司和国际商业机器公司进入 TOP10。排名前三位的企业均来自德国，它们重点关注凝聚态物理、冶金、应用物理和材料科学的研究，但活跃期处于 2000 ～ 2010 年，近三年活跃度均为 0。法国的赛诺菲公司、瑞士的诺华制药公司、丹麦的诺维信集团是在医疗健康、生物制药领域具有全球影响力的大型企业，其利用 ESRF 开展与药物研发、生命过程与机理相关的研究。另外，荷兰的帝斯曼公司、德国的拜耳公司利用 ESRF 进行有关催化剂、结晶过程、磁测量、半导体、聚合物加工等化工、材料研发、制药领域的研究。美国国际商业机器公司和荷兰皇家飞利浦公司重点关注与信息、电气产业密切相关的光学、纳米材料、成像研究（表 2-4）。

表 2-4　ESRF 的企业用户

排名	机构	国家	发文量 / 篇	近三年活跃度 /%	TOP5 领域
1	柏林哈恩迈特纳研究有限公司（Hahn Meitner Inst Berlin Gmbh）	德国	61	0	物理学，凝聚态物质；材料科学，多学科交叉；物理学，应用；冶金和冶金工程；物理化学
2	GKSS 吉斯塔赫研究公司（GKSS Forschungszentrum Geesthacht GmbH）	德国	46	0	材料科学，多学科交叉；冶金和冶金工程；物理学，应用；物理学，凝聚态物质；物理化学
3	罗森多夫公司（Rossendorf Inc.）	德国	38	0	物理学，应用；材料科学，多学科交叉；核科学和技术；化学，无机和核；装置

续表

排名	机构	国家	发文量 / 篇	近三年活跃度 /%	TOP5 领域
4	帝斯曼公司（DSM Corp.）	荷兰	37	16.22	聚合物科学；材料科学，多学科交叉；化学，多学科交叉；物理化学；生物化学与分子生物学
4	赛诺菲（Sanofi）公司	法国	37	13.51	化学，药物；生物化学与分子生物学；多学科交叉科学；化学，多学科交叉；生物物理
6	全球相位有限公司（Global Phasing Ltd.）	美国	35	8.82	生物化学与分子生物学；多学科交叉科学；生物物理；细胞生物学；晶体学
7	诺华制药公司（Novartis Pharma Inc.）	瑞士	32	6.25	生物化学与分子生物学；生物物理；细胞生物学；晶体学；化学，药物
8	拜耳公司（Bayer AG）	德国	27	29.63	物理学，凝聚态物质；生物化学与分子生物学；化学，药物；多学科交叉科学；生物物理
8	诺维信集团（Novozymes AS）	丹麦	27	25.93	生物化学与分子生物学；生物物理；晶体学；生物化学研究方法；多学科交叉科学
10	国际商业机器公司（IBM Corp.）	美国	20	5.00	物理学，凝聚态物质；物理学，应用；材料科学，多学科交叉；物理学，多学科交叉；纳米科学和技术
10	莱奥本材料研究公司（Mat Ctr Leoben Forsch GmbH）	奥地利	20	42.11	材料科学，多学科交叉；物理学，应用；冶金和冶金工程；材料科学，涂料和膜；物理学，凝聚态物质
10	皇家飞利浦公司（Royal Philips Corp.）	荷兰	20	15.00	物理学，凝聚态物质；化学，多学科交叉；纳米科学和技术；光学；晶体学

2.4 同步辐射光源设施的影响分析——以 ESRF 为例

2.4.1 ESRF 重大科技基础设施的科学产出影响分析

1. ESRF 重大科技基础设施的学术影响

本节通过 ESRF 论文的被引频次、篇均被引频次变化，以及在 *Nature*、*Science*、*PNAS* 国际高水平期刊上的发文比例[①]分析 ESRF 的学术影响力。

ESRF 论文共被引用 860 269 次，篇均被引频次为 29.74 次。从时间趋势来看（图 2-11），1994 年以前，ESRF 处于建设阶段，发文量较少，被引频次低，篇均被引频次波动大：最低的年份（1988 年）篇均被引频次不足 20 次，最高的年份（1990 年）超过 80

① 在高水平期刊发表的研究论文数量/同年度所有期刊研究论文数量。

次。1994年后，被引频次快速攀升，篇均被引频次也大幅提高，1997年两个指标分别为17 907次和83.3次。此时，篇均被引频次出现峰值主要受到以下两篇文章的影响：ESRF科学家A. P. Hammersley在*High Pressure Research*期刊上发表题为“Two-Dimensional Detector Software: From Real Detector to Idealized Image or Two-Theta Scan”的研究，报道了单晶衍射实验中校准方法和工具软件，被引频次高达3202次（截至2018年5月）；美国科罗拉多大学（University of Colorado，CU）和耶鲁大学（Yale University）的研究人员在*Science*上发表“Crystal Structure of a Group I Ribozyme Domain: Principles of RNA Packing”文章，详细阐述了RNA的包装原理、核酶催化过程，ESRF为研究埃级分辨的晶体结构提供了优秀的观测平台和手段，文章被引频次为1110次（截至2018年5月）。1997～2001年，被引频次由19 750次上升到50 635次，篇均被引频次稳定在46～53次。2001年后，被引频次进入缓慢上升阶段，而篇均被引频次则进入下行期。2007年，被引频次达到最高值，为61 990次。2009年后，被引频次也呈现出明显下降趋势，这一时期被引频次和篇均被引频次的下行主要受到论文引用迟滞的影响。在所有的论文中，有20篇文章被引频次超过1000次，51篇超过500次，这些文章在蛋白质工程、药物研发、生化过程动力学、考古与生物进化等研究方向中产生了广泛的影响。

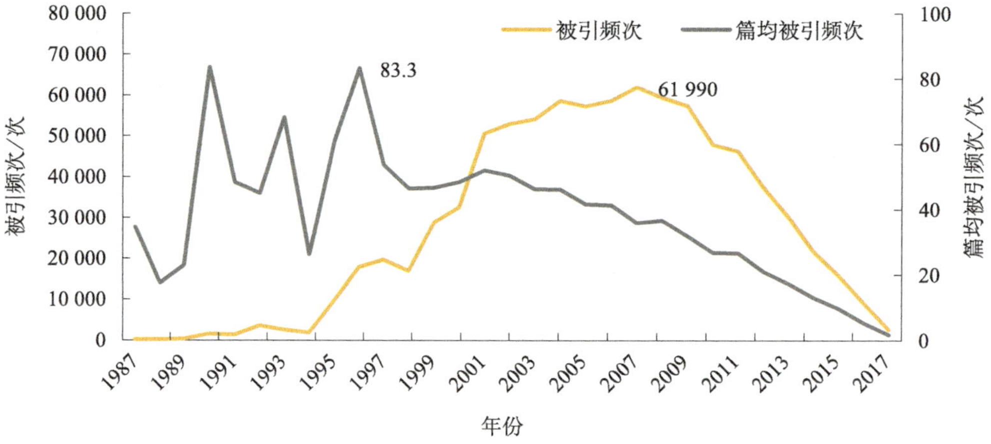

图2-11　ESRF论文被引频次与篇均被引频次

我国的论文产出被引7733次，占总被引频次的0.90%，篇均被引频次为18.5次，低于平均水平，可以看出我国基于ESRF的论文产出质量还有很大的提升空间。从发展趋势来看，我国在2006～2012年被引频次上升较快，2011年达到顶峰1039次，篇均被引频次在2008年、2009年出现高峰，约为46.4次（图2-12）。

ESRF在国际高水平期刊*Nature*、*Science*、*PNAS*上共发表文章950篇。1994～2004年，论文产出快速增长，从1994年的2篇提高到2004年的47篇，年复合增长率为37.1%，2005～2013年进入相对稳定的高产出阶段，平均每年发表60篇高水平论文，2013年后出现下降的趋势（图2-13）。我国在上述期刊上共发表16篇论文，其

中 *Nature* 3 篇、*Science* 4 篇、*PNAS* 9 篇。作者分别来自中国科学院（5 位）、北京大学（2 位）、南京大学（2 位）、华中农业大学（2 位）、浙江大学（1 位）、同济大学（1 位）、上海交通大学（1 位）、深圳华大基因科技有限公司（1 位）、台湾清华大学（1 位）、中国石油大学（1 位）、吉林大学（1 位）、香港大学（1 位），内容涉及 DNA 结合特异性、腺苷三磷酸酶（ATP 酶）的晶体结构和作用机理、生物化石分析、硅藻生物硅化机理等。

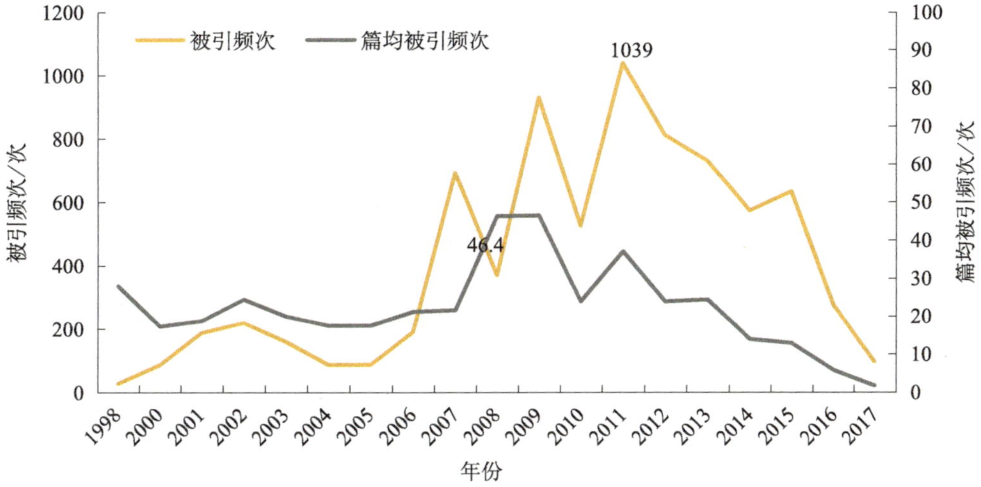

图 2-12　我国论文被引频次与篇均被引频次

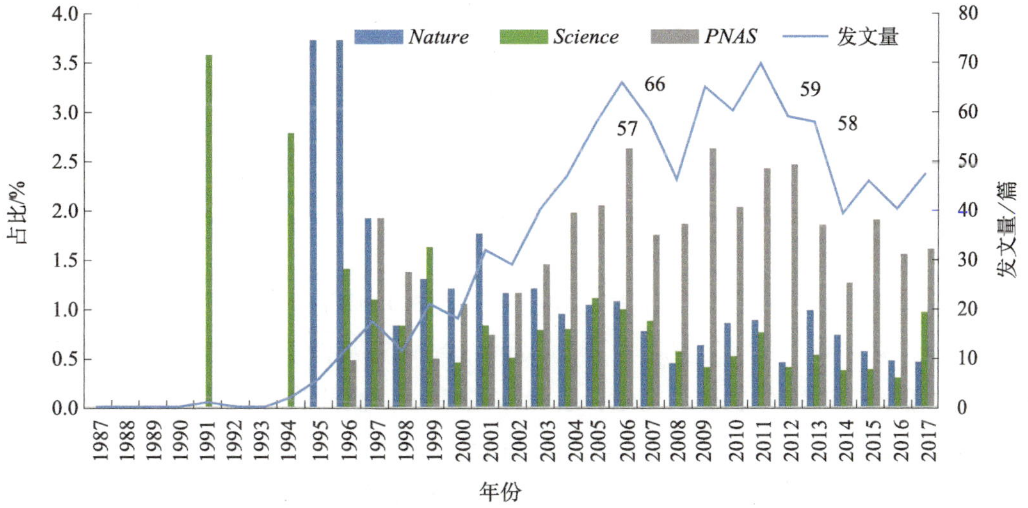

图 2-13　ESRF 高水平论文产出

2. ESRF 重大科技基础设施的学科演化交叉分析

从各相关学科发文分布来看，早期 ESRF 主要应用在"物理学，凝聚态物质""物理学，应用"领域。进入 21 世纪，在物理学领域的论文数量逐步增加的同时，生物化学和分子生物学领域研究呈现爆发式增长，2004 年后保持在年发文量 400 篇左右水平。

“材料科学，多学科交叉”发文量的增长速度虽不及生物化学和分子生物学，但也呈现明显的上升趋势，并在2007年出现了一次高峰，年发文量达到437篇。2008年后，生物化学和分子生物学领域的年发文量逐渐减少，而“材料科学，多学科交叉”发文量一直保持在300篇左右，在2016年超过生物化学和分子生物学，成为发文量最多的学科。在近30年的发展历程中，生物化学和分子生物学、物理化学、“材料科学，多学科交叉”、“化学，多学科交叉”等领域的论文数量或呈爆发式增长，或稳步提升，跨领域研究、学科交叉趋势显著（图2-14）。

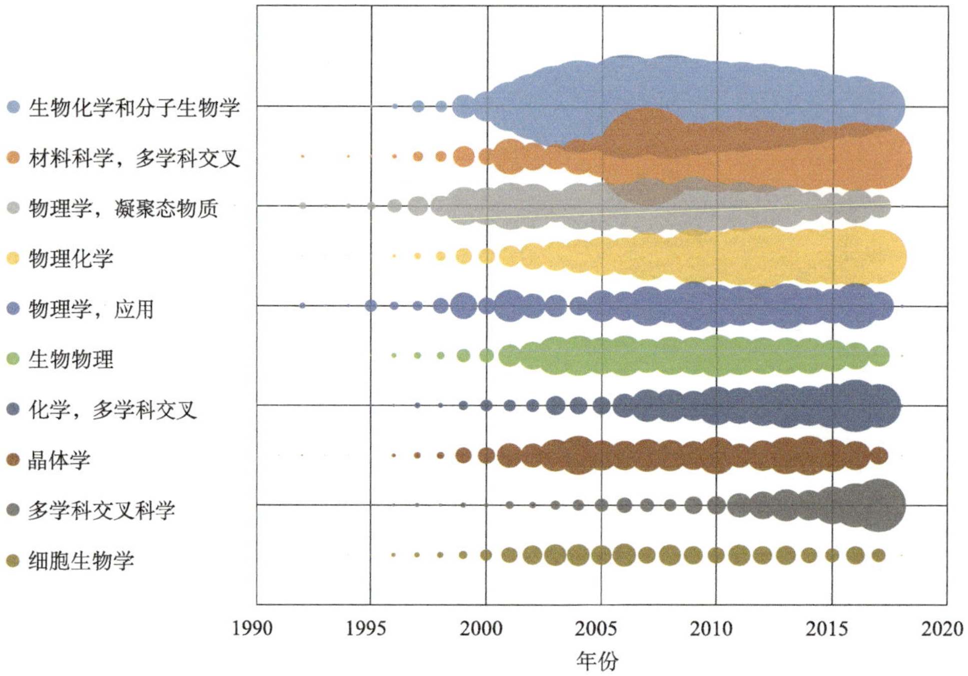

图2-14　ESRF学科演化趋势

根据Web of Science的学科分类，ESRF的论文产出中有13 846篇涉及两个及以上学科领域，跨学科、领域研究占总量的47.9%。2000年及以前，交叉研究最密集的领域为“物理学，应用”、装置、光学；装置、“物理学，核能”、核科学和技术；生物化学与分子生物学、生物物理、细胞生物学。前者主要涉及ESRF设施建设、方法、应用原理的研究，其余的学科交叉研究则围绕ESRF在物理和生物化学中基础的应用领域（表2-5）。2001～2010年，生物化学与分子生物学领域和生物物理、晶体学、生物化学研究方法、细胞生物学领域的交叉研究数量快速增长，“材料科学，多学科交叉”蓬勃发展，并与“物理学，凝聚态物质”、物理化学、“物理学，应用”、冶金和冶金工程、纳米科学和技术等多个领域交叉融合（表2-6），这些研究是往往基于相同的研究对象。2011～2017年，“材料科学，多学科交叉”与纳米科学和技术领域的交叉研究占前者发文总量的31.37%，较上一时期提高了近14个百分点，与物理化学领域的交叉研究比重为45.90%，较上一时期提高近11个百分点，与冶金和冶金工程领域的交叉研究的比重有所下降（表2-7）。

表 2-5　2000 年及以前 TOP20 领域学科交叉表（单位：篇）

领域	物理学，凝聚态物质	物理学，应用	生物化学与分子生物学	装置	材料科学，多学科交叉	物理学，多学科交叉	物理化学	晶体学	生物物理	光学	物理学，核能	化学，多学科交叉	细胞生物学	核科学和技术	物理学，原子能、分子能和化学	聚合物科学	生物化学研究方法	多学科交叉科学	物理学，粒子和场	冶金和冶金工程
物理学，凝聚态物质	705	54		3	120	2	64	2		2	41	23			41	33				8
物理学，应用	54	462		212	70		15	25		128	3	3				3				8
生物化学与分子生物学			383					93	213			1	160			3	95			
装置	3	212		345	1	2				131	121			121	42				79	
材料科学，多学科交叉	120	70		1	327		88	27		2		18		1		36				62
物理学，多学科交叉	2			2		253				3										
物理化学	64	15			88		246					16		4	25	4				26
晶体学	2	25	93		27			239	93			111					93			
生物物理			213					93	218				104				93			
光学	2	128		131	2	3				185	6				12					
物理学，核能	41	3		121						6	176			121	83				85	

续表

领域	物理学，凝聚态物质	物理学，应用	生物化学与分子生物学	装置	材料科学，多学科交叉	物理学，多学科交叉	物理化学	晶体学	生物物理	光学	物理学，核能	化学，多学科交叉	细胞生物学	核科学和技术	物理学，原子能、分子能和化学	聚合物科学	生物化学研究方法	多学科交叉科学	物理学，粒子和场	冶金和冶金工程
化学，多学科交叉	23	3	1		18		16	111				175								
细胞生物学			160						104				160							
核科学和技术				121	1		4				121			138	46				79	
物理学，原子能、分子能和化学	41			42			25			12	83			46	120					
聚合物科学	33	3	3		36		4									96				
生物化学研究方法			95						93	93							95			
多学科交叉科学																		93		
物理学，粒子和场				79								85			79				85	
冶金和冶金工程	8	8			62		26													63

表 2-6　2001～2010 年 TOP20 领域学科交叉表（单位：篇）

领域	生物化学与分子生物学	材料科学，多学科交叉	物理学，凝聚态物质	物理化学	生物物理	物理学，应用	晶体学	化学，多学科交叉	生物化学研究方法	细胞生物学	物理学，多学科交叉	装置	冶金和冶金工程	多学科交叉科学	物理学，原子能、分子能和化学	聚合物科学	纳米科学和技术	核科学和技术	光学	物理学，核能
生物化学与分子生物学	3833			11	1476		851	3	874	829						36				
材料科学，多学科交叉		2231	450	783	1	477	107	282			32	16	539		6	87	396	22	25	1
物理学，凝聚态物质		450	2113	242		330	22	111				4	54		23	19	84	5	8	23
物理化学	11	783	242	1677	10	152	5	233			32		166		271	63	212	22		
生物物理	1476	1		10	1580	2	850	1	851	438		1		1			1			
物理学，应用		477	330	152	2	1438	29	78			9	301	50			24	154		296	5
晶体学	851	107	22	6	850	29	1372	335	850			10	5							
化学，多学科交叉	3	282	111	233	1	78	335	1042	2								84			
生物化学研究方法	874				851		350	2	902								4		1	
细胞生物学	829				438					861				1						

续表

领域	生物化学与分子生物学	材料科学，多学科交叉	物理学，凝聚态物质	物理化学	生物物理	物理学，应用	晶体学	化学，多学科交叉	生物化学研究方法	细胞生物学	物理学，多学科交叉	装置	冶金和冶金工程	多学科交叉科学	物理学，原子能、分子能和化学	聚合物科学	纳米科学和技术	核科学和技术	光学	物理学，核能
物理学，多学科交叉		32		32		9					696				1	32				
装置		16	4		1	301	10					675			172		1	323	248	323
冶金和冶金工程		539	54	166		50	5						582				136			
多学科交叉科学					1					1				550						
物理学，原子能、分子能和化学		6	23	271							1	172			490		6	194	21	196
聚合物科学	36	87	19	63		24					32					466	2			
纳米科学和技术		396	84	212	1	154		84	4			1	136		6	2	462		23	
核科学和技术		22	5	22								323			194			439		323
光学		25	8			296			1			248			21		23		437	
物理学，核能		1	23			5						323			196			323		375

表 2-7　2011 ～ 2017 年 TOP20 领域学科交叉表（单位：篇）

领域	生物化学与分子生物学	材料科学，多学科交叉	物理化学	化学，多学科交叉	物理学，应用	物理学，凝聚态物质	多学科交叉科学	生物物理	晶体学	纳米科学和技术	细胞生物学	物理学，多学科交叉	生物化学研究方法	聚合物科学	冶金和冶金工程	化学，无机和核	光学	装置	物理学，原子能、分子能和化学	化学，药物
生物化学与分子生物学	2274		5	10				940	460		476		473	36		24				63
材料科学，多学科交叉		2120	973	410	429	270			137	665		124		134	412		12	1	29	
物理化学	5	973	1783	236	159	191		12	1	430		122	1	136	109	49		1	283	
化学，多学科交叉	10	410	236	1337	150	114	1		394	213			4							10
物理学，应用		429	159	150	1217	287			27	243		82		8	20		235	272		
物理学，凝聚态物质		270	191	114	287	1115			5	111		7			23	8	2	1	17	
多学科交叉科学				1			1106													
生物物理	940		12					1009	459	3	327		462							
晶体学	460	137	1	394	27	5		459	941				460			4				
纳米科学和技术		665	430	213	243	111		3		721			6	1	57		18	3	28	
细胞生物学	476							327			539									

续表

领域	生物化学与分子生物学	材料科学，多学科交叉	物理化学	化学，多学科交叉	物理学，应用	物理学，凝聚态物质	多学科交叉科学	生物物理	晶体学	纳米科学和技术	细胞生物学	物理学，多学科交叉	生物化学研究方法	聚合物科学	冶金和冶金工程	化学，无机和核	光学	装置	物理学，原子能、分子能和化学	化学，药物
物理学，多学科交叉		124	122		82	7						532		122			2	35	1	
生物化学研究方法	473		1	4				462	460	6			508				3			1
聚合物科学	36	134	136		8					1		122		508			2			
冶金和冶金工程		412	109		20	23				57					448					
化学，无机和核	24		49			8			4							433				
光学		12			235	2				18		2	3	2			383	190	13	
装置		1	1		272	1				3		35					190	365	22	
物理学，原子能、分子能和化学		29	283			17				28		1					13	22	341	
化学，药物	63			10									1							268

2.4.2 ESRF 重大科技基础设施的国际合作分析

从建设至今，有超过 100 个国家 / 地区利用 ESRF 开展合作研究，两个及以上国家 / 地区合著的论文占总量的 59.0%。重大平台型设施的合作格局与投入结构密切相关。法国是 ESRF 装置所在国，投资比例额最大，因此国家合作网络以法国为中心；欧盟成员国的使用权力也与其投入相关，德国相对投入较多，因此德国在合作网络中的位置也较为突出；法国与英国、意大利的合作也较为紧密（表 2-8）。但在不同的发展阶段，各国家的合作格局有所差异。2000 年及以前，法国、英国、美国、德国和意大利的合作更为紧密；2001 ～ 2010 年，合作国家数量从 49 个上升到 88 个，在相同的阈值条件下，合作网络更加密集，西班牙、瑞士、荷兰、瑞典进入网络核心区；2011 ～ 2017 年，合作国家超过 100 个，其中法国与德国之间的合作关系更加紧密（图 2-15）。在论文产出排名中（上述 3 个时间段），中国从第 29 位上升到第 24 位，再到第 17 位，虽然论文数量和排名一直在移步上升，但始终未进入合作网络的核心。同时，ESRF 向全球科学工作者提供实验平台，践行合作共享的精神，有 43.3% 的论文作者机构来自法国以外的国家。

表 2-8 ESRF TOP10 国家合作情况（单位：篇）

国家	法国	德国	英国	意大利	美国	西班牙	瑞士	荷兰	瑞典	俄罗斯
法国	16 168	3 749	2 161	2 015	1 922	1 193	1 015	662	530	840
德国	3 749	6 891	775	490	894	327	456	235	282	365
英国	2 161	775	5 486	312	743	273	228	246	217	114
意大利	2 015	490	312	3 749	373	216	176	117	94	184
美国	1 922	894	743	373	3 524	262	247	163	215	110
西班牙	1 193	327	273	216	262	2 349	71	77	67	57
瑞士	1 015	456	228	176	247	71	1 821	67	67	85
荷兰	662	235	246	117	163	77	67	1 607	58	63
瑞典	530	282	217	94	215	67	67	58	1 328	56
俄罗斯	840	365	114	184	110	57	85	63	56	1 181

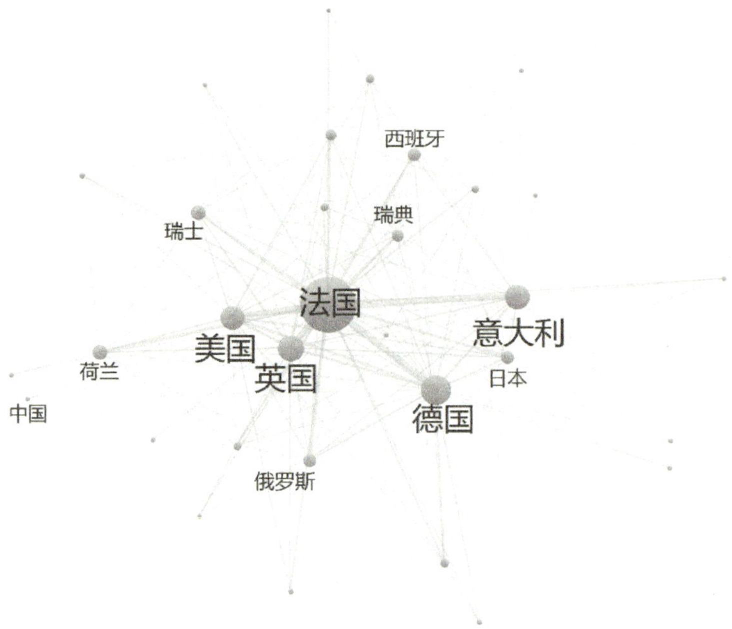

（a）2000年及以前

（b）2001~2010年

图 2-15　国家合作关系的演变

（c）2011~2017年

图 2-15　国家合作关系的演变（续）

在发文量 TOP10 科研机构中，欧洲同步辐射光源与法国国家科学研究中心的合作最紧密，二者合作产出占欧洲同步辐射光源论文总量的 12.7%。德国亥姆霍兹联合会、马普学会之间与欧洲同步辐射光源也存在密切的合作关系，二者与欧洲同步辐射光源的合作产出占德法两国合作总量的 35%（图 2-16）。

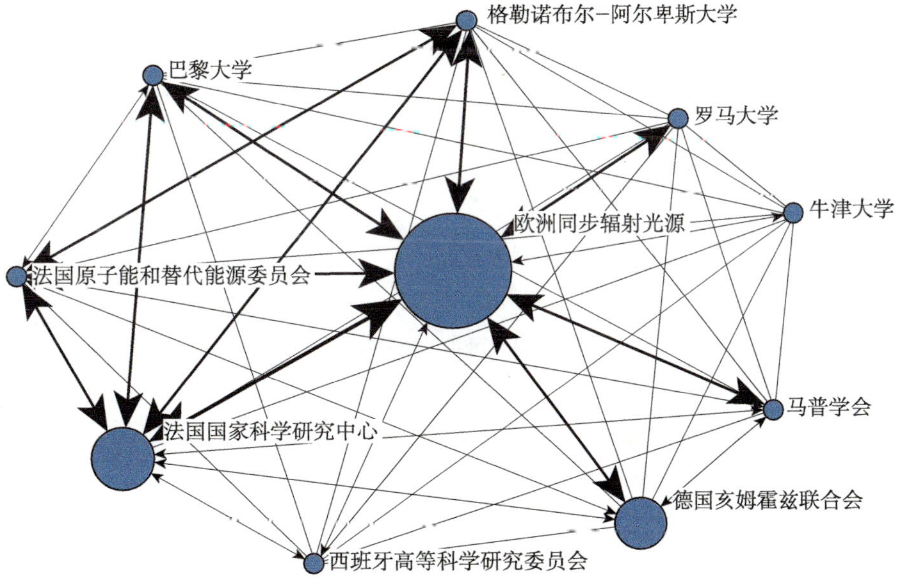

图 2-16　ESRF 论文产出 TOP10 机构合作关系

另外，经分析科研机构与企业的合作论文产出数量发现，法国国家科学研究中心（101 篇）、德国亥姆霍兹联合会（101 篇）、德国马普学会（61 篇）、英国牛津大学（44 篇）、荷兰埃因霍温科技大学（41 篇）居前 5 位，它们与 DSM 公司、ABB 集团等公司建立开展“研 – 产”合作，促进企业核心竞争力的提升和技术的转移、转化。

2.4.3 同步辐射光源设施的重大突破及获奖

当前，全球已建设了近 50 个大型同步辐射设施，它们支撑科学工作者不断探索未知世界、拓展认知边界，在这些研究设施上诞生了一批重大科学突破。表 2-9 梳理了全球与同步辐射光源有关的诺贝尔奖，共计 8 项，其中化学奖 6 项、物理学奖 1 项、生理学或医学奖 1 项。一些研究成果应用了多种同步辐射设施，研究成果也并只分布在拥有设施条件的国家。例如，2009 年的诺贝尔化学奖得主 Ada Yonath 应用了包括 APS、ESRF、SSRL、CHESS、NSLS、瑞士光源（Swiss light source，SLS）、光子工厂（Photon Factory）、德国电子同步加速器（Deutsches elektronen-synchrotron，DESY）在内不同种类、不同地区的多个同步辐射光源共同支撑其研究。

表 2-9 基于同步辐射光源的诺贝尔奖

年份	奖项类型	获奖人（国别）	研究主题	相关设施
1988	化学奖	Johann Deisenhofer（德）	使用 X 射线晶体学描述光合作用中蛋白质的结构	APS
2003	化学奖	Roderick MacKinnon（美）	细胞膜水通道和离子通道的结构和机理，利用 ESRF 微焦点光束线 ID13 进行晶体衍射实验，观察以通道形式发挥作用的蛋白质构造	ESRF、CHESS、NSLS
2006	化学奖	Roger D. Kornberg（美）	捕捉脱氧核糖核酸（DNA）的复制过程，揭示了转录过程	SSRL
2008	化学奖	Osamu Shimomura（日）、Martin Chalfie（美）、Roger Y. Tsien（美）	绿色荧光蛋白研究	NSLS
2009	化学奖	Ada Yonath（以）、Venkatraman Ramakrishnan（美）、Thomas Steitz（美）	核糖体如何将 DNA 信息“翻译”成生命	APS、ESRF、SSRL、CHESS、NSLS、SLS、Photon Factory、DESY
2012	化学奖	Brian K. Kobilka（美）Robert J. Lefkowitz（美）	利用聚焦单色 X 射线束 ID13 研究 G 蛋白偶联受体的内在工作机制	ESRF、SSRL、APS
2012	物理学奖	David J. Wineland（美）、Serge Haroche（法）	测量和操纵单个量子系统	CAMD
2016	生理学或医学奖	Yoshinori Ohsumi（日）	降解和回收细胞成分的基本过程	MAX IV

注：麦克斯Ⅳ（MAX Ⅳ）

2.5 启示与建议

本节对具有代表性的高能同步辐射光源的科学产出进行计量分析，揭示同步辐射光源的发展态势、对科技发展的支撑和影响。通过上述分析可以发现以下内容。

（1）作为重要平台型基础设施，从论文数量的发展来看，同步辐射光源的成果产出发展经过了萌芽期（5～10年）、快速增长期、稳定期。纵观其发展历程，重大升级和新技术的应用促使亮度、稳定性、相干性等关键性能指标不断提升，管理机制调整推动设施科研能力和服务功能逐步完善，这些改变都将带来科学产出的快速增加，有助于同步辐射光源在科技发展进程中发挥更大、更广泛的支撑作用。因此，把握科技发展态势和科研需求，不断升级设施性能和服务能力是同步辐射光源可持续发展的关键。但重大基础设施的建设和维护投资大、工期长、难度高，因此进行前瞻性部署和治理是至关重要的。

（2）从研究主题和学科领域布局来看，早期同步辐射光源的研究成果集中于物理应用、光学等基础学科方向，与光源同步加速原理和设施工程建设联系紧密。2000年及以前，同步辐射光源凭借优秀的解析能力在蛋白质、核糖体、酶等生物大分子结构分析中大放异彩，对结构生物学有着极大的推动作用。2000年后，研究热度激增，同步辐射支撑了多项世界顶级科学突破和一系列高水平科学成果，并向蛋白质工程、药物研发等综合应用领域快速拓展，生命科学成为同步辐射最重要的研究领域。近年来，对复杂生命过程、作用机理的理解和应用也在逐步加深，产生了广泛的学术影响。

（3）同时，随着能源危机、气候变化等社会问题的加剧，物质材料在医学、能源、通信、环境、地理、天文，甚至文化领域中发挥着越来越重要的作用。对材料的磁性、电化学性质、催化过程、界面反应及进一步的材料改良、新材料探索研究成为新一轮的关注重点，有超越生命科学应用的趋势。分析原因：一方面，材料科学的发展和应用涉及广泛的科学领域，同时与市场需求、工业应用具有更紧密和直接的联系；另一方面，近年来低温电子显微镜（又称冷冻电镜）技术突飞猛进，在生物大分子结构解析，尤其是超分子体系结构解析方向上，展现出极大的优势和发展潜力。这种方法无须结晶直接解析结构，并达到近原子分辨率的成像效果。2017年，为低温电子显微镜发展做出原创性贡献的科学家获得了诺贝尔化学奖，这也正是该技术突破的有力注脚。虽然与X射线晶体学技术尚有一定的差距，但目前已引起科学界的广泛兴趣。面对这一发展态势，同步辐射正在以下一代光源的快速发展为契机，发展新的技术，以发挥在生物大分子结构动力学研究等方面独有的优势。可见，同步辐射光源的发展不但要“独善其身”，还要广泛跟踪、不断吸收其他方向的技术手段，以应对激烈的技术竞争。

（4）学科的发展、交叉、分化是科技发展进程的一大特征和趋势。同步辐射光源、X射线在结构生物学的分化和晶体学的发展中扮演着重要角色，这是研究手段和方法的发展促进学科演化与交叉的证明。当前，ESRF的多学科交叉研究产出占比为47.9%，并且呈现出蓬勃发展的趋势。相信其随着多个基础学科、交叉学科应用的不断深入，将有望催生更多的新兴研究方向和技术分支。

（5）国际合作是ESRF的基本特征。合作基本上贯穿了ESRF的设施的建设、升级和应用过程。在这一过程中，国际合作是很重要的方面。ESRF的成功建设与欧盟成员国之间紧密的科技合作机制不无关系，其中ESRF 59.0%的论文都是国际合作论文，美国、英国、日本、德国、瑞典、加拿大等发达国家是ESRF的主要用户，同时多国多光源联合应用现象也较常见。我国作为科研用户，并未进入ESRF合作网络的核心。但在目前激烈的国际竞争形势下，美国已经收紧与中国科学家在加速器方面的学术交流，并限制中国利用美国的装置做研究，因此我们在积极参与国际合作的同时，也应当自主创新、自力更生、积极准备，以应对当前特殊的国际大环境，加快我国建设同步辐射装置建设的步伐。

致谢：中国科学院高能物理研究所阎永廉研究员、中国科学技术大学国家同步辐射实验室张国斌研究员审阅了本章内容，并对本章内容提出了宝贵的修改意见和建议，谨致谢忱！

第三章 基于X射线自由电子激光装置的产出及影响分析

刘小平　吕凤先

（中国科学院文献情报中心）

3.1　X射线自由电子激光装置的定义及特点

X射线自由电子激光（X-ray free electron laser，XFEL）是一种全新的光源，比第三代同步辐射光源性能更为优越。XFEL具有高峰值亮度、超短时间脉冲、接近傅里叶变换极限的频谱线宽、波长可调谐和全相干的优越特性，已成为破解生物学、物理学、化学及材料科学等众多科学前沿重大难题的科研利器，将推动这些科学研究进一步发展。世界各科技强国，如美国、德国、日本、韩国、瑞士等，均将XFEL的研究列入其未来科技发展计划的重要内容，在大型科学设施规划中予以优先支持并提到战略高度予以部署和实施。目前，国际上运行的X射线自由电子激光装置主要有美国斯坦福直线加速器中心（Stanford Linear Accelerator Center，SLAC）国家加速器实验室的直线加速器相干光源（linac coherent light source，LCLS）[①]，日本的SPring-8Å紧凑型自由电子激光（SPring-8 Angstrom compact free electron laser，SACLA）[②]和德国的汉堡自由电子激光（Free-electron LASer in Hamburg，FLASH）[③]，以及意大利的用于多学

① SLAC. LCLS Overview. https://lcls.slac.stanford.edu/overview[2018-01-15].

② SACLA. Sacla's New Light. http://xfel.riken.jp/eng/sacla/index00.html[2018-01-15].

③ DESY. Free-Electron Laser FLASH. https://flash.desy.de/[2018-01-15].

科研究自由电子激光器（free electron laser radiation for multidisciplinary investigations，FERMI）[①]。同时，世界上在建的 X 射线自由电子激光装置还有四台，分别是美国的 LCLS-Ⅱ[②]、欧洲X射线自由电子激光[③]（European XFEL）[④]、瑞士的自由电子激光器[⑤]和韩国的浦项加速器实验室 X 射线自由电子激光（Pohang Accelerator Laboratory X-ray free electron laser，PAL-XFEL）[⑥]。

欧洲、瑞士、韩国的 XFEL 均在 2017 年开始用户实验，在学科领域发表论文的数据均只有 2017 年的，因而没有对其进行定量分析。本书对依托美国 SLAC/LCLS 装置和日本 SPring-8/SACLA 装置的科技发展及影响力进行分析。

3.2 各国 X 射线自由电子激光装置的学科发展分析

我们利用基于装置产出的文章分析世界各国 XEFL 的学科发展现状及态势。分析数据由两部分构成，一是来自 XEFL 装置的官方网站，数据采集时间为 2018 年 1 月 15 日；二是检索自 WoS 数据库，利用装置的名称在标题、摘要及基金资助字段检索[⑦]，检索时间为 2018 年 1 月 15 日。

3.2.1 基于美国 SLAC 的 X 射线自由电子激光装置 LCLS 的科技发展及影响力分析

1. 依托美国 SLAC/LCLS 装置的 SCI 论文数量分析

1991 ～ 2017 年，依托美国 SLAC/LCLS 装置的科学引文索引（SCI）论文共有 1364 篇。1991 ～ 2008 年，每年论文数量均较少。SLAC/LCLS 装置于 2009 年正式建设完成，2009 ～ 2017 年，论文数量呈整体上升的趋势（图 3-1）。

2. 依托美国 SLAC/LCLS 装置的 SCI 论文研究主题分布

使用 VOSviewer 软件对 SLAC/LCLS 装置的 SCI 论文的标题和摘要字段进行聚类

① Elettra Sincrotrone Trieste. Fermi Machine Description. http://www.elettra.eu/lightsources/fermi/fermi-machine/fermi-description/all.html[2018-01-15].

② SLAC. LCLS-Ⅱ: A World-Class Discovery Machine. https://lcls.slac.stanford.edu/lcls-ii[2018-01-15].

③ European XFEL是德国和俄罗斯、法国、意大利等11个国家共同实施的国际性合作项目，并建立了1个独立的欧洲X射线自由电子激光公司。

④ European XFEL. Overview. https://www.xfel.eu/facility/overview/index_eng.html[2018-01-15].

⑤ PSI. About SwissFEL. https://www.psi.ch/en/swissfel/about-swissfel[2018-01-15].

⑥ Kang H S，Kim K W，Ko I S. Status of PAL-XFEL. Proceedings of SPIE Optics + Optoelectronics，2015，95120P:1-8.

⑦ 美国SLAC：TS= "Linac Coherent Light Source" OR FT= "Linac Coherent Light Source"；日本SACLA: TS= "SPring-8 Angstrom Compact free electron LAser" OR TS=SACLA OR （FT= SACLA AND TS=（X-RAY OR FREE-ELECTRON OR LASER* OR FEL））OR FT= "SPring-8 Angstrom Compact free electron LAser"。

分析，并根据 SLAC/LCLS 装置官方网站对研究论文的分类方法及仪器设置类别①，对 1991 ～ 2017 年 1300 余篇研究论文进行主题分类。研究论文的主题显示为 4 个不同的颜色（图 3-2，表 3-1），分别对应于 4 个研究领域：以波荡器为主要研究对象的自由电子激光和加速器科学，原子、分子和光学科学，大分子飞秒晶体学，以探测器为主要研究对象的仪器研究。

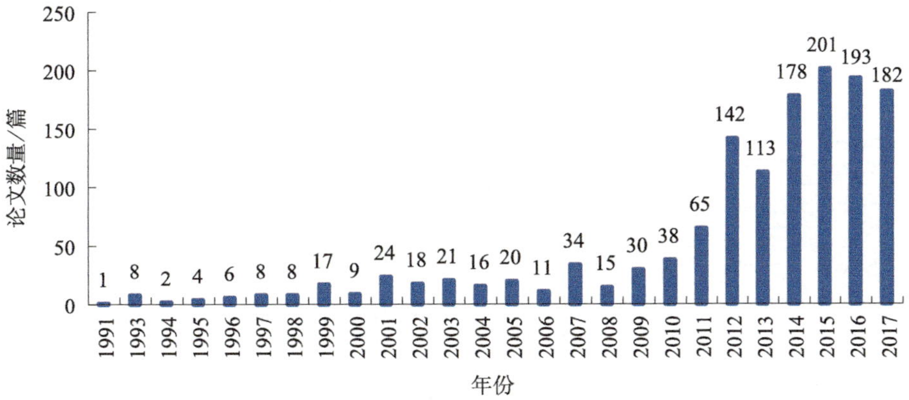

图 3-1　基于美国 SLAC/LCLS 装置的研究论文变化趋势

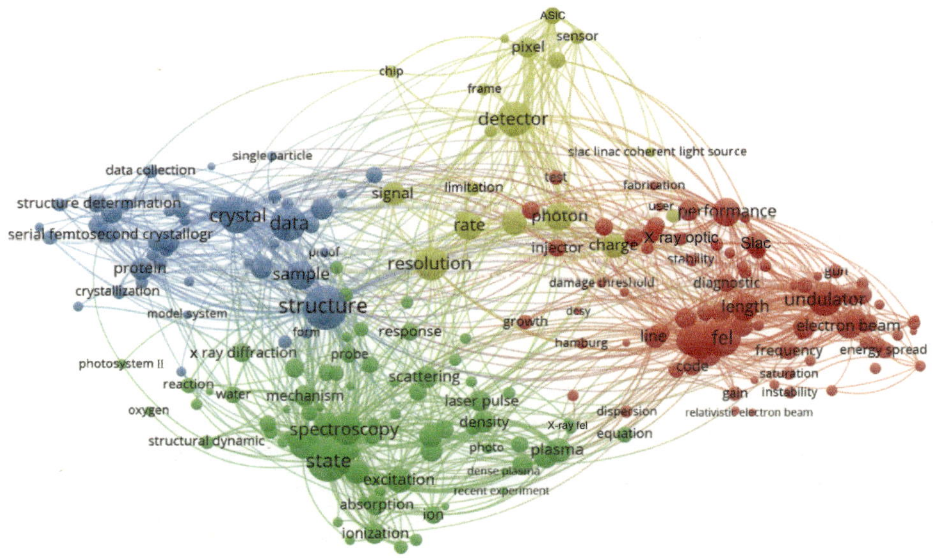

图 3-2　依托美国 SLAC/LCLS 装置的 SCI 论文主题分布

① 美国SLAC/LCLS官方网站将其收集的相关研究论文分为若干主要类别，其中的2个主要类别可以作为研究论文主题分类的依据之一：X射线科学；自由电子激光和加速器科学。同时，SLAC/LCLS对其仪器站的分类也可以作为研究论文主题分类的第二个依据，仪器站的分类主要基于用户进行科学研究实验的领域进行分类：原子、分子和光学科学，软X射线研究，X射线泵浦探头，X射线光子相关光谱法，大分子飞秒晶体学，相干X射线衍射成像，以及极端条件下的物质。

表 3-1　依托美国 SLAC/LCLS 装置的 SCI 论文主题词及研究领域

颜色	主题词（英文）	主题词（中文）	研究领域
（红色）	radiation，FEL，undulator，emittance，operation，performance，gun，line，electron beam，compression，frequency，energy spread，sase，bunch compressor，bunch length	辐射，自由电子激光器，波荡器，发射度，操作，性能，枪，线，电子束，压缩，频率，能量散度，sase（光束线的名称），束压缩机，束长度	自由电子激光和加速器科学（以波荡器为主要研究对象）
（绿色）	state，plasma，electron density，temperature，ionization，electronic structure，molecule，spectroscopy	状态，等离子体，电子密度，温度，电离，电子结构，分子，光谱学	原子、分子和光学科学
（蓝色）	crystal，microcrystal，protein，membrane protein，structure，serial femtosecond crystallography，structure determination，radiation damage，diffraction pattern，algorithm	晶体，微晶，蛋白质，膜蛋白，结构，序列飞秒晶体学，结构测定，辐射损伤，衍射图，算法	大分子飞秒晶体学
（黄绿色）	detector，resolution，pixel，sensor，ASIC，photon，charge	探测器，分辨率，像素，传感器，专用集成电路（application-specific integrated circuit，ASIC），光子，电荷	仪器研究（以探测器为主要研究对象）

3. 依托美国 SLAC/LCLS 装置的 SCI 论文的 TOP10 研究机构

对依托美国 SLAC/LCLS 装置的 SCI 论文的主要发文机构进行分析，发文量 TOP10 机构为美国 SLAC 国家加速器实验室、德国电子同步加速器研究所、美国斯坦福大学（Stanford University，Stanford）、德国马普学会、美国加州大学伯克利分校（Univ Calif Berkeley，UC Berkeley）、美国劳伦斯利弗莫尔国家实验室（Lawrence Livermore National Laboratory，LLNL）、德国汉堡大学（Universität Hamburg）、欧洲 X 射线自由电子激光公司、美国阿贡国家实验室及美国亚利桑那州立大学（Arizona State University，ASU）（表 3-2，图 3-3）。其中，美国有 6 个机构，德国有 3 个机构，欧洲有 1 个联合机构（有 11 个国家参与）。从机构的性质看，以研究所和高校居多，仅有一家企业（欧洲 X 射线自由电子激光公司，是运营 European XFEL 的非营利有限责任公司）。

表 3-2　依托美国 SLAC/LCLS 装置的研究论文的 TOP10 研究机构

序号	机构	国家 / 地区	论文数量 / 篇	发文数量占总论文数量的比例 /%
1	SLAC 国家加速器实验室	美国	834	61.14
2	德国电子同步加速器研究所	德国	277	20.31
3	斯坦福大学	美国	220	16.13
4	马普学会	德国	190	13.93
5	加州大学伯克利分校	美国	171	12.54
6	劳伦斯利弗莫尔国家实验室	美国	154	11.29
7	汉堡大学	德国	148	10.85
8	欧洲 X 射线自由电子激光公司	欧洲	143	10.48

续表

序号	机构	国家／地区	论文数量／篇	发文数量占总论文数量的比例／%
9	阿贡国家实验室	美国	132	9.68
10	亚利桑那州立大学	美国	102	7.48

注：根据统计原则，每篇论文各位作者分别统计一次。后同

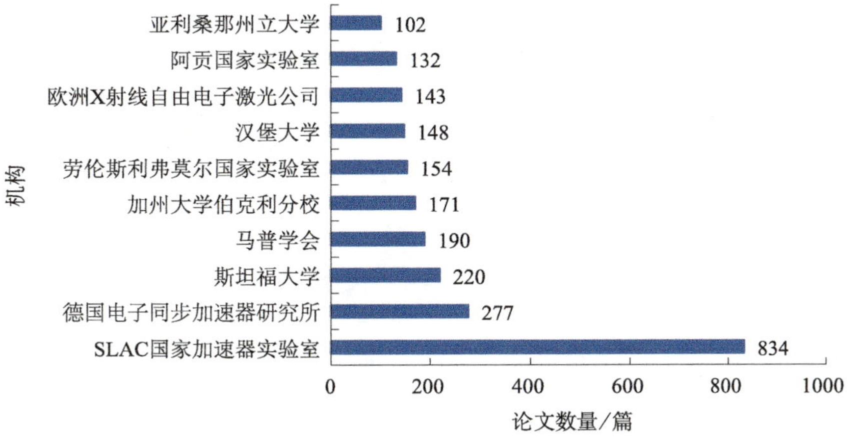

图 3-3　依托美国 SLAC/LCLS 装置的 SCI 论文的 TOP10 机构

4. 依托美国 SLAC/LCLS 装置的影响分析

1）依托美国 SLAC/LCLS 装置的学术影响①

从篇均被引频次的变化趋势来看，2008～2017 年，篇均被引频次呈现先增长再减少的趋势。2008 年，SCI 论文篇均被引频次为 27.0 次，到 2010 年，篇均被引频次达到最高，为 144.1 次，2010～2017 年篇均被引频次总体呈下降趋势，2017 年篇均被引频次为 1.6 次（图 3-4，表 3-3）。

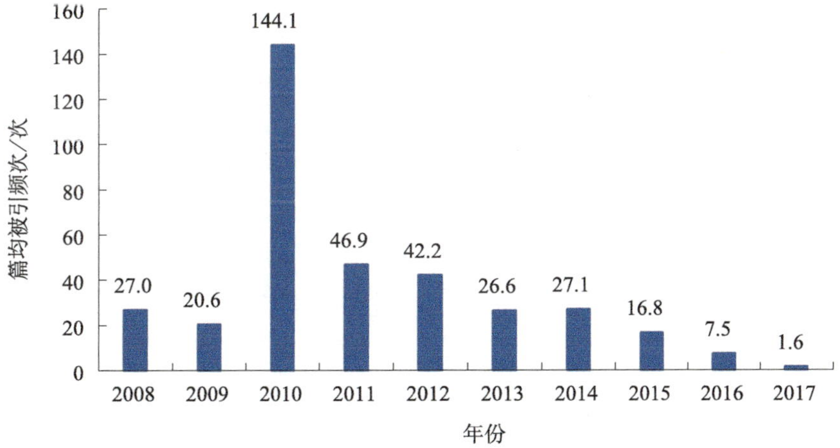

图 3-4　依托美国 SLAC/LCLS 装置的 SCI 论文的学术影响——篇均被引频次

① 从篇均被引频次（被引频次/年度研究论文数量）的变化趋势、TOP3影响因子期刊的变化及研究论文数量占比（TOP3影响因子期刊研究论文数量/同年度所有研究论文数量）变化趋势以及在*Nature*、*Nature*子刊、*Science*发文数量的变化趋势三个角度分析了近十年基于美国SLAC/LCLS装置的研究论文的学术影响。

表 3-3　依托美国 SLAC/LCLS 装置的 SCI 论文的学术影响分析

序号	年份	论文数量/篇	总被引/次	篇均被引/次	基于影响因子的 TOP3 期刊	基于影响因子的 TOP3 期刊发文数占比/%	*Nature*、*Nature* 子刊、*Science* 发文数量/篇	*Nature* 子刊名称
1	2008	15	405	27.0	*Optics Express*、*Journal of Applied Physics*、*Applied Physics Letters*	20.0	0	—
2	2009	30	618	20.6	*Physical Review Letters*、*Optics Letters*、*Applied Physics Letters*	13.3	0	—
3	2010	38	5474	144.1	*Nature*、*Nature Photonics*、*Physical Review Letters*	18.4	2	*Nature Photonics*
4	2011	65	3049	46.9	*Nature*、*Nature Methods*、*Physical Review Letters*	9.2	3	*Nature Methods*
5	2012	142	5992	42.2	*Nature*、*Nature Materials*、*Nature Photonics*	7.0	17	*Nature Photonics*、*Nature Methods*、*Nature Communications*、*Nature Materials*
6	2013	113	3002	26.6	*Nature Materials*、*Science*、*Nature Photonics*	8.0	12	*Nature Materials*、*Nature Physics*、*Nature Communications*、*Nature Photonics*
7	2014	178	4821	27.1	*Nature*、*Nature Materials*、*Nature Photonics*	5.6	23	*Nature Communications*、*Nature Photonics*、*Nature Methods*、*Nature Materials*、*Nature Protocols*
8	2015	201	3376	16.8	*Nature*、*Nature Materials*、*Nature Photonics*	3.0	25	*Nature Communications*、*Nature Physics*、*Nature Photonics*、*Nature Materials*、*Nature Structural & Molecular Biology*、*Nature Chemical Biology*
9	2016	193	1443	7.5	*Nature*、*Nature Materials*、*Nature Photonics*	5.2	22	*Nature Communications*、*Nature Photonics*、*Nature Physics*、*Nature Materials*、*Nature Methods*
10	2017	182	296	1.6	*Nature*、*Nature Photonics*、*Science*	4.4	22	*Nature Communications*、*Nature Methods*、*Nature Astronomy*、*Nature Photonics*

从影响因子排名 TOP3 期刊的变化及其发表的研究论文数量占比变化趋势来看，2008 ～ 2009 年，影响因子最高的期刊分别为 *Optics Express* 和 *Physical Review Letters*。2008 年和 2009 年，影响因子排名 TOP3 的期刊上发表的研究论文的数量在当年研究论文总量中的占比分别为 20.0% 和 13.3%。2010 ～ 2017 年，影响因子最高的期刊主要为 *Nature*，2010 ～ 2017 年，影响因子排名 TOP3 的期刊上发表的研究论文的数量在当年研究论文总量中的占比呈现整体下降的趋势。其中，2010 年基于影响因子的 TOP3 期刊为 *Nature*、*Nature Photonics*、*Physical Review Letters*，其发表的论文数量占当年研究论文总数的 18.4%，2017 年，基于影响因子的 TOP3 期刊为 *Nature*、*Nature Photonics*、*Science*，其发表的论文数量占当年研究论文总数的 4.4%（图 3-5，表 3-3）。

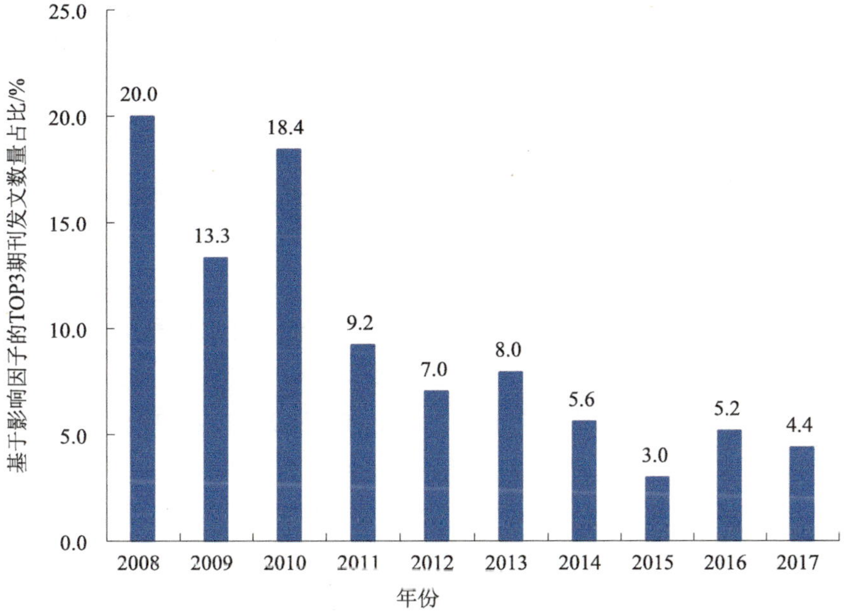

图 3-5　依托美国 SLAC/LCLS 装置的 SCI 论文的学术影响——基于影响因子的 TOP3 期刊发文数量占比

从 *Nature*、*Nature* 子刊、*Science* 发文数量的变化趋势来看，基于美国 SLAC/LCLS 装置的研究论文，从 2010 年开始发表在顶尖学术杂志 *Nature* 及其子刊 *Nature Photonics* 上，数量为 2 篇。2011 年，有 3 篇研究论文发表在 *Nature* 及 *Nature Methods* 上。2012 年开始，*Nature*、*Nature* 子刊、*Science* 的发文数量快速增加。除 2013 年 *Nature*、*Nature* 子刊、*Science* 的发文数量总和为 12 篇之外，2012 ～ 2017 年，在这三个刊物发表研究论文数量的总和均在 17 篇或 17 篇以上，其中 2015 年达到 25 篇。与此同时，发表研究论文的 *Nature* 子刊的种类逐渐增加，2010 年、2012 年、2013 年、2015 年、2017 年分别有研究论文发表在如下领域的子刊：*Nature Photonics*、*Nature Materials*、*Nature Physics*、*Nature Structural & Molecular Biology*、*Nature Chemical Biology*、*Nature Astronomy*、*Nature Communications*（图 3-6，表 3-3）。

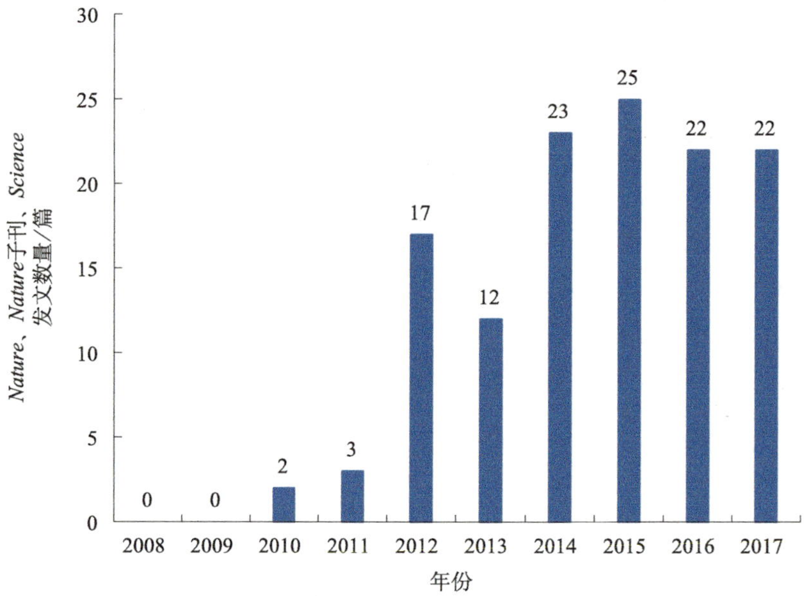

图 3-6 依托美国 SLAC/LCLS 装置的 SCI 论文的学术影响
——*Nature*、*Nature* 子刊、*Science* 发文数量

从上述三个角度可以看到，2010 ～ 2017 年，虽然篇均被引频次的年度变化趋势及基于影响因子的 TOP3 期刊的研究论文数量占比年度变化趋势总体均呈下降趋势，但其发表于顶尖学术杂志 *Nature*、*Nature* 子刊、*Science* 的研究论文数量较多，2010 ～ 2017 年，共有 126 篇论文发表于上述三种期刊上。从 *Nature* 子刊的种类列举中可以看到，其学科领域包含光子学、材料科学、物理学、生物学及天文学，说明美国 SLAC/LCLS 装置所影响的学科范围也较为广泛。

2）依托美国 SLAC/LCLS 装置的学科演化交叉分析

根据 WoS 研究领域分类，对依托美国 SLAC/LCLS 装置的 SCI 论文的学科演化及交叉进行分析。

从 SLAC/LCLS 装置的 SCI 论文学科交叉角度进行分析，物理学、光学、仪器学及工程学是交叉领域最多的 4 个研究领域。其中，物理学的主要交叉领域不仅包含光学、仪器学、工程学，也包含核科学与技术及化学，这 5 个领域的研究论文数量占比为 57.19%，另有 12 个与物理学交叉的研究领域占比为 5.3%。化学、晶体学与材料科学之间互为彼此的主要交叉领域。例如，化学的主要交叉领域为物理学、晶体学与材料科学，其占比为 76.44%；晶体学的主要交叉领域包含化学、材料科学，其占比为 72.46%；材料科学的主要交叉领域包含化学、物理学和晶体学，其占比为 86.21%（表 3-4）。

表 3-4　依托 LCLS 装置各领域 2008 ～ 2017 年发文数量及份额

序号	研究领域	近十年发表论文数量 / 篇	近十年论文数量占该领域所有论文数量比例 /%	交叉领域数量 / 个	主要交叉领域	主要交叉领域研究论文数量占比 /%
1	物理学	720	79.65	17	光学、仪器学、核科学与技术、化学、工程学	57.19
2	光学	256	78.77	11	物理学、仪器学、工程学	75.38
3	仪器学	138	57.98	11	物理学、核科学与技术、光学	96.22
4	科学与技术 – 其他主题	150	98.04	8	物理学、材料科学、化学	9.80
5	化学	173	99.43	8	物理学、晶体学、材料科学	76.44
6	核科学与技术	59	51.30	7	物理学、仪器学	82.61
7	工程学	74	71.84	9	物理学、光学	83.50
8	晶体学	68	98.55	7	化学、材料科学	72.46
9	材料科学	57	98.28	7	化学、物理学、晶体学	86.21
10	生物化学与分子生物学	55	98.21	4	生物物理、细胞生物学、晶体学	66.07

从各领域发文数量及年度变化角度分析，基于 SLAC/LCLS 装置的研究论文共涉及 29 个研究领域，主要领域为物理学、光学、仪器学、化学及核科学与技术。各领域随时间变化的情况具有如下特点。①在物理学、仪器学、核科学与技术领域进行了持续的研究，光学领域也进行了较为持续的研究。② 2010 年为晶体学领域研究的转折点，在此之前，相关文章仅于 2000 年发表过，2010 年之后，论文数量开始稳定增长。科学与技术 – 其他主题、生物化学与分子生物学、材料科学领域也具有类似的特点，论文数量分别于 2010 年、2011 年、2012 年开始稳定增长。③2008 ～2017 年，物理学、光学领域的发文数量占其总发文数量的比例超过 75%，物理学、光学领域研究的日益活跃促使仪器发展更为成熟，促进了 LCLS 装置在化学、晶体学、材料科学及生物化学与分子生物学学科领域的应用研究（图 3-7）。

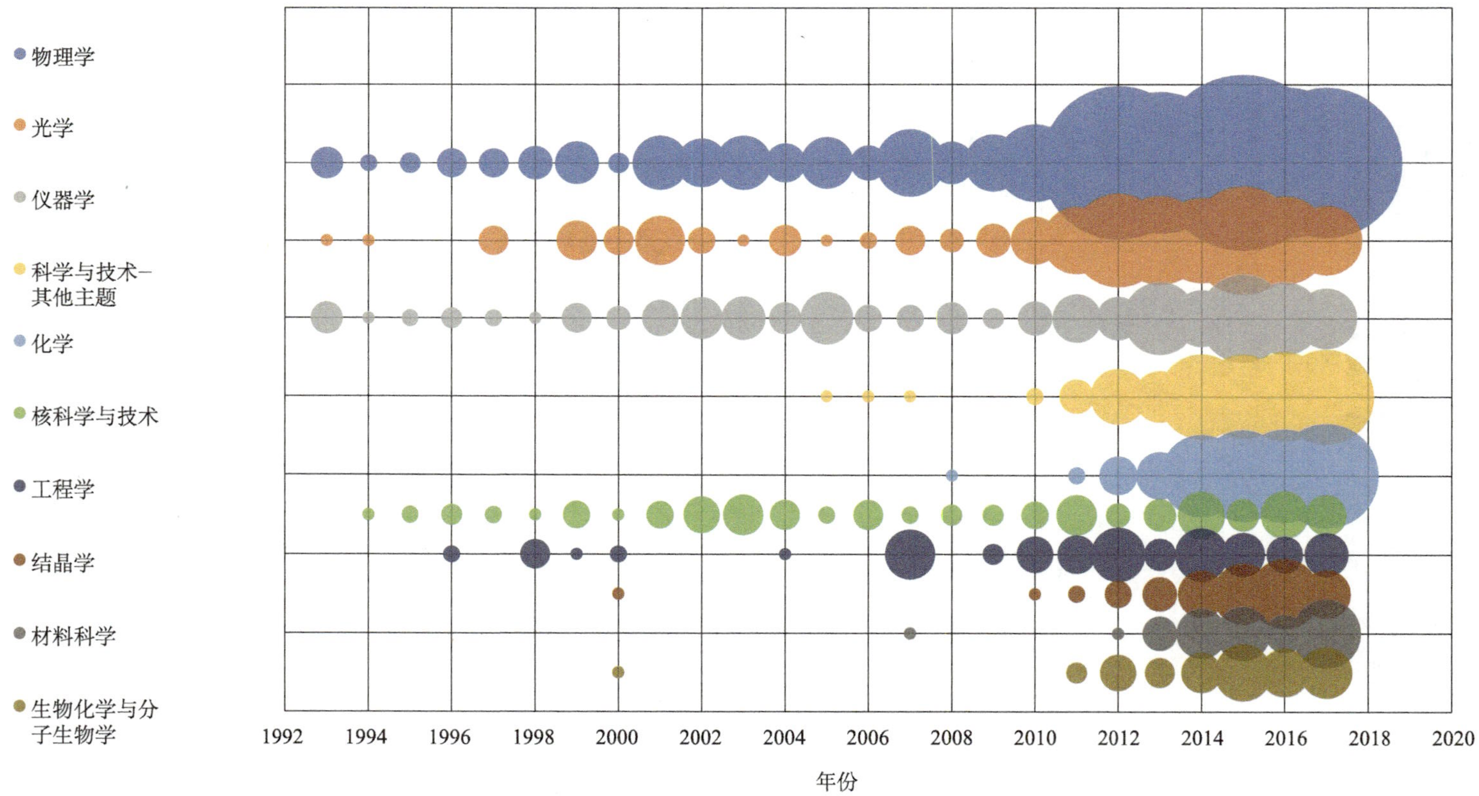

图 3-7　依托美国 SLAC/LCLS 装置的 SCI 论文的学科演化

X 射线自由电子激光装置需要多个学科共同开展研究，并且所需要的研究时间长。从 SLAC/LCLS 装置在仪器研究方面的发展特点分析，仪器研究的领域主要包含物理学、光学、仪器学、核科学与技术。上述研究领域最早的研究论文分别发表于 1991 年、1993 年、1993 年、1994 年，至 2009 年仪器建成的大约 15 年时间内，上述 4 个研究领域所发表的研究论文占各领域论文总数的 21.24%、19.69%、43.28%、51.30%。仪器建成之后，9 年时间内（2009～2017 年），物理学、光学、仪器学的研究进入快速发展时期，所发表的研究论文占各领域论文总数的 78.21%、77.54%、55.04%、48.70%。根据上述特点，建议在物理学、光学、仪器学、核科学与技术等领域进行持续、稳定、有计划的基金支持，以实现国家具有主知识产权的 X 射自由电子激光装置的建设。

3）依托美国 SLAC/LCLS 装置的国际合作分析

对依托美国 SLAC/LCLS 装置的 SCI 论文进行国际合作分析，发表 SCI 论文 TOP10 的国家中，美国和德国与其他国家建立了密切的合作关系，是合作国家中发表 SCI 论文数量最多的两个国家（44 个）。与美国合作最密切的三个国家为德国、瑞典和英国，与德国合作最密切的三个国家为美国、瑞典和英国。中国与 26 个国家有合作，其中合作最为密切的三个国家是美国、德国和瑞士。中国已经在国际合作中与多个国家展开了合作，建议国家在国际合作方面继续予以稳定支持，以延续已有合作关系，继续扩大国际合作网络，加速具有主知识产权的 X 射线自由电子激光装置的建设进程（图 3-8，表 3-5）。

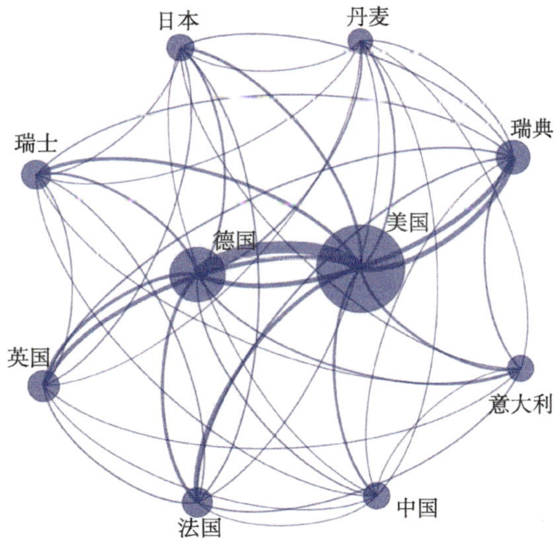

图 3-8 依托美国 SLAC/LCLS 装置的 SCI 论文的国际合作

表 3-5　依托美国 SLAC/LCLS 装置的 SCI 论文的国际合作

序号	国家	合作国家数量 / 个	TOP3 合作国家
1	美国	44	德国、瑞典、英国
2	德国	44	美国、瑞典、英国
3	瑞典	30	美国、德国、法国
4	英国	32	美国、德国、瑞典
5	法国	33	美国、德国、瑞典
6	瑞士	32	美国、德国、瑞典
7	日本	28	美国、德国、瑞典
8	意大利	28	美国、德国、瑞典
9	中国	26	美国、德国、瑞士
10	俄罗斯	21	美国、德国、法国

4）依托 SLAC/LCLS 装置的重大突破及获奖

2013 年，美国物理学会将 Robert R. Wilson“粒子加速器物理学成就奖”颁发给 LCLS 项目总监 John Galayda，以表彰和鼓励他在粒子加速器物理方面的杰出成就，同时也认可了 John Galayda 在阿贡国家实验室先进光子源加速器系统方面所做的工作和他在布鲁克海文国家实验室的国家同步辐射光源的工作①。

2014 年，费米奖②颁发给了美国 SLAC 国家实验室的访问科学家和咨询教授 Claudio Pellegrini。Claudio Pellegrini 的开创性研究，加深了人们对相对论电子束和自由电子激光的理解，为第一台硬 X 射线自由电子激光装置的成功开发奠定了基础③。

2014 年，劳伦斯奖④颁发给了 Siegfried Glenzer。他是 SLAC 杰出的工作人员科学家，专门从事极端条件下的高功率激光物质实验。Siegfried Glenzer 开发和应用 X 射线汤姆逊散射技术来精确测量致密等离子体的温度和其他性质。这项技术已被证明是等离子体中电子温度和电子密度的重要探针，是 LCLS 的“极端条件下的物质研究实验

① APS. 2013 Robert R. Wilson Prize for Achievement in the Physics of Particle Accelerators Recipient. https://www.aps.org/programs/honors/prizes/prizerecipient.cfm?last_nm=Galayda&first_nm=John&year=2013 [2018-05-07].

② 恩里科·费米奖（Enrico Fermi Award，简称费米奖）：费米奖是美国政府颁发的一项国际奖，于1954年设立。一般每年颁发一次，用来奖励在核能开发、利用或控制方面取得杰出科技成就的人士。费米奖不授予单项成果，而是以获奖者一生的功绩作为评价标准，予以奖励。获奖候选人由美国全国科学院院士、各科学技术学会的官员和其他有专业知识或专门特长的人士提名推荐，推荐人还包括其他国家政府机构的负责人及科学界人士。费米奖的评选与颁发工作由美国能源研究和开发署负责，最后需经美国总统的批准。

③ DOE. President Obama Names Scientists Pellegrini and Shank as 2014 Enrico Fermi Award Recipients. https://www.energy.gov/articles/president-obama-names-scientists-pellegrini-and-shank-2014-enrico-fermi-award-recipients[2018-05-07].

④ 欧内斯特·奥兰多·劳伦斯奖（Ernest Orlando Lawrence Award，简称劳伦斯奖）是由美国能源部设立的，对实现美国能源部使命的卓越的科学、技术或工程颁发奖励。

站”使用的主要诊断方法之一[①]。

2014 年，弗兰克·萨切尔奖[②]被颁发给了 Agostino Marinelli，以奖励其为 SLAC/LCLS 装置增加额外功能所做的努力。他研究了创建双色光束的方法，使得用户可以使用双色光束在 LCLS 上进行一些以前无法执行的重要实验，如通过使用两种不同波长的光来确定蛋白质等生物样品的结构[③]。

2015 年，道森奖[④]授予了由牛津大学的研究人员领导的团队，包括美国 SLAC 的 Bob Nagler 和 Philip Heimann 在内。研究人员首次使用 LCLS 以受控方式创建和探测 360 万℃物质，这个实验标志着在理解星体、行星深层次结构，以及核聚变反应核心物质的极端状态方面迈出了重要的一步[⑤]。

2015 年，德国研究基金会授予 DESY 的 Henry Chapman 莱布尼茨奖[⑥]，奖金为 250 万欧元。Henry Chapman 使用 FLASH 和 LCLS 研究了确定生物蛋白质原子级结构的新方法。这项开创性的工作表明，X 射线自由电子激光装置是以 X 射线源的方式研究结晶生物样品的强大工具[⑦]。

2017 年，LCLS 青年研究者奖[⑧]被颁发给了美国斯坦福大学和瑞典隆德大学（Lund University）的研究人员 Kasper Kjaer，以奖励其在分子动力学领域所取得的成绩[⑨]。

3.2.2 依托日本 SPring-8 /SACLA 装置的科技发展及影响力分析

1. 依托日本 SPring-8/SACLA 装置的 SCI 论文数量分析

依托日本 SPring-8/SACLA 装置的 SCI 论文最早发表于 2001 年。2001 ～ 2017 年，

① SLAC. SLAC's Siegfried Glenzer Selected to Receive E.O. Lawrence Award. https://www6.slac.stanford.edu/news/2014-04-16-slacs-siegfried-glenzer-selected-receive-eo-lawrence-award.aspx[2018-05-07].

② 弗兰克·萨切尔（Frank Sacherer）奖，是由欧洲物理学会颁发给年轻加速器物理学家的一个奖项，以奖励其在职业生涯的早期阶段为加速器领域做出的具有原创性的重大贡献。

③ SLAC. SLAC Accelerator Physicist Receives European Prize. https://www6.slac.stanford.edu/news/2014-04-17-slac-accelerator-physicist-receives-european-prize.aspx[2018-05-07].

④ 约翰·道森等离子体物理杰出贡献奖（John Dawson Award for Excellence in Plasma Physics Research，简称道森奖）奖励在等离子体物理研究领域取得的突出成就。2007年以前，该奖项被命名为等离子体物理杰出贡献奖。

⑤ SLAC. Dawson Award Recognizes SLAC X-ray Laser Experiment that Probed 3.6-million-degree Matter. https://www6.slac.stanford.edu/news/2016-01-06-dawson-award-recognizes-slac-x-ray-laser-experiment-probed-36-million-degree-matter[2018-05-07].

⑥ 莱布尼茨奖是德国研究的最高荣誉，以戈特弗里德·威廉·莱布尼茨（Gottfried wilhelm Leibniz）的名字命名。

⑦ DESY. Leibniz Prize for DESY Scientist Henry Chapman. http://photon-science.desy.de/news__events/news__highlights/archive/archive_of_2014/leibniz_prize_for_desy_scientist_henry_chapman/index_eng.html[2018-05-07].

⑧ LCLS青年研究者奖（LCLS Young Investigator Award），旨在表彰使用LCLS进行卓越研究的早期阶段的科学家。

⑨ SLAC. Kasper Kjaer Wins First LCLS Young Investigator Award. https://www6.slac.stanford.edu/news/2017-09-26-kasper-kjaer-wins-first-lcls-young-investigator-award.aspx[2018-05-07].

依托日本 SPring-8/SACLA 装置的研究论文共有 294 篇。2001 ～ 2008 年，每年论文数量均较少。2009 年和 2010 年的研究论文数量分别为 14 篇和 11 篇。2011 年 6 月，SPring-8/SACLA 装置发射激光，于 2012 年 3 月开始用户实验。2011 ～ 2017 年，论文数量整体呈上升趋势（图 3-9）。

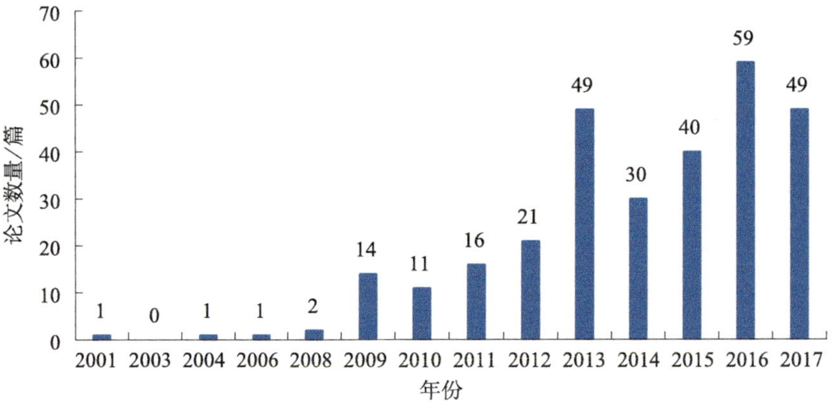

图 3-9　基于日本 SPring-8/SACLA 装置的研究论文变化趋势

2. 依托日本 SPring-8/SACLA 装置的 SCI 论文的研究主题分布

使用 VOSviewer 对日本 SPring-8/SACLA 装置的 SCI 论文的标题和摘要字段进行聚类分析，对 2001 ～ 2017 年的 290 余篇研究论文进行主题分类，用三个颜色代表不同的主题，其中红色部分对应的主题词代表自由电子激光和加速器科学，以及原子、分子和光学科学两个研究领域，蓝色部分对应的主题词代表相干 X 射线衍射的研究领域，绿色部分对应的主题词代表序列飞秒晶体学的研究领域（图 3-10，表 3-6）。

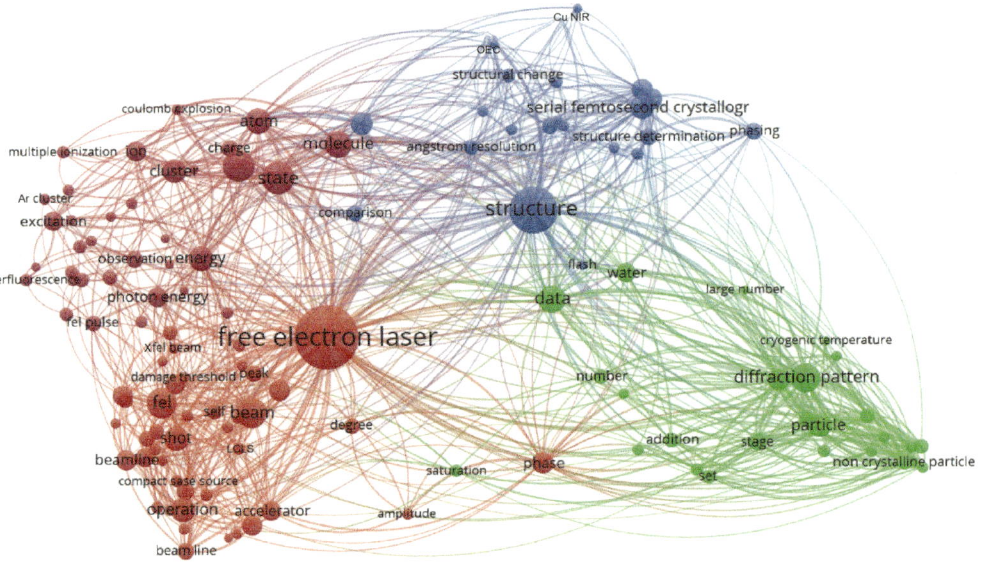

图 3-10　基于日本 SPring-8/SACLA 研究论文的研究主题变化分析

表 3-6　依托 SPring-8/SACLA 装置的 SCI 论文的主题词及研究领域（使用 VOSviewer）

颜色	主题词（英文）	主题词（中文）	研究领域
橙色	accelerator，electron beam，undulator，pulse energy，mirror，spectrometer，cluster，atom，ion，molecule，photo ionization，multiple ionization，fluorescence，super fluorescence	加速器，电子束，波荡器，脉冲能量，镜子，光谱仪，聚簇，原子，离子，分子，光电离，多重电离，荧光，超级荧光	自由电子激光和加速器科学，原子、分子和光学科学
绿色	particle，biology，cell，non-crystalline particle，diffraction pattern，coherent X-ray diffraction，structural analysis	粒子，生物学，细胞，非晶粒子，衍射图，相干 X 射线衍射，结构分析	相干 X 射线衍射
蓝色	protein，water，biological system，ligand，serial femtosecond crystallography	蛋白质，水，生物系统，配体，序列飞秒晶体学	串行飞秒晶体学

根据 WoS 对于研究领域的分类，对 2001 ～ 2017 年的研究论文进行领域分析。2001 ～ 2010 年，研究领域主要以对仪器自身的研究为主，主要研究领域包含物理学、仪器学、光学、核科学与技术及材料科学。2011 ～ 2017 年，日本 SPring-8/SACLA 装置的应用扩展到了化学、结晶学、生物化学与分子生物学等领域（表 3-7）。

从研究领域所对应的关键词角度对研究主题随时间的变化进行具体分析。2001 ～ 2010 年，对仪器自身的研究包含光束光学、成堆压缩器、低温辐射计、退磁等方面。2011 ～ 2017 年，主题词主要分为仪器自身研究与装置应用研究两类。对仪器自身的研究主要包含光子诊断、X 射线镜、直线加速器，以及 X 射线晶体学等。日本 SPring-8/SACLA 装置的应用领域包含相干 X 射线衍射成像、串行飞秒晶体学、辐射损伤，以及非结晶颗粒的结构分析（表 3-7）。

表 3-7　依托 SPring-8/SACLA 装置的 SCI 论文的主题变化（使用 DDA）

时间范围	所选研究领域对应论文数量 / 篇	研究领域	主要关键词
2001 ～ 2010 年	30	物理学；仪器学；光学；核科学与技术；材料科学；光谱学	原子 – 光子碰撞，原子簇，光束光学，韧致辐射，成堆压缩器，库仑爆炸，低温辐射计，死区时间（dead-time）自由离子动量光谱，退磁
2011 ～ 2017 年	264	物理学；光学；科学与技术 – 其他主题；仪器仪表；化学；材料科学；核科学与技术；工程学；生物化学与分子生物学；晶体学。	相干 X 射线衍射成像，串行飞秒结晶学，光子诊断，辐射损伤，非结晶颗粒的结构分析，X 射线镜，铜，直线加速器，纳米晶，X 射线晶体学，X 射线光学

3. 依托 SPring-8/SACLA 装置的 SCI 论文的 TOP10 研究机构

对依托 SPring-8/SACLA 装置的 SCI 论文的发文机构进行分析，发文数量排前 10 位的机构分别为日本理化研究所（RIkagaku KENkyusho/Institute of Physical and Chemical

Research，RIKEN）、京都大学（Kyoto University）、大阪大学（Osaka University）、东京大学（University of Tokyo）、东北大学（Tohoku University）、德国电子同步加速器研究所、美国 SLAC 国家加速器实验室、广岛大学（Hiroshima University）、庆应义塾大学（Keio University）、日本原子能研究所（Japan Atomic Energy Research Institute，JAERI）。其中，日本有 8 个机构，德国、美国各有 1 个机构。从机构的性质看，其均为研究所和高校，其中研究所为 4 个，高校为 6 个（表 3-8，图 3-11）。

表 3-8　依托 SPring-8/SACLA 装置的 SCI 论文的 TOP10 研究机构

序号	机构	国家	论文数量 / 篇	占论文总数的份额 /%
1	日本理化研究所	日本	261	88.78
2	京都大学	日本	76	25.85
3	大阪大学	日本	71	24.15
4	东京大学	日本	53	18.03
5	东北大学	日本	46	15.65
6	德国电子同步加速器研究所	德国	24	8.16
7	美国 SLAC 国家加速器实验室	美国	19	6.46
8	广岛大学	日本	17	5.78
9	庆应义塾大学	日本	17	5.78
10	日本原子能研究所	日本	14	4.76

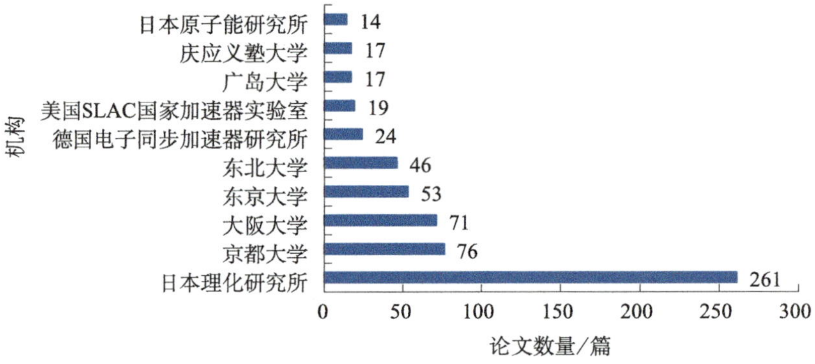

图 3-11　依托日本 SPring-8/SACLA 装置的 SCI 论文的 TOP10 机构

4. 依托日本 SPring-8/SACLA 装置的影响分析

1）依托日本 SPring-8/SACLA 装置的学术影响[①]

从篇均被引频次的变化趋势来看，2008 年依托 SPring-8/SACLA 装置发表的 SCI 论文有 2 篇，分别发表在 *Nature Photonics* 及 *Review of Scientific Instruments* 杂志上，

① 从篇均被引频次的变化趋势、基于影响因子的TOP3期刊的变化、研究论文数量占比变化趋势，以及在*Nature*、*Nature*子刊、*Science*发文数量总和的变化趋势三个角度分析2008～2017年基于日本SPring-8/SACLA研究论文的学术影响。

其中，在 *Nature Photonics* 上发表的论文为日本原子能研究所针对使用 2GeV 设备产生 X 射线的研究，被引频次为 264 次。2009 ～ 2012 年，研究论文的篇均被引频次为 12.5 ～ 17.7 次。2013 ～ 2017 年，研究论文数量较 2013 年之前有整体上升的趋势，但篇均被引频次呈现先增长再减少的趋势。2013 年篇均被引频次为 23.1 次，2014 年篇均被引频次最高，为 36.3 次，2015 ～ 2017 年篇均被引频次逐渐下降，2017 年篇均被引频次为 2.1 次（图 3-12，表 3-9）。

表 3-9　依托日本 SPring-8/SACLA 装置的 SCI 论文的学术影响分析

序号	年份	论文数量 / 篇	总被引频次 / 次	篇均被引频次 / 次	基于影响因子的 TOP3 期刊名称	基于影响因子的 TOP3 期刊发文数量占比（%）	*Nature*、*Nature* 子刊、*Science* 发文数量 / 篇	*Nature* 子刊名称
1	2008	2	296	148	*Nature Photonics*、*Review of Scientific Instruments*	100.0	1	*Nature Photonics*
2	2009	14	248	17.7	*Optics Express*、*Journal of Synchrotron Radiation*、*Physical Review A*	21.4	0	—
3	2010	11	138	12.5	*Physical Review Letters*、*Metrologia*、*Physical Review A*	36.4	0	—
4	2011	16	282	17.6	*Physical Review Letters*、*Optics Express*、*Physical Review A*	31.3	0	—
5	2012	21	275	13.1	*Physical Review Letters*、*Applied Physics Letters*、*Optics Express*	19.0	0	—
6	2013	49	1131	23.1	*Nature Photonics*、*Nano Letters*、*Nature Communications*	6.1	2	*Nature Photonics*、*Nature Communications*
7	2014	30	1090	36.3	*Nature Photonics*、*Nature Methods*、*Nano Letters*	10.0	7	*Nature Photonics*、*Nature Methods*、*Nature Communications*
8	2015	40	868	21.7	*Nature*、*Nature Methods*、*Nature Communications*	12.5	5	*Nature Methods*、*Nature Communications*

续表

序号	年份	论文数量/篇	总被引频次/次	篇均被引频次/次	基于影响因子的TOP3期刊名称	基于影响因子的TOP3期刊发文数量占比(%)	*Nature*、*Nature*子刊、*Science*发文数量/篇	*Nature*子刊名称
9	2016	59	441	7.5	*Nature Materials*、*Nature Photonics*、*Science*	8.5	6	*Nature Materials*、*Nature Photonics*、*Nature Communications*
10	2017	49	101	2.1	*Nature*、*Nature Photonics*、*Science*	6.1	5	*Nature Photonics*、*Nature Communications*

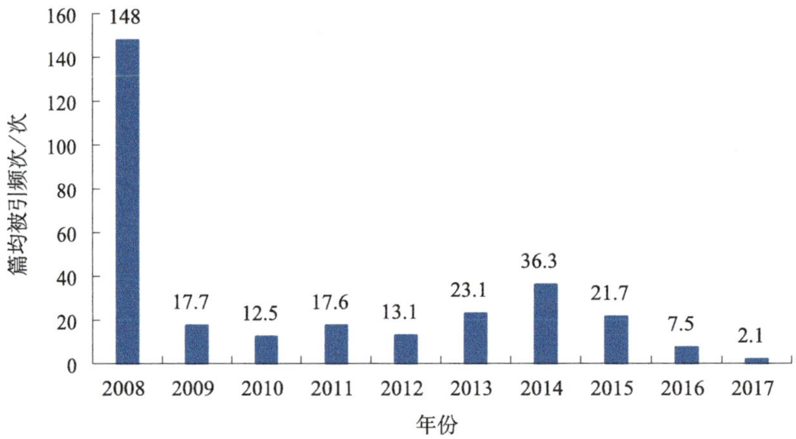

图 3-12 依托日本 SPring-8/SACLA 装置的 SCI 论文的学术影响——篇均被引频次

从基于影响因子的 TOP3 期刊的变化以及发文数量占比变化趋势来看，2008 年发表的一篇论文发表于 *Nature Photonics* 上，2009 年开始，发文数量开始超过 10 篇；2009 年，论文影响因子最高的期刊为 *Optics Express*，2010 ～ 2012 年，影响因子最高的期刊为 *Physical Review Letters*；2009 ～ 2012 年，基于影响因子的 TOP3 期刊发表研究论文数量占各年度的比例分别为 21.4%、36.4%、31.3% 和 19.0%。2013 ～ 2017 年，影响因子排名 TOP3 的期刊重新出现了具有较高影响因子的 *Nature* 子刊等刊源，基于影响因子的 TOP3 期刊发文数量占各年度的比例较 2009 ～ 2012 年比例有所下降，该比例范围为 6.1% ～ 12.5%。其中，2015 年，影响因子排名前 3 的期刊为 *Nature*、*Nature Methods* 及 *Nature Communications*，其发文数量占当年研究论文总数的 12.5%。2017 年影响因子排名前 3 的期刊为 *Nature*、*Nature Photonics* 及 *Science*，其发文数量占当年研究论文总数的 6.1%（图 3-13，表 3-9）。

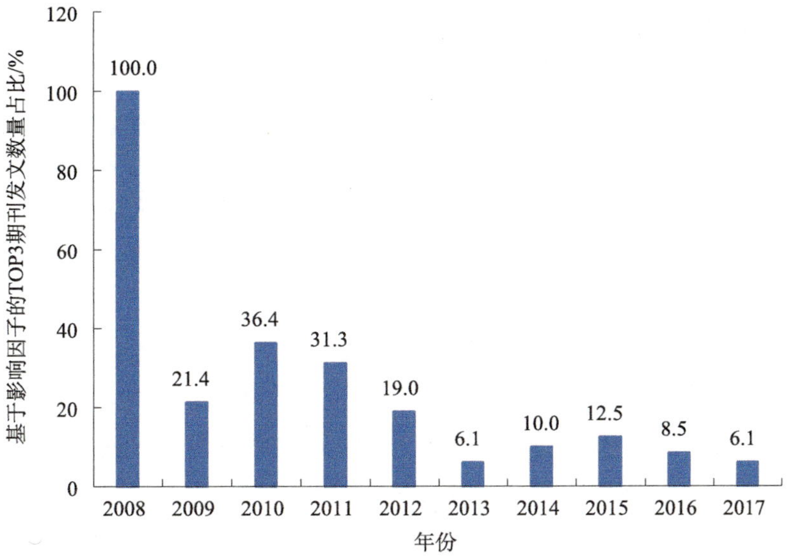

图 3-13　依托日本 SPring-8/SACLA 装置的 SCI 论文的学术影响
——基于影响因子的 TOP3 期刊发文数量占比

从 *Nature*、*Nature* 子刊、*Science* 发文数量的变化趋势来看，依托 SPring-8/SACLA 装置的研究论文，2008 年有 1 篇。2009 ～ 2012 年为 0 篇。2013 ～ 2017 年，持续有研究论文发表在 *Nature*、*Nature* 子刊、*Science* 上。2013 ～ 2017 年，在 *Nature*、*Nature* 子刊、*Science* 发文数量分别为 2 篇、7 篇、5 篇、6 篇、5 篇（图 3-14）。从 *Nature* 子刊的种类看，主要包含 *Nature Photonics*、*Nature Materials*、*Nature Communications* 及 *Nature Methods*（表 3-9）。

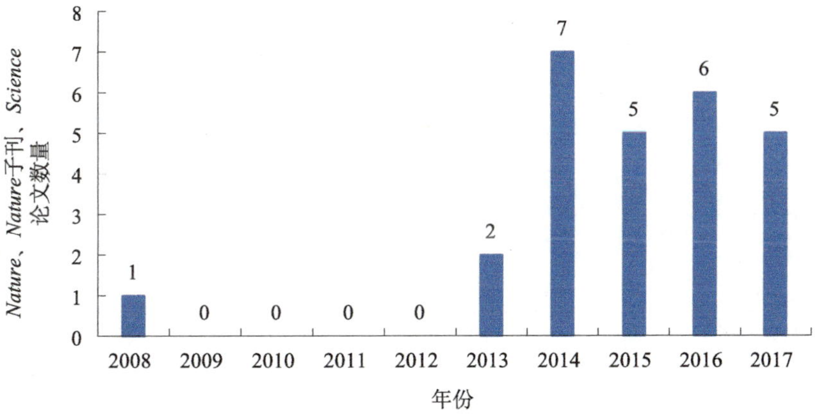

图 3-14　依托日本 SPring-8/SACLA 装置的 SCI 论文的学术影响——*Nature*、*Nature* 子刊、*Science* 论文数量

从上述三个角度可以看到，2008 ～ 2017 年，虽然篇均被引频次的年度变化趋势及 TOP3 影响期刊的研究论文数量占比年度变化趋势年均存在下降的趋势，但其

2008～2017年共有26篇研究论文发表于顶尖学术杂志*Nature*、*Nature*子刊及*Science*上。2012年，装置开始用户实验。2012～2017年，*Nature*、*Nature*子刊、*Science*发文数量为25篇。从*Nature*子刊的种类可以初步判断，装置SPring-8/SACLA助力光子学、材料科学等领域的科研人员，使其取得具有较高国际影响的科学成就。

2）依托日本SPring-8/SACLA装置的SCI论文学科演化交叉分析

根据WoS研究领域分类，对近十年基于SPring-8/SACLA研究论文的学科演化及交叉进行分析。

依托日本SPring-8/SACLA装置的SCI论文中，物理学、核科学与技术、材料科学及工程学是交叉领域中最多的4个研究领域。其中，物理学与10个其他学科有交叉研究，核科学与技术、材料科学及工程学分别与6个学科有交叉研究。物理学的主要交叉领域包含光学、仪器学和化学。这3个领域的研究论文数量占物理学学科研究论文数量的比例为68.4%，另有7个领域与物理学交叉的研究领域占比为19.3%。化学与材料科学之间互为彼此的主要交叉领域之一，生物化学与分子生物学及结晶学互为彼此的主要交叉领域之一。例如，化学的主要交叉领域为物理学与材料科学，其中化学与物理学、材料科学交叉研究发表的论文占据化学领域论文的比例为77.8%。结晶学的主要交叉领域包含化学、生物化学与分子生物学，交叉研究的论文占结晶学领域论文的比例为91.7%（表3-10）。

表3-10　各领域及其交叉领域近十年发文数量及份额

序号	研究领域	近十年发表论文数量/篇	近十年论文数量占比/%	交叉领域数量（所有年份）/个	主要交叉领域	主要交叉领域占比/%
1	物理学	184	98.40	10	光学、仪器学、化学	68.4
2	光学	94	98.95	5	物理学、仪器学	75.8
3	仪器学	58	98.31	3	物理学、光学	100.0
4	科学与技术－其他主题	51	100.00	3	物理学、材料科学	7.8
5	化学	27	100.00	5	物理学、材料科学	77.8
6	核科学与技术	19	95.00	6	物理学、仪器学	90.0
7	材料科学	18	100.00	6	化学、物理学	83.3
8	工程学	14	100.00	6	物理学、光学	57.1
9	生物化学与分子生物学	13	100.00	4	生物物理、结晶学、细胞生物学	53.8
10	结晶学	12	100.00	5	化学、生物化学与分子生物学	91.7

从各领域发文数量及年度变化角度分析，依托日本 SPring-8/SACLA 装置的 SCI 论文涉及 20 个研究领域，主要为物理学、光学、仪器学、科学与技术－其他主题及化学。各领域随时间变化的情况具有如下特点：①在物理学、光学、仪器学、核科学与技术领域的研究开始时间较早，近十年，物理学、光学、仪器学、核科学与技术的研究论文数量占各领域发文总量的 95% 及以上；②从 2012 年装置开始用户实验之后，研究领域包含科学与技术－其他主题、化学、材料科学、生物化学和分子生物学及结晶学等学科领域，虽然其研究论文数量有起伏式的变化，但上述各学科整体均呈上升的变化趋势（图 3-15）。

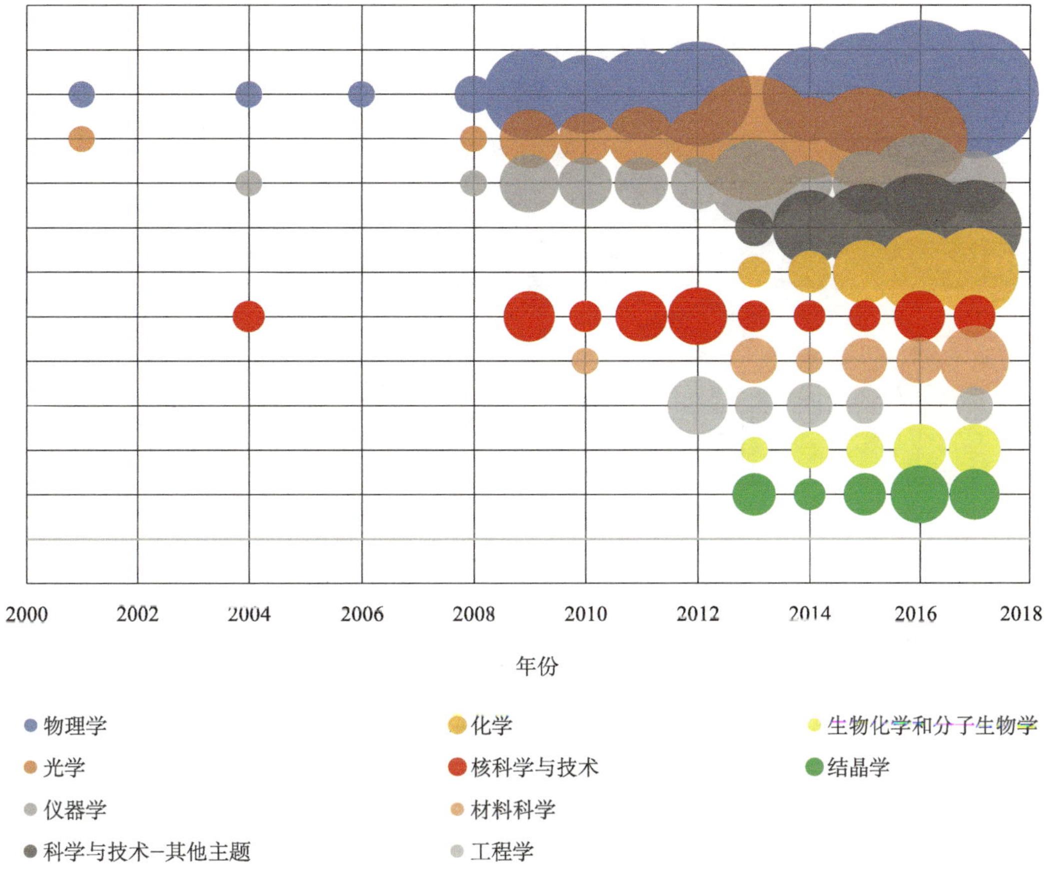

图 3-15　依托日本 SPring-8/SACLA 装置的学科演化

3）依托日本 SPring-8/SACLA 装置的 SCI 论文的国际合作

对依托日本 SPring-8/SACLA 装置的 SCI 论文进行国际合作分析。发表 SCI 论文 TOP10 的国家中，日本与其他国家建立了密切的合作网络，合作国家数量最多（25 个），与日本合作最密切的三个国家为德国、美国和韩国。中国与 14 个国家建立了合作关系，其中合作最为密切的三个国家是日本、美国和德国（图 3-16，表 3-11）。

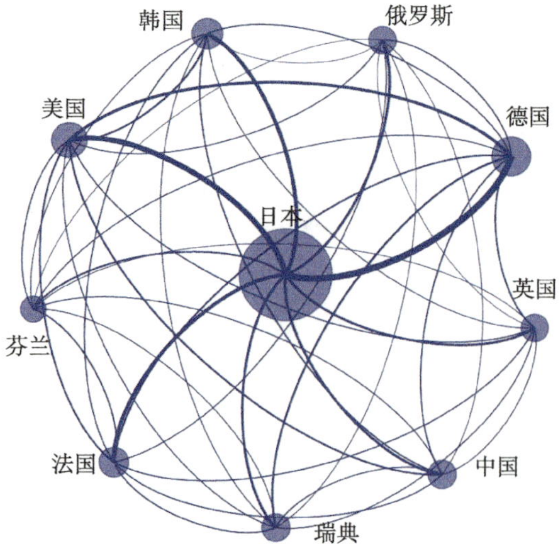

图 3-16 基于 SPring-8/SACLA 研究论文的国际合作示意图

表 3-11 基于 SPring-8/SACLA 研究论文的国际合作情况

序号	国家	合作国家数量 / 个	TOP3 合作国家
1	日本	25	德国、美国、韩国
2	德国	22	日本、美国、瑞典
3	美国	20	日本、德国、中国
4	韩国	11	日本、美国、瑞典
5	法国	16	日本、德国、美国
6	中国	14	日本、美国、德国
7	瑞典	16	日本、德国、法国
8	俄罗斯	12	日本、德国、法国
9	英国	15	日本、德国、美国
10	芬兰	12	日本、法国、美国

3.2.3 小结

1991 ～ 2017 年，依托美国 SLAC/LCLS 装置的 SCI 论文共有 1364 篇。SLAC/LCLS 装置于 2009 年正式建设完成，2009 ～ 2017 年，论文数量呈整体上升的趋势。SCI 论文对应的研究领域主要有 4 个：以波荡器为主要研究对象的自由电子激光和加速器科学，原子、分子和光学科学，大分子飞秒晶体学，以探测器为主要研究对象的仪器研究。SCI 论文排前 10 位的机构为：美国 SLAC 国家加速器实验室、德国电子同步加速器研究所、美国斯坦福大学、德国马普学会、美国加州大学伯克利分校、美国劳伦斯利弗莫尔国家实验室、德国汉堡大学、欧洲 X 射线自由电子激光公司、美国阿贡国家实验室及美国亚利桑那州立大学。其中，美国有 6 个机构，德国有 3 个机构，欧洲有 1 个联合机构（有 11 个国家参与）。依托美国 SLAC/LCLS 装置的 SCI 论文，近十年篇均被引频次呈现先增长再减少的趋势。但其发表于顶尖学术杂志 *Nature*、*Nature* 子刊、*Science* 的研究论文数量较多，2010 ～ 2017 年，共有 126 篇论文发表于上述三种期刊上。从 *Nature* 子刊的种类来看，美国 SLAC/LCLS 装置所影响的学科范围也较为广泛，主要覆盖光子学、材料科学、物理学、生物学及天文学。依托美国 SLAC/LCLS 装置的发表 SCI 论文 TOP10 的国家中，美国和德国与 44 个国家建立了密切的合作关系。美国与德国、瑞典和英国三个国家合作最密切，德国与美国、瑞典和英国三个国家合作最密切。中国与 26 个国家建立了合作关系，其中与美国、德国和瑞士三个国家合作最密切。

依托 SLAC/LCLS 装置的研究已经获得多项重大突破及奖项。2013 ～ 2017 年，美国物理学会、欧洲物理学会、美国政府、德国最重要的研究奖（莱布尼茨奖）评审机构等向依托 SLAC/LCLS 装置的研究颁过奖，这些研究的范围既包含装置自身的理论和实验研究，也包含原子结构、分子动力学等研究，体现了 SLAC/LCLS 装置对科学发展的促进作用。

依托日本 SPring-8/SACLA 装置的 SCI 论文最早发表于 2001 年，2001 ～ 2017 年间共发表 294 篇 SCI 论文。2011 ～ 2017 年，论文数量整体呈上升趋势。SCI 论文的研究主题主要有自由电子激光和加速器科学，原子、分子和光学科学，相干 X 射线衍射，序列飞秒晶体学等，研究领域涉及物理学、仪器学、光学、核科学与技术、材料科学、化学、结晶学、生物化学与分子生物学等。依托 SPring-8/SACLA 装置的发文数量排前 10 位的机构分别为日本理化研究所、京都大学、大阪大学、东京大学、（日本）东北大学、德国电子同步加速器研究所、美国 SLAC 国家加速器实验室、广岛大学、庆应义塾大学、日本原子能研究所。其中，日本有 8 个机构，德国、美国各有 1 个机构。从依托日本 SPring-8/SACLA 装置的影响来看，2008 年依托 SPring-8/SACLA 装置发表 SCI 论文 2 篇，分别发表在 *Nature Photonics* 及 *Review of Scientific Instruments* 杂志上。2013 ～ 2017 年，研究论文数量较 2013 年之前有整体上升的趋势，但篇均被引频次呈现先增长再减少的趋势。2008 ～ 2017 年共有 26 篇研究论文发表于顶尖学术杂志 *Nature*、*Nature* 子刊、*Science*。2012 年装置开始用户实验。2012 ～ 2017 年，*Nature*、*Nature* 子刊、*Science* 发文数量为 25 篇。SPring-8/SACLA 装置助力光子学、材料科学等领域的科研人员，使其取得具有较高国际影响的科学成就。依托日本 SPring-8/SACLA 装置的发表 SCI 论文 TOP10 的国家中，日本与 25 个国家建立了密切的合作关系，其中与德国、美国和韩国合作最密切；中国与 14 个国家建立了合作关系，其中与日本、美国和德国合作最密切。

3.3 启示与建议

3.3.1 注重装置综合性能、为各类型人才创设良好的工作环境

中国于“十五”期间编制的国家科学技术中长期发展计划战略研究报告明确指出，应制订并分阶段实施从深紫外起步、以X射线为最终目标的自由电子激光系统总体发展计划。在《中国至2050年重大科技基础设施发展路线图》中，X射线自由电子激光装置被列为我国未来发展的装置之一。考虑到国内用户对硬X射线自由电子激光不断增长的需求、国际上硬X射线自由电子激光的发展趋势、国内的研究实力及技术基础，我国硬XFEL于2017年获得批准启动。目前，位于张江的硬X射线项目的5个工作井地下主体结构全面开工，预计到2022年年底，硬X射线项目建筑安装工程完成后将进行大科学装置安装调试，2025年左右可投入使用。

在加快步伐建设硬X射线自由电子激光装置的同时，如何建好和用好装置是需要考虑的问题。在装置的性能方面要能够做到不追求单一目标的国际领先，重视其综合性能的建设；同时还要重视各类型人才的培养与工作环境的创设。这包括装置的建设人才、装置的运营人才（实验技术开发人才、数据分析人才等）、装置的软件开发人才等；只有为各类型人才创设良好的工作环境、提供良好的待遇，才能够使其全心致力于装置的建设与运营工作中。

3.3.2 积极开展X射线自由电子激光装置的实验技术与分析方法研究

X射线自由电子激光能否得到大规模有效应用，在很大程度上取决于相应的实验技术和分析方法的发展和完善。目前，国际上对实验技术和分析方法的研究已经大规模开展，在光源性能提升、实验装置研发、实验数据采集、结构分析技术等方面已经取得了很大的进展。但是我们应该认识到，目前X射线自由电子激光的实验技术和分析方法还没有成熟定型，仍处在发展之中。

国内与国际上的差距是相当明显的。为了保证未来我们建设的X射线自由电子激光装置能够高水平地服务于各学科的前沿研究，针对X射线自由电子激光的各种实验技术，及早安排开展方法学的研究是非常重要的。同时，这一领域开展研究的时间较短，使得我们具有赶上世界先进水平的机会。

3.3.3 积极开展国际合作

建议大力推动与世界各X射线自由电子激光装置建设单位的合作交流。国际上其他X射线自由电子激光装置建设单位在实验技术与分析方法上各具特色，应结合各自优势展开多方位合作。加强与美国SLAC/LCLS的合作。作为世界上第一台硬X射线自由电子激光装置，SLAC/LCLS在飞秒纳米结晶学、动态研究及小角散射等领

域具有领先水平。加强与日本 SPring-8/SACLA 的合作。作为世界上第二台硬 X 射线自由电子激光装置，SPring-8/SACLA 在相干衍射成像领域非常具有特色。加强在该领域的合作，能够使我们在更广的视野内了解成像方法的拓展及相关装置的提升等知识，缩短我们在该领域的探索时间。在具备了装备建设和使用装备开展科学研究的能力后，我国的 X 射线自由电子激光装置必定能够为我们的前沿科学研究提供强有力的支撑。

致谢：感谢中国科学院上海应用物理研究所王东研究员对本章内容的审阅！

第四章 基于核聚变设施的产出及影响分析

陈　伟　郭楷模
（中国科学院武汉文献情报中心）

4.1　核聚变设施的定义及特点

作为低碳能源，核能凭借高能量密度、资源丰富、无温室气体排放等优点，获得了各国政府的广泛关注。核能分为核裂变能和核聚变能，重原子核（如铀和钚）分裂时释放的能量为核裂变能，氢原子核（如氘和氚）聚合时释放的能量为核聚变能。其中，核聚变能被视为是人类可持续发展最理想的新能源。鉴于此，世界主要发达国家纷纷制定了相关核聚变研究战略，探索和发展可以商用核聚变的各种技术。美国制定了核聚变能科学研究战略框架，并建立了多个聚焦于核聚变研究的实验室，其中麻省理工学院核科学与工程系、普林斯顿大学等离子体物理实验室及通用原子公司表现突出。欧盟以国际热核聚变实验堆（international thermonuclear experimental reactor，ITER）和国际核聚变材料辐照设施（international fusion materials irradiation facility，IFMIF）同时建设和平行运行为基础，制定了核聚变能研究路线图，并在"地平线 2020"（Horizon 2020）计划中斥巨资部署重大任务。日本开展示范聚变电站（Demonstration Power Station，DEMO）的设计研究，并与 ITER 计划并行，通过创新以促进解决技术问题。俄罗斯磁约束核聚变的战略目标是建造高温磁约束氘氚等离子体热核聚变反应堆，开发并建造核聚变中子源（fusion neutron source，FNS），为加速核聚变应用提出了到2050年未来核聚变研究计划的发展路线。中国政府积极制定了核聚变能开发战略，将战略划分为三个阶段，即“核聚变能技术—核聚变能工程—核聚变能商用”，设定了清晰的近、中、远期目标。韩国政府颁布了核聚变能源开发促进法，与美国普林斯顿大学等离子体物理实验室联合启动了聚变堆示范装置的研发计划项目。

人类如果想要将核聚变的能量真正利用起来，就必须对核聚变反应过程实现有效控制，即受控核聚变。受控核聚变研究的根本目的就是实现核聚变能源的商业化应用。目前研究的实现方式主要有两种——惯性约束核聚变和磁约束核聚变。前者是利用超高强度的激光在极短的时间内加热靶丸来产生核聚变；后者则是利用强磁场构造一个特殊的磁容器来约束带电粒子，并将核聚变燃料加热至数亿摄氏度高温以实现核聚变反应。在核聚变研究初期，科学家发明了各种类型的核聚变装置，其中比较有价值的是箍缩装置（英国汤姆孙和布莱克曼，1946～1947年）、仿星器（美国斯必泽，1951年）、磁镜装置（美国波斯特，1952年）、早期托卡马克装置（苏联阿齐莫维奇等，20世纪50年代）。但这些装置的高温等离子体普遍存在不稳定性现象，约束性能很差，等离子体温度也与受控核聚变的要求相差甚远。1958年以后，科学家将研究重点从急于建成核聚变反应堆转向对高温等离子体进行系统的基础性研究。1968年，阿齐莫维奇在改进约束的托卡马克装置（T-3）上取得突破：高达1keV的等离子体被约束了几毫秒。从此之后，托卡马克装置就逐渐成为国际磁约束核聚变研究的主流装置，并在世界范围内掀起了托卡马克装置的研究热潮。

4.2 核聚变设施的发展战略及趋势

4.2.1 核聚变领域发展历程

目前，人类已经实现了核聚变，如氢弹的爆炸。但那是不可控的核聚变。人类如果想要将核聚变的能量真正利用起来，就必须对核聚变的速度和规模进行控制，并将能量持续、平稳地输出。无论是惯性约束核聚变还是磁约束核聚变，其研发难度都很高，技术各有特色、各有优缺点。目前，磁约束核聚变在实验室条件下已接近于成功，是国际上主流的研究方向。

受控磁约束核聚变研究在经过半个多世纪的不懈努力下，已在托卡马克装置上取得了突破性进展。20世纪90年代，欧盟的欧洲联合环（joint European torus，JET）、美国的托卡马克核聚变试验反应堆（Tokamak fusion test reactor，TFTR）和日本环-60（Japan torus-60，JT-60）这三个大型托卡马克装置取得重要研究成果——获得了4.4万亿K等离子体温度，大大超过了氘氚点火反应需要的温度，脉冲核聚变输出功率超过16MW，核聚变输出功率与外部输入功率之等效比值超过1.25，核聚变能的科学可行性得到验证，表明了托卡马克装置是最有可能首先实现核聚变能商业化的途径①。但这些结果仅仅持续数秒钟，无法连续运行，尚不能用于未来电站。未来电站要求，数亿摄氏度的等离子体必须稳态连续运行。托卡马克装置越接近实用，就越会要求更高的等离子体电流和环向约束磁场，但是磁场线圈的电阻损耗发热限制了线圈电流的加大和长时间的运行，因此必须寻求新技术的支持。

在通向核聚变能商业化的道路上，实验堆的建设是不可逾越的阶段。世界各国在进行大型装置建设和运行的同时，也开始了核聚变实验堆的概念设计。托卡马克可控热核聚变实验堆的建设需要把国际研究已经取得的主要科学技术成果集成起来。技术上的高难度加上需要巨额的投资使各国认识到，依靠国际合作、依靠各国科学家和工程技术人员共同努力是最佳方式。在此背景下，1988 年，美国、苏联、日本和欧盟共同启动 ITER 计划；我国于 2003 年 1 月参加 ITER 计划谈判，并于 2006 年正式加入 ITER 计划，该计划是迄今为止我国以平等、全权伙伴身份参加的规模最大的国际科技合作项目。目前参与 ITER 计划的成员由来自中国、欧盟、俄罗斯、美国、日本、韩国和印度等七方三十多个国家组成。ITER 计划是当今世界规模最大、影响最深远的国际大科学工程之一，其目的是通过建造反应堆级核聚变装置，验证和平利用核聚变发电的科学和工程技术可行性。ITER 计划集成当今国际受控磁约束核聚变研究的主要科学和技术成果，第一次在地球上实现能与未来实用核聚变堆规模相比拟的受控热核聚变实验堆，该项目的成功实施是人类研究和利用核聚变能的一个重要转折。

2017 年以来，各国科学家在磁约束核聚变研发上取得了多项重要成果。在核聚变理论研究上，美国麻省理工学院等离子体科学与核聚变中心（Plasma Science Fusion Center，PSFC）研究人员于 8 月 2 日被授予美国物理学会的道森奖，其在等离子体物理研究方面开创性地使用质子射线照相法，揭示了高能量密度（high-energy density，HED）等离子体的流动性及不稳定性。三名研究人员利用激光能量学实验室的激光设备和劳伦斯利弗莫尔国家实验室的国家点火装置（national ignition facility，NIF），研究了惯性约束核聚变等离子体和 HED 等离子体的物理学原理。这些等离子体在相当短的时间尺度上发生，因此其评估极具挑战性。为了帮助探测和检查这些等离子体的状况、演变及其他现象，PSFC 团队开发了多重单能量粒子源（multiple-monoenergetic particle source，MMPS）。MMPS 是一种背光源，能够进行辐射实验以便更好地了解等离子体的结构和进化。这对于观察发生在大约 1ns（1ns= 10^{-9}s）左右的等离子体行为来说特别适用。与此同时，普林斯顿大学等离子体物理实验室于 8 月 18 日宣布，其研究人员在国家球形托卡马克实验装置（national spherical torus experiment upgrade,

① 潘传红. 国际热核实验反应堆（ITER）计划与未来核聚变能源. 物理，2010，39（6）：375-378.

NSTX-U）上发现了一种非常简单快捷的方式来抑制可能停止核聚变反应并损坏反应堆壁的不稳定性问题。被抑制的不稳定性被称为全域阿尔芬本征模式（global Alfense eigen mode，GAE）是一种常见的湍流扰动模式，可能导致核聚变反应失败。NSTX-U最近安装了第二台中性射束注入器以产生高能粒子来抑制 GAE。激发 GAE 的是同样的中性粒子束，这些粒子通过加热等离子体，将其电离成电子和离子或原子核。一旦由这些快速离子触发，GAE 就可以启动并驱动这些快离子，从而冷却等离子体并停止核聚变反应。第二个注入器的中性束能够以更高的俯仰角流过等离子体，其方向与约束等离子体的磁场大致平行。注入的外部束流可在毫秒量级时间尺度上抑制 GAE。来自中性束的快速离子与装置内部的离子结合以增加离子的密度，并改变其在等离子体中的分布。这一突然的改变降低了离子密度的梯度或斜率，而没有这些梯度或斜率就无法形成与传播 GAE。这一结果同时验证了由物理学家 Elena Belova 开发的计算机代码 HYM 的预测，并可能对建造 ITER 有用，以证明控制燃烧等离子体的能力，并产生比它消耗的能量多 10 倍的能量。研究表明，只有少量的具有足够能量的粒子能够抑制 GAE。通过使用该代码，可以对 ITER 的 GAE 稳定性进行合理的预测。

在核聚变材料开发上，普林斯顿大学等离子体物理实验室研究人员于 7 月 5 日宣布，采用轻质银色金属锂涂层的托卡马克装置第一壁，能够提高装置壁材料承受核聚变反应时的高能粒子轰击的能力，并且改善等离子体的约束。其采用的锂超导托卡马克实验装置（lithium Tokamak experiment，LTX）是用液态锂完全包围等离子体的首个装置，实验表明锂涂层可以使等离子体芯部到边界的温度分布保持不变。研究结果证实了之前的预测：在边缘温度高、几乎恒定的温度分布情况下，冷却气体经过等离子体的边缘回到托卡马克壁表面，主要是由于锂的特性能够降低边界的再循环。

在核聚变工程和物理实验研究方面，中国的实验先进超导托卡马克（experimental and advanced superconducting Tokamak，EAST）装置在 2017 年 7 月 3 日实现了稳定的 101.2s 稳态长脉冲高约束等离子体运行，创造了新的世界纪录。这标志着 EAST 成为世界上第一个实现稳态高约束模式运行持续时间达到百秒量级的托卡马克装置。这一里程碑式的重要突破表明，我国磁约束核聚变研究在稳态运行的物理和工程方面，将继续引领国际前沿，对 ITER 和未来中国核聚变工程实验堆（China fusion engineering testing reactor，CFETR）建设和运行具有重大的科学意义。2017 年 7 月 26 日，由中国科学院等离子体物理研究所承担研制的 ITER 计划首个超导磁体系统部件——馈线（feeder）采购包 PF4 过渡馈线正式完成，在高温超导电流引线、超导接头、低温绝热、低温高压绝缘等核心技术方面取得了诸多国际领先成果。其研发的万安级高温超导电流引线集高载流能力、低冷量消耗和长失冷安全时间三方面优势于一身，替代了原 ITER 铜电流引线设计，大大降低了 ITER 的运行成本和低温系统的建造投入。另外，研发的 68kA 级高温超导电流引线更是创造了在 85kA 下运行 1h、90kA 下运行 4min

的世界纪录；对于研发的盒式高载流低损耗超导接头，接头电阻达到 0.2nΩ 的世界领先水平，可以保障 ITER 装置主机的安全运行。9 月 12 日，美国通用原子公司在圣迭哥 DIII-D 托卡马克装置进行的实验中外推得到，对 ITER 级别的等离子体，当被用于模拟阿尔法粒子和高能粒子束的氘离子激发多个阿尔芬波时，将会损失高达 40% 的高能粒子。根据研究结果，普林斯顿大学等离子体物理实验室物理学家针对 DIII-D 托卡马克装置建立了这些阿尔芬波对高能氘束影响的定量准确模型。他们使用 NOVA 和 ORBIT 的模拟代码来预测哪些阿尔芬波将被激发，以及它们对高能粒子的影响。其证实了 NOVA 模拟预测在 DIII-D 实验中会有超过 10 个不稳定的阿尔芬波可以被氘束激发。此外，与实验结果的测量一致，建模预测高达 40% 的能量粒子将会损失掉。该模型首次在这种高性能等离子体中证明，可以预测多个阿尔芬波对 DIII-D 托卡马克装置的能量粒子的约束作用。DIII-D 托卡马克装置的新升级将有助于探索改善等离子体约束的条件，并提出了新的实验达到理论预测的条件，以减少高能粒子的损失。

4.2.2 美国核聚变设施发展态势

1. 美国核聚变研究战略

美国是世界上的核聚变大国和强国，进入 21 世纪后，美国制定了一系列能源发展战略和相关计划，这些战略和计划都将核聚变能列为重点的研究对象。2003 年，美国制定了国家核聚变发展路线图，即从 ITER 及 IFMIF，经部件测试设施，到 DEMO，最终至发展商用核聚变电站。其中，DEMO 为核聚变商用之前最关键的一步，是全面验证核聚变堆的设计和技术要求阶段。与欧洲相比，美国制定的发展路线图更加精细。除了和欧洲几乎相同的 ITER+IFMIF 的磁约束路线，美国还并行发展激光核聚变途径。2003 年，美国聚变能科学咨询委员会提出在未来 35 年内建成用于发电的核聚变示范堆发展计划，提出美国建造核聚变示范堆的最高目标，并设定了四个关键时间段，每个阶段都设定了明确的目标：第一阶段（2003 ～ 2008 年），获得科学技术数据以支持磁约束核聚变能（magnetic fusion energy，MFE）和惯性聚变能（inertial fusion energy，IFE）燃烧等离子体实验和选定关键新的 MFE 和 IFE 国内设施，设计国际核聚变材料辐照装置；第二阶段（2009 ～ 2019 年），研究燃烧等离子体，优化 MFE 和 IFE 核聚变位形，测试材料，开发关键技术以便在 MFE 和 IFE 中选择示范堆技术路线；第三阶段（2020 ～ 2029 年），在核聚变环境中验证材料和技术性能；第四阶段（2030 ～ 2035 年），建造示范堆。2016年，美国能源部发布了《核聚变能科学战略框架》①，明确了美国未来核聚变研究的四大主题，即基础燃烧等离子体科学、长脉冲燃烧等离子体科学、高功率燃烧等离子体科学及发现等离子体科学。

① DOE. Fusion energy science program a ten-year perspective（2015—2025）. https://science.energy.gov/～/media/fes/pdf/workshop-reports/2016/FES_A_Ten-Year_Perspective_2015-2025.pdf [2015-12].

2. 美国主要核聚变研究机构及其装置

美国多年来一直在核聚变研究领域处于国际领先地位，建立了很多聚焦于核能研究的实验室，其中麻省理工学院核科学与工程系及普林斯顿大学等离子体物理实验室表现突出，同时通用原子公司在核聚变方面也进行了大量的研究。在美国核聚变研究历程中，DIII-D 托卡马克装置、NSTX 球形托卡马克装置、阿卡托 C 模式（Alcator C-Mod）托卡马克装置是美国核聚变研究领域的三大代表性装置。

通用原子公司于 1986 年 2 月建成 DIII-D 托卡马克装置，这是目前仍在运行的美国最大的磁约束核聚变装置，也是世界上磁约束核聚变和非圆截面等离子体物理研究领域中最先进的大型实验装置之一。DIII-D 拥有大量测量高温等离子体特性的诊断设备，还具有等离子体成形和提供误差场反馈控制的独特性能，这些性能反过来又影响等离子体的粒子输运和稳定性。此外，DIII-D 在过去 10 年中是世界核聚变项目中一些领域的主要贡献者，包括等离子体扰动、能量输运、边界物理、电子回旋等离子体加热和电流驱动。DIII-D 为世界核聚变发展做出了许多科学贡献，是世界公认的取得成果最多的装置之一。边缘台基在等离子体获得高性能方面具有重要作用，而 DIII-D 开创了边缘台基的研究，验证了边界局域模（edge localized mode，ELM）的限值。另外，DIII-D 最先使用非轴对称线圈控制边缘压强梯度，抑制 ELM。DIII-D 同时开创了电子回旋加热与电流驱动的物理与技术，验证了电流驱动理论，开发了用电子回旋电流驱动控制电流分布与不稳定性。DIII-D 还开展了改变偏滤器几何位型和辐射偏滤器进行粒子和热流控制的开创性研究。同时，DIII-D 的等离子体控制系统现已广泛用于世界众多的托卡马克装置。

普林斯顿大学等离子体物理实验室建造的 NSTX 是球形托卡马克装置。该装置建在屏蔽良好的试验场内，它利用了原 TFTR 装置的很多设备，特别是为磁体、辅助系统和电流驱动系统提供可靠运行的电源系统。NSTX 的任务是建立潜在的实现实用核聚变能方法的球形环位形，为磁约束各研究领域获得独到的科学理解做贡献，如电子能量输运、液态金属等离子体材料，以及 ITER 燃烧等离子体的高能粒子约束。2012～2015 年，该装置耗费了 9400 万美元进行升级，使主磁场强度达到原来的两倍，并增加了第二套中性束注入器，给等离子体加热，使其温度能达到 1500 万℃。升级之后，装置命名为 NSTX-U。自 1999 年投入运行以来，NSTX 装置已取得很多研究成果。NSTX 装置具有独特的参数环境，为与各种环径比的托卡马克装置和未来的燃烧等离子体实验相关的基础等离子体物理研究提供了大量的数据。因此，可以阐明托卡马克物理学中环径比、比压、快离子，以及其他相关性的作用机制。自 2005 年以来，NSTX 已越来越多地参与到国际托卡马克物理活动中来，并参与了许多有 NSTX 研究人员参与的联合实验且为一些国际数据库贡献了实验数据，如高约束运行模式（H 模）约束数据库、破裂电流崩塌率数据库。参加国际托卡马克物理活动也有助于理解较高比压和减小的环径比对下一步球形托卡马克设计中各种物理问题的影响。

麻省理工学院于 1993 年建成 Alcator C-Mod 托卡马克装置，它是世界上唯一按照 ITER 设计磁场和等离子体密度并超出 ITER 设计要求运行的托卡马克装置。其产生了世界最高压强的托卡马克等离子体，也是唯一采用全金属壁以适应高功率密度的托卡马克装置。由于这些特性，Alcator C-Mod 非常适合检验与 ITER 极为相关的等离子体状态。该装置具有高环向磁场，主要研究方向是偏滤器物理、等离子体约束、控制和射频波加热物理等。该装置在诸多领域为世界核聚变研究做出了重要贡献：取得无外部动量注入下的芯部自发环向旋转；高约束运行模式－低约束运行模式（L-H）转换阈值特性，解释了 L-H 阈值范围内梯度 B 的不对称性；开发了反映台基特性与量纲、无量纲等离子体参数相互关系的广泛数据库。2016 年 10 月，Alcator C-Mod 装置创造了 2.05 个大气压的等离子体，打破了该装置本身在 2005 年制造的 1.77 个大气压的世界纪录；新纪录在该装置以往成绩的基础上提高了 15%，对应的温度达到 3500 万℃，约是太阳核心温度的两倍。然而出于 ITER 计划的预算压力，在美国国会最后一笔为期 3 年的资助到期后，Alcator C-Mod 装置在 2016 年年底完成实验后被安全关闭了，目前还没有任何额外的实验计划。

4.2.3 欧盟核聚变设施发展态势

1. 欧盟核聚变研究战略

核聚变是最终解决人类能源和环境问题的主要途径之一，对欧盟长远的经济与社会可持续发展尤为重要。欧盟长期重视、支持受控核聚变研究，其中 50% 以上的经费由欧盟承担，约 30% 的经费由欧洲原子能共同体（European Atomic Energy Community，EURATOM）承担，有一小部分经费来自成员国。欧盟核能研究的投资主要集中在核聚变能的研究和开发上，有关欧盟核聚变研究的所有决策都是由欧盟部长理事会所决定的。欧盟第七框架计划（7th Framework Programme，FP7）中，用于核聚变研究的经费为 19.47 亿欧元（2007 ～ 2011 年），用于 EURATOM 的总经费为 27.51 亿欧元，其中有 9 亿欧元用于 ITER 建造等活动，还有各成员国提供经费约 150 万欧元用于核聚变研究。欧盟针对核聚变研究制订了详细的实施计划，并辅以充分的研究经费，以保障研究的顺利推进，其战略路线分为三个阶段[①]。① 2014 ～ 2020 年（“地平线 2020”计划）：在计划内建设 ITER 及其扩建方案，确保 ITER 成功，为 DEMO 奠定基础。② 2021 ～ 2030 年：充分开发 ITER，使其达到最高性能，并启动 DEMO 建设的准备工作。③ 2031 ～ 2050 年：完成 ITER 开发，建造及运行 DEMO。

① EUROfusion. A Roadmap to the Realisation of Fusion Energy. https://www.euro-fusion.org/wpcms/wp-content/uploads/2013/01/JG12.356-web.pdf[2012-11].

2. 英国及欧盟主要核聚变研究机构及其装置

自 1957 年成立以来，EURATOM 着手研究欧洲核聚变的发展，与欧盟成员国或成员国的主要研究院所签署协会协议，联合开展核聚变研究工作。经过 50 多年的不懈努力，从首批 6 个实验室的加入，发展到已拥有 27 个国家中的 29 个实验室的加入来从事核聚变研究。所有加入协会的实验室基本上都参与了欧盟共同装置 JET 的一系列工作。在欧盟主要成员国中，法国、英国（该国于 2020 年 1 月 31 日正式脱离欧盟）和德国的核聚变研究在整个欧盟核聚变规划中起着举足轻重的作用。

JET 装置是整个欧洲核聚变的标志性工作，始建于 1978 年，位于英国卡拉姆核聚变研究中心（Culham Center for Fusion Energy，CCFE）。其概念和关键的特点大大不同于 20 世纪 70 年代和 80 年代初期设计的其他大托卡马克的概念和特点。D 形环向场线圈和真空容器及大体积强电流等离子体是 JET 装置独特的特点。无论从科学技术还是从科学管理上讲，JET 装置都无疑是成功的。JET 装置所取得的科学技术成果也是极其丰硕的：在等离子体约束方面，JET 装置能够验证小型托卡马克获得的低约束运行模式（L 模）和 H 模等离子体定标，也适用于等离子体电流为几兆安和加热功率为几十兆瓦的大型装置；在磁流体动力学（magnetohydrodynamics，MHD）不稳定性方面，JET 装置的实验加深了人们对许多物理问题的理解。例如，锯齿的快粒子稳定性控制（产生“巨大”锯齿）及 α 粒子与阿尔芬波的相互作用；在 JET 装置上成功地实现了脱靶或者半脱靶（仅在分界面打击点附近有脱靶）辐射偏滤器概念，并且证明可以将下一代托卡马克，如 ITER 的偏滤器靶板上的平均热负荷减小到一个可接受的水平。

德国马普学会等离子体物理研究所（Max-Planck-Institute for Plasma Physics，IPP）从事核聚变的物理学研究，是世界上唯一同时拥有两种不同类型核聚变装置的研究所。2014 年，IPP 宣布建成世界上最大的仿星器核聚变装置文德尔施泰因 7-X（Wendelstein 7-X，W7-X）。该装置的核心部分是 50 个超导磁线圈。在 W7-X 的电磁空间内，等离子体的温度能达到 8000 万℃。2016 年年初，W7-X 就已成功点火，并获得了第一批氢等离子体。

此外，英国卡拉姆核聚变研究中心专注于核聚变研究，是英国原子能管理局的核聚变研究部门的分支机构，其资金支持来自工程和物理科学研究理事会及 EURATOM。

4.2.4 日本核聚变设施发展态势

1. 日本核聚变研究战略

日本是资源贫乏的国家，因而对核聚变能有着紧迫的需求。1998 年，日本核聚变会议组织建议将 ITER 作为第三阶段核聚变研究开发计划的主力装置并得到日本原子能委员会（Japan Atomic Energy Commission，AEC）的批准。2005 年，日本原子能委员会发布《未来核聚变研发策略》，提出了相关核聚变研究战略[①]：①使用实验反应堆在自持状态下演示燃烧控制，制订基于实现 ITER 的实验反应堆的技术目标计划；②用实验反应堆实现持续时间超过 1000s 的非感应稳态运行，制订基于实现 ITER 目标的计划；③利用实验反应堆建立集成技术，获取与制造、安装和调整部件整合相关的集成技术，验证安全技术；④通过国家托卡马克装置进行 ITER 的支持研究和前期研究，对高比压稳态等离子体进行研究，建立高比压系数的稳态运行模式，获取经济效益；⑤ DEMO 反应堆相关的材料和核聚变技术，在 ITER 的功能测试中使用完整的制造测试组件；⑥确定 DEMO 的总体目标，结合未来核聚变堆的概念设计，对核聚变等离子体研究和核聚变技术的发展提出要求。2007 年，在日本政府公布的第三期科学技术基本计划中，核聚变被定位为重点科学技术课题。日本在参加 ITER 计划的同时，正在将现有装置 JT-60U 改造为大型超导托卡马克装置 JT-60SA，拟将 JT-60SA 作为 ITER 的卫星装置，开展燃烧等离子体的物理实验，以解决 ITER 和 DEMO 之间的物理问题，尤其是稳态运行的问题。日本将同时开展 IFMIF 合作建造和运行，以解决 DEMO 的材料问题；开展 DEMO 的设计研究，为在 2035 年左右建造 DEMO 创造条件。

2. 日本主要核聚变研究机构及其装置

日本的核聚变研究已进行了 40 多年，取得了许多可喜的研究成果。自核聚变实验装置 JT-60 投入运行以来，日本曾取得了在等离子体持续时间、核聚变增益因子、核聚变三乘积（即等离子体温度 × 等离子体密度 × 等离子体能量约束时间）等方面位居世界第一的成绩。

日本原子能研究开发机构（Japan Atomic Energy Agency，JAEA）成立于 2005 年 10 月 1 日。2007 年 4 月 10 日，JAEA 正式加入全球核能伙伴关系（Global Nuclear Energy Partnership，GNEP）联盟。该联盟的其他成员是法国阿海珐集团、华盛顿国际集团和 BWX 技术公司。2013 年 1 月 28 日，日本新一代核聚变实验装置 JT-60SA 在 JAEA 那珂核聚变研究所开始安装，标志着日本核聚变研究迈上了一个新台阶。装置的重要部分——真空室从 2014 年下半年开始组装，生成磁场的线圈全部为超导线圈。JT-60SA 装置建设工作将在 2018 年结束，并于 2019 年重新投入运行，通过 3 个阶段的试验研究，为 ITER 和 DEMO 提供诸多有效数据。JT-60SA 研究项目将在核聚变等离子体发展的领域中对 ITER 进行补充，以决定 DEMO 的建设。其经验和成果对执行有效和可靠的 ITER 实验是必不可少的。ITER 一旦开始运行，就需要 JT-60SA 和 ITER 之间的有效协作。JT-60SA 的灵活性将为 ITER 在不同的研究领域做出贡献。在 JT-60SA 高稳态等离子体中取得的成就及在 ITER 燃烧等离子体中所取得的成绩，将使

① Yamada H，Kasada R，Ozaki A，et al. Development of strategic establishment of technology bases for a fusion DEMO reactor in Japan. Journal of Fusion Energy，2016，35（1）：4-26.

DEMO 设计更加具有吸引力。为了早日实现 DEMO 反应堆，必须对 JT-60SA 和 ITER 进行类似的综合开发①。

日本国立聚变科学研究所（National Institute for Fusion Science，NIFS）主要研究超高温等离子体物质的状态，产生核聚变反应以达到稳定的能量。作为一个跨大学的研究机构，NIFS 积极与日本和国外的大学及研究机构共同合作。其基于现代科学和工程的整个领域的前沿研究，涵盖了实验和理论方法，包括物理学、电子学、超导工程、材料工程和模拟科学。NIFS 于 2015 年运用大型螺旋装置（large helical device，LHD）在受控核聚变实验中开发出波加热产生等离子体清除真空内壁气体氢的技术，以 20000kW 加热功率将密度为 10 兆个 /cm^3 电子的等离子体中心离子温度提升到 9400 万℃，并以 1200kW 加热功率将密度相同的等离子体中心电子加热到 2300 万℃并维持稳态放电 48min；首次模拟再现了氦离子流在轰击核聚变壁材料钨时形成纳米氦泡状结构从而干扰核聚变反应的整个过程，并与日本东北大学合作，研制出新的以低阻抗接合 + 重叠积层法为基础开发出的钇系超导带状线材制大型磁石，在热力学温度 20K（−253.15℃）条件下通电后成功获得达 10 万 A 的高温超导电流。2017 年 12 月，其与其他公司合作，开发了一种高性能的低温吸附泵，可以使用革命性的方法将其放置在真空容器内。在 LHD 中，研究人员使用高性能低温吸附泵将真空容器抽真空后，引入氢气并产生了等离子体②。

京都大学在核科学理论研究和工程运用研究方面走在国际的前沿行列。其在组织上设有工学部的原子核工程系，以及理学部的关于原子核和基本粒子的众多学科，有原子能研究所、核反应堆研究所、核聚变研究中心、基础物理研究所等众多机构，有着一流的研究人员和一流的研究设施。京都大学核反应堆研究所（Kyoto University Research Reactor Institute，KURRI）核科学与工程系由核工程科学处和 11 个核工程研究实验室及辅助反应堆中心组成，拥有热功率达 5000kW 的核反应堆及其他各种实验装置，每年可供 5000 名研究人员来所工作。在核聚变研究中心，日本政府耗资 80 亿日元建立了世界上最大的核聚变反应堆，温度可达千万摄氏度。

4.2.5 中国核聚变设施发展态势

1. 中国核聚变研究战略

为了尽快促使核聚变能源能在中国早日利用，中国政府也积极制定了核聚变能开发战略，将战略划分为三个阶段，即“核聚变能技术—核聚变能工程—核聚变能商

① JT-60SA Research Unit. JT-60SA Research Plan: Research Objectives and Strategy（Version 4.0）. http://www.jt60sa.org/pdfs/JT-60SA_Res_Plan.pdf[2016-03].

② NIFS. Realization of High-Efficiency Pumping Using High-Performance Cryo-Adsorption Pumps: Evacuating Particles Collected at the Divertor in the Vacuum Chamber. http://www.nifs.ac.jp/en/lhdreport/mailinfo_300.html[2017-12-06].

用”，同时设定了清晰的近、中、远期目标：2010 ～ 2020 年，建立接近堆芯级稳态等离子体实验平台，吸收消化、开发和储备后 ITER 时代核聚变堆关键技术，设计并筹备建设 200 ～ 1000MW 的中国核聚变工程实验堆；2020 ～ 2035 年，建设、研究和运行核聚变堆；2035 ～ 2050 年，发展核聚变电站。战略的总目标是：依托现有的中、大型托卡马克装置开展国际核聚变前沿问题研究，利用现有的装置开展高参数、高性能等离子体物理实验和氚增殖包层的工程技术设计研究；扩建中国环流器二号 A（huanliu-2A，HL-2A）和 EAST 托卡马克装置，使其拥有国际一流的硬件设施，并开展具有国际领先水平的核聚变物理实验；开展核聚变堆的设计研究，建立核聚变堆工程设计平台；发展核聚变堆关键技术；通过参与 ITER 计划，掌握国际前沿的核聚变技术，同时培养高水平专业人才。

2017 年 12 月，国家重点研发计划政府间国际科技创新合作专项磁约束核聚变能发展研究 2017 年度第一批项目“中国聚变工程实验堆集成工程设计研究”（2017YFE0300500）项目启动会宣布，CFETR 正式开始工程设计，推出了中国核聚变研究“三步走”的发展路线图①。第一阶段是到 2021 年，CFETR 开始立项建设；第二阶段是到 2035 年，计划建成核聚变工程实验堆，开始大规模科学实验；第三阶段是预计到 2050 年，核聚变工程实验堆实验成功，开始建设聚变商业示范堆。

2. 中国主要核聚变研究机构及其装置

中国科学院等离子体物理研究所是中国热核聚变研究的重要基地，在高温等离子体物理实验及核聚变工程技术研究中处于国际先进水平，先后建成常规磁体托卡马克 HT-6B、HT-6M、我国第一个圆截面超导托卡马克核聚变实验装置“合肥超环”（Hefei Tokamak-7，HT-7）、世界上第一个非圆截面全超导托卡马克核聚变实验装置 EAST，并在物理实验中获得了一系列国际先进或独具特色的成果，荣获两项国家科学技术进步奖及多个国家重要奖项。在 EAST 近年的实验中，取得了多项重要成果，主要包括：获得了稳定重复的 1MA 等离子体放电，实现了 EAST 的第一个科学目标，这也是目前国际超导装置上所达到的最高参数，标志着 EAST 已进入了开展高参数等离子体物理实验的阶段；成功开展离子回旋壁处理，为未来超导托卡马克高效运行奠定了基础；2012 年，EAST 获得了超过 400s 的 2000 万℃高参数偏滤器等离子体，获得了稳定重复超过 30s 的高约束等离子体放电，这改写了国际上最长时间的高温偏滤器等离子体放电和最长时间的高约束等离子体放电的纪录，标志着中国可控核聚变已经代表了国际可控核聚变研究的最高成就。2017 年 7 月 3 日，EAST 在世界上首次实现了 5000 万℃等离子体持续放电 101.2s 的高约束运行，实现了从 30s 到 60s，再到百秒量级的跨越，

① 科技部. 中国聚变工程实验堆集成工程设计研究项目在合肥启动. http://www.most.gov.cn/kjbgz/201712/t20171213_136783.htm[2017-12-14].

再次创造了核聚变新的世界纪录。

核工业西南物理研究院建院于20世纪60年代中期，隶属中国核工业集团有限公司，是我国最早从事核聚变能源开发的专业研究院。在国家有关部委的支持下，该公司依托核工业体系，经过40多年的努力，拥有较完整的开展核聚变能源研发所需的学科及相关实验室，先后承担并出色地完成了国家“四五”重大科学工程项目“中国环流器一号装置研制”及“十五”HL-2A装置工程建设项目建设任务，取得了一批创新性的科研成果，实现了我国核聚变研究由原理探索到大规模装置实验的跨越发展，是我国磁约束核聚变领域首家获得国家科学技术进步奖一等奖的单位。

HL-2A是中国第一个具有先进偏滤器位形的非圆截面的托卡马克核聚变实验研究装置，其主要目标是开展高参数等离子体条件下的改善约束实验，并利用其独特的大体积封闭偏滤器结构，开展核聚变领域许多前沿物理课题及相关工程技术的研究，为我国的下一步核聚变堆研究与发展提供技术基础。HL-2A装置自运行以来，在核聚变科学的各个领域取得了可观的研究成果：2003年，在首轮物理实验中成功实现中国第一次偏滤器位形托卡马克运行，为后来实现H模奠定基础；2009年4月，成功实现中国第一次H模放电，能量约束时间达到150ms，等离子体总储能大于78kJ，这项重大科研进展使中国继日本、美国和欧盟之后，站上了核聚变研究的这一先进平台；利用自主独立设计的静电探针系统首次观测到测地声模和低频带状流的三维结构，填补了该方向的国际空白；2015年，首次观测到低环向模数阿尔芬离子梯度模、非共振电子鱼骨模及双电子鱼骨模的存在；2016年，首次利用无源间隔波导阵列（passive active multijunction，PAM）天线在H模条件下实现了低杂波耦合，为ITER低杂波电流驱动天线设计提供了重要数据。中国环流器二号M（HL-2M）装置是HL-2A的改造升级装置。HL-2M装置的建造目的是研究未来核聚变堆相关物理及其关键技术，研究高比压、高参数的核聚变等离子体物理，为下一步建造核聚变堆打好基础。在高比压、高参数条件下，研究一系列与核聚变堆有关的工程和技术问题。瞄准和ITER物理相关的内容，着重开展与燃烧等离子体物理有关的研究课题，包括等离子体约束和输运、高能粒子物理、新的偏滤器位型、在高参数等离子体中的加料及第一壁和等离子体相互作用等。作为可开展先进托卡马克运行的一个受控核聚变实验装置，HL-2M将成为中国开展与核聚变能源密切相关的等离子体物理和核聚变科学研究不可或缺的实验平台。

华中科技大学通过国际合作，于2008年完成了得克萨斯实验托卡马克（Texas experimental Tokamak-U，TEXT-U，现更名为J-TEXT）装置的重建工作。近年来，其在该装置上探索各种新思想、新诊断、新技术，培养核聚变人才。J-TEXT装置的前身是美国的TEXT-U装置，属于常规中型托卡马克装置，于2005年在华中科技大学开始重建，并于2007年获得第一次等离子体，目前已获得200kA/ 300ms稳定的等离子体放电。J-TEXT 作为教育部的托卡马克装置，其主要任务是培养核聚变专业人才和进行核聚变等离子体物理基础研究。此外，中国科学技术大学是我国最早开展等离子体物理本科教育的大学，有近 30 年教学和研究历史，为国内外核聚变研究机构培养了大批人才。其自行设计、自主建造了我国首台大型反场箍缩磁约束核聚变实验装置，此外核聚变领域的基地建设正在加速进行。

4.2.6 俄罗斯核聚变设施发展态势

1. 俄罗斯核聚变研究战略

俄罗斯核聚变计划中的首要任务是全力支持 ITER 的成功运行。在 ITER 计划建设期间，俄罗斯仍将独立开展自己的核能研究工作。俄罗斯磁约束核聚变战略的目标就是，建造高温磁约束氘氚等离子体热核聚变反应堆；开发并建造核聚变中子源来解决原子能问题，并加速核聚变的应用。前者须通过积极参与 ITER 计划、升级本国核聚变装置及进行广泛的国际研究合作来实现；后者须开发核聚变裂变混合堆，并符合热核堆和快堆及俄罗斯原子能机构其他任务的要求。俄罗斯从首次提出建造热核反应堆的可能性到 2050 年对热核电站的建造技术进行试验，修建热核电站并投入商业运营的发展路线如图 4-1 所示。

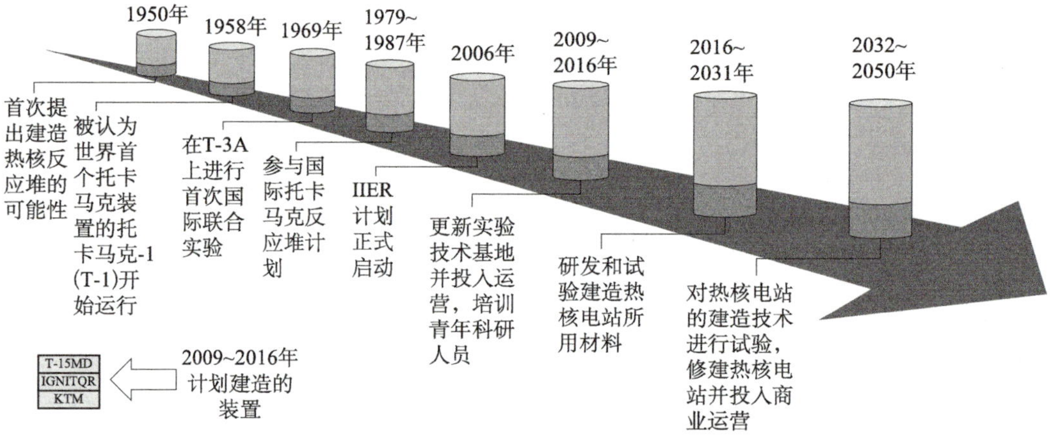

图 4-1 俄罗斯核聚变研究发展路线图①

俄罗斯的未来发展规划包括以下三个方向的工作，并制订了在月球上大量开采氦 -3 的计划。首先，将托卡马克 -15（T-15）改造为 T-15MD，这里的 MD 是“改良分流器”（modified divertor）的意思。T-15MD 进行以中子源为基础的混合堆物理基础研究，解决部分核能实际问题。T-15MD 托卡马克装置是建造聚变中子源的物理原型，聚变中子源的第一步就是设计并建造 T-15MD；其次，在 3 ～ 5 年内与意大利合作，

① 王海. 世界首个托卡马克诞生地：俄罗斯的聚变研究之路. 科技情报开发与经济，2014，24（3）：157-160.

在俄罗斯建成“点火器”（ignitor）反应堆，在强磁场装置上实现“点火”；最后，在3～5年内与哈萨克斯坦合作，建成“哈萨克斯坦托卡马克进行材料测试”（Kazakhstan Tokamak for material testing，KTM）装置，进行混合堆堆芯物理、材料和偏滤器的实验研究。

2. 俄罗斯主要核聚变研究机构及其装置

库尔恰托夫研究所是俄罗斯在核能源领域的主要研发机构，建于1943年，最初目的是开发核武器，从1955年开始进行热核聚变和等离子体物理方面的工作。第一代托卡马克系统诞生于此，当中最成功的是托卡马克的-3（T-3）及更大型的托卡马克-4（T-4）。T-4于1968年在新西伯利亚测试，进行了第一个准稳态热核聚变反应。1975年建成大型装置托卡马克-10（T-10）。研究方向包括以下几方面。

（1）安全发展核电（原子能发电及其燃料循环）：核电站用原子能发电设备，包括其安全性问题；工业化原子能反应堆；海上核动力设备；空间核动力设备；试验反应堆和反应堆材料学；同位素分离；生态清洁动力；原子氢动力。

（2）可控热核聚变及等离子体反应：国际热核反应堆的设计；T-10和T-15上的试验研究；脉冲等离子体物理的基础性研究。

（3）低能及中能核物理：核物理和基本粒子物理的基础性研究；材料及新技术研制中的带电粒子射线研究。

该所于1955年建成首台强纵向磁场环形装置，即环形磁场（toroidal magnetic field，TMF），之后的该类装置被称为托卡马克。到20世纪70年代，世界各地物理界掀起了托卡马克热，当时国际上共有约200台托卡马克实验装置，其中苏联31台、美国30台、欧洲32台。在经历了苏联解体阵痛之后的10～15年，为重振俄罗斯在上述领域的领先研究，俄罗斯又建立了6台托卡马克装置，分别是库尔恰托夫研究所的T-10（改进）、特洛伊茨基创新与热核研究所（Troitsk Institute for Innovation and Fusion Research，TRINITI）的T-11M和位于圣彼得堡尧费物理技术研究所（Institute of Physics and Technology，PTI）的GLOBUS-M、TUMAN-3M、FT-1、FT-2。俄罗斯还将因资金原因中止的俄罗斯最大的托卡马克项目T-15列入政府计划。该计划的实施，可为ITER计划提供支持，也是发展中子源核聚变混合系统的必要阶段[①]。根据俄罗斯联邦教育与科学部的计划，将于2012～2020年实施名为“点火器”的托卡马克项目，预计投资200亿卢布。项目将与意大利合作开展。该装置将是世界上首次采用强磁场而无须使用大功率加热获取热核反应的托卡马克。

俄罗斯科学院约飞物理技术研究所（Ioffe Physical-Technical Institute，PTI RAS），

① Azizov E A. Tokamaks: from A.D. Sakharov to the present（the 60-year history of to tokmcks）. Physics-Uspekhi, 2012, 55（2）: 190-203.

是俄罗斯最大的专门进行物理技术研究的中心，1918 年建于圣彼得堡，隶属于俄罗斯科学院。该研究所共设 5 个研究室，其中与核聚变和 ITER 相关性最大的研究室为等离子体物理、原子物理和天文物理研究室。其研究方向包括高温等离子体（托卡马克、等离子体与波相互作用、等离子体诊断）、低温等离子体、超音速流和物理运动、原子撞击过程和中性粒子等离子体诊断、原子光谱学、类星体理论、中子星和星际介质、彗星射线物理、X 射线天文学及质量光谱测定法。

叶菲莫夫电物理仪器研究所（Efremov Institute，NIIEFA）建于 1945 年，其在制造独特电物理设备方面具有很强的能力，被指定为核物理、高能物理和受控热核聚变基础研究设备的主要设计单位。该单位于 1960 年改名为电物理仪器科学研究所，于 1961 年加上了第一任院长叶菲莫夫的名字。目前，NIIEFA 的主要工作是设计和制造回旋加速器、直线加速器、高压倍加速器、受控核聚变设备、激光技术和电工学设备等。NIIEFA 在加速器和实验物理设备电磁体的设计、工程设计和制造方面有着丰富的经验。

俄罗斯圣彼得堡理工大学物理学家提出一种方法以提升托卡马克装置的性能，其对“不粘模式”进行了评估，并认为这种方法可能会提高反应堆耐磨损和耐撕裂的能力①。由于现代材料还不能承受核反应所需的温度，托卡马克装置中的等离子体不由真空室器壁约束，而是由电磁场约束。当托卡马克装置运行时，释放的能量仍然会传递到反应器的内壁上，导致内壁材料劣化。为了解决这一问题，研究人员提出了所谓的“不粘模式”，其中特殊的混合物经由转向器注入反应器中。这些混合物可以控制等离子体的行为，并且隔离能量流与真空室器壁的接触。现代托卡马克装置和 ITER 将实施该方法，后者将于 2025 年在法国南部建设完成。

4.2.7 韩国核聚变设施发展态势

1. 韩国核聚变研究战略

韩国是世界上开展热核聚变研究较晚的国家，从 20 世纪 60 年代小规模的实验室等离子体研究，到 70 年代晚期大学开展核聚变研究，其间先后研制了若干托卡马克装置。20 世纪 90 年代，韩国政府提出让韩国的核聚变研究腾飞，走向核聚变科学和技术的最前沿。

为确定核聚变电站的技术细节，探索和协调韩国核聚变能的研发活动，2006 年，韩国启动核聚变堆示范装置（Korean fusion demonstration tokamak reactor，K-DEMO）核聚变电站的概念研究。韩国计划于 2011 年前制定发展 K-DEMO 探索性里程碑的概念，2021 年前完成概念和工程设计，2022 年以后最终完成建造设计。K-DEMO 的设

① 王波. 俄罗斯推出新型可控核聚变反应堆. 能源研究与信息，2016，（4）：194.

计要求类似于美国、日本和欧盟早期研制的核聚变电站模型。

2008 年，韩国政府颁布核聚变能源开发促进法，表明 K-DEMO 发展迈出了决定性的一步。在此框架内，韩国政府于 2012 年底启动了本国核聚变堆示范装置的研发计划项目，已与美国普林斯顿大学等离子体物理实验室达成协议，由韩国国家核聚变研究所（National Fusion Research Institute，NFRI）与之合作开发韩国核聚变堆示范装置 K-DEMO 的概念设计①。K-DEMO 第一运行阶段将作为部件测试设施，从 2037 年运行到 2050 年左右；第二运行阶段计划始于 2050 年，为了全稳态运行和发电，将更换大部分内真空室部件。K-DEMO 阶段性实施发展计划包含 4 个阶段的子计划：2007 ～ 2011 年，筹备阶段子计划；2012 ～ 2021 年，K-DEMO 研发子计划；2022 ～ 2036 年，K-DEMO 建造子计划；2037 ～ 2050 年，核聚变电站子计划。2014 年，韩国在热核聚变开发项目上投入 1.449 亿美元。其中，0.864 亿美元用于 ITER 计划，0.334 亿美元用于韩国超导托卡马克先进研究（Korea Superconducting Tokamak Advanced Research，KSTAR）项目，0.067 亿美元用于热核聚变基础研究及人才培养，0.184 亿美元用于热核聚变研究所相关项目。同时，韩国实施“热核聚变、加速器装置产业生态战略”，引导企业参与热核聚变、加速器项目，通过资金扶持等形式让中小企业尽快掌握其核心技术，以实现核心装置的国产化，并将产品打入国际市场。

2. 韩国主要核聚变研究机构及其装置

韩国国家核聚变研究所是一个独特的国家研究所，致力于开展核聚变能的研究和开发。NFRI 利用先进的国内技术，建造了世界上先进的 KSTAR 核聚变研究设备。政府指定 NFRI 为国内主要从事核聚变电站自主技术基础研发的研究单位，建立承担 KSTAR 和 ITER 计划的相关数据库，协调国内和国际核聚变能源发展计划。KSTAR 项目是韩国政府在大田研究基地国家核聚变研究所投资 3090 亿韩元（约人民币 25 亿元）建造的核聚变研究装置，1995 年投入建造，2007 年 9 月 14 日竣工，耗时 12 年。KSTAR 是世界上第一个采用新型超导磁体［铌三锡（Nb_3Sn）］材料产生磁场的全超导核聚变装置，其产生的磁场稳定性很好。2008 年，KSTAR 投入运行并成功产生初始等离子体。

KSTAR 设计的主要特点为：全超导磁体，被动板控制稳定性，作为高功率等离子体稳定性控制的真空室内控制线圈，长脉冲运行能力，灵活的压强和剖面控制，灵活的等离子体形状和位置控制，先进的剖面控制和诊断。KSTAR 装置由真空室及内部部件、热屏蔽、超导磁体系统、低温恒温器和辅助系统构成。真空室为 D 形双层壁结构。超导磁体系统由 16 个环向场（tircular field，TF）线圈和 6 对极向场（pole field，PF）线圈组成。该装置具有强变形的等离子体横截面和双零偏滤器。最初，由极向磁体系

① TIER Organization. Korea Aims at Completing a DEMO by 2037. http://www.iter.org/newsline/255/1481 [2013-02-04].

统提供的脉冲长度为20s，但在非感应电流驱动模式下长度可以增大到300s。等离子体加热和电流驱动系统包括中性束、离子回旋波、低杂波和电子回旋波，它们都可以用于灵活的剖面控制。2009年12月，KSTAR成功获得了电流为320kA、温度为1000万℃的等离子体，持续时间约为3.6s，达到KSTAR设计性能的30%。此后，KSTAR成功获得了2000万℃、持续6s的等离子体，并且成功探测到氘氚核聚变反应生成的带有2.45MeV级能量的中子。2010年11月，KSTAR比预计时间提前一年地首次实现H模。2012年11月，在KSTAR上成功验证了ITER控制、数据存储与通信（control, data access and communication，CODAC）技术对托卡马克实施控制的能力，所测试的系统性能良好，与KSTAR本身的控制系统非常吻合，说明ITER CODAC的研究方向是正确的，将要采用和考虑的技术对托卡马克是合适的。2016年12月12日，NFRI宣布，KSTAR在高性能等离子体运行中取得了70s的世界纪录[①]。

4.3 各国家和地区参与ITER计划情况

4.3.1 ITER计划简介

ITER计划是1985年由苏联领导人戈尔巴乔夫和美国总统里根在日内瓦峰会上倡议提出的。1988年，美国、苏联、日本和欧盟共同启动ITER计划。经过13年的共同努力，耗资约15亿美元，在1991年完成概念设计的基础上，1998年美国、俄国、日本和欧盟四方完成了工程设计及部分技术预研。1998年美国退出ITER计划后，其余三方继续合作，并对原工程设计进一步修改完善，于2001年7月完成了ITER工程设计最终报告及主要部件的研制。

我国于2003年初正式参加ITER计划谈判。同期，美国重返ITER计划。韩国于2003年6月参加ITER计划谈判。经过近两年的谈判和高层运作，中国、欧盟、日本、韩国、俄罗斯、美国六方于2005年6月共同签署了《ITER场址联合宣言》，确定将ITER场址设在法国卡达拉奇（Cadarache）。2005年底，印度加入ITER计划谈判。ITER计划七方政府于2006年5月24日草签了联合实施ITER计划的两个协定《联合实施国际热核聚变实验堆计划建立国际聚变能组织的协定》（简称《组织协定》）和《联合实施国际热核聚变实验堆计划国际聚变能组织特权和豁免协定》（简称《特豁协定》），并于同年11月21日正式签署了这两个协定。经过近一年，各方国会、内阁审批、核准《组织协定》和《特豁协定》后，ITER国际聚变能组织（简称ITER组织）于2007年10月24日正式成立，ITER计划进入装置建造阶段。

① 国家原子能机构. 韩国聚变反应堆打破等离子体运行的世界记录. http://www.caea.gov.cn/n6758881/n6759299/c6782655/content.html[2016-12-21].

ITER 的总体科学目标是：以实现长脉冲运行下的高核聚变增益为最终目标，验证受控点火和氘氚等离子体的持续燃烧；在核聚变综合系统中验证反应堆相关的重要技术；对核聚变能和平利用所需要的高热通量和核辐照部件进行综合试验。另一重要目标是，通过建立和维持氘氚燃烧等离子体，检验和实现各种核聚变工程技术的集成，并进一步研究和发展能直接用于商用核聚变堆的相关技术。因此，ITER 是磁约束核聚变技术发展的重要阶段。在过去十余年中，与建设 ITER 有关的技术研发已经基本完成。目前，建造 ITER 的技术基础已经基本具备。ITER 计划在技术上的其他重要任务包括：检验各个部件在核聚变环境下的性能，包括辐照损伤、高热负荷、大电动力的冲击等，以及发展实时、大规模的本地制氚技术等。上述工作是设计与建造商用核聚变反应堆之前所必须完成的，而且只能在 ITER 上开展。

ITER 装置不仅集成了国际核聚变能源研究的最新成果，而且综合了当今世界相关领域的一些顶尖技术，如大型超导磁体技术、中能高流强加速器技术、连续大功率微波技术、复杂的远程控制技术、反应堆材料、实验包层、大型低温技术、氚工艺、先进诊断技术、大型电源技术及核聚变安全等。这些技术是未来核聚变电站所必需的，能对世界各国工业、社会经济发展起到重大的推进作用。ITER 的建设、运行和实验研究是人类发展核聚变能源的必要环节，有可能将直接决定 DEMO 的设计和建设，并推进商用核聚变电站实现的进程。随着 ITER 计划的启动，国际核聚变界的普遍共识是：由于对 ITER 七大部件已在过去的十多年中做了大量的研发，其对成功建设 ITER 已无工程上的障碍，但是能否顺利实现 ITER 的科学目标依然具有一定的风险和不确定性，需要在未来 ITER 科学实验中开展研究。

根据联合实施协定，所有的部件将由 7 个参与方分别研制和提供，并按规定时间节点提交安装。经过分解，ITER 的部件被拆分成 22 个采购包、97 个子包。除少量部件可用现金直接从市场采购外，大多数部件（采购包）需要进行研制并通过质量认证后，方能使用，其中的涉核部件还必须通过法国原子能委员会的审查并发放许可证。目前，ITER 的各系统部件的研究和设计工作都在有条不紊地进行之中，专家组也就近年发现的一些问题对 ITER 设计做了详细的修改，包括等离子体边缘局域模控制、垂直稳定性的改善等。ITER 综合装置建设始于 2013 年，截至 2015 年 6 月，其建设耗费已超过 140 亿美元，差不多三倍于原定数额。该设施原本计划在 2019 年完成建设，同年开始试运行，2020 年开始等离子体实验，2027 年开始完整的氘氚核聚变实验。但由于经费大幅超支和各种技术工程难题，ITER 计划延误得非常严重，其实验启动时间预计将推迟 5 年。ITER 是人类和平利用核聚变能的进程中最重要的里程碑，它的成功将直接指导 K DEMO 的建造，最终实现核聚变能商用化。

4.3.2 美国参与 ITER 计划情况

在 ITER 96 个子采购包中，美国承担的采购包任务包括冷却水系统、弹丸注入、离子回旋加热（ion cyclotron heating，ICH）系统、电子回旋加热（electron cyclotron heating，ECH）系统、稳态电源、排气系统、磁体系统（环向场线圈导体、中心螺线管）、诊断、包层 / 屏蔽和边界局域模线圈等的设计与研制，贡献形式为实物贡献。其国内机构的具体分摊情况为：中心螺线管绕组由美国橡树岭国家实验室（ORNL）负责，环向场线圈导体由 ORNL 分摊 8%，弹丸注入由 ORNL 负责，包层 / 屏蔽由 ORNL 负责 20%，偏滤器、真空室等的冷却由 ORNL 负责 75%，稳态电源由普林斯顿大学等离子体物理实验室（Princeton Plasma Physics Laboratory，PPPL）负责，诊断窗口由 PPPL 负责 15%，离子回旋传输线由 ORNL 负责，电子回旋传输线由 ORNL 负责，内真空室线由 PPPL 负责，低真空泵，各种标准部件由 ORNL 负责，托卡马克除气系统由萨凡纳河国家实验室（Savannah River National Laboratory，SRNL）负责等。其中，美国承担的中心螺线管是 ITER 计划中最大的单个采购包之一。

ITER 国际组织与美国 ITER 国内机构于 2013 年 10 月 31 日签署了两项托卡马克冷却水系统（Tokamak cooling water system，TCWS）的相关协议，协议的签署将更加有助于实施 TCWS 管道成本效益与时间效益的采购及一体化进程，同时促进压力容器、水泵、热交换器等最大的 TCWS 部件最终设计的完成。2013 年以来的预算概况表明，美国实物组件的成本范围并无变化；然而，美国对 ITER 建设的投入仍在增加，在整体 ITER 计划设定基线并通过 ITER 委员会批准之前，总体 ITER 组织成本、货币汇率波动及未来进度延误造成的成本增加，仍然存在诸多不确定性。此外，欧盟在是将其资源集中于实物捐助还是为 ITER 组织提供所需的额外现金捐助的问题上犹豫不决，从而导致了新的延误，进而引起成本增加。美国将寻求与欧盟进行谈判的机会，以限制提供给 ITER 组织进行组装和建造的现金，尽量减少未来成本增长的责任风险①。2014 年，由于 ITER 的延期，美国参议院的预算决策者曾建议美国退出 ITER 计划。在当年 10 月 1 日生效的美国能源部 2015 财年预算申请中，参议院仅同意为美国参与的 ITER 计划提供 7500 万美元，使得美国不得不暂停参与 ITER 计划。2018 年底，美国国家科学、工程和医学院（NASEM）发布《美国燃烧等离子体研究战略计划最终报告》②，建议美国应该继续参与 ITER 计划，提出未来数十年，每年向核聚变研究投入约 2 亿美元，一部分作为参与 ITER 项目经费，另一部分用于开展核聚变试验电厂国家计划。

① DOE. U.S. Participation in the ITER Project. https://science.energy.gov/～/media/fes/pdf/DOE_US_Participation_in_the_ITER_Project_May_2016_Final.pdf[2016-05-12].

② Final Report of the Committee on a Strategic Plam for U. S. Burning Plasma Research. https://www.nap.edu/catalog/25331/final-report-of-the-committee-on-a-strategic-plan-for-us-burning-plasma-research.

鉴于ITER计划的成功前景，预计美国在未来数十年仍将作为ITER的合作伙伴，因为ITER依然是研究燃烧等离子体最快的途径。对ITER进行特殊监督和严格的项目管理，是该项目成功的关键。美国将继续向其他成员国施加压力，继续提高预算透明度，并保持项目预定交付成果的及时性，以减少由进一步延误导致的成本增加的可能性。

4.3.3 中国参与ITER计划情况

依照ITER材料及设备的采购协议，在ITER装置的建设期间，中国负担约10%的费用和设备制造任务。根据系统和部件的集成性，ITER分解形成22个采购包、97个子包。中国承担其中的6个采购包、12个子包，主要包括磁体超导导体与校正场线圈、超导接头、电源系统、第一壁和屏蔽包层、重力支撑构件、气体加料系统、辉光放电清洗系统，以及以X射线相机、中子注量监测器和偏滤器朗缪尔探针为代表的先进诊断系统等项目。这些项目涵盖了ITER制造中的超导磁体技术、中子屏蔽技术、交直流变流器和高压设备技术等核心技术。在ITER工程量的任务分配中，中国承担了包括69%的铌钛超导导体项目、全部大型超导校正场磁体、全部超导馈线系统、40%的屏蔽块、10%的第一壁材料、62%的变流器和全部高压设备等。

自2004年以来，中国科学院合肥等离子体物理研究所作为国内主要承担单位参与了ITER计划，并通过国际招标竞争承担了多项高难度的核心任务，在这项全球规模最大的国际科研合作项目中展现了中国的科研力量。2006年，该等离子体物理研究所开始了ITER导体的预研工作，是最早介入ITER部件研发的单位。2011年底，该等离子体物理研究所完成并交付了ITER计划中国制造任务的首件产品“ITER环向场超导导体”，这也是中国ITER采购包的首件正式产品。2015年，随着最后一根中国环向场认证导体顺利通过ITER计划指定的唯一测试机构瑞士超导体测试设备（supraleiter test anlage，SULTAN）的性能测试评估，标志着中方承担的所有导体实验和测试圆满完成。环向场导体采购包是中国科学院等离子体物理研究所承担的首个ITER采购包。异型导体成型机是项目组自主研发的关键设备。在导体成型过程中，挤压成型力将近30t。中方承担的异型导体总共60根，约50 000m。

由核工业西南物理研究院牵头的ITER屏蔽包层及磁体支撑系统研发工作取得了重大进展。其研制的屏蔽包层模块样品已送到国际专业机构检验，而研制出的高纯铍等材料也填补了国内的技术空白。2017年3月13日上午，ITER计划的中国超导股线项目全面竣工。超导股线分Nb_3Sn材料和铌钛合金（NbTi）材料2种。ITER环向场导体和中心螺线管导体采用Nb_3Sn超导材料，其余导体采用NbTi材料。Nb_3Sn和NbTi材料作为关键基础材料，在液氦温度（4.2K左右）下处于超导状态，在ITER装置内可以形成强大的磁笼，约束高温等离子体。中方导体采购包共需174t的NbTi和

35t 的 Nb_3Sn 超导股线，全部由西部超导材料科技股份有限公司承担制造。

4.3.4 欧盟参与 ITER 计划情况

欧盟在 ITER 计划中主要承担超导环向场线圈、极向场线圈、真空室、真空室内部件、远程处理、辅助加热系统、氚工厂和低温冷却系统和最终的诊断系统等项目，主要是这些设备的制造、试验、模拟设备的研发工作，并整合基础工艺，如加热、电流驱动、等离子体诊断、屏蔽包层、第一壁、远程处理等。

为保持科技领先和国家能源安全，欧盟有能力在 ITER 的建造和运行过程中起到至关重要的作用。作为 ITER 计划东道主的欧盟，除了在 ITER 计划中所承担的经费和刚性任务，为配合 ITER 计划的正确实施和体现欧盟的科学管理能力，围绕 ITER 计划开展了以下主要活动。

（1）整合欧盟核聚变模拟的欧盟核聚变 ITER 应用（European Union Fusion for International Thermonuclear Experimental Reactor Applications，EUFORIA）计划，将整个欧盟的计算机联网，协调欧盟各核聚变领域开展模拟。ITER 计划开展等离子体湍流等模拟研究，为此要求计算机具备巨大的计算和数据处理能力，这项计划得到欧盟 365 万欧元的资助。

（2）拟建立一个 ITER 可持续财政框架，要求各成员国承担欧盟在 ITER 计划费用（66 亿欧元为建造费用，6.5 亿欧元为运行费用）中的一部分费用，提供财政支持。根据 ITER 国际合作协议，欧盟对 ITER 承担 45% 的贡献。

（3）设立欧盟 ITER 署，负责管理欧盟参与的 ITER 活动。ITER 署设在西班牙的巴塞罗那，估计预算为 96 亿欧元，在其运行的 35 年内，将负责管理 EURATOM 承担的 ITER 计划，以及负责欧盟惯性约束聚变中快点火核聚变能的合作项目，还将负责建造示范核聚变堆及相关设施的组织协调活动。

（4）为了加强欧盟核聚变研究团体在核聚变技术方面的合作，EURATOM 要求在材料研究、核聚变数据管理、教育事务等三方面采取 3 项协调和援助行动。用于这 3 项行动的总预算为 500 万欧元。这项行动包括援助和协调欧盟各核聚变研究机构在关键技术方面的合作；鼓励、支持各核聚变研究机构研究人员相互交流访问，使他们有机会使用核聚变设备；促进各项共同行动的组织与管理。

4.3.5 日本参与 ITER 计划情况

根据 ITER 组织与各方签署的供货协议，日本承担的 ITER 采购包制造任务有七大项，具体包括：全部 18 个环向场线圈导体部分的 25%、辐板 100%、绕线部分的 50%、辐板绕线工程的 50%、6 个中央螺旋线圈导体部分的 100%；中性束注入加热装置——百万伏高压电源的高压部分 2 套、高压衬套 2 副、加速器 1 座；高频加热装置“回旋振荡管”8 支；包层远程维护机器人；真空室偏滤器的外侧垂直靶；除氚系统；监测设备。

2016 年 11 月 10 日，日本量子科学技术研究开发机构（Quantum and Radiological Science and Technology，QST）宣布，在其用于 ITER 加热等离子体的 100 万 V 加速器中产生了能够持续 60s 的强电流密度粒子束。60s 是实验设备限定的运转时间，该加速器有望进一步实现 ITER 提出的 3600s 目标。此前的时间仅为 0.4s，这标志着长时间维持核聚变燃烧等离子体状态又向前迈进了一步。该技术将用于在法国南部建设的 ITER 反应堆，100 万 V 负离子加速器可长时间保持等离子体上亿摄氏度高温中性束注入装置中。此次 QST 通过高精度三维粒子束轨道模拟，修正粒子束偏离，研发抑制电子产生的技术等措施，使电极的热负荷降低至此前的 1/3，连续稳定地产生了与 ITER 具有相同能量和电流密度的粒子束。

4.3.6 韩国参与 ITER 计划情况

2007 年 3 月 27 日，韩国实施《核聚变能源开发促进法案》。2007 年 4 月 2 日，韩国国民大会批准通过《ITER 联合实施协议》。在 ITER 计划的总采购包中，韩国承担了以下采购包任务①：环向场磁体导体（20%），含包层和水连接的真空室主体（20%），真空室赤道窗口（100%），真空室上部窗口（76%），包层第一壁（10%），主机的安装工具 3-11（100%），热屏蔽（100%），氚的存储与排放系统（storage and drain-off system，SDS）（88 %），交流 / 直流（AC/DC）变流器（38%），诊断系统（3.3%）。

作为 ITER 的试运行装置，KSTAR 装置所获得的经验将成为 ITER 装置设计、采购和初始运行的重要技术基础。预计 ITER 联机运行前，KSTAR 可望高功率长脉冲运行 4 ～ 5 年，可为 ITER 运行提供有用的技术知识和数据。

4.3.7 俄罗斯参与 ITER 计划情况

俄罗斯作为 ITER 计划建设的重要一员，在该项目中发挥了重要作用。在科研与设计方面，俄罗斯科学家继续在托卡马克装置上进行核聚变能的理论与实验研究工作，包括超导磁力系统和低温恒温器、真空室和辐射保护系统、分流器、信号抑制和外壁系统、等离子加热和电流控制系统、热核反应堆冷却系统、热核反应堆定时维护和修理系统、等离子体诊断系统、实验数据采集、储存系统、热核反应堆控制系统、保障系统等方面。在设计方面，俄罗斯科学家参与并完成了工作量值 20 亿美元的 ITER 方案设计工作，之后参与了建造 ITER 的关键设备、开发技术工艺等方面的工作。

4.3.8 印度参与 ITER 计划情况

根据 ITER 协议，印度承担 ITER 计划的 8 个采购包任务，包括真空室屏蔽、低温恒温器、水冷系统、低温配电器及低温管线、离子回旋射频（ion cyclotron radio frequency，ICRF）功率源及离子回旋系统电源（ion cyclotron power supply，ICPS）、电子回旋射

① 康卫红. 韩国的核聚变研究现状及发展战略. 世界科技研究与发展，2014，（2）：210-216.

频（electron cyclotron radio frequency，ECRF）功率源及电子回旋系统电源（electronic cyclotron power supply，ECPS）、中性束诊断（diagnostic neutral beam，DNB）系统及DNB电源、诊断系统等部件的生产制造①。印度核聚变界将在工业界的参与合作下，积极推进ITER采购包相关工程和技术的研发工作，开发出与核聚变研究相关的前沿技术。未来10年，印度将为ITER计划提供大约5亿美元的设备及部件，这对于印度工业界来说是一项挑战，同时也将提升和拓展其在部件生产制造方面的能力。参与ITER加快了其在ICRF、ECRH和窄带成像（narrow band imaging，NBI）等技术上的研发步伐。

4.4 研发创新能力定量分析

由于科研论文能够在一定程度上反映科学研究的客观事实，本书利用定量计量的方法，通过对相关数据库收录的核聚变研究论文进行了分析，从文献计量角度揭示出研发现状、特征和发展趋势。

4.4.1 数据来源与分析方法

本次分析采用WoS数据库的源数据，构建了全球科研人员发表的核聚变相关SCI论文分析数据集，数据采集时间为2017年10月10日，发文时间段为2007～2016年，文献类型限定为article、letter、review，共得到25 504篇论文。利用TDA软件进行以下文献数据挖掘和分析。

4.4.2 整体发展态势

2007～2016年，该领域每年发文量均在2000篇以上，参与国家、机构众多（图4-2），核聚变领域在这十年来一直是热点研究方向。

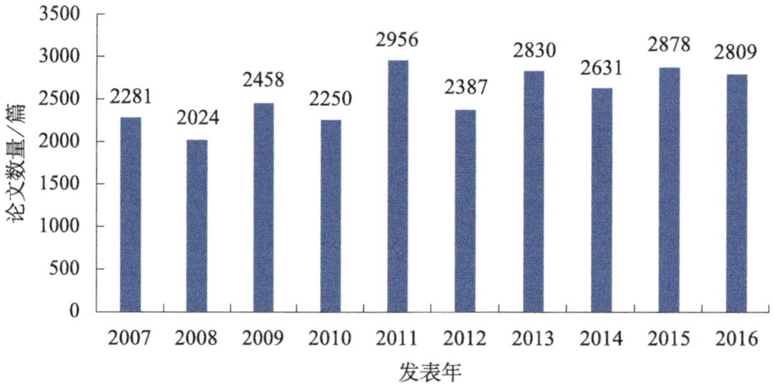

（a）发文量

图4-2　全球核聚变研究SCI论文发文量、引文量、参与国家与机构数量年度变化态势

① 曾丽萍. 亚洲发展中国家聚变研究第二大国——印度核聚变研究的突起. 中外能源，2014，19（3）：28-32.

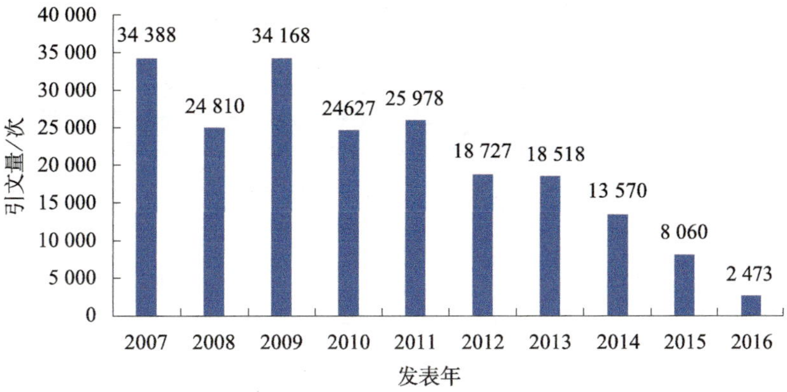

（b）引文量

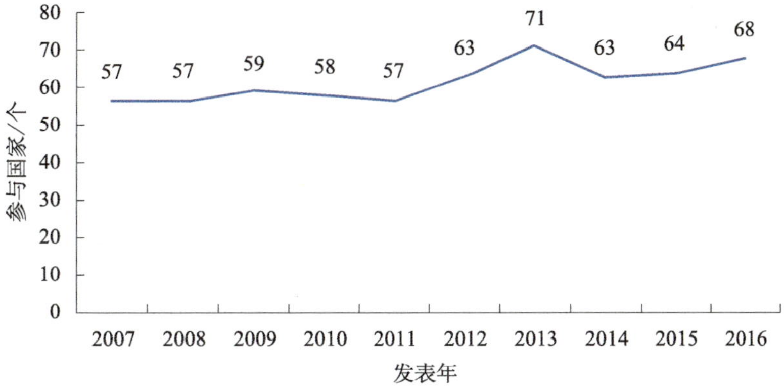

（c）参与国家

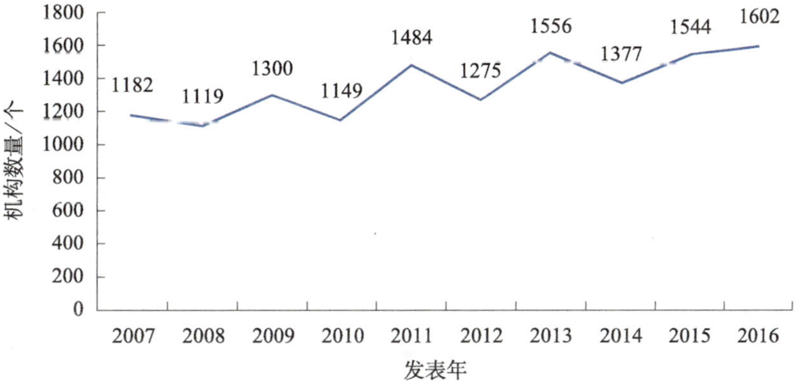

（d）参与机构

图 4-2　全球核聚变研究 SCI 论文发文量、引文量、参与国家与机构数量年度变化态势（续）

从全球核聚变研究被引频次最高的前 10 篇 SCI 论文来看（表 4-1），俄罗斯杜布纳联合核子研究所、通用原子公司、欧洲原子能共同体、CEA 协会、法国核技术研究中心（Cadarache）、国际热核聚变实验堆、德国波鸿鲁尔大学、法国原子能委员会、劳伦斯利弗莫尔国家实验室、欧洲原子能共同体等机构的相关人员所做工作具有较高的影响力。

表 4-1 全球核聚变研究被引频次最高的前 10 篇 SCI 论文

序号	论文题目	第一作者	所在机构	来源期刊	被引频次 / 次
1	Heaviest Nuclei from ^{48}Ca-Induced Reactions	Oganessian，Y	杜布纳联合核子研究所	*Journal of Physics G Nuclear and Particle Physics*，2007，34：R165-R242	525
2	Recent Developments in Irradiation-Resistant Steels	Odette，G R	通用原子公司	*Annual Review of Materials Research*，2008，38（1）：471-503	479
3	Chapter 3: MHD Stability，Operational Limits and Disruptions	ITER Physcis Expert Group on Disruptions，Plasma Control，and MHD	欧洲原子能共同体、CEA 协会	*Nuclear Fusion*，1999，39（12）：2251-2389	442
4	Chapter 4: Power and Particle Control	Loarte，A	法国核技术研究中心	*Nuclear Fusion*，2007，47（6）：S203-S263	433
5	Progress in the ITER Physics Basis - Chapter 1: Overview and Summary	Shimada，M	国际热核聚变实验堆	*Nuclear Fusion*，2007，47：S1-S17	390
6	Colloquium: Fundamentals of Dust-Plasma Interactions	Shukla，P K	德国波鸿鲁尔大学	*Reviews of Modern Physics*，2009，81（1）：25-44	362
7	Recent Analysis of Key Plasma Wall Interactions Issues for ITER	Roth，J	法国原子能委员会	*Journal of Nuclear Materials*，2009，390-391（1）：1-9	354
8	National Ignition Facility Laser Performance Status	Haynam，C A	劳伦斯利弗莫尔国家实验室	*Applied Optics* 2007，46（16）：3276-3303	331
9	Chapter 2: Plasma Confinement and Transport	Doyle，E J	欧洲原子能共同体	Nuclear Fusion 2007，47（6）：S18	324
10	X-ray Thomson Scattering in High Energy Density Plasmas	Glenzer，S H	劳伦斯利弗莫尔国家实验室	*Reviews of Modern Physics*，2009，81（4）：1625-1663	306

4.4.3 主要国家分析

2007～2016 年，美国在核聚变等离子体物理领域的论文数量、总被引频次和 H 指数[①] 均位列全球第一，且大幅领先于排在第二位的德国及后续国家（表 4-2），我国论文数量位列第三（图 4-3）。从发文时序看，我国在 2007～2016 年的论文数量快速

① 评价研究人员长期学术成就的一个指标，指某位作者发表的文章中有 H 篇文章每篇被引至少 H 次，而其他的文章每篇被引都小于或等于 H 次。该指标不适用于评价那些论文数量少而被引频次高的科学家。

增长，年度论文数量在 2015 年接近美国，并在 2016 年超过美国。从趋势变化来看，我国在核聚变研究的论文数量仍将保持快速增长趋势。虽然我国在核聚变领域的论文数量排名世界前三位，但是从论文影响力来看，我国在篇均被引频次、*H* 指数方面较美国仍存在很大差距。

表 4-2　2007 ～ 2016 年核聚变领域主要研究国家

国家	论文数量 / 篇	总被引频次 / 次	篇均被引频次 / 次	论文被引率 /%	*H* 指数
美国	6 591	85 032	12.9	86.2	88
德国	4 581	54 116	11.8	87.9	71
中国	4 092	22 506	5.5	71.6	50
法国	3 606	36 684	10.2	84.4	63
日本	3 509	27 669	7.9	78.8	58
英国	2 611	32 767	12.5	88.1	61
意大利	2 300	21 813	9.5	84.5	50
俄罗斯	1 834	16 037	8.7	79.9	49
西班牙	1 545	12 478	8.1	81.8	41
韩国	1 212	7 070	5.8	73.8	33

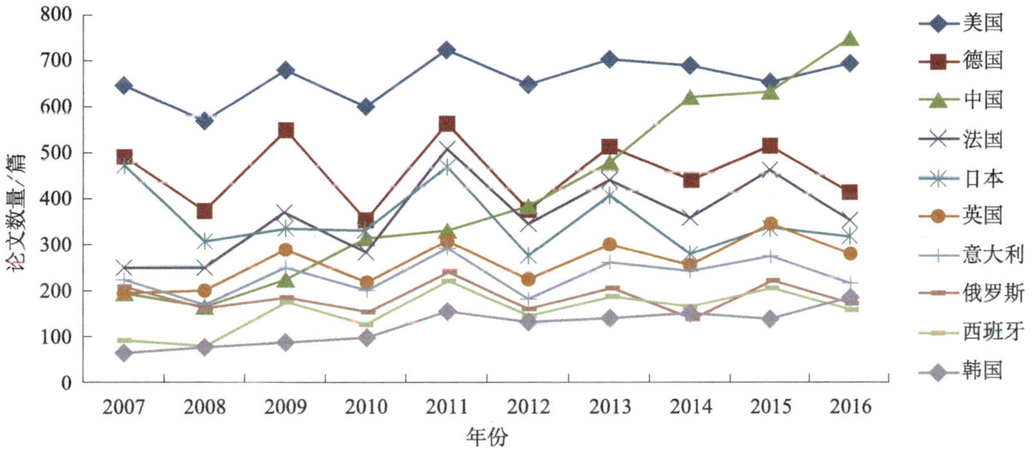

图 4-3　核聚变主要研究国家发文趋势

4.4.4　主要机构分析

本次分析的 25 504 篇论文共涉及 5922 个机构，表 4-3 给出了发文量排前 10 位机构的被引情况。无论是从论文数量指标还是从总被引频次指标来看，排第一位的美国能源部国家实验室都是该领域的最顶尖机构（图 4-4）。通用原子公司的论文数量虽然不多，但其影响力极大，篇均被引频次达到了 16.8 次，甚至跻身前三名。中国科学院整体在该领域的论文数量排名第二位，但论文影响力离顶尖机构还有很大差距，下属研究机构中论文数量最多的是合肥物质科学研究院和中国科学技术大学。

表 4-3 核聚变领域主要研究机构

研究机构	论文数量 / 篇	总被引频次 / 次	篇均被引频次 / 次	论文被引率 /%	*H* 指数
美国能源部国家实验室	3 018	44 160	14.6	86.6	80
中国科学院	1 945	11 122	5.7	72.5	41
——合肥物质科学研究院	1 553	8 387	5.4	70.9	36
——中国科学技术大学	583	2 947	5.1	100.0	26
——近代物理研究所	71	824	11.6	84.5	13
——上海光学精密机械研究所	32	80	2.5	71.8	5
法国原子能委员会	1 441	14 929	10.4	86.5	47
德国马普学会	1 310	15 943	12.2	86.7	50
通用原子能公司	1 261	21 219	16.8	90.5	59
日本原子能研究开发机构	1 260	12 633	10.0	82.0	43
德国尤里希研究中心	811	10 538	13.0	89.5	42
加州大学圣迭戈分校	711	12 286	17.3	92.8	47
麻省理工学院	710	12 367	17.4	91.5	47
韩国国家核聚变研究所	653	3 244	5.0	73.2	23

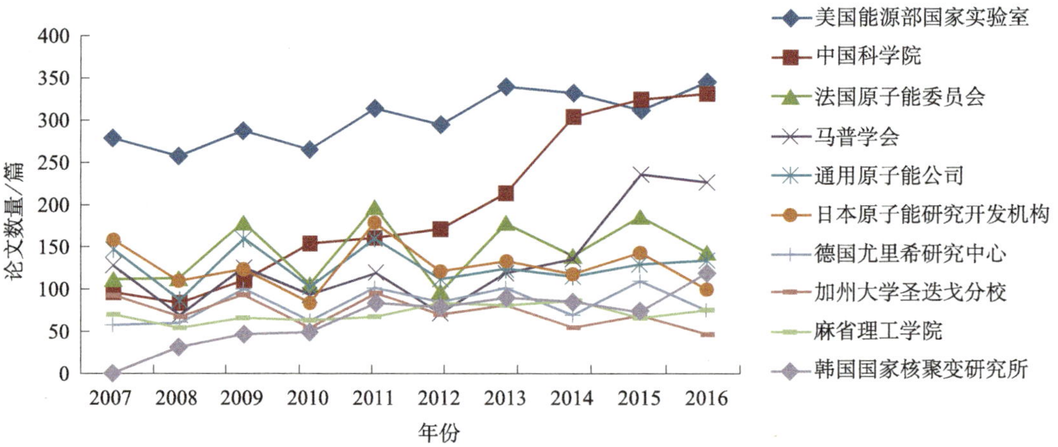

图 4-4 核聚变主要研究机构发文趋势

4.5 启示与建议

我国核聚变大科学装置不断取得技术突破，并为 ITER 计划做出重要贡献。先进超导托卡马克实验装置代表了我国目前在受控磁约束核聚变领域的最高科研水平，体现了人类追求未来能源的远大理想和坚定信念。我国未来核聚变发展战略应瞄准国际前沿，广泛利用国际合作，夯实我国磁约束核聚变能源开发研究的坚实基础，加速人才培养，以现有中、大型托卡马克装置为依托，开展国际核聚变前沿课题研究，建成知名的磁约束核聚变等离子体实验基地，探索未来稳定、高效、安全、实用的核聚变工程堆的物理和工程技术基础问题。

在未来的核聚变领域，需要重点开展核聚变燃料包层材料及核聚变裂变混合堆功能材料方面的研究、新型辅助加热加料技术、核聚变设施在放射性环境下的故障监测与诊断技术、各类低温等离子体发生新技术、偏滤器物理研究、边界等离子体输运及刮削层物理研究、磁流体不稳定性研究等。在高比压、高参数条件下，研究一系列与核聚变堆有关的工程和技术问题，着重开展和燃烧等离子体物理有关的研究课题，包括等离子体约束和输运、高能粒子物理、新的偏滤器位型、在高参数等离子体中的加料及第一壁和等离子体相互作用等。在国内磁约束的两个主力装置 EAST、HL-2A 上开展高水平的实验研究，重点发展专门的物理诊断系统，特别是对深入理解等离子体稳定性、输运、快粒子等密切相关的物理诊断。在深入理解物理机制的基础上，发展对等离子体剖面参数和不稳定性的实时控制理论和技术，探索稳态条件下的先进托卡马克运行模式和手段。实现高功率密度下的适合未来反应堆运行的等离子体放电，为实现近堆芯稳态等离子体放电奠定科学和工程技术基础。

我国自加入 ITER 计划以来，认真履行承诺和义务，承担的 ITER 采购包制造任务全部得到落实，严格按照时间进度和标准，高质量地交付了有关制造的设备和部件，展示了中国创造和制造的实力，受到 ITER 计划各参与方的充分肯定。中国的超导技术因 ITER 计划得到了长足发展，如高功率的连续波加热、遥控机器人维护及材料、大型低温系统和大型电源等，中国在核聚变的各个领域都得到了快速发展，走在了世界前列。

CFETR 项目已于 2015 年完成了工程概念设计，并在国际上引起了很大的反响，世界核聚变研究发达国家如美国、德国、法国、意大利等都和我国建立了密切的联系，全面参与 CFETR 的联合设计。俄罗斯同行也表示，未来将更加深入地参与 CFETR 计划，一个以我为主的国际合作已现雏形。2017 年 12 月 5 日，“CFETR 集成工程设计研究”项目启动会在合肥举行，宣布 CFETR 正式开始工程设计，并按照“三步走”战略最终解决人类终极能源问题的发展路线图。“CFETR 集成工程设计研究”项目的启动也将为我国“十三五”重大科技基础设施“聚变堆主机关键系统综合研究设施”

项目提供设计和建设基础，推动国家科学中心能源科学领域和核能创新平台的建设。CFETR 项目的顺利实施，不但能为我国进一步独立自主地开发和利用核聚变能奠定坚实的科学技术与工程基础，而且使我国率先利用核聚变能发电、实现能源的跨越式发展成为可能。

随着我国在磁约束核聚变领域研发能力和科技水平的提升，未来将继续推动 ITER 计划的实施，同时加强国际合作，贡献中国智慧，引领未来世界的核聚变能研发。

致谢：感谢中国科学院等离子体物理研究所龚先祖研究员、胡立群研究员与高翔研究员对本章内容的审阅！

第五章 基于超强超短激光装置的产出及影响分析

黄 健 姜 山 万 勇
（中国科学院武汉文献情报中心）

5.1 超强超短激光装置的定义及特点

超强超短激光通常是指峰值功率大于 1TW（$1TW=10^{12}W$）、脉冲宽度小于 100fs（$1fs=10^{-15}s$）的激光，它的出现为人类提供了前所未有的极端物理条件与全新实验手段。目前，超强超短激光正处于取得重大科学技术突破和开拓重大应用的关键阶段。未来 5 年左右，激光的聚焦强度可能超过 $10^{23}W/cm^2$ 甚至更高的超高量级，同时激光脉冲的时域对比度可能达到 10^{12}。超强超短激光的研究与发展是国际激光高技术的最新发展前沿与竞争重点领域，正如 *Science* 指出的，这项工作将影响每一项研究，从聚变到天体物理。

5.2 各国家和地区超强超短激光装置的发展战略及趋势

5.2.1 各国家和地区战略布局分析

美国在拍瓦（PW，$1PW=10^{15}W$）级激光器上的研究经历了 20 世纪 90 年代以来的长期领先地位，但随着欧洲研究人员开展大规模、相互协调的投资，美国在这一领域的地位正在迅速受到威胁。①

10 年前，美国在拍瓦级激光器领域占绝对领先位置，当前欧洲和亚洲在不断赶超（图 5-1）。鉴于欧洲和亚洲在超强超短激光领域的蓬勃发展，在未来，美国也可能有大型的超强激光装置上线。

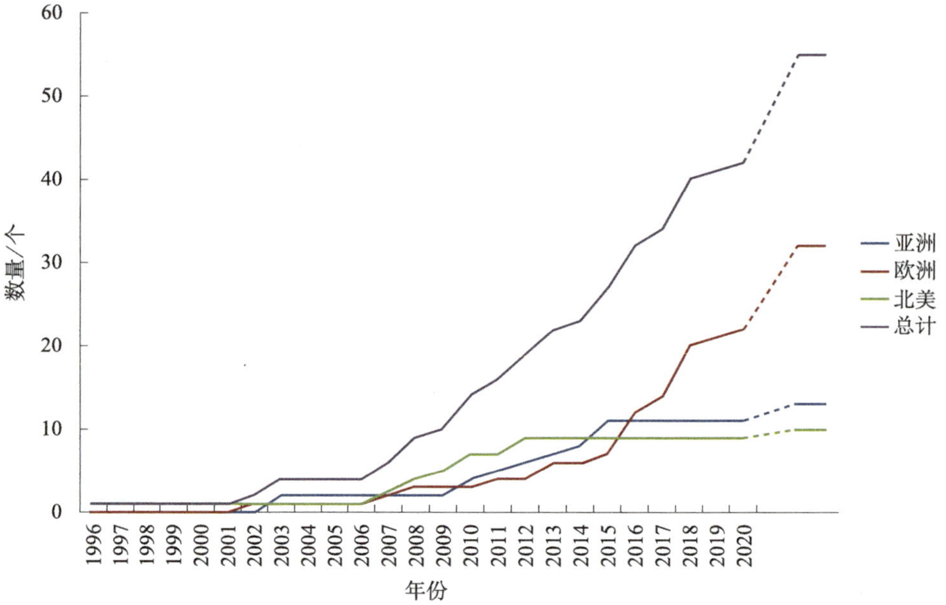

图 5-1　亚洲、欧洲和北美正在运行的拍瓦级激光器系统的总数

过去 20 年来，欧洲和亚洲激光研究保持着快速发展势头。欧洲在围绕拍瓦级激光器培育高度集成的研究与工程团队方面已开展了卓有成效的工作：由来自 16 个国家的 33 个研究机构组成的欧洲激光实验室网络（Laserlab-Europe）对科学政策产生了巨大影响，促成了在 2009 年启动极端光设施（Extreme Light Infrastructure，ELI）计划。ELI 计划通过欧盟"地平线 2020"计划和部分欧盟成员国的资助，已获得了 10 年总共 10 亿美元的经费承诺。

相比之下，美国的相关研究缺乏国家层面协调一致的发展战略。美国能源部为特定研究项目提供大型激光装置，如劳伦斯利弗莫尔国家实验室的国家点火装置，主要服务于能源部武器项目。整体来看，美国缺乏相对有效的资助机制来切实帮助管理具有各种规模和背景的研究领域，包括单个研究人员工作、中等规模的中心、大型装置及大学－实验室合作等。

美国目前的情况是，大型项目（特别是国家点火装置）挤占了能源部其他项目的

① National Academies of Sciences，Engineering，and Medicine. National Academies Study Aims to Rally US Research in High-Intensity Lasers. https://www.aip.org/fyi/2017/national-academies-study-aims-rally-us-research-high-intensity-lasers[2017-12-08].

经费。能源部等政府部门更倾向于资助激光科学中更小型、更具创造性和探索性的工作，对先进高能激光科学领域创造性思想资助相对较少。尽管各联邦机构对高强度激光项目有持续资助，这些项目一般服务于以任务为导向的研究目标，然而在很多情况下，支持与合作较为短暂。

此外，美国高强度激光研究没有跨联邦机构的统一协调管理，使得研究团体分散，学术工作及行业合作减弱，商业应用较为滞后。欧洲在极端光设施计划框架下，正源源不断地涌现高强度激光创业公司。

相对于欧洲的极端光设施计划而言，美国超强激光与现有基础设施（如粒子加速器）的协同被认为是美国实验室的一个关键优势。

5.2.2 各国家和地区项目部署分析

1. 欧盟

2006 年，10 个国家和地区的 30 个科研机构联合向欧盟提出 ELI 计划，拟发展峰值功率 200PW 级超强超短激光装置，开创激光与物质相互作用研究与应用的新时代。该计划被纳入欧盟未来大科学装置发展路线图。ELI 计划的主要科学目标是：面向 100GeV 的激光加速，面向施温格（Schwinger）场的真空结构研究，1 ～ 10keV 相干 X 射线产生与阿秒科学研究和光核物理研究。ELI 计划下设四大研究装置，分别为位于捷克布拉格近郊的 ELI 束线装置（ELI-beamlines facility），位于匈牙利赛格德的 ELI 阿秒光脉冲源（ELI-attosecond light pulse source），位于罗马尼亚默古雷莱的 ELI 核物理装置（ELI-nuclear physics facility），以及目前尚未定址的 ELI 超强场装置（ELI-ultra high field facility）（表 5-1）。2012 年以来，ELI 计划陆续启动了前 3 个装置的建设，投入经费共 8.5 亿欧元，计划于 2017 年研制完成 10PW 级超强超短激光系统并建成用户装置，同时为下一步研制 200PW 级超强超短激光大科学装置打下基础。

表 5-1 ELI 计划下设的四大研究装置

装置	所在地	简介
ELI-beamlines facility①	捷克布拉格近郊	装置包含不同能量和重复频率水平的多路激光束线：两束 0.2J/1kHz、三束 10J/10Hz、两束 50J/10Hz 和两束 300J/0.016Hz（100J/0.1Hz）。其中，2 束 300J / 0.016Hz 激光束线的终端放大模块将基于大口径钛宝石的啁啾脉冲放大（chirped pulse amplification，CPA）技术或基于大口径非线性光学晶体的光学参量啁啾脉冲放大（optical parametric chirped pulse amplification，OPCPA）技术，峰值功率均将达到 10PW，于 2017 年底完成。激光脉冲产生的极端电场强度也可用于产生电子（e^-）、质子（p^+）和高能光子等二级辐射源。该装置主要用于原子分子物理、生物学、材料科学、稠密等离子体物理、高温稠密物质和实验室天体物理学等领域的研究。此外，该装置提供的高重频（0.1Hz）、高功率密度（$10^{23}W/cm^2$）激光条件也可用于极端等离子体物理和非线性量子电动力学效应的研究

① Extreme Light Infrastructure. Petawatt Lasers. https://www.eli-beams.eu/research/lasers/petawatt-lasers/[2018-07-24].

续表

装置	所在地	简介
ELI-attosecond light pulse source[①]	匈牙利赛格德	该装置将是ELI计划中唯一能够实现覆盖从太赫兹（10^{12}Hz）至X射线（10^{18}～10^{19}Hz）宽波段的高重复频率超短脉冲输出的光源。其包括重复频率在10Hz～100kHz的太赫兹、红外、可见乃至紫外波段的周期量级超短脉冲，毫焦耳级10Hz～100kHz的极紫外、软X射线和硬X射线阿秒脉冲，以及光子能量达到数十千电子伏的硬X射线亚飞秒脉冲。该装置主要用于对原子、分子、等离子体和固体中的电子动力学进行阿秒尺度超快成像与诊断测量，此外该装置也可用于超高功率激光方面的研究
ELI-nuclear physics facility[②]	罗马尼亚默古雷莱	该装置包含两部分：一部分为两束基于OPCPA前端放大器和钛宝石CPA放大器的10PW激光光束，终端放大器单脉冲能量将大于300J，重复频率为0.05Hz，两束激光相干合成后获得10^{23}～10^{24}W/cm^{2}的聚焦光强，电场强度达到10^{15}V/m；另一部分为超强伽马束线，由传统直线加速器产生的高亮电子束与激光发生非相干康普顿背向散射产生。该装置主要用于开展激光核物理研究，具体包括激光与物质相互作用、光核反应和极端核物理学与天体物理学等
ELI-ultra high field facility[③]	待定	

2. 英国

英国卢瑟福·阿普尔顿实验室中央激光装置（central laser facility，CLF）作为一个拥有多套激光束线的综合平台，为英国和欧盟国家的研究人员提供了高功率短脉冲钕玻璃激光装置、钛宝石激光装置以及几个较小规模的激光器，以开展材料科学和原子物理等方面的研究。卢瑟福·阿普尔顿实验室CLF的核心装置是火神（Vulcan）激光装置，该装置将在6年内投入2500万英镑，采用OPCPA技术将输出脉冲峰值功率由PW量级升级到10PW量级，单脉冲能量达到300J，脉宽达到30fs，聚焦光强达到10^{23}W/cm^2。[④]

3. 法国

法国阿波罗（Apollon）激光装置位于巴黎郊区，由法国国家科学研究中心、巴黎综合理工大学和法国高等科技学院设计建造，已于2015年建成[⑤]。该装置基于OPCPA前端和钛宝石放大器结构，拟实现300J放大脉冲输出，压缩后可获得150J、15fs、

① Extreme Light Infrastructure. Laser Infrastructure Division. https://www.eli-alps.hu/en/Research-Technology/Laser-Infrastucture-Division-2[2018-07-24].

② Extreme Light Infrastructure. ELI-NP. http://www.eli-np.ro[2018-07-24].

③ Extreme Light Infrastructure. ELI-Extreme Light Infrastructure Whitebook. https://eli-laser.eu/media/1019/eli-whitebook.pdf[2011-10-01].

④ Hernandez-Gomez C，Blake S P，Chekhlov O，et al. The Vulcan 10PW project. Journal of Physics: Conference Series，2010，244（3）：032006.

⑤ APOLLON Research Infrastructure. Laser Architecture. http://www.apollon-laser.fr/[2018-07-24].

10PW 激光脉冲输出，聚焦光强超过 $2\times10^{22}W/cm^2$，时间对比度优于 10^{12}。该装置有望实现 10PW 级超强激光输出，其主要应用包括离子和电子加速、超强 X 射线源、强场物理和高能量密度物理等方面的研究。

4. 俄罗斯

俄罗斯应用物理研究所提出的用于极端光学研究的艾瓦中心（Exawatt Center for Extreme Light Studies，XCELS）计划也瞄准 200PW 峰值功率的实现，设计中的激光装置包含 12 束 15PW、25fs 超强超短激光，利用相干合成技术实现 180PW 输出，最高可能达到 200PW。① 同时，装置还设计有一束 100MeV 电子直线加速器和一束 1PW、1Hz ～ 10kHz 重复频率的探针光。拟开展高能物理、强场物理和真空的时空结构探索研究，以及实验室天体物理和宇宙学、核光学、中子物理、真空、阿秒与仄秒物理和基础计量等研究。

5. 美国

美国劳伦斯伯克利国家实验室正在实施伯克利实验室激光加速器（Berkeley Lab Laser Accelerator，BELLA）计划。该计划通过与法国公司合作，建立了输出参数为 40J、40fs、1Hz 重复频率的 PW 级超强超短激光系统②，主要开展激光等离子体加速电子研究，目标是实现小型化（米级）的 10GeV 量级的高性能电子加速器，以用于材料科学等前沿研究，并为未来发展基于多级（100 级）级联激光等离子体加速器的 1TeV 级电子－正电子对撞机提供研究基础。此外，美国罗切斯特大学和 LLNL 均提出了发展百拍瓦级超强超短激光的构想，美国得克萨斯大学和内布拉斯加林肯大学均建立了基于拍瓦级超强超短激光装置的研究平台。

6. 德国

德国亥姆霍兹－德累斯顿－罗森多夫（Helmholtz-Zentrum Dresden-Rossendorf，HZDR）研究中心建立了包括高亮度低发射度直线电子加速器（electron linac for beams with high brilliance and low emittance，ELBE）、超强超短激光、自由电子激光器、X 射线和中子束线的综合性研究平台③。该装置中的超强超短激光部分目前是一台 150TW/30fs 钛宝石激光器，主要进行电子、离子加速及其应用研究。在未来，该激光系统的一个核心任务是升级到拍瓦量级的峰值功率，以提供更高峰值功率和更大的激光能量，满足多学科研究的需求。HZDR 还提出了在位于德国汉堡的欧洲 X 射线自

① Exawatt Center for Extreme Light Studies. Project Summary. https://www.xcels.iapras.ru/img/site-XCELS.pdf[2018-07-24].

② Berkeley Lab. BELLA Petawatt Laser. http://bella.lbl.gov/facilities/bella-center-facilities-bella-laser/[2018-07-02].

③ Helmholtz-Zentrum Dresden-Rossendorf. Radiation Sources. https://www.hzdr.de/db/Cms?pNid=538[2019-07-10].

由电子激光装置上建立超强超短激光装置的计划，即所谓的亥姆霍兹束线（Helmholtz beamline），主要科学目标是利用 X 射线自由电子激光和超强超短激光两种光源开展高能量密度物理研究。此外，德国马普学会量子光学研究所（Max Planck Institute for Quantum Optics，MPQ）建立了以产生周期量级极短脉冲为主要特征的超强超短激光研究与应用平台，主要开展阿秒科学、电子和质子加速研究。德国耶拿大学正在发展基于二极管激光直接泵浦的高重复频率全固态拍瓦级超强超短激光装置。

7. 中国

我国开展拍瓦级超强超短激光及其应用研究的主要机构包括中国科学院上海光学精密机械研究所、中国科学院物理研究所和中国工程物理研究院激光聚变研究中心等。

1）中国科学院上海光学精密机械研究所

中国科学院上海光学精密机械研究所强场激光物理国家重点实验室在 2007 年成功研制出创当时世界最高功率（0.89PW）并最短脉宽（29.0fs）飞秒拍瓦级啁啾脉冲放大激光系统。在此基础上进一步发展了寄生振荡抑制、精密时空操控、级联脉冲净化等新技术，有效解决了高增益放大及超高时间对比度等关键科学技术问题。2013 年，上述团队又进一步优化精密时空操控、级联脉冲净化等新技术，并突破输出激光脉冲达到超高时间对比度（10^{11}）的世界性技术难题，实现 2.0PW 的超高对比度激光脉冲输出。2014 年年底，通过优化注入等方法，团队进一步发展抑制寄生振荡的新方法，基于直径 150mm 钛宝石晶体，实现 192.3J 放大输出，为当时国际上输出能量最高的 800nm 宽带激光脉冲。2016 年，上海光学精密机械研究所在张江科技创新中心采用基于大口径钛宝石晶体的 CPA 技术路线获得 5.4PW 峰值的功率输出，这是当时已知的国际最高激光脉冲峰值功率。此后，在 2017 年，上海光学精密机械研究所进一步发展了时域双脉冲泵浦技术，有效解决了 10PW 量级、大口径激光放大过程中的寄生振荡问题。并基于直径 235mm 口径的钛宝石实现了 332J 的放大能量输出，压缩后的脉宽达 21.6fs，可以支持 10PW 量级的脉冲峰值功率。在国际上首次实现了可支持 10PW 量级峰值功率的放大脉冲输出。为后续研制 10PW 激光装置奠定了坚实的技术基础。

在发展高能啁啾脉冲放大技术的同时，上海光学精密机械研究所强场激光物理国家重点实验室开展了高能量光参量啁啾脉冲放大技术的研究；在国际上首次建成基于 OPCPA 新原理的小型化 10TW 级超短超强激光装置，获得激光峰值输出功率最高（16.7TW）且对应脉冲宽度最短（120fs）的当时国际最高水平的总体结果。该项研究被国际同行评价为“十年来国际 OPCPA 研究领域中最杰出的实验成就”。该项研究成果获得 2004 年度国家科技进步奖一等奖。此后，该实验室提出了以高对比度啁啾脉冲放大链和光学参量啁啾脉冲终端放大器相结合的混合放大器方案为总体技术路线，有效利用了啁啾脉冲放大技术的高稳定性和高转换效率，以及光学参量啁啾脉冲放大技术的无横向寄生振荡、无热效应、B 积分小等优点，充分发挥两种激光放大技术的优势。2013 年首次在实验上验证了 CPA/OPCPA 混合放大器方案，实现 0.61PW 的激光脉冲输出①。2014年又进一步将输出能力提升到1PW②。上述的研究进展，为后续基于光参量啁啾脉冲放大技术进一步发展超高峰值功率（100PW 量级）激光装置奠定了坚实的技术基础。

基于上述研究基础，强场激光物理国家重点实验室正在建立面向多学科用户的综合性研究平台——上海超强超短激光用户装置。其主要科技目标是：研制建成峰值功率为 10PW 级（激光聚焦强度超过 $10^{22}W/cm^2$）的超强超短激光系统（该装置示意图和总体方案框架图如图 5-2 和图 5-3 所示），并通过组束技术建成峰值功率为 100PW 级（激光聚焦强度超过 $10^{23}W/cm^2$）的超强超短激光系统，利用该激光装置驱动产生高亮度超短脉冲 X 射线、γ 射线；电子辐射、质子辐射、中子辐射等粒子束束线与次生辐射，建成国际一流的综合性科学研究中心，开展激光加速、阿秒科学、极端条件材料科学、超快核物理、高能量密度物理、实验室天体物理、核医学等领域的前沿基础研究和战略高技术研发，在基础研究及前沿应用开拓方面取得重大成果。

此外，强场激光物理国家重点实验室拟基于光参量啁啾脉冲放大技术研制 100PW 量级的超高峰值功率激光装置。该激光装置与 X 射线自由电子激光装置相结合，可以为真空量子电动力学（quantum electrodynamics，QED）等前沿科学技术研究提供前所未有的实验手段。

2）中国科学院物理研究所

中国科学院物理研究所成功研制了拍瓦级超强超短激光装置，并发展了超高信噪比激光脉冲的产生技术。物理所超强激光作用下的高能量密度物理研究组（L05 组，图 5-4）的研究方向为开发新型超短激光系统、超短激光技术及其应用、激光辐射与物质的相互作用及在 X 射线激光器中的各种应用、台式等离子体加速器、超短 X/γ 射线源、实验室天体物理学及高能激光驱动热核燃料内爆等。

中国科学院物理研究所超快激光与精密测量物理研究组（L07 组）研制成功“极光”系列飞秒超强激光装置，获得峰值功率达 1.16PW 的高对比度超强飞秒激光输出，创造了当时同类研究的世界纪录；建成先进的阿秒激光产生和测量装置，得到最短脉宽为 160as 的极紫外阿秒激光脉冲，实现了我国阿秒激光脉冲零突破，发展了基于自差频技术的钛宝石光学频率梳，得到综合指标与性能国际先进的结果及器件。③

① Xu L，Yu L H，Liang X Y，et al. High-energy noncollinear optical parametric–chirped pulse amplification in LBO at 800nm. Optics Letters，2013，38（22）：4837-4840.

② Yu L，Liang X，Xu L，et al. Optimization for high-energy and high-efficiency broadband optical parametric chirped-pulse amplification in LBO near 800nm. Optics Letters，2015，40（14）：3412-3415.

③ 中国科学院物理研究所光物理重点实验室L07组. 研究组介绍. http://ultralaser.iphy.ac.cn/research.php[2018-07-25].

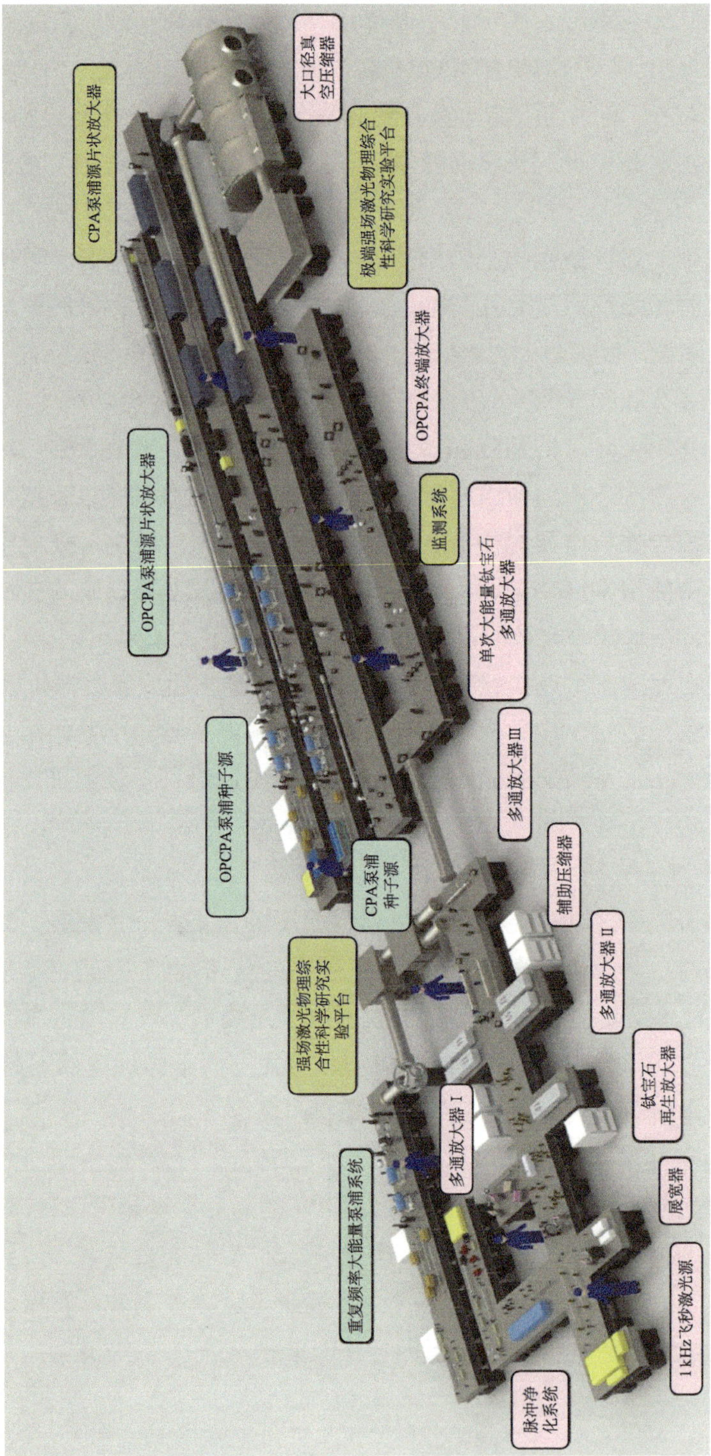

图 5-2 10PW 级超强超短激光装置示意图①

① Li R，Yu L，Ga Z，et al. Development of 10PW Super Intense Laser Facility at Shanghai. https://indico.cern.ch/event/558880/contributions/2381588/attachments/1383151/2103570/12_LI_R.pdf[2016-11-28].

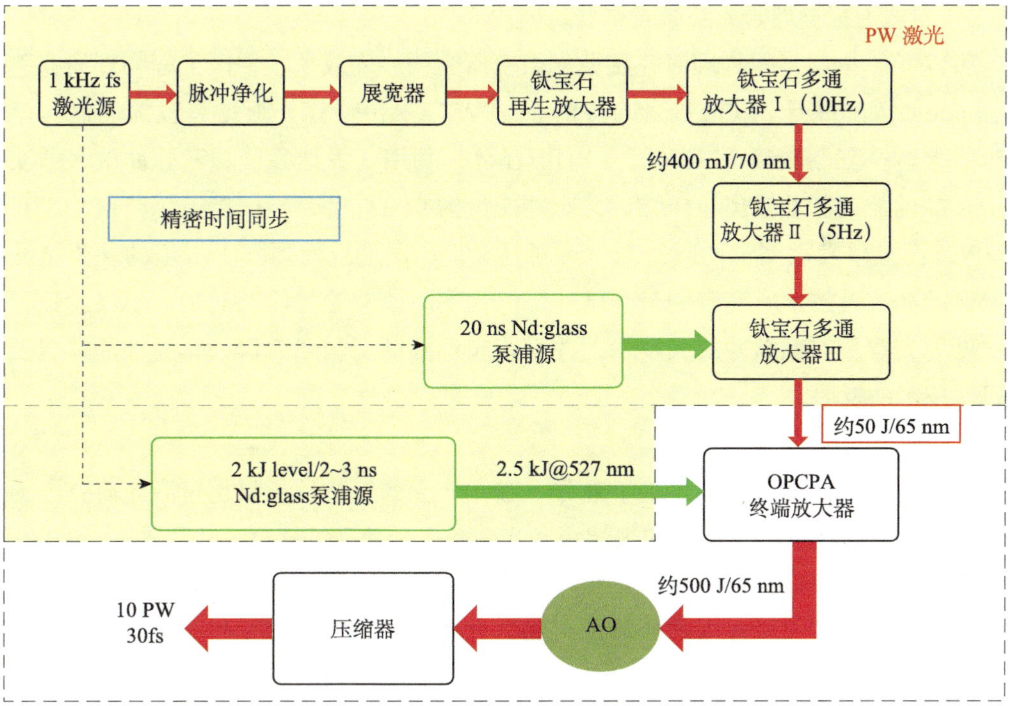

图 5-3　10PW 级超强超短激光装置总体方案框架图 ①

图 5-4　L05 组 20TW 激光器 ②

① National Academies of Sciences, Engineering, and Medicine. Opportunities in Intense Ultrafast Lasers: Reaching for the Brightest Light. https://www.nap.edu/catalog/24939/opportunities-in-intense-ultrafast-lasers-reaching-for-the-brightest-light[2017-12-06].

② 中国科学院物理研究所. XL-Ⅱ Laser System. http://highfield.iphy.ac.cn/Facilities.html[2018-07-06].

3）中国工程物理研究院激光聚变研究中心

2017 年，中国工程物理研究院激光聚变研究中心完成了“中国工程物理研究院拍瓦”（China Academy of Engineering Physics-PW，CAEP-PW）激光装置的研制。基于国产的大口径三硼酸锂（LiB_3O_5，LBO）晶体，利用 3 级光参量啁啾脉冲放大器实现了 168.7J 的放大脉冲输出。压缩后，脉冲能量为 91.1J，脉宽为 18.6fs，峰值功率可达 4.9PW，而且单发次测量的时间对比度可达 10^{10}。这是目前国际上报道的基于全光参量啁啾脉冲放大技术所实现的最高脉冲峰值功率。该装置的研制成功，不仅验证了高对比度的光参量啁啾脉冲放大技术，并且相应地推动了国产大口径非线性晶体以及光栅研制技术的发展。

4）其他机构

中国原子能科学研究院在基于准分子激光放大的短波长超强超短激光研究方面很有特色，也已建立了 10TW 级超强超短激光和质子加速研究平台。

复旦大学物理系在强激光场非线性康普顿效应与电子加速的研究中，获得重要进展，尤其是发现了当激光强度超过某一阈值，电子与光束的相互作用将表现出全新的特性，电子有可能被激光束俘获并被猛烈加速到吉电子伏以上。

天津大学开展飞秒激光的研究工作近 20 年，积累了丰富的理论和实践经验。在飞秒固体激光研究中，首次观察到自锁模自调 Q、飞秒脉冲分裂、脉冲碰撞、脉冲序列周期性调制，以及飞秒太瓦激光脉冲在液体传输中的平台超连续光谱等多种新现象。

上海交通大学和北京大学已建立了 200TW 级的超强超短激光研究平台。

5.3　各国超强超短激光装置学科发展分析

本部分，我们检索了 SCI 扩展版（SCI-expanded，SCIE）数据库中超强超短激光装置的相关文献，检索时间为 2018 年 8 月，共检索出 1392 篇文献①。以下从超强超短激光装置论文的数量、研究主题变化、机构等角度开展分析。

5.3.1　基于超强超短激光装置论文的数量分析

由图 5-5 可见，超强超短激光装置的相关论文数量近年来呈现出较为平稳的发展态势。

① 检索式：TS=（“superintense ultrafast laser” or “ultra-intense laser” or “ultraintense ultra-short laser” or “ultrahigh intensity ultrashort laser” or “ultrashort intense laser” or “superintense ultra-fast laser” or “super-intense ultrafast laser” or “super-intense ultra-fast laser” or “ultraintense laser” or “ultra-intense ultra-short laser” or “ultraintense ultrashort laser” or “ultra-intense ultrashort laser” or “ultrahigh intensity ultra-short laser” or “ultra-high intensity ultrashort laser” or “ultra-high intensity ultra-short laser” or “ultra-short intense laser” or “super intense laser” or “superintense laser”）。

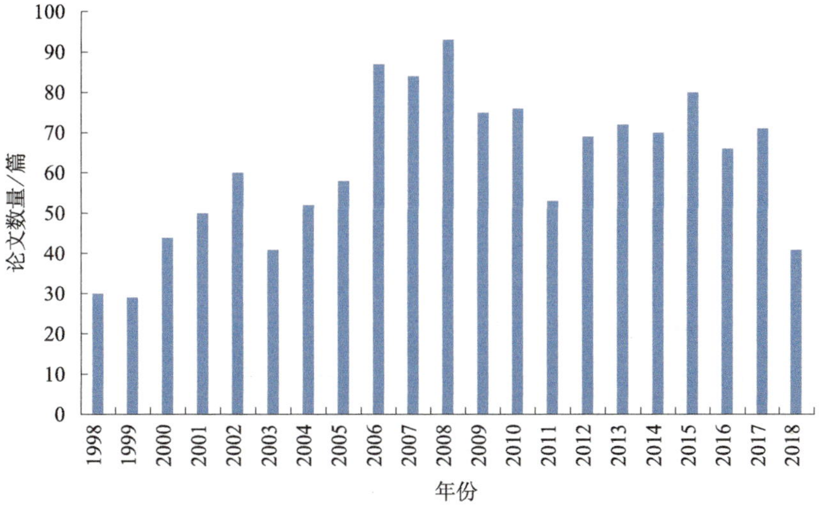

图 5-5　超强超短激光装置论文发表数量年度图

5.3.2　基于超强超短激光装置论文的研究主题变化分析

超强超短激光装置的最主要的学科方向为物理学，它占了绝对的领先地位（图 5-6）。

现阶段，超强超短激光推动着激光科学、原子分子物理、等离子体物理、高能物理与核物理、凝聚态物理、天体物理及非线性科学、化学动力学、微结构材料科学、超快信息光子学、生物医学光子学等一批基础与前沿交叉学科的开拓与发展。

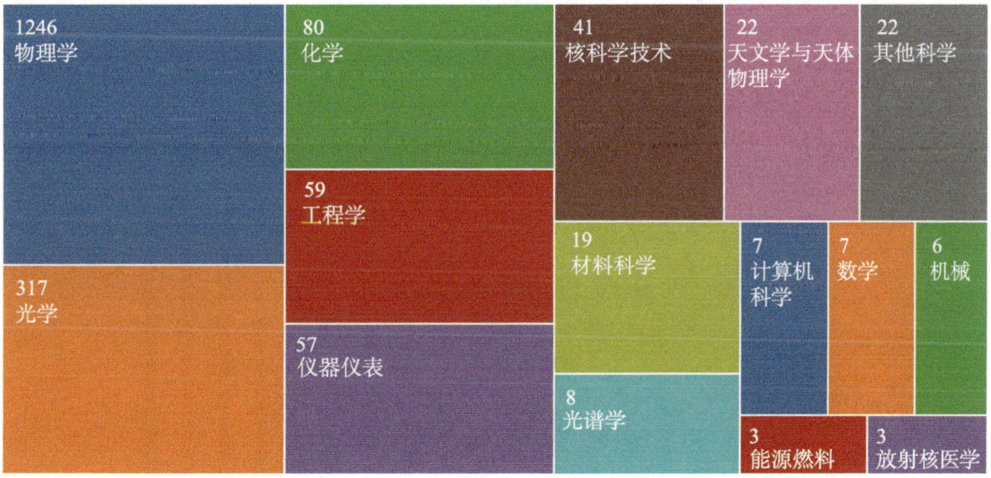

图 5-6　超强超短激光学科方向

5.3.3　基于超强超短激光装置论文的机构分析

从论文发表机构看，日本大阪大学和中国科学院发表论文数量最多，几乎是排在第三位的英国贝尔法斯特女王大学的两倍。在 TOP10 机构中，中国有三家，另两家为上海交通大学和中国工程物理研究院（图 5-7）。

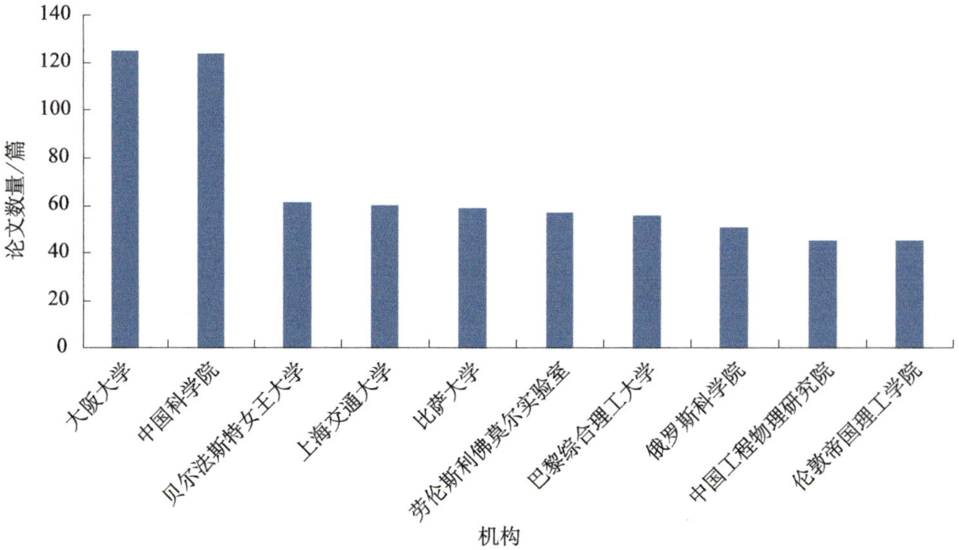

图 5-7　超强超短激光装置论文发表机构 TOP10

5.4　各国超强超短激光装置的技术发展分析

5.4.1　基于超强超短激光装置专利的数量分析

由图 5-8 可见，超强超短激光装置专利申请数量近年来呈现出明显增长的发展态势，这或许与当前世界各国都非常重视该装置的建设及使用有关。

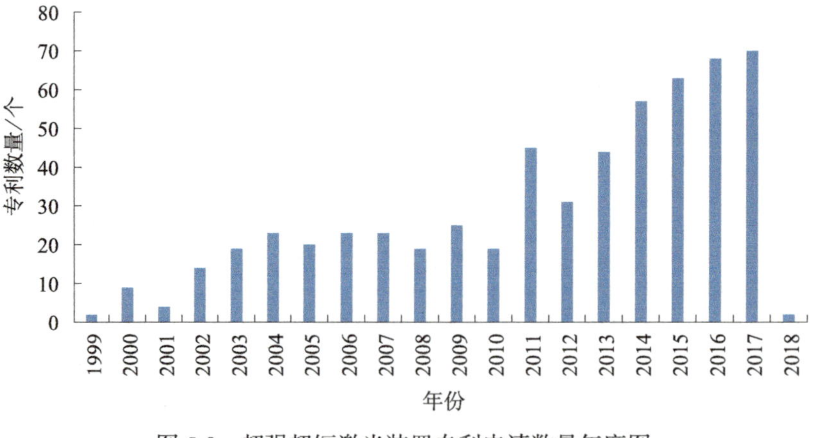

图 5-8　超强超短激光装置专利申请数量年度图

5.4.2 基于超强超短激光装置专利的技术焦点变化分析

图 5-9 依次展示了 2013 ～ 2017 年超强超短激光专利的技术焦点变化情况。由图可见，技术焦点逐步从光纤、激光脉冲、啁啾脉冲放大、超快激光演变到超短激光、锁模激光器、轴驱动器等。

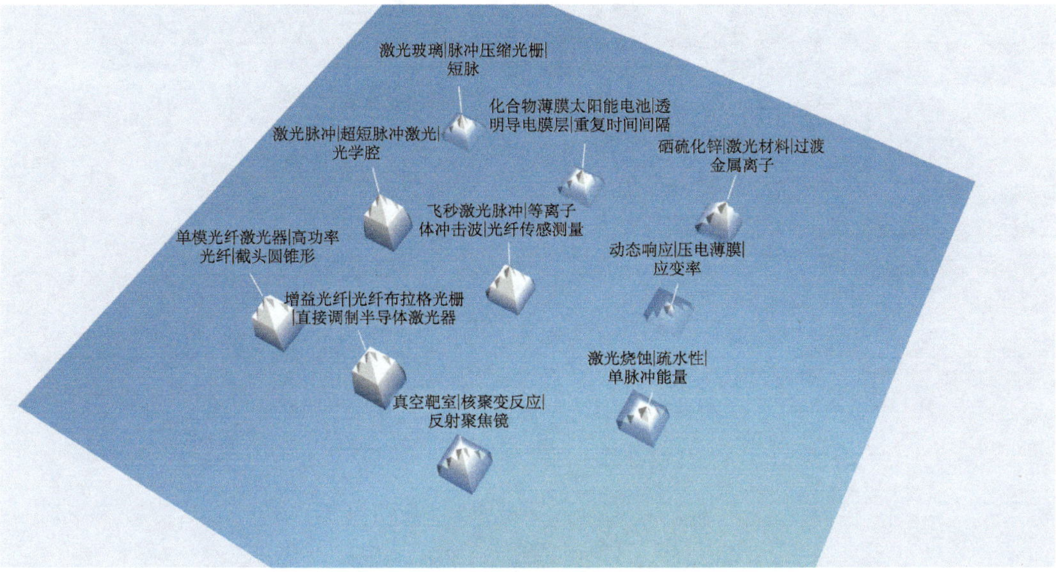

（a）2013年

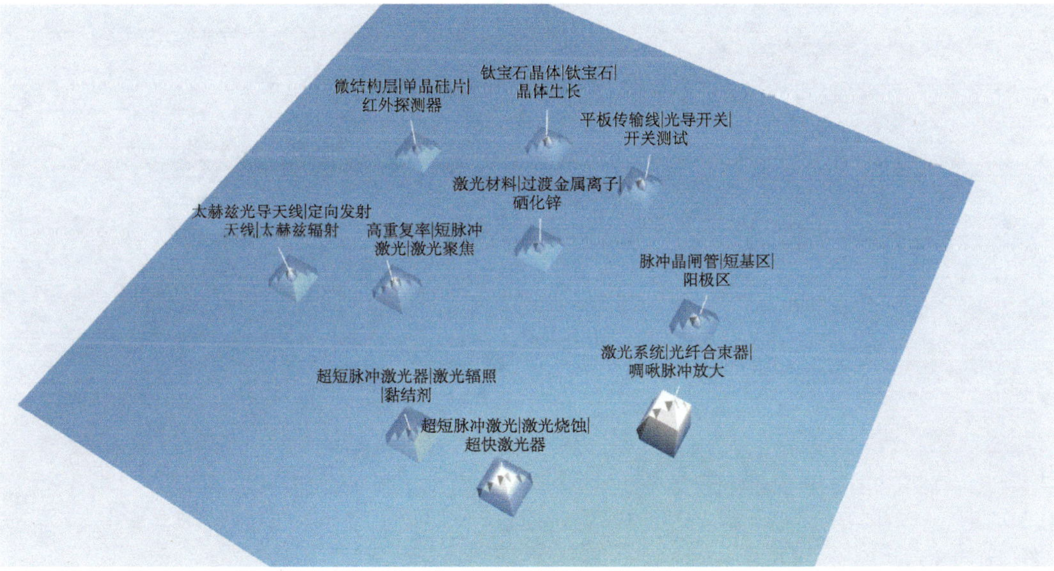

（b）2014年

图 5-9　超强超短激光相关专利关注方向（2013 ～ 2017 年）

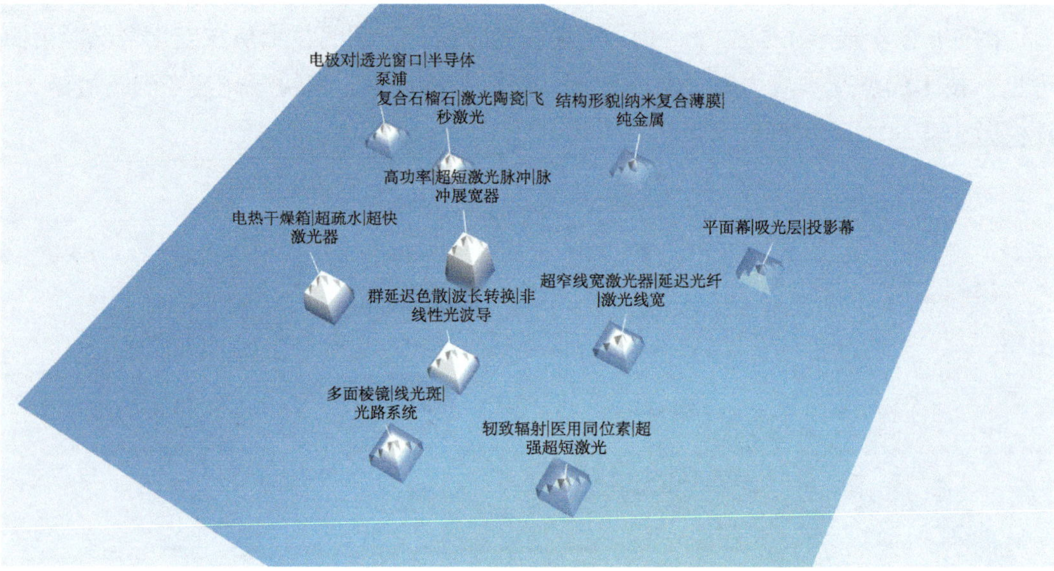

(c) 2015年

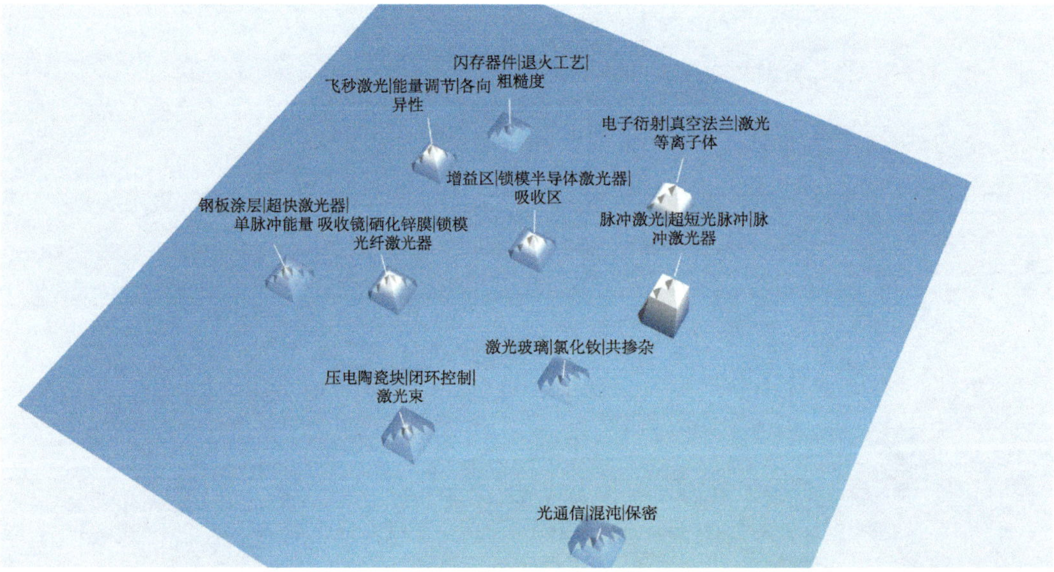

(d) 2016年

图 5-9　超强超短激光相关专利关注方向（2013 ～ 2017 年）（续）

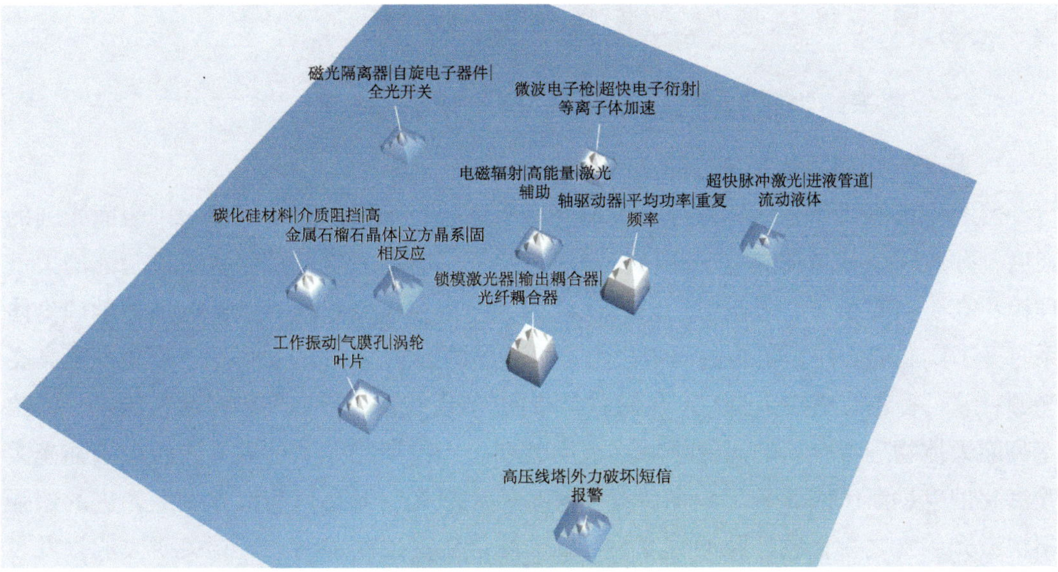

(e) 2017年

图 5-9　超强超短激光相关专利关注方向（2013 ~ 2017 年）（续）

5.4.3　基于超强超短激光装置专利权人分析

在 incoPat 科技创新情报平台的数据库中，中国科学院上海光学精密机械研究所是申请超强超短激光相关专利最多的机构，其次为美国 IMRA 公司（IMRA America Inc.）。

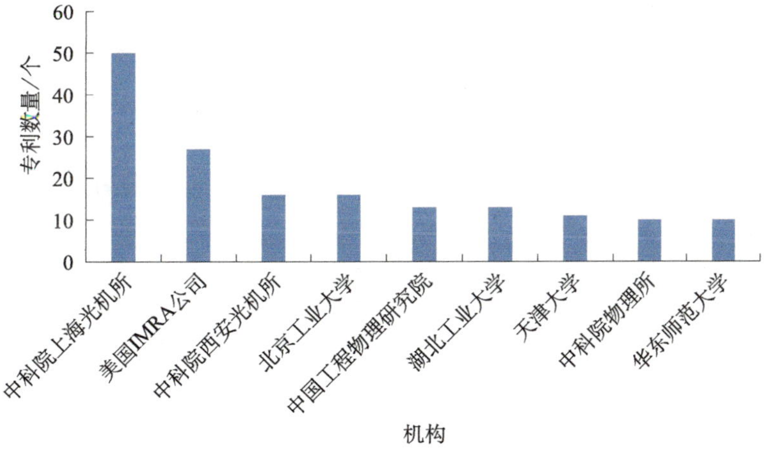

图 5-10　超强超短激光装置专利申请机构

5.5 各国超强超短激光装置的影响分析

5.5.1 基于超强超短激光装置的科学产出影响分析

1. 基于超强超短激光装置的学术影响

美国内布拉斯加大学林肯分校极端光实验室将激光聚焦到十亿倍太阳表面光强的强度，并实现了其与高能电子的精密对撞，验证了电动力学近百年从未被验证的关键理论：高阶多光子汤姆逊散射理论。该结果为停留在理论阶段的量子电动力学理论体系打开了实验的大门。实验过程中产生了极高能的定向 γ 射线，可用于产生高能高亮光源；该过程还有望在实验室产生阿秒量级的 γ 射线暴，开启阿秒尺度核物理、实验室高能天体物理等全新的研究领域。该实验在内布拉斯加大学林肯分校的极端强光实验室狄俄克勒斯（Diocles）激光装置上实现。该激光装置是目前世界上最先进的超强超快激光装置之一，设计脉冲宽度为 27fs，峰值功率达到 1PW。① 相关研究成果发表在 *Nature Photonics* 上。②

中国科学院上海光学精密机械研究所强场激光物理国家重点实验室在超强超短激光驱动的小型化自由电子激光新概念研究方面取得重大原创进展，提出并实现了一种微型、瞬态的波荡器方案。研究人员利用超强超短激光与金属丝相互作用，在产生高能电子束的同时，巧妙地利用电荷分离效应构建了微型、瞬态的电子波荡器，并基于该全新波荡器方案获得了非线性放大的强太赫兹辐射输出。研究人员利用一束超强超短激光辐照金属丝靶，通过激光与等离子体相互作用产生定向的高能电子发射，同时基于电荷分离，在金属丝上瞬间产生一个极强的径向瞬态电场；该电场导引沿金属丝方向附近发射的大量高能电子沿金属丝传输并进行周期性的螺旋运动——相当于电子束在一微型波荡器中的螺旋运动。这种运动产生了强太赫兹辐射，转换效率达到 1% 以上。相关研究成果发表在 *Nature Photonics* 上。③

2. 基于超强超短激光装置的学科演化交叉分析

超强超短激光研究推动着激光科学、原子分子物理、等离子体物理、高能物理与核物理等一批基础与前沿交叉学科的开拓和发展。同时，这也将为相关战略高技术领域的创新发展，如高亮度新波段相干光源，超高梯度高能粒子加速器、强场激光核医学、核聚变能源、精密测量等提供原理依据与科学基础，对其有着不可替代的强大推

① Scott Schrage. 1 Billion Ssuns: World's Brightest Laser Sparks New Behavior in Light. http://news.unl.edu/newsrooms/today/article/1-billion-suns-world-s-brightest-laser-sparks-new-behavior-in-light/[2017-06-26].

② Yan W C, Fruhling C, Golovin G, et al. High-order multiphoton Thomson scattering. Nature Photonics, 2017, 11 (8): 514-520.

③ Tian Y, Liu J S, Bai Y F, et al. Femtosecond-laser-driven wire-guided helical undulator for intense terahertz radiation. Nature Photonics, 2017, 11 (4): 242-246.

动作用。例如，超强超快激光自身及其与物质相互作用产生的飞秒甚至可能是亚飞秒、阿秒数量级的超紫外射线（EUV）和X射线波段的极端超快相干光源技术，为人类研究并应用各种超快过程提供了强有力的手段，将使人类在更深的层次上进一步认识微观世界物质内部的能量转移和信息传递过程，进而可能实现人工控制某些物理、化学和生物过程，促进微结构材料科学、超快化学动力学等交叉学科领域的研究与发展，产生具有重大影响的突破性交叉前沿研究成果。

1）高能物理方面

国防科技大学在激光核聚变“快点火”研究中取得重要进展。研究人员采用一种全新策略，使轰击燃料靶的高能电子束得以有效聚焦，从而大大提高了能量利用效率，为最终实现激光核聚变“快点火”带来了曙光。日本大阪大学实验室和我国国家超级计算天津中心进行的验证性实验和数值模拟结果表明，该方案成功地使高能量密度电子束的初始发散角从50°减小至10°，且使聚焦电子数密度提升一个数量级，有助于更好地达到“点火”所需条件。①

美国国家点火装置的科学家通过实验证明，核聚变反应释出的能量比引发核聚变反应的燃料所吸收的能量多。这项发现标志着核聚变能源将步入新时代。美国科学家用192支激光，对一颗燃料芯块进行加热直至核聚变反应发生。实验结果表明，聚变产生的能量大约是以前纪录的10倍，实现了“燃料增益”。②

美国内布拉斯加林肯大学极端强光实验室的科研人员通过将超强超快激光聚焦，得到了峰值强度比太阳表面强度高出十亿倍的极强光场环境。在强激光作用下，近光速运动的电子有可能一次性将上千个光子同时吸收，然后合并成一个高能光子发射，科学上称为“高阶多光子汤姆逊散射”。该理论是经典电动力学的著名理论之一，早在19世纪初就被提出，但是由于实验条件的限制，直到最近超快超强激光技术的发展才让该理论的实验验证成为可能。③

英国帝国理工学院用超强激光照射电子，首次在实验室展示了光让电子速度减慢的辐射反应。这揭示了超越经典物理的动力学，并暗示了量子效应的存在，有助于科学家更好地理解宇宙内某些最极端环境中发生的现象及量子电动力学。④

西安交通大学和德国马克斯·普朗克核物理研究所合作，并首次发现利用超强长

① 成舸，贺靓，徐珣. 激光核聚变“快点火”迎来新曙光. http://news.sciencenet.cn/sbhtmlnews/2014/11/293814.shtm?id=293814[2014-11-11].

② 诺派激光. 2014年国际十大科技新闻解读：激光核聚变与光变物质. http://laser.ofweek.com/2014-12/ART-240001-8130-28918197.html[2014-12-29].

③ 范琪. 世界最强激光探索全新物理现象. http://www.stdaily.com/zhuanti01/bdtjg/2017-11/09/content_594273.shtml[2017-11-09].

④ 刘霞. 强激光实验首次证明光可阻碍电子. 科技日报，2018-02-09（1）.

激光脉冲（6～10个波长及更长范围）和相对论电子束对撞，电子背向辐射谱产生两个X射线波峰，其强度和对应极化角分布非常敏感地依赖于驱动激光脉冲载波相位，并且呈线性单调变化。此变化可以被用作确定驱使拍瓦长激光脉冲载波相位的依据。该研究成果已发表于 *Physical Review Letters*①上。②

2016年3月10日，中国科学院上海光学精密机械研究所强场激光物理重点实验室宣布，其利用超强超短激光成功地产生了反物质——超快正电子源。这一发现将在材料的无损探测、激光驱动正负电子对撞机、癌症诊断等领域产生重大应用。③

2）天文学研究方面

印度塔塔基础研究所和葡萄牙里斯本大学等机构合作，用超强激光脉冲轰击炽热致密的等离子体创造出了磁场湍流，与卫星观测到的太阳风磁场湍流相似。在起初的一万亿分之一秒里，这种磁场湍流由电子主导；随后离子参与其中，接管主导权。在离子阶段，磁场湍流的光谱与太阳风磁场光谱惊人地相似，尽管两者规模大小悬殊。研究人员创造出的磁场湍流的初始能量来自电子，而太阳磁场湍流的初始能量来自离子，但两种湍流的光谱一致，可见其特征与能量源无关。这意味着将来有可能用小规模实验来模拟天文尺度的现象，深入研究磁场湍流的性质，帮助理解恒星演化等过程。④

海王星和天王星都被称作“冰巨星”，因为它们不仅有厚重的大气层，而且主要由冰组成。为了证实这项研究，科学家利用超强激光来模拟行星内部的极端条件。激光在聚苯乙烯（一种碳氢化合物）中产生冲击波，制造出在行星深处探测的压力。由甲烷、氢类气体混合而成的聚苯乙烯，使海王星表面呈现独特的蓝色。科学家在 *Nature Astronomy* 杂志上称，几乎每一个聚苯乙烯中的碳原子都被纳入到只有几纳米宽的微观钻石结构中。虽然钻石的形成只持续了不到一秒钟，但却是该理论的第一个实验证明。⑤

3）生命科学方面

科学家在实验室中利用超强激光装置重现了可能是地球生命最初萌芽的状态。研

① Li J X, Chen Y Y, Hatsagortsyan K Z, et al. Single-shot carrier-envelope phase determination of long superintense laser pulses. Physical Review Letters，2018，120: 124803.

② 程洪莉. 西安交大科研人员在拍瓦激光脉冲载波相位探测方面取得重要进展. http://std.xjtu.edu.cn/info/1463/31572.htm[2018-04-16].

③ 王琳琳. 我国科学家利用超强超短激光成功获得“反物质”. http://www.cas.cn/cm/201603/t20160311_4548738.shtml[2016-03-11].

④ 新华社. 科学家创造出“桌面上的太阳风暴”. http://www.xinhuanet.com//tech/2017-07/04/c_1121260406.htm[2017-07-04].

⑤ 贠梓珺. 海王星天王星上或存在数百万克拉钻石. http://tech.huanqiu.com/original/2017-08/11168164.html[2017-08-23].

究人员将黏土与化学液体混合并用强大激光轰击照射，以此来模拟小行星与早期行星之间的相撞情形。这样做的结果是，产生了一些被认为是构成生命必不可少的关键化学成分。经过激光照射之后，混合溶液中出现了构成RNA所需的全部（4种）化学基。这是DNA的近似体，只是结构相对更简单，它是构建生命的蓝图。当然，以这些化学基为基础，还需要经过许多关键性的步骤，生命才能最终出现。然而，在整个过程中，这是关键性的第一步。

5.5.2 基于超强超短激光装置的国际合作分析

作为超强超短激光装置的承办方之一的中国科学院上海光学精密机械研究所，在高功率激光、信息光学、光学与激光材料科技领域与国外开展了实质性科技合作。

在组建联合单元方面，2012年4月，中国与韩国原子能研究所合作成立的中韩高能量密度激光物理联合研究中心正式揭牌，与日本理化研究所在多年合作的基础上，组建了“中日SIOM-RIKEN联合实验室”；2015年7月，与以色列希伯来大学共同组建了中以高功率激光科学与工程联合研究中心。

在国际合作交流方面，上海光学精密机械研究所自2007年被科技部授予国际科技合作基地后，在高功率激光、信息光学、光学与激光材料科技领域与以色列、白俄罗斯、韩国、日本、俄罗斯、爱尔兰、美国等十余个国家开展了实质性科技合作，承担了多项重大国际合作项目，深化了国际科技合作与交流。该所实施国际科技合作专项，建立“强强联合、优势互补”的战略伙伴关系，推进互利共赢的实质性合作。

5.5.3 基于超强超短激光装置的重大突破及获奖

通过在极端物理条件下对物质结构、运动和相互作用进行研究，可以使得人类对客观世界规律的认识更加深入和系统。超强超短激光光源的建立与发展及其广泛的前沿应用具有重要意义。2010年第一期 *Nature* 作为该刊物新十年第一期，以“2020愿景”为题，预测了激光领域未来十年可能实现的五项重大突破，其中四个与超强超短激光直接相关：基于激光的超精密钟与宇宙常数的精密测量；新一代激光将可用于产生新物态并提供无碳和无限的清洁能源；获得阿秒脉冲跟踪化学反应中的极端超快电子运动；实现低成本、台式化的激光高能粒子加速器等。① 超强超短激光本身的发展及其应用的开拓，特别是国际上正在展开竞争激烈的10PW乃至100PW级超强超短激光装置的研制，有望开辟超强超短激光应用的新阶段。

美国密歇根大学的研究人员和来自全球各地的合作者拟计划对大力神激光器进行升级，将该激光器的输出能力再提升1倍甚至2倍。将其发射功率从300TW升级到

① Baer T，Bigelow N. 2020 Visions（lasers）. Nature，2010，463：26-32.

500TW 甚至是 1000TW。如果大力神激光器的发射功率能够达到 1000TW，它将再一次成为美国最强大的激光器之一（它曾在 2008 年获得“最高强度激光器”的吉尼斯世界纪录头衔）。[①]

2017 年 10 月 24 日，上海超强超短激光实验装置研制工作取得重大突破，成功实现 10PW 激光放大输出，达到国际同类研究的领先水平。这是该装置继 2016 年 8 月实现 5PW 国际领先成果之后再次取得的重大进展。该装置采用基于大口径钛宝石晶体的啁啾脉冲放大技术路线。研究人员解决了大口径高增益激光放大器、高性能激光泵浦源、宽带高阶色散精密控制和增益窄化抑制等关键科学技术问题，在国际上首次实现了 300J 以上能量水平的宽带（半高全宽达到 70nm）激光放大输出。10PW 激光主放大器采用的钛宝石晶体直径达 235mm，由上海光学精密机械研究所自主研制，是我国首次研制成功并获得激光放大的口径超过 200mm 的激光晶体，也是目前已知的国际上最大口径的激光放大晶体。

5.6 启示与建议

发展超快光学与超强激光技术具有重要的科学意义和应用价值。超快光学与超强超短激光技术的研究不仅将推动一批基础与交叉前沿学科的开拓，也将强力推动相关战略高新技术领域的发展，并可能引发新技术变革和创造新产业。激光等离子体加速装置并没有取代传统的射频加速装置，二者是相辅相成的，因此找出两者的界限是至关重要的，如一些特殊粒子（短寿命、高电量）的加速装置。

目前，针对应用的需求，国内超强激光光源的发展还面临着一些重要的挑战，如材料和光学元件（晶体、光栅等）、大能量高重复频率泵浦激光器的发展、光谱拓展（中红外高功率激光光源、短波长光源）、能量提取效率、稳定性、高重复频率（未来的光纤激光器）、超强超短激光的产业化、商品化发展等。

基于国内超强激光光源及其前沿应用的发展现状，我们应借鉴和学习欧盟极端光设施计划，在我国进一步加快发展超强激光光源并推动其在强场物理、阿秒科学、材料科学、相对论性光学、核物理、激光聚变、高能量密度物理等领域的应用，大力推进台式化高能粒子加速器、放射医学、精密测量等相关战略高技术领域的发展。

正因为世界主要国家都在争相发展超强超短激光技术，所以我们有充分的理由相信，未来将陆续听到它带来的很多新应用，甚至是一些领域的革命。为保持我国在该

① University of Michigan. Doubling the Power of the World's Most Intense Laser. http://ns.umich.edu/new/releases/25165-doubling-the-power-of-the-world-s-most-intense-laser[2017-10-16].

领域的领先地位、引领相关学科和技术的发展，以上海超强超短激光实验装置为代表的科研机构的科学家正在积极努力、不断前行。

致谢：感谢中国科学院上海光学精密机械研究所冷雨欣研究员、许毅博士、彭宇杰博士对本章内容的审阅！

第六章 基于空间科技基础设施的产出及影响分析

郭世杰　李宜展　魏　韧
（中国科学院文献情报中心）

6.1　空间科技基础设施的定义及特点

空间科技基础设施是当代支撑空间科学研究、开展空间技术测试、推进空间应用开发的重要平台。广义的空间科技基础设施包括大型空间装置、设施和服务资源，如执行各种使命的空间飞行器（人造卫星、载人飞船、空间站、深空探测器、着陆巡视器、近年发展的太空操作器等），负责将空间飞行器送入太空（和返回地球）的航天运载器（运载火箭、航天飞机等），以及航天发射场、测控通信网（包括陆海基和空基测控通信）等；还包括用于研究发生在地球、日地空间、太阳系乃至整个宇宙的物理、化学和生命等自然现象及其规律的知识资源、电子资源，如空间科学档案和实验数据、空间科学计算系统和通信网络等[①]。

空间科技基础设施伴随人类空间活动的兴起而诞生。从 1957 年至今，国际上空间科学的探索和研究持续不断、高潮迭起：利用科学卫星、深空探测器及空间实验室和空间站取得的革命性的发现深刻地改变了人类的宇宙观和自然观；设计和建造空间科技基础设施的技术发展日新月异，创造了人类历史上一个又一个激动人心的工程技术

① 国家自然科学基金委员会，中国科学院. 未来10年中国学科发展战略——空间科学. 北京：科学出版社，2012：1.

奇迹，并已经成为规模宏大的产业；服务于经济、社会发展、军事用途的空间与地面设施越来越深入地渗透到公众生活和军事应用中的各个方面，成为多种行业不可或缺的基础设施，加速了当代信息技术的普及发展，催化了新军事的变革，深刻地改变了军事斗争方法和战争形态，并且有可能在未来支持直接开发利用空间物质资源，乃至实现人类生存空间的扩展。

正是因为空间科技基础设施为国家科技创新、社会进步乃至人类文明的延续做出了重要贡献，世界主要空间科技大国均通过稳定的国家政策、战略和财政支持，大力推进空间科学观测体系和科学实验设施建设，重视空间系统和基础设施的安全维护和保障，并加强对新兴交叉技术和综合性科技基础设施在空间领域的应用，所以相关科学和技术成为各国竞相发展的重要战略领域，世界科技强国纷纷出台系列战略规划，积极谋划未来发展。

从空间科技特点来看，空间科学进步需要大量专业人员和经费的持续稳定投入：大型空间科技基础设施的建设周期长、保障和维护任务重、管理运营要求高，对国家经济实力和科技储备带来极大挑战，各空间科技强国已通过加强国际合作、推进空间商业化、开发可重复使用火箭和微小卫星等应对这一现实挑战。一些低成本、高绩效的新型设施也逐渐展现出在空间载荷测试、空间技术验证等方面的应用前景，如超压探空气球、零压气球、小型探空火箭、临近空间飞艇、地基微重力模拟设施等。

另一方面，空间科技是交叉性极强的学科：光通信、量子通信等新型通信手段，电磁推进、在轨发射等新型运载技术，高性能计算、云计算、人工智能等新型信息技术，正在不断塑造新的空间科技竞争格局。各国普遍重视新兴交叉技术对未来空间科技基础设施建设和规划的影响。

本章旨在梳理国际空间科技基础设施相关战略和近期重要项目部署情况，从文献计量角度揭示地基空间科技基础设施的科学产出和影响，为我国相关工作提供支撑服务。

6.2 各国家和地区空间科技基础设施的发展战略及趋势

在空间科技基础设施的战略布局方面，美国建立了以《国家空间政策》为顶层战略的空间科学发展战略规划和政策支撑体系，该体系中还包括以 NASA 为代表的执行机构定期颁布的战略和科学规划，以及咨询机构发布的学科咨询报告。借助这一体系，美国不断巩固自身优势，确保其在世界空间科学的引领地位。欧盟通过协调成员国的财政和智力资源，不断开展远超出单一国家能力的空间探索活动，在国际空间科学领域的话语权和地位逐步增强。俄罗斯和日本也分别通过航天政策、立法进行顶层布局，定期编制阶段性战略计划、路线图，循序推进空间科学探索任务。

6.2.1 各国家和地区战略布局分析

1. 加强空间系统及基础设施的安全保障

美国于2010年发布的《国家空间政策》① 将保护关键空间系统及配套基础设施、加强空间的稳定性作为重要目标之一，配套措施包括改善空间物体避撞信息的采集与共享、加强研究轨道碎片减缓措施、增强航天器和配套基础设施的防护和耐受力、落实针对关键基础设施或关键资源及任务功能的冗余和备份等，以确保涉及商业、民用、科研和国家安全的航天器及配套基础设施不受环境、机械、电子或其他因素的干扰和破坏。

欧盟委员会于2016年发布的《欧洲空间战略》② 将"确保安全、自主地进入和利用空间"作为四大战略目标之一，包括确保对欧洲关键空间基础设施的保护和修复能力。主要行动包括增进对空间天气风险及关键欧洲空间基础设施所面临的新兴的网络安全风险的认识，在欧盟空间系统开发中强化安全要求；提议开展"政府通信卫星"（Govsatcom）计划，为欧盟和各成员国政府及基础设施提供可靠、安全和经济的卫星通信服务。

多项空间天气相关重大战略、计划中也体现了对空间设施的安全保障诉求。近年来美国白宫科技政策办公室发布了《国家空间天气战略》《国家空间天气行动计划》；空间研究委员会（Committee on Space Research，COSPAR）发布了《理解空间天气以保护社会：COSPAR 和 ILWS 全球路线图（2015—2025 年）》；世界气象组织（World Meteorological Organization，WMO）发布了《WMO 空间天气相关的活动 4 年计划（2016—2019 年）》。这些战略计划强调空间天气事件对卫星、通信网络、导航定位系统等重要空间基础设施及对社会生活与国家安全可能带来的影响和威胁，建议加强针对空间天气对重要基础设施的影响的评估、模拟和预测，提升对空间天气的理解和预测，改进空间天气服务，鼓励推进"国际与太阳同在"（International Living with a Star，ILWS）、"国际日球物理年"、"国际空间天气计划"（International Space Weather Initiative，ISWI）、"日地探测计划"（Solar Terrestrial Probe，STP）等多个大型空间天气计划的实施。多项计划均提出部署大型、关键观测设施，发展全范围、大孔径、高精度、高灵敏度的空间环境观测能力。

2. 布局空间设施未来发展，支持更遥远的深空探测

2017年6月，美国总统特朗普签署命令，要求重新组建国家空间委员会（National

① US Government. National Space Policy of the UNITED STATES of AMERICA. https://obamawhitehouse.archives.gov/sites/default/files/national_space_policy_6-28-10.pdf[2018-10-06].

② European Commission. Space Strategy for Europe. http://ec.europa.eu/DocsRoom/documents/19442/attachments/2/translations/en/renditions/native[2018-05-06].

Space Council)。在该委员会的工作促成下，同年 12 月，特朗普政府对《国家空间政策》进行修订，宣布美国将重返月球并建立月球基地，以进行长期探索和利用①。白宫官方网站指出，这意味着美国将“载人空间探索”重新放置在其空间计划的核心位置②。

2017 年 9 月，NASA 公布地月空间任务的“三步走”设施建设概念：首先，继续利用国际空间站作为实验和研究平台，解决太空探索遇到的问题，优化解决方案；其次，2024 年前后在月球轨道上建成“深空之门”（deep space gateway）设施，作为通往月球表面和深空目的地的门户；最后，2029 年建成“深空运输”（deep space transport）系统，通过为期 1 年的验证飞行后，到 2030 ～ 2033 年，进军并抵达火星轨道。

俄罗斯已于 2017 年 9 月同美国签订月球轨道空间站合作协议，将“深空之门”视为值得进一步研究的合作空间探索体系的一部分③。2017 年，俄罗斯国家航天公司（State Space Corporation Roscosmos，ROSCOSMOS）发布《2025 年前 ROSCOSMOS 发展战略》，明确了俄罗斯国际空间站舱段的发展建设时间点：2018 年发射多功能实验舱，2019 年发射节点舱和科学动力舱，2021 年开始建设俄罗斯舱段，2024 年结束国际空间站合作项目，可能在 2028 年与 NASA 进行空间轨道站合作④。2016 年披露的《俄联邦 2016—2025 年航天计划》指出，俄罗斯将在这一时期计划研制和发射 150 个航天器，完成部分载人登月航天基础设施，开发先进基础空间平台，以满足太阳物理、空间天体物理、空间生物科学、行星科学、载人航天的探索需求。

欧洲空间局（European Space Agency，ESA）在 2015 年发布的《空间探索战略》⑤中指出，至 2025 年，其将围绕近地轨道（low earth orbit，LEO）、月球和火星实施国际空间站、“空间生命和物理科学计划”、“多功能载人宇宙飞船 - 欧洲服务舱”、“火星生命探测计划”、“火星机器人探索准备计划”等空间探索活动。

日本在 2015 年发布的最新《宇宙基本计划》⑥中指出，将增强火箭发射和空间运输能力，积极开展空间科学探索和载人航天任务，支持国际空间站通用系统的运行

① The White House. Presidential Memorandum on Reinvigorating America’s Human Space Exploration Program. https://www.whitehouse.gov/presidential-actions/presidential-memorandum-reinvigorating-americas-human-space-exploration-program/[2018-06-09].

② The White House. America will Once Again Reach for the Moon—and Beyond. https://www.whitehouse.gov/articles/america-will-reach-moon/[2018-09-09].

③ Spaceflight Insider. NASA, Roscosmos Sign Statement on Lunar Space Station Cooperation. http://www.spaceflightinsider.com/missions/human-spaceflight/nasa-roscosmos-sign-statement-lunar-space-station-cooperation/[2018-10-09].

④ 范唯唯. 俄罗斯《2025年前ROSCOSMOS发展战略》. 空间科学学报，2017，37（4）：374-375.

⑤ ESA. Exploring Together: the Global Exploration Strategy. http://www.esa.int/Our_Activities/Human_Spaceflight/Exploration/Exploring_together_The_Global_Exploration_Strategy[2018-10-15].

⑥ 日本内阁府. 宇宙基本計画. https://www8.cao.go.jp/space/plan/keikaku.html[2018-11-20].

及“H-2 转移飞行器”的研发。其在 2017 年 12 月发布的《宇宙基本计划》实施进度表修订版中指出，2018 年建成新型 H-3 主力火箭的试验样机，小型固体火箭厄普西隆（Epsilon）进入基础设计阶段。

3. 升级现有空间系统及配套设施，完善空间科学观测体系

在2014年发布的《NASA战略规划》①和《NASA科学规划》②中，NASA明确了将继续确保航空、航天和地球探索活动所需的关键能力和设施的可用性、安全性；通过科学合理的投资和创新的资源管理办法，推动创新和发现，提高设施资源运营效率和持续性，精简和淘汰老化、不需要的基础设施，以便在预算范围内更好地完成核心使命。2015 年，《NASA 技术路线图》③ 提出，继续推进高性能遥感观测仪器、传感装置的研发，发展大孔径、高性能、高灵敏度的天文观测设施，发展适应于极端工作环境的原位观测与分析能力。

美国已建成相对完整的空间观测体系，因此在 NASA 和美国国家研究理事会（National Research Council，NRC）发布的多份报告中，均更加重视完善体系化的观测能力、提升整体观测水平；提出的举措包括增加分布式、中小等级观测能力，升级现有系统观测站的水平；评估和协调地基和空基观测，建设观测能力、观测周期互补的观测台站，填补能力空白；促进数据同化、融合、计算能力，提高资料可获取性及促进产品服务的发展等。

2018 年 1 月 5 日，美国国家科学院、美国国家工程院和美国国家医学院发布未来 10 年空间对地观测科研规划报告《让我们变化的星球繁荣发展：空间对地观测 10 年战略》④，建议美国政府优先资助减少气候不确定性、提升天气和空气质量预报能力、预测地质灾害和认识海平面上升等科研项目。报告列出 35 个有待回答的地球科学与应用的关键问题，这些科学问题涉及水与能量循环的耦合、生态系统的变化、天气和空气质量预报、气候不确定性及社会响应、海平面上升、地表变化与地质灾害等，并为这些问题设立了优先级。为解决上述的科学问题，报告建议 NASA 领导实施 5 个“指定”类任务，分别研究气溶胶与云、对流和降水、地球表面生物学和地质学、地球表面形变及雪、冰和海水的质量变化，但报告中并未明确提及这些任务的具体名称。另外，报告还建议实施 3 个“地球系统探险者”计划，以研究大气中的温室气体、臭氧

① NASA. NASA Strategic Plan 2014. https://smd-prod.s3.amazonaws.com/science-pink/s3fs-public/atoms/files/FY2014_NASA_StrategicPlan_508c.pdf[2018-11-10].

② NASA. NASA Science Plan. http://science.nasa.gov/media/medialibrary/2014/05/02/2014_Science_Plan-0501_tagged.pdf[2018-11-10].

③ NASA. 2015 NASA Technology Roadmaps（Archive）. https://www.nasa.gov/offices/oct/home/roadmaps/index.html[2018-11-17].

④ National Academies of Sciences，Engineering，and Medicine. Thriving on Our Changing Planet A Decadal Strategy for Earth Observation from Space. http://www.nap.edu/24938[2018-12-11].

和痕量气体及海洋表面风力与洋流问题。同时，NASA 应该根据上述研究计划、任务，建立一系列空基观测能力。报告指出，预算限制仍将是未来 10 年面临的一个现实问题，建议 NASA、美国国家海洋与大气局（NOAA）、美国地质勘探局三大机构应协调开展对地观测任务。

2015 年 3 月 23 日，空间研究委员会和与日共存计划联合发布《理解空间天气以保护社会：COSPAR 和 ILWS 全球路线图（2015—2025 年）》①。该路线图指出，空间天气问题是一个国际性的挑战，解决这一重大的科学问题需要大量的观测资源，观测能力必须覆盖地球，并涵盖地球和太阳之间广大的空间范围。因此，该路线图将重点放在关键的科学领域和研究基础设施上：通过增加中小等级观测能力来提升现有系统观测站的观测水平；维护关键仪器设备，确保观测体系的整体能力，以提高对空间天气及其对人类社会所产生的影响的认知。路线图建议优先关注以下领域：通过开发创新数据融合、驱动、同化方法和模型，推进日地系统的观测和建模研究；提前 12 小时以上预测日冕物质抛射事件；理解地球空间对导致强烈地磁暴和电离层暴的太阳风的响应；建立全面的空间天气规范，包括通过极端空间天气的表征，指导技术设施建设的弹性和稳健性。

路线图还通过推荐 3 条行动路线来集中贯彻实施。①提前 12 小时以上预测日冕物质抛射事件及其对地球空间的影响，提升对地磁扰动和强地磁暴产生的电离层变化和地球空间能量粒子变化的预警能力；提升太阳日冕双目成像能力；提高地基太阳矢量磁场观测分辨率；增大对极光粒子加速区和偶极尾场过渡区的原位观测所覆盖的范围；增加地基和空基监测设施以弥补对磁层和电离层卫星观测的不足；建设天文台站以扩展对太阳表面磁场的观测范围；建设大型地基太阳望远镜，执行多波长旋光偏振测量；布设光学监测设施，测量地磁扰动和电离层变化，以提供同化模型中的参数。②了解空间设施的局部环境，优化环境规范，使之更贴近真实情景。部署高能和低能粒子与电磁场仪器，确保观测能力全面、长期覆盖 LEO 到地球同步轨道（Geostationary orbit，GEO）空间范围。③预测太阳耀斑、日冕物质抛射事件，预报太阳能量粒子、X 射线、EUV、射电爆发对近地卫星、宇航员、穿越极地航空任务的影响。培养新的非日地连线、贯穿内日球层的太阳高能粒子多点原位观测能力。

6.2.2 各国家和地区项目部署分析

我国正在推进建设的北京怀柔综合性国家科学中心、合肥综合性国家科学中心的规划中涵盖多项空间科技基础设施建设项目，包括“空间科学卫星系列及有效载荷研制测试保障平台”“先进载运和测量技术综合实验平台”“空间环境地基综合监测网（子

① Schrijver C J，Kauristie K，Aylward A D，et al. Understanding space weather to shield society: a global road map for 2015–2025 commissioned by COSPAR and ILWS. Advances in Space Research，2015，55（12）：2745-2807.

午工程二期）”“全光谱天地一体化综合定标场”等。其中，“空间科学卫星系列及有效载荷研制测试保障平台”围绕国家空间科学任务，旨在建立从概念孵育、前期准备、技术攻关到工程研制、成果产出的空间科学卫星系列及有效载荷研制测试保障多学科交叉平台，打造以首席科学家、工程总指挥与总设计师为领军人才的创新人才高地。“先进载运和测量技术综合实验平台”的目标是建设国际一流的先进载运和测量技术综合实验平台，在临近空间超高速飞行器、高速列车、空间引力波探测等重大科技工程方面开展技术攻关与系统方案研究，提供世界领先的实验条件。对标我国正在建设或即将建设的设施，国际同类项目部署如下。

1. 地基空间环境探测设施项目

2017 年，英国自然环境研究委员会（Natural Environment Research Council，NERC）、国家大气科学中心（National Centre for Atmospheric Science，NCAS）和英国南极调查局（British Antarctic Survey，BAS）共同支持在北极建造全球最先进的空间天气雷达——欧洲非相干散射 3D 雷达（European incoherent scatter radars-3D，EISCAT-3D），用于了解空间天气风暴对低层大气、卫星、通信和电网的影响，该雷达预计 2021 年投入运行[①]。

2017 年 2 月，美国国家科学院（National Academy of Sciences，NAS）在《国家科学基金会 2015 年地球空间投资组合回顾评估》中建议启动“小型仪器分布阵列”（Distributed Arrays of Small Instruments，DASI）计划，包括开发一系列协同工作的地基和大气层、电离层原位测量工具，观测结果可用于数据同化和建模[②]。

2. 有效载荷测试平台项目

2017 年，美国宣布，美国空军将在未来 5 年提供 1 亿美元资助微小卫星的研究和应用，包括提供基础设施来支持微小卫星有效载荷原型的快速验证、提高小卫星载荷的设计效率、缩短研发周期[③]。

2017 年，NASA 还在艾姆斯研究中心设立小型航天系统虚拟研究机构（Small Spacecraft Systems Virtual Institute，SSSVI），为快速发展小型航天器提供“一站式”技术支持[④]。

① National Centre for Atmospheric Science. Most Advanced Space Weather Radar to be Built in the Arctic. https://www.ncas.ac.uk/en/2-uncategorised/2788-most-advanced-space-weather-radar-to-be-built-in-the-arctic[2018-12-03].

② National Academies of Sciences, Engineering, and Medicine. The NSF Geospace Section Portfolio Recommended by the ICCGS. https://www.nap.edu/read/24666/chapter/7#29[2018-09-06].

③ The White House. Harnessing the Small Satellite Revolution to Promote Innovation and Entrepreneurship in Space. https://www.whitehouse.gov/the-press-office/2016/10/21/harnessing-small-satellite-revolution-promote-innovation-and[2018-11-08].

④ Jeff Foust. White House Announces Small Satellite Initiative. http://spacenews.com/white-house-announces-small-satellite-initiative/[2018-10-13].

3. 空间环境与物质模拟设施项目

目前，世界上有几十台大型空间环境模拟装置，用于满足大型卫星、探测器、载人航天器等在真空环境、冷黑环境、电磁辐射环境等极端空间环境下的试验需求。

NASA 格伦研究中心拥有涉及真空、低温、燃烧、声学、微重力等一系列国际一流的空间环境模拟设施，其中“空间能源设施”（space power facility，SPF）是世界上最大的空间环境模拟设施，包括空间真空模拟舱、混响声学测试设备、机械振动测试设备等①。

NASA 约翰逊航空中心热真空测试设施（Thermal-Vacuum Test Facility）可以进行深部空间温度真空测试②。

ESA 欧洲空间研究与技术中心（European Space Research and Technology Centre，ESTEC）负责 ESA 的大部分航空器和载荷测试。其拥有大型空间模拟设施、“凤凰”热真空舱、欧洲大型声学设施、天线测试设施等。

在该领域，我国已建成和正在建设的其他设施包括航天科技集团有限公司的 KM8 空间环境模拟器、哈尔滨工业大学牵头建设的“空间环境地面模拟装置”等。

6.2.3 空间科技基础设施发展的新趋势

1. 重视新兴交叉技术的应用

除可重复使用火箭、小卫星、空间量子通信、光通信、新型空间推进技术等新兴空间技术外，高性能计算、云计算、人工智能和其他新兴交叉技术正在不断塑造新的空间科技竞争格局，受到各国的普遍重视。

NASA 在 2014 年发布的《NASA 战略规划》中指出，为应对空间地球科学领域数据量、数据处理需求剧增给科学数据基础设施所带来的挑战，NASA 将投资开发信息处理系统和超算能力，实施创新的云存储协议，构建下一代计算机建模基础设施（包括计算架构、数据处理和管理系统等）。2017 年 3 月，NASA 报道了其“地球观测 -1”（Earth Observation-1，EO-1）卫星上搭载的“自主科学卫星技术实验”（Autonomous Sciencecraft Experiment，ASE）系统成果③，展示了人工智能在未来空间探索领域的巨大潜力④。

① NASA. Space Environments Complex. https://www1.grc.nasa.gov/facilities/spf/[2018-05-03].

② NASA. Chamber A. https://www.nasa.gov/feature/chamber-a[2018-09-30].

③ ASE系统可指挥卫星进行自主科学探测，当检测到受关注的科学事件时会自动向研究人员发出提醒，并在通过目标区域时自主拍照，还管理着一个由其他卫星和地面传感器组成的传感器网络。该网络里的各个组件可以相互“交流”，有助于决定事件的优先处理顺序。2017年1月21日，埃塞俄比亚尔塔阿雷火山出现裂缝，当火山学家请求用EO-1卫星拍摄火山喷发图像时，发现EO-1已经开始收集熔岩湖数据。这是由于该事件已被另一颗卫星成功捕捉，随即人工智能系统安排EO-1查看火山。当科学家发出请求指令时，图像已经处理完毕并传送回地球。

④ NASA. How A.I. Captured a Volcano’s Changing Lava Lake. https://www.nasa.gov/feature/jpl/how-ai-captured-a-volcanos-changing-lava-lake[2018-05-03].

日本政府空间政策委员会于2017年5月发布《航天产业展望2030》，指出日本在将卫星数据与地面数据结合，运用人工智能和大数据等技术开展防灾减灾、安全保障、基础设施维护等方面与欧美国家有差距；未来需打造开放的数据利用环境，将人工智能、信息与通信技术（information and communications technology，ICT）等技术与卫星、地面各类数据结合①。

澳大利亚国防部下属机构国防科技集团于2017年2月发布《塑造航空航天领域的国防科学和技术（2017—2027年）》②，提出在航空航天领域能力基础上，利用人工智能强化运行决策，可在对抗和拥挤环境中成功获取、吸收、利用和共享数据与信息，从而在决策周期方面取得优势，并将人工智能列为“战力试验与准备”的七个研究方向之一。

欧盟委员会于2017年10月发布《“地平线2020”计划科研基础设施领域2018—2020年工作计划》③，提出实现欧洲云计划愿景，使欧洲开放科学云（European open science cloud，EOSC）成为现实；将欧洲研究基础设施战略论坛（European Strategy Forum on Research Infrastructures，ESFRI）设施与EOSC连接起来，解决设施所产生的研究数据仍然分散的问题，并通过集群项目将ESFRI设施与空间与天文科学、生物医学、社会学与人文学等领域的标志性项目相结合。

2. 推进空间商业化发展

在全球经济增长放缓的背景下，建立科学合理的经费投入体系，积极引入商业资本，发展“空间商业”，使其成为空间科技大国大力发展的方向。

欧盟委员会于2016年发布的《欧洲空间战略》提出，支持创业和新的商业机会，主要行动包括：通过欧盟资助计划，加强对空间企业家的支持，促进对空间部门投资的进一步融资；与欧洲投资银行和欧洲投资基金开展对话，支持将空间部门投资作为欧洲整体投资计划的一部分；支持空间新兴企业，包括协调基金支持和推动建立空间创业中心和集群。

日本政府在2017年12月发布的《宇宙基本计划》实施进度表修订版中提出，建立政府卫星数据开放获取平台，制定空间领域的知识产权战略，开发小型火箭自主安全飞行技术并进行验证，研发可重复使用的空间运输系统，并鼓励私人企业参与空间活动。

---

① 日本内阁府. 宇宙産業ビジョン2030. http://www8.cao.go.jp/space/public_comment/public_comment_vision2030.html[2018-06-06].

② Australian Government Department of Defence Science and Technology. Shaping Defence Science and Technology in the Aerospace Domain: 2017-2027. https://www.dst.defence.gov.au/publication/shaping-defence-science-and-technology-aerospace-domain-2017-2027[2018-10-06].

③ European Commission. Horizon 2020 - Work Programme 2018-2020: European Research Infrastructures（Including E-Infrastructures）. http://ec.europa.eu/research/participants/data/ref/h 2020/wp/2018-2020/main/h2020-wp1820-infrastructures_en.pdf[2018-10-06].

英国航天局于 2015 年 12 月发布英国首个《国家空间政策》[①]，指出英国将建立更多合作伙伴关系，抓住更多商机，提供更多就业机会，并推进对宇宙空间的探索，目标是使英国成为欧洲商业航天及相关空间领域技术的中心，在世界航天市场中占据更大的份额。

6.3 各国空间科技基础设施学科发展分析

本章将通过对已知的国际重大空间科技基础设施名称进行重点检索，并从概念上对广义的空间科技基础设施进行全面检索，合在一起形成国际空间科技基础设施数据集，从而尽可能全面、宏观地揭示本领域的学科发展态势，从中识别重点研究主题、重要学术机构、国际合作态势等。

（1）国际重点空间科技基础设施包括：欧洲非相干散射 3D 雷达，小型仪器分布阵列“微小卫星有效载荷原型快速验证”（rapid payload prototyping approach for smallsat）设施，格伦研究中心（GRC）“空间能源设施”，约翰逊航空中心热真空测试设施、空间环境模拟实验室（Space Environment Simulation Laboratory，SESL）设施，空间飞行器样机设施（space vehicle mockup facility，SVMF），欧洲空间研究与技术中心大型空间模拟设施（large space simulator，LSS）、“凤凰”热真空舱（phenix thermal vacuum facility）、欧洲大型声学设施（large european acoustic facility，LEAF）、天线测试设施（antenna test facilities），米休德组装设施（michoud assembly facility），低温微重力物理设施（low-temperature microgravity physics facility，LTMPF），哥伦比亚科学气球设施（columbia scientific balloon facility，CSBF），组装 / 再制造设施（assembly/remanufacturing facility，ARF），组装、集成和测试（assembly，integration，and test，AIT）设施，太阳成像射电阵列（solar imaging radio array，SIRA），欧文斯谷太阳阵列（Owens Valley solar array，OVSA），犹他州测试和训练场（Utah test and training range，UTTR）设施，KM8 空间环境模拟器（KM8 space environment simulat）、哈尔滨工业大学“空间环境地面模拟装置”（space environment simulation research infrastructure，SESRI）等。

（2）从空间科技基础设施的概念、手段出发，参照我国《国家重大科技基础设施建设“十三五”规划》，提出空间科技基础设施关键词包括：科技基础设施（空间）[research/technology infrastructure（space）]，空间环境与物质模拟设施（space environment simulation，space environment simulation and materials testing），空间环境探测（地基）[earth and space exploration（ground based）]，有效载荷集成 / 测试平台

① UK Space Agency. National Space Policy. https://www.gov.uk/government/publications/national-space-policy[2018-10-06].

（payload integration/test platform），相控阵（phased-array）非相干散射雷达（incoherent scatter radar），高频相干散射雷达（coherent-scatter high-frequency radar），大口径激光雷达（large-aperture laser radar），太阳射电阵列，总碳柱观测网络（total carbon column observing network，TCCON）等。

加入限定词：空间科学（space science），空间探测 / 态势感知（space surveillance/situational awareness），地基设施（ground infrastructure），空间物理（space physics），太阳物理（solar physics），日球层物理（heliosphere physics），行星物理（planetary physics），微重力科学（microgravity science）等。

排除关键词：卫星基础设施（satellite infrastructure），空间基础设施（space infrastructure）等。

按照上述关键词，构造检索式[①]，并在科睿唯安 Web of Science 平台上试检、调整检索式并清洗数据后，共得到 1663 篇论文（检索日期为 2018 年 3 月 2 日；检索时间范围为 1984 ～ 2018 年）。对这些论文数据进行以下分析。

6.3.1 基于空间科技基础设施论文的数量分析

通过对空间科技基础设施名称进行重点检索，共检索到 1663 篇论文，图 6-1 列出了基于空间科技基础设施论文的年度变化趋势情况，可以看到该领域的研究论文总体呈递增趋势，且在 2012 年后有较大幅度的增长。

① 检索策略：（（Ts= “European Incoherent Scatter Scientific Association”）or（Ts=” EISCAT_3D”）or（Ts= “Digital Array Scanned Interferometer”）or（Ts=（“rapid payload prototyping” and “satellite”））or（Ts=（“SpacePowerFacility” and “GlennResearchCenter”））or（Ts= “ThermalVacuumTestFacilities”）or（Ts= “Space Vehicle Mockup Facility”）or（Ts= “SVMF”）or（Ts= “Large Space Simulator”）or（Ts= “Phenix thermal vacuum facility”）or（Ts= “Large European Acoustic Facility”）or（Ts=（“Antenna Test Facilities” and “ESA”））or（Ts= “Michoud Assembly Facility”）or（Ts= “Low-Temperature Microgravity Physics Facility”）or（Ts= “Columbia Scientific Balloon Facility”）or（Ts= “Assembly Remanufacturing Facility”）or（Ts= “assembly，integration，and test Facility”）or（Ts= “Solar Imaging Radio Array”）or（Ts= “Owens Valley Solar Array”）or（Ts= “Utah Test and Training Range”）or（Ts= “KM8 space environment simulat”）or（Ts= “Space Environment Simulation Lab”）or（Ts= “Space Environment Simulation Research Infrastructure”）or（Ts=（（“Research infrastructure” or “technology infrastructure” or “large infrastructure” or “space infrastructure”）and “space”））or（TS= “Total Carbon Column Observing Network”）or（TS= “Solar Imaging Radio Array”）or（TS=（“Space Environment Simulation” and（“infrastructure” or “platform” or “chamber”）））or（TS=（“Space Exploration” and（“infrastructure” or “platform” or “chamber”）））or（TS=（“Payload Integration Platform”））or（TS=（satellite* Payload Test Platform））or（TS=（（“phased-array incoherent scatter radar” or “Coherent-scatter high-frequency radar” or “large-aperture laser radar”）and “space”））or（TS=（“infrastructure” and（“space Science” or “space surveillance” or “situational awareness” or “space physics” or “solar physics” or “heliosphere physics” or “Microgravity” or “Planetary Physics”））））not（Ts= “Satellite infrastructure”）。

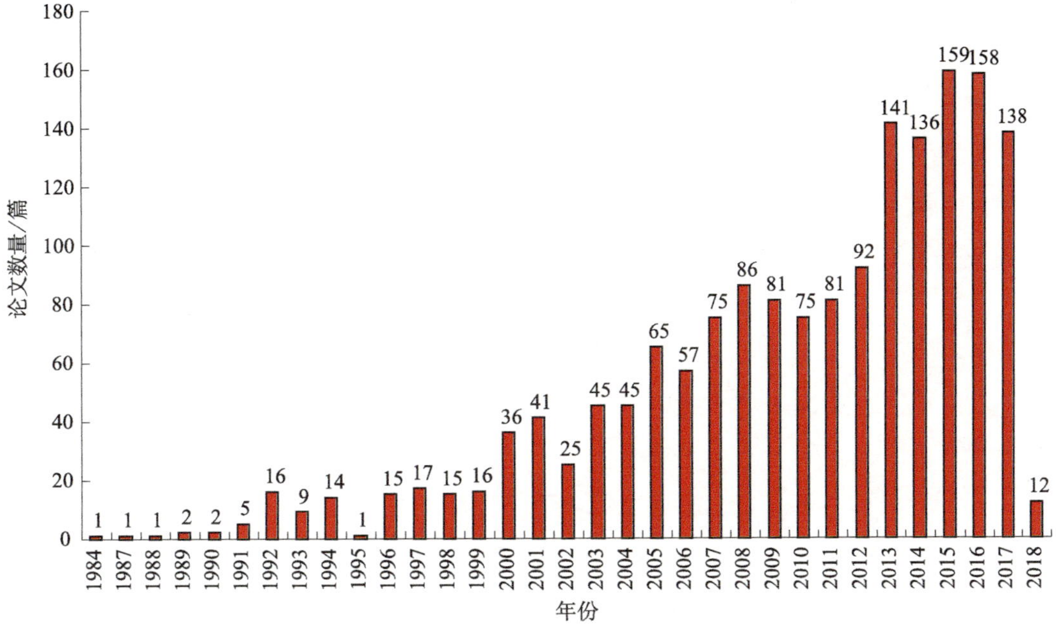

图 6-1　基于空间科技基础设施论文的年度变化趋势情况

（注：1985 ～1986 年为零）

图 6-2 列出了基于空间科技基础设施论文的 TOP10 国家分布情况，可以看到美国在该领域的论文产出远远领先于其他国家，其次是德国和意大利，中国排第五位。

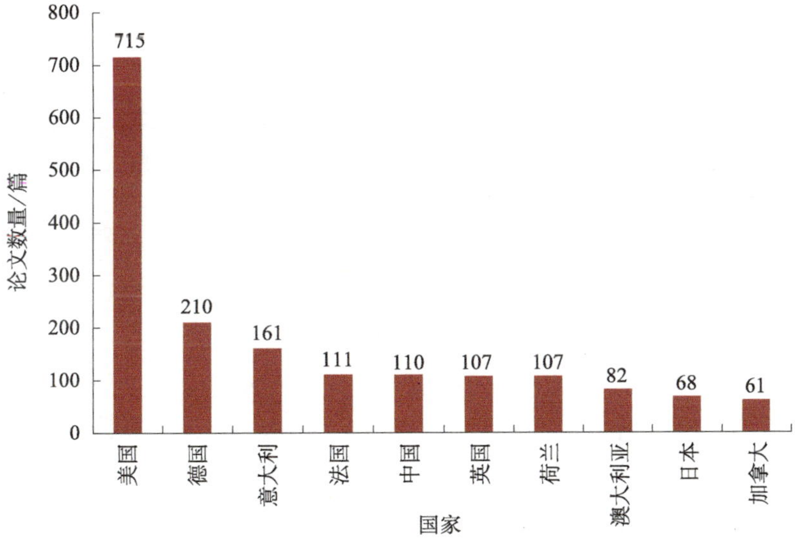

图 6-2　基于空间科技基础设施论文的 TOP10 国家分布情况

图 6-3 对比了中国和美国、德国、英国自 2000 年以来基于空间科技基础设施论文的年度变化趋势，可以看到中国自 2010 年以来增幅明显，并于 2017 年超过德国居于

第二位。

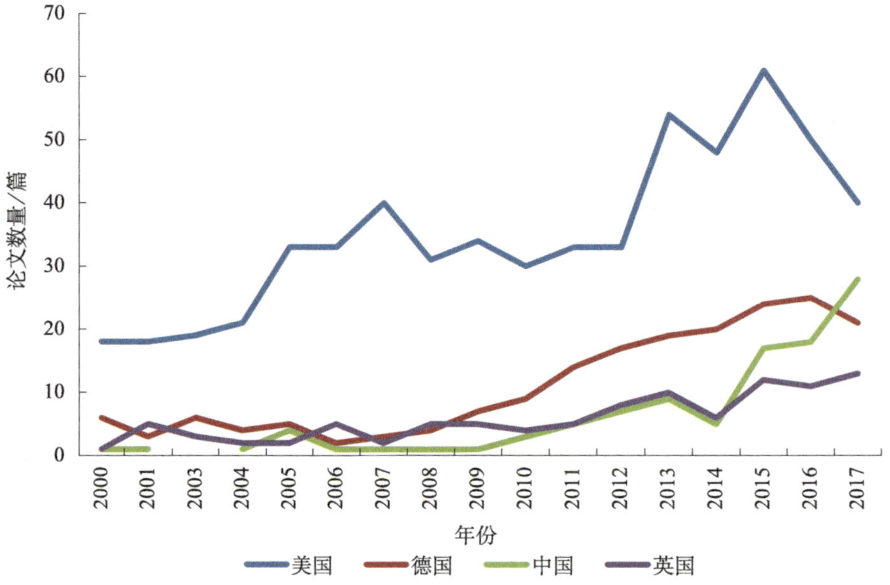

图 6-3 主要国家基于空间科技基础设施论文的年度变化趋势

6.3.2 基于空间科技基础设施论文的研究主题变化分析

对基于空间科技基础设施论文的研究主题年度变化情况进行统计分析，表 6-1 列出了自 2000 年以来研究主题的变化情况。

表 6-1 基于空间科技基础设施论文的研究主题变化情况

年份	论文量/篇	核心组织（中文）	核心组织（英文）	核心主题词（中文）	核心主题词（英文）
2017	138	加州理工学院 [13]；美国国家航空航天局 [12]；不来梅大学 [10]；伍伦贡大学 [10]；中国科学院大学 [10]	CALTECH [13]; NASA [12]; Univ Bremen [10]; Univ Wollongong [10]; Chinese Acad Sci [10]	设计空间探索 [10]；温室气体观测卫星 [5]；二氧化碳 [5]；总碳柱观测网络 [5]	design space exploration [10]; GOSAT [5]; carbon dioxide [5]; TCCON [5]
2016	158	加州理工学院 [10]；不来梅大学 [6]；伍伦贡大学 [6]	CALTECH [10]; Univ Bremen [6]; Univ Wollongong [6]	设计空间探索 [12]；态势感知 [4]；系统 C [4]; 空间态势感知 [4]	design space exploration [12]; situational awareness [4]; systemC [4]; space situational awareness [4]
2015	159	加州理工学院 [10]；卡尔斯鲁厄理工学院 [8]；美国国家航空航天局 [7]	CALTECH [10]; Karlsruhe Inst Technol [8]; NASA [7]	设计空间探索 [14]；态势感知 [8]；智能电网 [5]	design space exploration [14]; situational awareness [8]; smart grid [5]

续表

年份	论文量/篇	核心组织（中文）	核心组织（英文）	核心主题词（中文）	核心主题词（英文）
2014	136	加州理工学院 [11]；美国国家航空航天局 [9]；不来梅大学 [8]；卡尔斯鲁厄理工学院 [8]	CALTECH [11]; NASA [9]; Univ Bremen [8]; Karlsruhe Inst Technol [8]	设计空间探索 [10]；态势感知 [5]；空间探索 [4]；性能 [4]；云计算 [4]	design space exploration [10]; situational awareness [5]; space exploration [4]; performance [4]; cloud computing [4]
2013	141	加州理工学院 [10]；不来梅大学 [10]；伍伦贡大学 [7]；国立环境研究所 [7]；卡尔斯鲁厄理工学院 [7]	CALTECH [10]; Univ Bremen [10]; Univ Wollongong [7]; National Institute for Environmental Studies，NIES [7]; Karlsruhe Inst Technol [7]	设计空间探索 [12]；设计 [5]；表现 [5]	design space exploration [12]; design [5]; performance [5]
2012	92	加州理工学院 [9]；不来梅大学 [9]；伍伦贡大学 [8]	CALTECH [9]; Univ Bremen [9]; Univ Wollongong [8]	设计空间探索 [8]；态势感知 [4]；系统C [3]；	design space exploration [8]; situational awareness [4]; systemC [3];
2011	81	加州理工学院 [9]；伍伦贡大学 [9]；不来梅大学 [8]	CALTECH [9]; Univ Wollongong [9]; Univ Bremen [8]	太阳：无线电辐射 [4]；设计空间探索 [3]；现场可编程门阵列 [3]	sun: radio radiation [4]; design space exploration [3]; field programmable gate array（FPGA）[3]
2010	75	美国国家航空航天局 [4]；哈佛大学 [3]；加州大学伯克利分校 [3]	NASA [4]; Harvard Univ [3]; Univ Calif Berkeley [3]	设计空间探索 [5]；片上多处理器系统 [3]；嵌入式系统 [3]	design space exploration [5]; MPSOC [3]; embedded systems [3]
2009	81	米兰理工大学 [9]；美国国家航空航天局 [7]；加州大学伯克利分校 [4]；卢加诺大学 [4]	Politecn Milan [9]; NASA [7]; Univ Calif Berkeley [4]; Univ Lugano [4]	设计空间探索 [4]；太阳：耀斑 [2]；可重构机器人技术 [2]；绩效评估 [2]；可重构计算 [2]；系统级设计 [2]；近地轨道 [2]	design space exploration [4]; sun : flares [2]; reconfigurable robotics [2]; performance evaluation [2]; reconfigurable computing [2]; system-level design [2]; low earth orbit [2]
2008	86	米兰理工大学 [7]；美国国家航空航天局 [6]；加州理工学院 [4]；罗马第二大学 [4]	Politecn Milan [7]; NASA [6]; CALTECH [4]; Univ Roma Tor Vergata [4]	态势感知 [2]；片上多处理器系统 [2]；空间站 [2]；月球探索 [2]	situational awareness [2]; MPSOC [2]; space stations [2]; lunar exploration [2]
2007	75	加州理工学院 [6]；马里兰大学 [5]；美国国家航空航天局 [4]	CALTECH [6]; Univ Maryland [5]; NASA [4]	设计空间探索 [6]；性能 [4]；追踪 [3]	design space exploration [6]; performance [4]; tracking [3]

续表

年份	论文量/篇	核心组织（中文）	核心组织（英文）	核心主题词（中文）	核心主题词（英文）
2006	57	加州理工学院 [4]；美国国家航空航天局 [4]；美国空军 [3]；欧洲空间局 [3]	CALTECH [4]; NASA [4]; USAF [3]; European Space Agcy [3]	设计空间探索 [2]；规划 [2]；空间机器人 [2]	design space exploration [2]; planning [2]; space robotics [2]
2005	65	加州理工学院 [8]；美国国家航空航天局 [7]；马里兰大学 [2]；亚琛工业大学 [2]；博洛尼亚大学 [2]；范德比尔特大学 [2]；弗吉尼亚大学 [2]；南里奥格兰德州联邦大学 [2]	CALTECH [8]; NASA [7]; Univ Maryland [2]; Rhein Westfal TH Aachen [2]; Univ Bologna [2]; Vanderbilt Univ [2]; Univ Virginia [2]; Univ Fed Rio Grande Sul [2]	设计空间探索 [4]；嵌入式处理器 [2]；传感器 [2]；星座 [2]	design space exploration [4]; embedded processor [2]; sensor [2]; constellations [2]
2004	45	新泽西理工学院 [4]；加州大学伯克利分校 [3]；美国空军 [2]；南里奥格兰德州联邦大学 [2]；欧洲空间局 [2]	New Jersey Inst Technol [4]; Univ Calif Berkeley [3]; USAF [2]; Univ Fed Rio Grande Sul [2]; ESA [2]	设计空间探索 [4]；网络 [3]；太阳：活动 [2]；太阳：耀斑 [2]；太阳：无线电辐射 [2]；空间天气 [2]	design space exploration [4]; network [3]; sun : activity [2]; sun : flares [2]; sun: radio radiation [2]; space weather [2]
2003	45	美国国家航空航天局 [7]；加州理工学院 [4]；新南威尔士大学 [2]；	NASA [7]; CALTECH [4]; Univ New S Wales [2];	态势感知 [2]	situational awareness [2]
2002	25	美国国家航空航天局 [3]；加州大学欧文分校 [3]；新泽西理工学院 [2]；加州大学河滨分校 [2]	NASA [3]; Univ Calif Irvine [3]; New Jersey Inst Technol [2]; Univ Calif Riverside [2]	设计空间探索 [3]；太阳：耀斑 [2]；基于平台的设计 [2]；低功耗设计 [2]	design space exploration [3]; sun : flares [2]; platform-based design [2]; low-power design [2]
2001	41	美国国家航空航天局 [7]；加州理工学院 [3]；伦敦大学学院 [3]	NASA [7]; CALTECH [3]; UCL [3]	态势感知 [2]	situational awareness [2]
2000	36	加州理工学院 [5]；阿斯特里姆公司 [3]；美国国家航空航天局 [2]；国家空间计划办公室 [2]	CALTECH [5]; Astrium GmbH [3]; NASA [2]; Natl Space Program Off [2];	微重力 [2]	microgravity [2]

注：表格中“[ ]”中的数字代表主题词或核心组织名称出现的频次

6.3.3 基于空间科技基础设施论文的机构分析

通过对基于空间科技基础设施论文的 TOP10 机构统计，我们发现美国的科研机构整体论文产出较高，美国加州理工学院居于第一位，其次是美国国家航空航天局和德国不来梅大学，中国科学院居于第七位。图 6-4 列出了基于空间科技基础设施论文的 TOP10 机构分布情况。

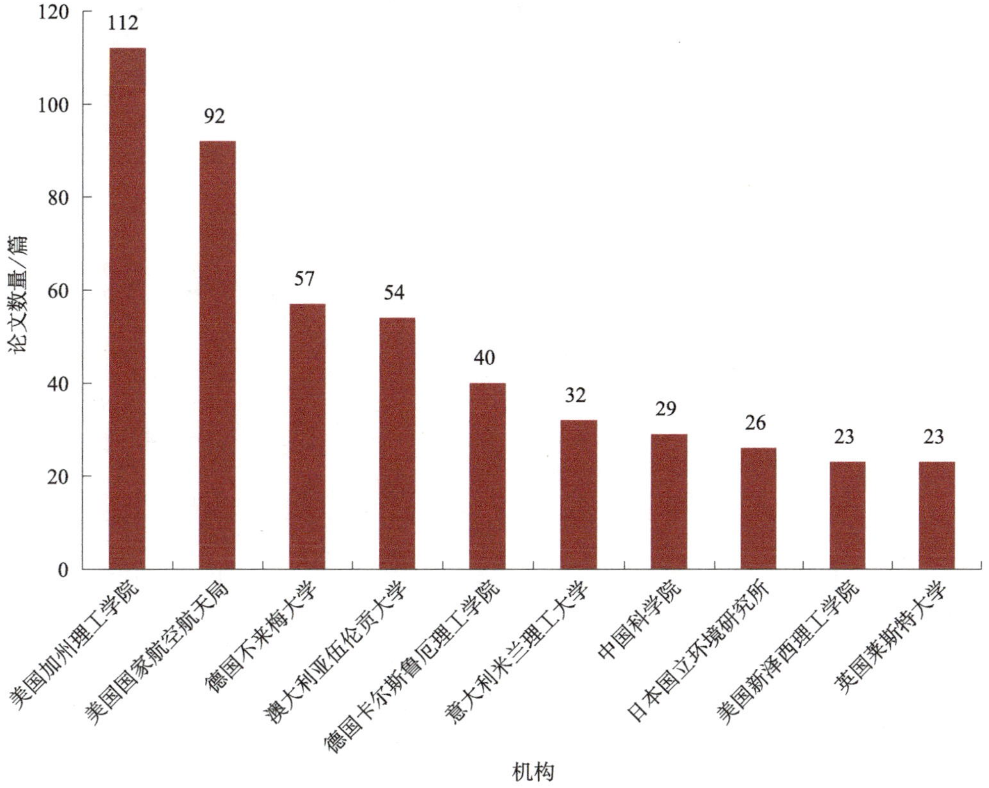

图 6-4　基于空间科技基础设施论文的 TOP10 机构分布情况

通过论文关键词的统计，表 6-2 列出了基于空间科技基础设施论文的机构核心主题词分布情况。

表 6-2　基于空间科技基础设施论文的机构核心主题词分布情况

论文量 / 篇	机构（中文）	机构（英文）	时间区间	核心技术主题词（中文）	核心技术主题词（英文）
112	加州理工学院	California Institute of Technology	1993 ～ 2017 年	二氧化碳 [5]；温室气体 [4]；温室气体观测卫星 [3]；总碳柱观测网络 [3]；遥感 [3]	carbon dioxide [5]; greenhouse gases [4]; GOSAT [3]; TCCON [3]; remote sensing [3]
92	国家航空航天局	National Aeronautics and Space Administration	1998 ～ 2017 年	空间探索 [5]；月球 [2]；火星 [2]；放射性同位素 [2]；空间通信 [2]；辐射机理：非热 [2]；美国国家航空航天局 [2]；太阳：无线电辐射 [2]；太阳：耀斑 [2]	space exploration [5]; moon [2]; mars [2]; radioisotope [2]; space communication [2]; radiation mechanisms : nonthermal [2]; NASA [2]; sun: radio radiation [2]; sun : flares [2]

续表

论文量/篇	机构（中文）	机构（英文）	时间区间	核心技术主题词（中文）	核心技术主题词（英文）
57	不来梅大学	Univ Bremen	2010～2017年	二氧化碳 [4]；温室气体观测卫星 [4]；温室气体 [3]	carbon dioxide [4]; GOSAT [4]; greenhouse gases [3]
54	伍伦贡大学	Univ Wollongong	2010～2018年	二氧化碳 [4]；温室气体观测卫星 [4]；温室气体 [4]；总碳柱观测网络 [4]	carbon dioxide [4]; GOSAT [4]; greenhouse gases [4]; TCCON [4]
40	卡尔斯鲁厄理工学院	Karlsruhe Inst Technol	2011～2017年	温室气体观测卫星 [4]；二氧化碳 [3]；总碳柱观测网络 [2]；扫描成像吸收光谱仪 [2]	GOSAT [4]; carbon dioxide [3]; TCCON [2]; SCIAMACHY [2]
32	米兰理工大学	Politecn Milan	2008～2015年	设计空间探索 [8]；专用平台 [2]；开放运算语言 [2]；系统级设计 [2]；性能 [2]；设计 [2]；多处理器 [2]	design space exploration [8]; application specific platform [2]; opencl [2]; system-level design [2]; performance [2]; design [2]; multiprocessor [2]
29	中国科学院	Chinese Academy of Sciences	2002～2017年	温室气体观测卫星 [4]；温室气体 [2]；光学测量技术 [2]；地震电磁卫星 [2]；大气二氧化碳 [2]；二氧化碳 [2]；血浆分析包 [2]；傅里叶变换光谱法 [2]；二氧化碳柱浓度 [2]	GOSAT [4]; greenhouse gas [2]; optical measurement techniques [2]; seismo-electromagnetic satellite [2]; atmospheric CO_2 [2]; carbon dioxide [2]; plasma analyzing package [2]; fourier transform spectroscopy [2]; XCO_2 [2]
26	国立环境研究所	National Institute for Environmental Studies，NIES	2010～2017年	温室气体观测卫星 [4]；二氧化碳 [3]；温室气体 [2]；总碳柱观测网络 [2]	GOSAT [4]; carbon dioxide [3]; greenhouse gases [2]; TCCON [2]
23	新泽西理工学院	New Jersey Technical College	2000～2018年	太阳：耀斑 [16]；太阳：无线电辐射 [15]；伽马射线 [8]；太阳：X 射线 [8]	sun : flares [16]; sun: radio radiation [15]; gamma rays [8]; sun: X-rays [8]
23	莱斯特大学	Univ Leicester	2001～2017年	温室气体观测卫星 [2]；二氧化碳 [2]；温室气体 [2]；扫描成像吸收光谱仪 [2]；甲烷 [2]；气候变化 [2]	GOSAT [2]; carbon dioxide [2]; greenhouse gases [2]; SCIAMACHY [2]; methane [2]; climate change [2]
22	加州大学伯克利分校	Univ of Calif Berkeley	2002～2015年	基于平台的设计 [4]；设计空间探索 [3]；设计自动化 [2]；系统级设计 [2]；设计方法论 [2]	platform-based design [4]; design space exploration [3]; design automation [2]; system-level design [2]; design methodology [2]
21	国立水与大气研究所	National Institute of Water and Atmospheric Research	2010～2017年	—	—

续表

论文量/篇	机构（中文）	机构（英文）	时间区间	核心技术主题词（中文）	核心技术主题词（英文）
21	多伦多大学	Univ Toronto	2007～2017年	—	—
19	伊利诺伊大学	Univ Illinois	2003～2017年	态势感知[5]；网络物理系统[2]；电网关键基础设施[2]；入侵检测与响应[2]；安全指标[2]；入侵检测系统[2]；地理信息系统[2]	situational awareness [5]; cyber-physical systems [2]; power grid critical infrastructure [2]; intrusion detection and response [2]; security metric [2]; intrusion detection systems [2]; GIS [2]
19	马里兰大学	Univ Maryland	2005～2018年	网络物理系统[2]	cyber-physical systems [2]
18	欧洲空间局	European Space Agency	1997～2017年	—	—
17	芬兰气象学院	Finnish Meteorological Institute	2011～2017年	—	—
16	EISCAT科学协会	EISCAT Scientific Association	2010～2018年	电离层[3]；流星[2]；欧洲非相干散射雷达系统[2]	ionosphere [3]; meteors [2]; EISCAT_3D [2]
16	哈佛大学	Harvard Univ	2006～2017年	—	—
16	荷兰空间研究所	Netherlands Institute for Space Research	2012～2017年	温室气体观测卫星[3]；二氧化碳[3]；扫描成像吸收光谱仪[2]；气候变化[2]；温室气体[2]；甲烷[2]	GOSAT [3]; carbon dioxide [3]; SCIAMACHY [2]; climate change [2]; greenhouse gases [2]; methane [2]
15	科罗拉多州立大学	Colorado State University	2011～2017年	—	—
15	马克斯·普朗克生物化学研究所	Max Planck Institute for Biochemistry	2010～2017年	—	—
15	都灵理工大学	Politecnico di Torino	2003～2017年	设计空间探索[3]；虚拟平台[2]；无线传感器网络[2]；网络仿真[2]；模拟[2]	design space exploration [3]; virtual platform [2]; wireless sensor networks [2]; network simulation [2]; simulation [2]
14	麻省理工学院	Massachusetts Institute of Technology	2004～2017年	—	—

注：表格中“[ ]”括号中的数字代表主题词或核心组织名称出现的频次

6.4 各国空间科技基础设施的影响分析

6.4.1 基于空间科技基础设施的科学产出影响分析

1. 基于空间科技基础设施的学术影响

为比较各国基于空间科技基础设施的科学产出影响力情况，图 6-5 对比了该领域 TOP10 国家 *H* 指数与篇均被引频次情况，可以看到美国的 *H* 指数远高于其他国家，中国学者的 *H* 指数和篇均被引频次较低，需提升学术影响力。表 6-3 列出了 TOP10 国家 *H* 指数与篇均被引频次情况。

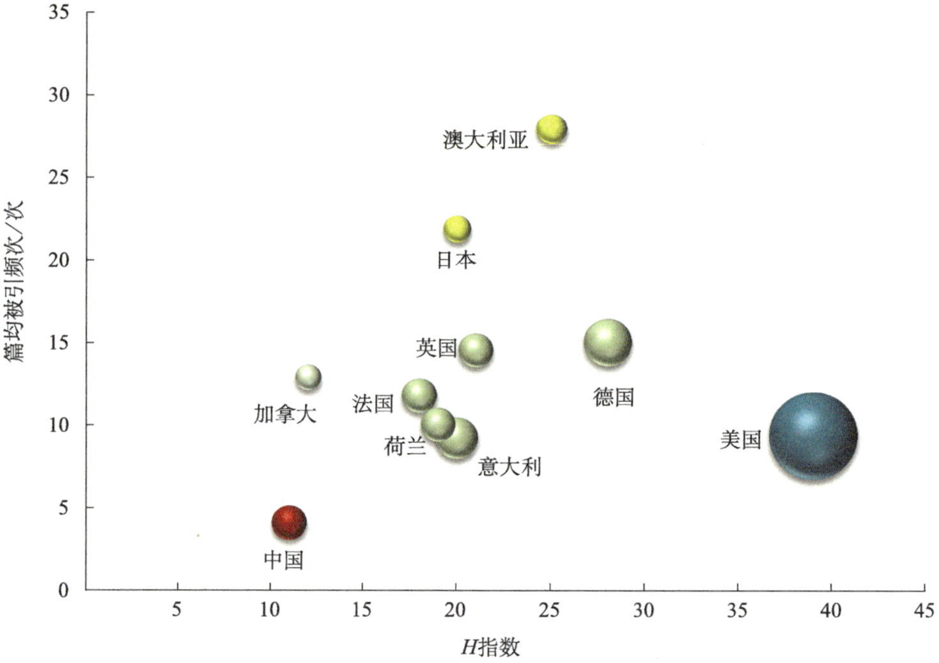

图 6-5 基于空间科技基础设施论文的 TOP10 国家 *H* 指数与篇均被引频次对比

表 6-3 基于空间科技基础设施论文的 TOP10 国家 *H* 指数与篇均被引频次情况

国家	论文数量/篇	篇均被引频次/次	*H* 指数
美国	715	9.45	39
德国	210	15.10	28
意大利	161	9.29	20
法国	111	11.86	18
中国	110	4.17	11

续表

国家	论文数量 / 篇	篇均被引频次 / 次	*H* 指数
英国	107	14.61	21
荷兰	107	10.10	19
澳大利亚	82	28.00	25
日本	68	21.96	20
加拿大	61	12.97	12

2. 基于空间科技基础设施的学科演化交叉分析

图 6-6 列出了基于空间科技基础设施论文涉及的 TOP20 学科方向，可以看到该领域主要涉及工程学和计算机科学，除此之外，还涉及气象与大气科学、天文学与天体物理学、电信、光学等学科方向。

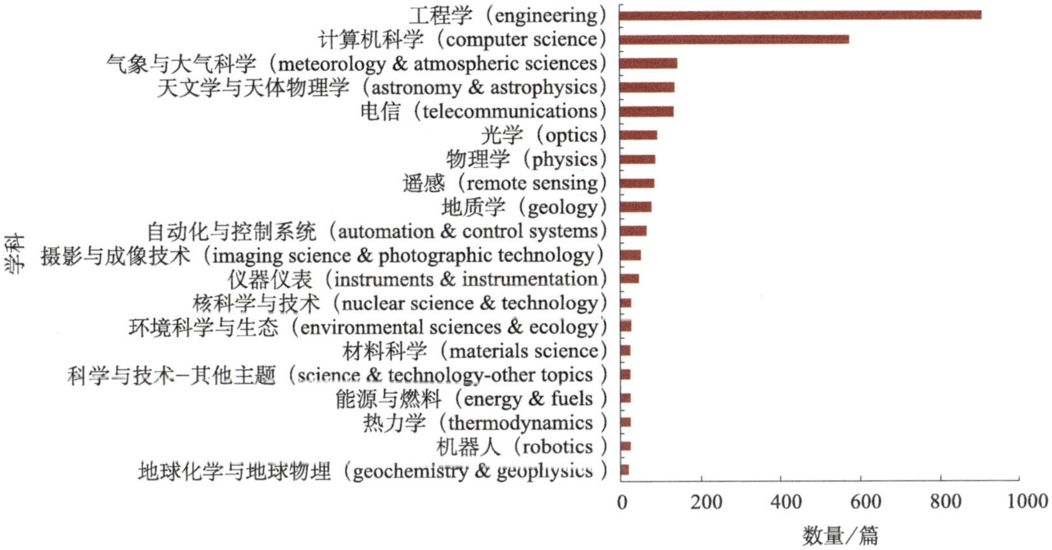

图 6-6　基于空间科技基础设施论文涉及的 TOP20 学科方向

按 2000 年以前、2000 ～ 2005 年、2006 ～ 2011 年和 2012 ～ 2017 年四个时间段，分别统计了空间科技基础设施论文在 TOP20 学科方向的分布情况。可以看到：①计算机科学在 2000 年后的应用逐渐大幅提高；②光学、遥感、自动化与控制系统和摄影与成像技术的应用在 2006 年后在该领域保持较快增长；③气象与大气科学的应用在 2012 年后显著提高（表 6-4）。

表 6-4　基于空间科技基础设施论文的学科方向演化交叉趋势（单位：篇）

序号	学科方向	2000 年以前	2000 ～ 2005 年	2006 ～ 2011 年	2012 ～ 2017 年
1	工程学	89	163	256	394
2	计算机科学	6	77	199	291
3	气象与大气科学	9	12	23	100
4	天文学与天体物理学	15	29	42	47
5	电信	6	24	50	54
6	光学	6	15	23	48
7	物理学	12	16	21	37
8	遥感	8	10	27	39
9	地质学	13	12	21	33
10	自动化与控制系统	3	10	23	31
11	摄影与成像技术	1	7	21	23
12	仪器仪表	2	20	10	15
13	环境科学与生态	3	4	3	16
14	核科学与技术	4	15	5	3
15	材料科学	4	6	2	13
16	能源与燃料	1	9	3	12
17	科学与技术－其他主题	5	1	8	11
18	机器人	1	0	12	11
19	热力学	4	10	1	9
20	地球化学与地球物理	2	5	4	9

6.4.2　基于空间科技基础设施的国际合作分析

基于空间科技基础设施论文中的作者所属国家的共现情况，图 6-7 展示了基于空间科技基础设施的国际合作情况，可以看到美国、德国、意大利、中国、法国、英国等国家在该领域都有较为密切的合作关系，但其中美国的大多数论文是由本国科学家独立完成的。与之相反，日本的论文绝大多数是由本国科学家与外国科学家合作完成的。

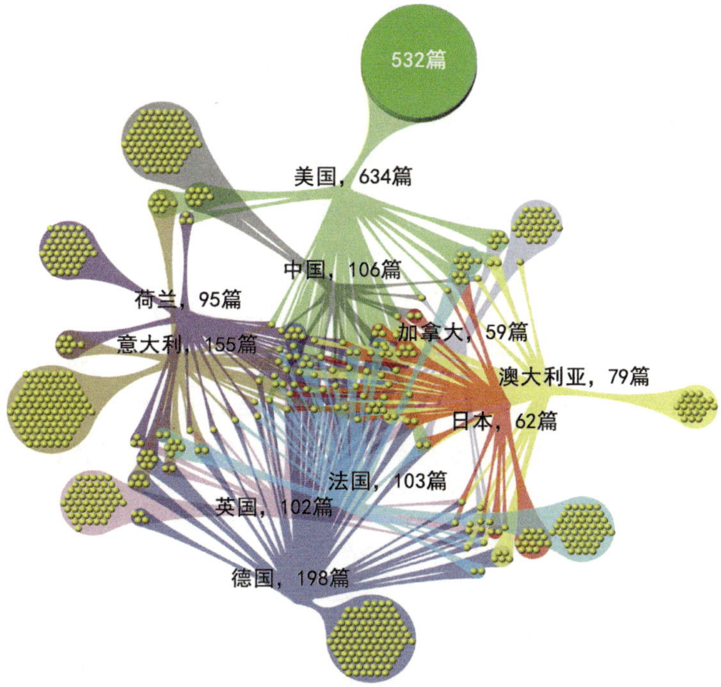

图 6-7　基于空间科技基础设施的国际合作情况

注：图中国别旁边的数字代表该国全部论文数。由于部分论文作者国别字段缺失，用于生成该图的论文数据量均小于图 6-2 中各国论文数量

6.5　启示与建议

世界主要空间科技大国都建立了相对稳定的空间科学发展战略规划，提供了政策支撑，确立了总体战略目标，进行了顶层谋划和统筹布局，并通过重点执行、管理机构层面的规划、路线图、举措，细化了战略施行所面临的具体挑战、亟待解答的科学问题、各领域计划任务的设计和执行策略、管理与保障措施及空间科学和支撑技术的未来发展方向。

近年我国发射了“悟空”暗物质粒子探测卫星、“实践十号”返回式科学实验卫星、“墨子号”量子科学实验卫星、“慧眼”硬 X 射线调制望远镜卫星等一系列科学卫星，实现了科学卫星数量零的突破，面向空间科学的基础设施建设进入新的发展阶段。另一方面，我国科学卫星尚未形成体系化观测能力，在测控通信网络、空间态势感知等配套基础设施建设方面，与国际先进水平尚有较大差距。建议我国在空间科学卫星的发展上进一步做好长远规划和布局，打破目前主要面向卫星工程项目的经费支持的模式，为空间科学卫星工作的开展提供相对稳定的经费支持。

地基设施是支撑空间科学发展和创新的基础。建议我国在未来继续重视天基设施（航天器、空间站、卫星）的同时，加强对地基空间环境探测设施、有效载荷测试和定标平台、空间环境与物质模拟设施的资助，同时积极发展探空火箭、超压和零压气球、临近空间飞艇等多种低成本、高绩效的空间科技平台，作为天基设施的有力补充；同时加大对空间和地基探测数据的科学研究和应用研究的专项经费支持力度，充分发挥探测数据的共享和科学产出；形成以科研成果和科学发现为导向的科学研究模式。

空间科技进步需要大量专业人员和经费的持续稳定投入。大型空间科技基础设施的建设周期长、保障和维护任务重、管理运营要求高，对国家经济实力和科技储备均是极大挑战。各空间科技强国已通过加强国际合作、推进空间商业化、开发可重复使用火箭和微小卫星等措施来应对这一现实挑战，并提出了合作建设月球轨道空间站的长远目标。我国可抓住国际上应对空间碎片威胁、防御近地天体撞击等合作活动的机遇，以民用航天、空间科学等受到限制较小的领域为突破口，加强与国际的交流与信息共享，提升我国的空间科技基础设施技术水平。

致谢：感谢中国科学院空间应用工程与技术中心张伟研究员、中国科学院国家空间科学中心徐寄遥研究员对本章内容的审阅！

第七章 基于地球数值模拟器的产出及影响分析

安培浚　王立伟　刘　学　刘文浩

（中国科学院兰州文献情报中心）

7.1　地球数值模拟器的定义及特点

“地球数值模拟”就是在超级计算机上进行大规模的科学计算，从而认识和再现地球系统的过去和当前状况，并预测未来。作为对地球自然过程进行数值模拟的超级计算机，地球数值模拟器集高性能计算机、软件工具、支撑技术、地球数值模拟应用软件等于一体，可以用于还原或预测地球自然变化过程，是人类认识地球的重要科研装备。地球系统数值模拟，是仿真地球系统各圈层运行及相互作用机制、理解和揭示地球系统整体演变规律、预测未来变化趋势的重大科学研究手段。地球系统数值模拟能力，是衡量一个国家综合科技实力及核心竞争力的重要标志之一。地球数值模拟器是具有较大国际影响力的重大科技基础设施，可为高水平地球系统模式研发与应用提供服务，提升地球系统模拟的整体能力和重大自然灾害预测预警、气候变化预估的研究水平。地球数值模拟器在地球模拟科学特别是在全球气候变化学术领域具有主导权，同时也掌握了在全球气候变化，特别是全球变暖的减缓、适应措施等方面的话语权，也是科研各领域迈入大数据时代的必然选择。

地球数值模拟器可以拆分为三部分：一是地球系统，二是数值模拟，三是装置。

首先，地球系统。地球系统就是包含大气圈、水圈、岩石圈、冰雪圈和生物圈的地球环境系统。其次，数值模拟。数值模拟就是利用一定的算法编制大型程序，求解描述各个地球物理现象（如大气运动、海洋运动、水文过程、生物化学过程等）的复杂的数学物理方程组，再将计算所得到的结果绘制为直观的图形或动画，并通过这个结果对地球物理过程的变化进行预测和分析。最后，装置。通过上面数值模拟的定义，要利用计算机数值求解整个地球所有区域，就必须交给一个计算速度超级快的超级计算机来完成。

地球数值模拟器的意义：一是可以利用地球数值模拟器对未来的气候（温度、空气质量、海温、冰雪量、温室气体含量、极端天气和气候事件）进行更准确的预测和预报，甚至可以预测地震、泥石流等地质灾害，以减少自然灾害带给我国的巨大经济损失和人员伤亡，这所带来的间接经济效益是极为巨大的。二是利用这个模拟装置可以计算出未来几年甚至几十年各个区域的二氧化碳等温室气体的含量，使中国在世界上的气候变化谈判中赢得有力的话语权。

由于地球系统科学的复杂性，这种工具对计算机的内存和计算速度要求非常高，只有在当今世界上最先进的高性能计算机上才有可能实现。世界上一些发达国家和地区（如美国、日本、欧洲等）分别建立并已部分完成各自的地球模拟器计划，在全球变暖研究领域居于主导地位，并为优化环境、开展气候变化谈判、能源减排方案等政策的制定提供了重要的决策依据。

7.2 各国家和地区地球数值模拟器的发展战略及趋势

地球系统数值模拟器是具有较大国际影响力的重大科技基础设施，可为高水平地球系统模式研发与应用提供服务，提升地球系统模拟的整体能力和重大自然灾害预测预警、气候变化预估的研究水平。世界上一些发达国家和地区如日本、美国、欧洲等在2017年都制定并已部分完成各自的新的地球模拟器发展战略计划和项目，并取得了重大进展。这为优化环境、开展气候变化谈判、能源减排方案等政策的制定提供了重要的决策依据。

日本用地球模拟器（earth simulator）将地球系统模式与高性能计算机的有机结合，将其作为地球系统科学研究的一个基本工具和地球系统科学不同学科分支相互交叉的一个重要平台。1997年，在日本海洋科学技术中心[①]支持下，日本发起了“前沿”全球变化研究计划，主要是将地球作为一个整体，阐述大气、海洋和陆地之间复杂的相互作用，最终建立一个一体化的地球系统模型，实现对地球上诸多现象的可靠预测。

① 2004年4月，海洋科学技术中心更名为海洋研究开发机构，又于2015年4月更名为国立研究开发法人海洋研究开发机构（Japan Agency for Marine-Earth Science and Technology，JAMSTEC）。

2002 年，JAMSTEC 拨巨款建立了世界上最快的超级计算机地球模拟器。2009 年，日本海洋研究开发机构更新了超级计算机地球模拟器。2015 年，日本正式运行第三代地球模拟器，运算性能是第二代系统的 10 倍，主存容量提高了 16 倍。

美国也开展了地球系统模拟研究计划。2002 年，美国能源部、NASA、NOAA 等联合资助并发起了地球系统模式框架（Earth System Modeling Framework，ESMF）战略计划，主要目标是了解整个地球系统变化和自然以及人类活动对地球环境的影响。通过构建和耦合地球科学模拟分量的公用发展软件，提供一个具有经济实效和共享结构的地球系统模拟体，加速科学发现和提升预测能力。美国国家大气研究中心（National Center for Atmospheric Research，NCAR）凭借其世界领先的数值模拟装置，发展了性能优越的地球系统模式，因此在由世界气象组织和联合国环境署共同建立的政府间气候变化专门委员会（Intergovernmental Panel on Climate Change，IPCC）中主导了气候变化预估试验的设计和评估报告的撰写。

欧盟于 2000 年提出了发展“欧洲地球系统模拟网络”计划，由下属“地球系统模拟集成计划”（Programme for Integrated Earth System Modelling，PRISM）和“气候资料存储与分发”（Climate Data Storage and Distribution，DSD）两个计划组成。其中，PRISM 也被称为棱镜计划。2001 年，欧盟资助设立 PRISM 计划，目的是基于不同气候研究中心开发的分量模式（海洋、大气、路面等）来集合、运行和分析地球系统模式的结果，建立统一标准界面的地球系统模式和气候预测系统。2006 年，PRISM 启动了新的专门知识领域研究，包括集成和模拟环境、元数据处理、可视化和计算等问题。2008 年，得到欧盟 FP7 的资助，确定一个公共信息模式。2015 年，欧盟致力于建立一个特殊的模拟器。“活地球模拟器”（living earth simulator，LES）研究是“未来信息通信技术知识加速器”项目的一部分，旨在加强对地球上所发生的所有事情的科学认识，提高对人类行为及环境力量的理解能力。其可以复制地球上发生的事情，从全球天气模式到疾病的传播、国际金融交易，再到交通拥塞等，被称为社会科学领域的“大型强子对撞机”。

我国启动的“‘地球系统数值模拟装置’预研及原型系统建设”（简称“地球数值模拟装置”）项目可预测地球系统未来演变。2015 年，国际超级计算大会（International Supercomputing Conference，ISC）上曙光信息产业股份有限公司（简称中科曙光）发布了基于高性能计算机的“地球数值模拟装置”项目。在 ISC 上，中科曙光利用多媒体展示了“地球数值模拟装置”的架构和功能。该装置集高性能计算机、软件工具、支撑技术、地球数值模拟应用软件等于一体。科学家利用它可实现对大气、洋流、地壳、生态等的仿真研究，还原、预测地球的自然变化过程。用超级计算机模拟地球系统预测百年后的全球气候和环境变化，是世界上最具挑战性的计算项目之一。2017 年 3 月 9 日，国家发展和改革委员会发文，同意由中国科学院大气物理研究所、清华大学、中科曙光等单位共同建设“地球数值模拟装置”国家重大科技基础设施项目。进行地球各圈层自身的演化规律及其之间的相互作用规律的研究，不仅可以在短期的气候预测、雾霾治理等方面得出一些对科学和社会有益的成果，也可为国防、经济、交通、教育、农业、水利、海洋、气象、地质等行业提供有力的计算服务。装置包括地球系统模式数值模拟系统、区域高精度环境数值模拟系统、超级模拟支撑与管理系统、支撑数据库和资料同化及可视化系统、面向地球科学的高性能计算系统。目前，仅有美国、欧洲、日本等为数不多的国家和地区拥有研制地球模拟装置的实力。

7.2.1 日本

7.2.1.1 战略布局分析

1. 日本地球模拟器概况

地球模拟器是由日本宇宙开发事业团（National Space Development Agency of Japan，NASDA）、日本原子能研究所及 JAMSTEC 共同开发的矢量型超级计算机。地球模拟器通过在计算机内设置“虚拟地球”，以预测及解析整个地球的大气循环预测、温室化预测、地壳变动、地震发生等大规模计算为目的而开发，其原形是日本电气公司（Nippon Electric Company，NEC）的矢量型超级计算机 SX-5。地球模拟器是由 640 台用来进行演算处理的计算节点（机体的长和宽均为 1.0m 和 1.4m，高为 2.0m）和 65 台用于连接计算节点的网络设备构成。每个计算节点上配备有 8 个最大为 8“每秒 10 亿次的浮点运算数”（giga floating-point operations per second，GFlops；1GFlops=1s 进行 10 亿次的浮点运算）的 NEC 产处理器和 16GB 的共享内存。2009 年升级后，节点减少至 160 个，计算能力为 13.1 万 GFlops，是旧机型的 3.2 倍，耗电量也降低了 20% ～ 30%。计算节点和网络设备由通信速度为 12.3GB/s 的网络连接，使用的电缆总长度达 2800km。整套设备共占用空间达 $3200m^2$。地球模拟器的开发始于 1999 年，开发费用总计达 400 亿日元（约合人民币 25 亿元）。

地球模拟器系统的设备具有抗电磁波干扰和抗震等特点①。地球模拟器大楼外部有 8 个独立的避雷塔，采用的是架空地线方式，避雷导线用的是 66kV 特高压电缆。模拟器大楼的免震装置是通过地下 11 个橡胶隔离器实现的（高 29cm、直径 1m、20 层）。大楼内配备有特殊的照明装置，灯管为直径 255mm、长 44m、1kW 的卤素灯，平均照明度为 300lux。

① 陈春，张志强，林海. 地球模拟器及其模拟研究进展. 地球科学进展，2005，20（10）：1135-1142.

2. 日本地球模拟器战略布局

1996 年，日本科学技术厅航空与电子技术审议会地球科学技术分会的《实现全球变化预测》报告书中首次提出，开发能够预测全球环境变化的地球模拟器。

1997 年，宇宙开发事业团、日本动力反应堆及核燃料开发事业团（Power Reactor and Nuclear Fuel Development Corporation，PNC）对开发地球模拟器进行了经费预算，并成立了地球模拟器中心（Earth Simulator Center）。1997 年 11 月，宇宙开发事业团从众多关于地球模拟器概念设计的提案中选用了日本电气株式会社提出的计算机系统方案。

1998 年，日本原子能研究所代替动力反应堆及核燃料开发事业团从事地球模拟器的研究开发工作。

1999 年 2 月，海洋科学技术中心也参加了地球模拟器的开发工作，宇宙开发事业团、日本原子能研究所和海洋科学技术中心共同决定将地球模拟器中心建立在横滨市金泽区。

从 2000 年 3 月开始，地球模拟器进入制造阶段，由宇宙开发事业团、日本原子能研究所以及海洋科学技术中心等 3 个法人单位承担此项工作。开发完成后，地球模拟器的运行由海洋科学技术中心承担。

2002 年 2 月底，640 个计算节点开始运转，160 个计算节点的实测性能为 7.2 TFlops（1TFlops=1s 进行 1 万亿次的浮点运算），是目标性能 5TFlops 的 1.44 倍。2002 年 3 月，海洋科学技术中心地球模拟器中心正式运营。2002 年 4 月，地球模拟器在接受超级计算机的世界标准——LINPACK 基准程序的基准测试时，运算性能达到 35.61TFlops，是当时世界上最高性能的超级计算机之一。

2009 年 2 月 27 日，日本海洋研究开发机构的超级计算机地球模拟器成功完成升级，26 日在横滨面向媒体公开。当地媒体 27 日报道，原先的地球模拟器由 640 个计算节点连接而成，升级后的地球模拟器由于计算节点性能的提高，节点数量减少到 160 个，占地面积约为 $650m^2$。新地球模拟器的计算能力为 13.1 万 GFlops，是旧机型约 4 万 GFlops 的 3.2 倍，耗电量也降低了 20% ～ 30%。

2014 年 4 月 1 日，地球模拟器与日本海洋研究开发机构的前数据研究中心进行了整合，建成了地球信息科学与技术中心（the Center for Earth Information Science and Technology，CEIST）[100]。

3. 地球模拟器中心组织图

原地球模拟器中心有 5 个主要的研究小组（图 7-1），即大气海洋模拟研究小组、固体地球模拟研究小组、复杂性模拟研究小组、高度计算表现方法研究小组、算法研究小组。

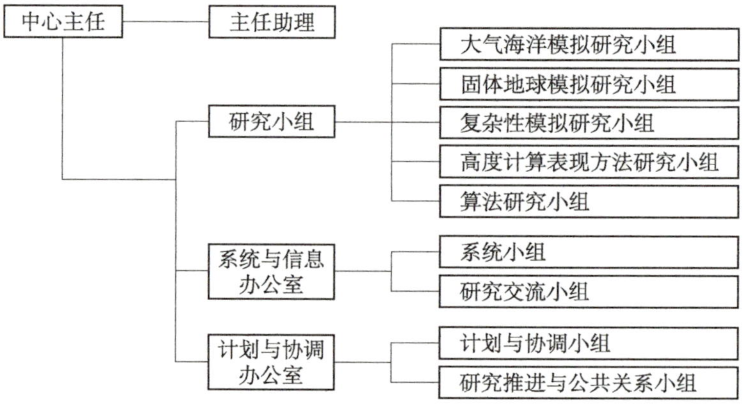

图 7-1　地球模拟器中心组织图 ①

1）大气海洋模拟研究小组

该小组设立了大气环流模式（atmospheric general circulation model（AGCM）for the earth simulator，AFES）、海洋环流模式（ocean general circulation model for the earth simulator，OFES）及海－气－冰耦合模式（atmosphere-ocean-seaice coupled model for the earth stamulet，CFES）3 个模式研究站点。AFES 以日本东京大学气候系统研究中心（Center for Climate System Research，CCSR）和日本国立环境研究所（National Institute for Environmental Studies，NIES）合作开发的 CCSR/NIESAGCM 模型为参考，利用光谱法建立的全球三维流体静力学模型，可以对天—年尺度的大气变化机理和可行性预测进行模拟研究。通过 AFES 与地球模拟器的结合，在世界上首次实现了超高分辨率的全球大气模拟。OFES 主要研究中尺度现象对海洋大循环和物质传输的影响。利用 OFES 对全球规模的海洋涡流进行分辨模拟。OFES 成功地模拟了海洋高度的变化情况、赤道不稳定波、海面水温及西部边界流在水温中的反映、赤道太平洋中温跃层的结构等。CFES 用来研究“大气－海洋－海冰耦合系统”的变化机理和预测的可行性。CFES 中采用了 AFES 和 OFES，以及日本全球变化研究所与国际北极圈研究中心共同开发的海－气－冰耦合模式（图 7-2），而且其在计算方面充分显示了地球模拟器的巨大威力，多个过程可以同时进行，各个组成部分也可以单独运行。

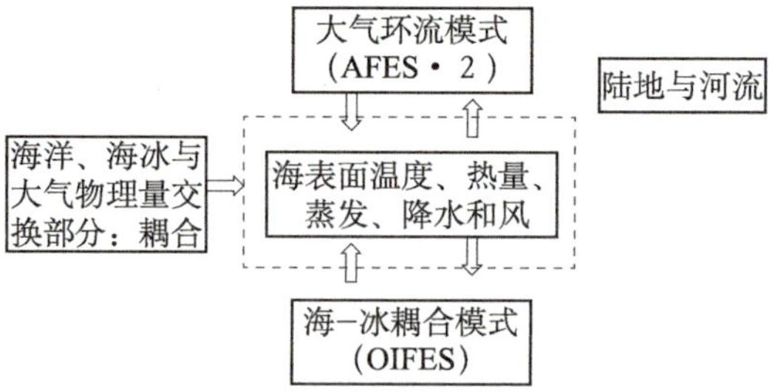

图 7-2　海－气－冰耦合模式

① 陈春，张志强，林海. 地球模拟器及其模拟研究进展. 地球科学进展，2005，20（10）：1135-1142.

2）固体地球模拟研究小组

固体地球模拟研究小组近年来开展的工作主要有：地磁发电机代码开发；地幔对流模拟的高速解法算子开发；阴阳格子的开发；地核对流代码开发；地磁发电机的模拟研究。

3）复杂性模拟研究小组

复杂性模拟研究小组的工作包括气候变化模拟、全球大气－海洋环流模型的现状分析、整体气候模拟代码的开发。

4）高度计算表现方法研究小组

高度计算表现方法研究小组可以更有效地将地球模拟器计算出的模拟结果可视化，更容易表现出模拟结果。这些模拟结果对于一般人来说也比较容易理解。进行可视化研究的原因有两个：①有必要开发能够有效利用大量计算结果的可视化系统；②开发容易理解并能表现精密计算结果的表现方法是很有必要的。

5）算法研究小组

地球模拟器证明了模拟方法不仅在科学研究方面而且在预测人类未来方面都是一种重要的方法。但是由于自然和社会中的各种复杂现象包含不同尺度以及基础过程，要实现所有微过程的模拟是有一定难度的，而整体模拟研究开发计划正是为了解决这种问题而设立的计划。算法研究小组利用地球模拟器开发了新的方法论，在阐明宇宙等离子体现象等复杂机理的同时，也希望能在下一代超高速计算机的模拟研究上有所突破。

7.2.1.2 项目部署分析

1. 地球模拟器提出的研究项目

地球模拟器提出的研究项目（Earth Simulator Proposed Research Projects）是指通过公共应用程序选择的研究机构使用地球模拟器的研究项目（表 7-1）。公开申请过程每年举行一次，申请人主要研究地球科学相关领域，包括气候变化、固体地球、自然灾害等。

表 7-1 2017 年地球模拟器提出的研究项目①

项目名称	研究机构
大气海洋领域（9 项）	
中尺度涡旋对上层海洋环流的影响	京都大学研究生院理学研究科
海洋精细尺度现象与大尺度环流的相互作用	东京大学研究生院
数值天气预报的可预报性变化	京都大学防灾研究所
过去和未来环境变化的气候数值实验	东京大学气候与海洋研究所
温带海气耦合变化对季节可预测性的影响	东京大学先进科技研究中心

① JAMSTEC. List of Authorized Project in FY2017. http://www.jamstec.go.jp/es/en/project/list_kyoudou2017.html[2018-05-13].

续表

项目名称	研究机构
基于多个下一代非静压全球模型的高分辨率台风预测实验	气象厅气象研究所
利用大气－海洋耦合非流体静力模型研究台风－海洋相互作用	名古屋大学空间与地球环境研究所
基于动力模式的未来气候超高分辨率缩减模拟	日本东北大学理学研究所
气候变化下台风和沿海危害的长期评估方法研究	京都大学防灾研究所
固体地球和空间领域（7 项）	
处隆起区地震引发的短波海啸的数值模拟	德岛大学科学技术学院
三维非均匀地球中地震和海啸波传播的数值模拟	东京大学地震研究所
基于大气数值模拟计算程序对火星和金星大气进行高分辨率环流模拟	神户大学理学研究所
火山现象的动力学数值模拟	东京大学地震研究所
类木行星大气中观测到的带状结构的生成机制	日本京都大学数理解析研究所
实验钢筋混凝土建筑复杂仿真分析方法研究进展	前桥工科大学建筑系工程学院
恒星与行星形成模拟	九州大学科学系
环境领域（4 项）	
新型稳健纳米炭膜在水处理系统中作用机理的大规模模拟研究	日本信州大学
制定减缓城市变暖的城市环境设计指南	广岛大学工程学院
用于微生物群落结构监测的大尺度自组织图	新潟大学工程系
存储材料渗流预测研究	东京大学前沿科学研究院
计算机科学领域（7 项）	
低碳社会模拟方法的发展	日本国立材料科学研究所
盐层流体中湍流与障碍物的流动	京都大学工学与工程学院研究生院
可压缩过渡边界层中非线性涡动力学的整体模拟	爱媛大学科学与工程研究所
非平衡环境中湍流标量输运的大尺度数值模拟与建模	名古屋工业大学
基于格子波尔兹曼方法进行液体射流分解的数值模拟	筑波大学工程信息与系统系
壁面有界流动中小粒子的拉格朗日加速度研究	名古屋大学工程研究所
水、空气和运动体多相流动的数值模拟	横滨国立大学环境与信息科学学院

2. 合同研究项目

合同研究项目（Contract Research Projects）主要是指使用了地球模拟器的专注于政府等公共组织委托进行研究的制定项目。2012 年以来，地球模拟器主要被用于以下项目[①]：①气候变化风险信息计划；② 21 世纪气候变化预测创新计划；③科学与技术核心研究计划；④地球模拟器战略工业应用计划；⑤人类、自然和地球的可持续共存项目；⑥战略性利用先进大型研究设施的方案。

① JAMSTEC. Contract Research Projects. http://www.jamstec.go.jp/es/en/project/mext.html[2018-05-13].

3. JAMSTEC 研究项目

地球模拟器也被用于 JAMSTEC 组织的研究项目以及国际和国内的合作项目中，还可用于自然灾害发生时紧急工作的执行（表 7-2）。其中，JAMSTEC 研究项目（JAMSTEC Research Projects）是由 JAMSTEC 提出的项目、特殊经费支撑的战略性项目、合同研究项目组成的。

表 7-2　2017 年日本 JAMSTEC 提出的项目 ①

项目名称	研究机构
海洋大气领域（16 项）	
北极环境变化的高分辨率海冰－海洋建模	IACE，JAMSTEC
基于四维变分（4D-VAR）的海洋资料同化系统估算全球海洋状态	RCGC，JAMSTEC
高分辨率海流模拟在前波预报中的应用研究	APL，JAMSTEC
海洋观测概率数值季节预报系统的研制	APL，JAMSTEC
实时 APL 模型综合季节预测系统及其应用	APL，JAMSTEC
开发高级再分析数据集的四维变分（4D-VAR）数据同化系统	CEIST，JAMSTEC
通过高分辨率全球非静力模拟研究对流扰动的发生、发展机制及可预报性	DSEP，JAMSTEC
长期气候变化预测研究的高质量气候模式的发展研究	ICLP，JAMSTEC
北极气候变化及其对全球气候变化影响的预测	IACE，JAMSTEC
大尺度模拟和现场可视化	CEIST，JAMSTEC
海洋精细结构在气候及其变化中的作用变异性	APL，JAMSTEC
基于集成的数据同化方法的观测系统研究	APL，JAMSTEC
地球科学中复杂湍流过程的数值研究	CEIST，JAMSTEC
对可持续和安全生存的多尺度环境模拟	CEIST，JAMSTEC
近年气候变化政策决策数据库	气候变化适应技术项目组，JAMSTEC
为近期气候变化制定政策决策的海洋数据集合	气候变化适应技术项目组，JAMSTEC
地球和空间领域（4 项）	
地球地核和地幔动力学模拟研究	D-Earth，JAMSTEC
固体地球科学先进模拟工具的开发	MAT，JAMSTEC
全球地震波传播模拟	CEIST，JAMSTEC
基于序列数据同化的板块间滑动预测研究	CEAT，JAMSTEC

注：CEAT，地震和海啸研究与开发中心（Research and Development（R&D）Center for Earthquake and Tsunami）；APL，应用实验室（Application Laboratory）；CEIST，地球信息科学与技术中心（Center for Earth Information Science and Technology）；Center for Marine Biosciences，海洋生物科学研究与开发中心（Research and Development（R&D）Center for Marine Biosciences）；D-Earth，地球深部结构和动力学研究所（Department of Deep Earth Structure and Dynamics Research）；DSEP，无缝环境预测研究所（Department of Seamless Environmental Prediction Research）；IACE，北极气候与环境研究所（Institute of Arctic Climate and Environment Research）；ICLP，综合气候变化预测研究所（Department of Integrated Climate Change Projection Research）；MAT，数学科学与先进技术学系（Department of Mathematical Science and Advanced Technology）；RCGC，全球变化研究与发展中心（Research and Development（R&D）Center for Global Change）

① JAMSTEC. JAMSTEC Research Projects. http://www.jamstec.go.jp/es/en/project/jamstec_prj.html[2018-05-13].

4. 工业应用项目

许多工业研究人员参与了地球模拟器的工业应用项目（Industrial Application Projects），对其具体的项目和 JAMSTEC 以及其他外部组织进行协同研究，从而极大地促进了产品和行业新技术的研究与开发。此外，为了方便工业行业使用地球模拟器，2005 年以来，地球模拟器在工业部分领域的相关成果也无需完全披露。

5. 地球模拟器的项目资源分配

在地球模拟器的资源分配中，有以下两个主要的项目类别。

1）JAMSTEC 研究项目

在此类别的资源分配中，将进行一些项目，以实现 JAMSTEC 中期目标和计划的必要研究。另外一些项目将作为收费性质的合同类项目进行研究。JAMSTEC 研究项目包括以下几种类别：① JAMSTEC 提出的项目。其主要指由 JAMSTEC 研究人员领导的项目。②特殊经费支撑的战略性项目。通过特殊经费的积极支持，加快项目取得重大成果，并在 JAMSTEC 的内部和外部应用中都能被接收。③合同研究项目。

2）其他类别研究项目

在这个类别中，主要是海洋科学、地球科学和 JAMSTEC 外部有关公共应用的重点研究项目。

通过地球模拟器的资源分配情况可以看出，JAMSTEC 提出的项目占据 40%，合同研究项目占据 30%，特殊经费支撑的战略性项目占 10%。剩余的 20% 是其他类别研究项目（图 7-3）。

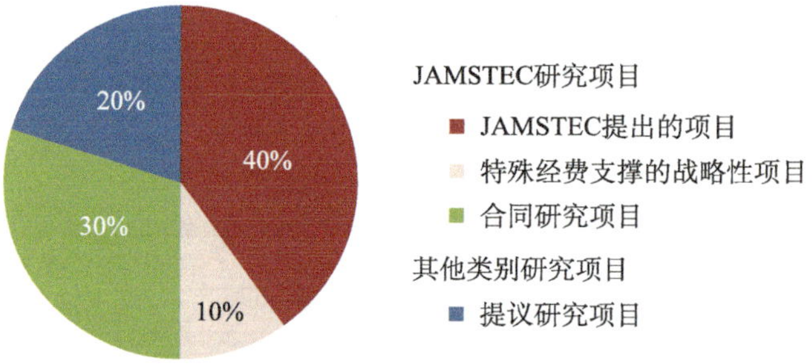

图 7-3　2017 地球模拟器的项目资源分配[①]

6. CEIST 及其项目

2014 年 4 月 1 日，地球模拟器与 JAMSTEC 的前数据研究中心进行了整合，建成了

① JAMSTEC. H29FY Earth Simulator Resource Allocation. http://www.jamstec.go.jp/es/en/resource/index.html[2018-05-13].

CEIST[①]。该中心将继续发挥地球模拟器的功能，在海洋和地球科学领域继续推进模拟和信息科学研究与前沿开发，创造可能的社会资源和信息，以便利用包括地球模拟器在内的设施、信息基础设施，从而保证全球社会的安全。CEIST 目前主要项目见表 7-3。

表 7-3　CEIST 目前主要项目[②]

项目名称	项目主页
创新研究战略计划（SPIRE）领域 3——预防和减少自然灾害的高效预测研究	http://www.jamstec.go.jp/hpci-sp/index.en.html
创新中心项目	https://www.shinshu-u.ac.jp/coi/english/about/
东北生态系统耦合的海洋科学	http://www.jamstec.go.jp/teams/e/
数据集成和分析系统	http://www.editoria.u-tokyo.ac.jp/projects/dias/?locale=en
气候变化适应计划	http://www.mext-isacc.jp/eng
绿色创新计划	http://www.jamstec.go.jp/esc/green/

7.2.2　美国

7.2.2.1　美国战略布局分析

鉴于当今全球气候与环境变化的事实及人类活动对这种变化的可能影响，世界上有关全球气候与环境变化的四大科学计划（世界气候研究计划、国际地圈生物圈计划、国际全球环境变化人文因素计划、国际生物多样性计划）已组成了地球系统科学联盟，旨在促进各学科的深入研究和相互交叉融合，弥补研究空白，集成研究地球系统、其变化及对全球可持续发展的影响，提高人类对复杂地球系统的认识和理解。因此，科学家一致认为，建立描述地球系统内部的过程及其相互作用的理论模式，即“地球系统动力学模式”，以便阐明全球（包括大部分地区）气候和环境变化的机理，并对其进行预测，从而指导国际上就这类问题进行的协商和制定协议是十分重要的，这已经成为当今国际上地球系统科学研究的重要内容。世界气候研究计划在 2005 ～ 2015 年的战略框架“地球系统的协调观测和预报”中就明确指出：“这个新的战略框架将需要一个集成的方法，以使大气圈、海洋圈、陆地圈和冰雪圈的作用能在气候系统的综合模式里考虑，这些综合模式也有能力同化天气和气候观测资料。这意味着需要对耦合系统的气候模式以及数据同化技术和工具的验证与发展有一个长期稳定的科研努力。”[③]

地球系统模式的雏形——耦合气候系统模式的发展是世界气候研究计划中气候变

① JAMSTEC. About CEIST. http://www.jamstec.go.jp/ceist/e/about/index.html[2018-05-13].

② JAMSTEC. Project of CEIST. http://www.jamstec.go.jp/ceist/e/project/[2018-05-13].

③ 曾庆存，周广庆，浦一芬，等. 地球系统动力学模式及模拟研究. 大气科学，2008（4）：653-690.

率与可预报性（climate variability and predictability，CLIVAR）研究的重要基础和中心议题，其主要任务就是从季节、年际和年代际的时间尺度上描述、模拟和预测全球气候变化。为此，世界气候研究计划联合科学委员会和 CLIVAR 科学指导小组联合建立了耦合模拟工作组。其目的是：一方面，评估和支持耦合气候系统模式的发展，包括模式比较计划的组织，如耦合模式比较计划（Coupled Model Intercomparison Project，CMIP），这是模式验证和缺陷诊断的基础；另一方面，促进耦合模式的协同研究与实验，以获取更可信的气候系统对自然因子和人类活动的响应的预测。由此可见，国际上对耦合气候系统模式的发展高度重视。值得一提的是，一些发达国家和地区纷纷制订自己的研究计划，并投入巨大的人力和财力发展自己的气候系统模式。

1. 国家层次组织研发地球系统模式

美国 NCAR 由美国国家科学基金会（National Science Foundation，NSF）资助。NCAR 在 1994 年和 2000 年两次提出《通用气候系统模式研究计划》未来五年计划，美国各主要大学和研究机构参与了该计划，并建立了完整的管理机构和研究实体。该计划的目标是：在一个统一的灵活而协调的框架内，将性能优良的气候系统各分量模式实现耦合，从而发展出一个优秀的耦合气候系统模式，使各方面科学家一方面可更方便、更容易地参与模式发展，另一方面针对气候变率和全球变化等问题进行高水平科学研究，为国际和国内决策提供科学依据。除美国国家科学基金会外，美国 NOAA、DOE、NASA 等单位也支持发展气候系统模式。

1996 年，在 NASA 的地球科学技术部的“计算技术”（Computing Technology）项目推动下，美国密歇根大学的空间环境模拟中心（Center for Space Environment Modeling，CSEM）开始进行空间天气建模框架（space weather modeling framework，SWMF）的日地系统的开发①。SWMF 被设计用来为 NASA 和建模组织提供一个即插即用的高性能计算工具，来为从太阳表面到地球上层大气层的空间物理过程建模，最终实现空间天气预报。

美国 NCAR 在美国 NSF 和 DOE 的支持下于 2000 年提出的“共同体气候系统模式发展计划”（2001 ～ 2005 年），组建了一个由固定科学家和支撑人员组成的、美国各主要大学和研究单位的科学家都参加的研究共同体，于 2004 年建成共同体气候系统模式（community climate system model，CCSM），并用于 IPCC 第四次评估报告的气候变化预测实验。

2000 年 9 月，美国 NASA 地球科学技术办公室（Earth Science Technology Office，ESTO）发布合作协议通告，提出 ESMF 战略计划，并在 NASA、DOE 和 NSF 的共同

① Tóth G，Sokolov I V，Gombosi T I，et al. Space weather modeling framework: a new tool for the space science community. Journal of Geophysical Research Space Physics，2005，110（A12）：A12226.

资助下，于 2001 年启动了 ESMF 计划（2001 ～ 2010 年）[①]，有 19 个实力雄厚的研究机构投入到了这个计划的研究与实施中。ESMF 是一款用于构建气候、数值天气预报、数据同化以及其他地球系统科学软件应用程序的开源软件。重点建模项目多以分布式开发和社区管理形式开展，用以提高地球科学、空间科学、生命科学和微重力流体力学等科学领域中的大规模应用的互操作性等性能。

2002 年，在 NASA ESTO1010 万美元的资助下，ESMF 项目启动了，开发周期为 3 年。ESMF 项目主要包括 3 个相关的项目：核心框架的开发、天气及气候建模应用的构建、数据同化应用的构建。ESMF 为地球系统建模提供了一个标准的开放资源的软件平台，实现了可操作的数字化天气预报、气候系统变化和可预报性研究。在 3 年赞助期的最后阶段，ESMF 合作者发布了一个 ESMF 项目计划[②]。该计划提出，建立一个多机构的管理组织，并为 ESMF 提供新的赞助者。新的赞助期为 2005 ～ 2010 年。在这 5 年内，ESMF 发展成为地球系统建模环境（earth system modeling environment，ESME），用来为科学家提供数据存档和分析的更强大的功能，同时它将继续扩展支持更多的用户模型[③]。

2003 年 10 月，在 NSF 信息技术研究（Information Technology Research，ITR）计划的资助项目下，加州理工学院高级计算机研究中心（Center for Advanced Computer Research，CACR）和地震研究实验室开始进行固体地球系统建模框架（Geo Framework）的构建[④]。Geo Framework 不但为地球科学问题中的多尺度变形分析提供了一系列工具，同时为固体地球科学家和计算机科学家提供了一个开放的合作平台。Geo Framework 是一个功能强大的框架，它不但能够解决地球科学中大量未解决的问题，如板块构造的长期演变和诸如地震中的断裂演化这种短期过程之间的交互过程，还能够很好地处理复杂的流变学问题、时间空间上的多尺度问题。另外，它能够同化大量的多种类型的数据，如构造上的、运动学上的以及其他的地质数据，同时提供模型预报和观测现象之间的无缝关联。

在 IPCC 第四次评估报告之后，国际上开始认识到发展地球系统模式的重要性。因此，NCAR 在 2009 年进一步提出了《通用地球系统模式（CEMS）科学计划（2009—2015 年）》，目标是发展一个包括完整地球生物化学过程的地球系统模式，用于研究地球系统各种时空尺度变化的内在规律和机制，并利用通用地球系统模式（the

① ESMF work group. Earth System Modeling Framework. http://www.esmf.ucar.edu/[2016-11-02].

② ESMF work group. ESMF Draft Project Plan 2005-2010. http://www.esmf.ucar.edu/ management/ paper0502 projectplan pdf[2018-11-02].

③ ESMF work group. Future Directions for the Earth System Modeling Framework. http://www.esmf.ucar.edu/ pubs/paper 0409vision.pdf[2017-06-03].

④ ESMF work group. Geoframework. http://www.geoframework.org[2017-09-02].

community earth system model，CESM）预估未来的气候和环境变化。CESM 是目前被广泛使用的复杂地球模拟系统之一，是由 NCAR 在共同气候系统模式的基础上改进研发，于 2010 年推出的新一代系统模式①。在完全兼容 CCSM 的基础上，它还支持陆地碳循环、动态植被等更多的物理、生物和化学过程，并将不同组织研发的分量模式通过耦合器进行联合，增加了气候模式框架的可插拔性。同时，CESM 提供了单一可执行文件和灵活进程映射功能，便于程序移植和优化，是目前最先进、使用最广泛的地球系统模式之一。CESM 利用耦合器协同大气、海洋、陆面、海冰等分量模式进行气候模拟。新的求解器极大地提高了海洋分量模式的计算模拟能力。该工作将作为 CESM 下一版本海洋模式的默认求解器，为更高分辨率和更长时间尺度的模拟提供了基础支撑。

2. 研发区域环境模拟系统

高性能大型计算机的应用使得建立准确有效的天气和海洋预报系统成为现实。CFES 可对海洋和大气进行相当可观的高分辨率数值模拟。CFES 由大气环流模式 AFES 的升级版本 AFES 2 与海 – 冰耦合模式（ocean-sea-ice coupled model）两部分耦合而成，两者可以并行计算。由大气模式计算得到的数据直接应用于海洋模式，海洋模式再将数据信息反馈给大气模式。自成一体的耦合模式大大减少了边界效应所带来的误差，可以更好地模拟地球上的海气变化状况②。在特定的分辨率和时间尺度下，CFES 可以更准确地模拟大洋中尺度涡、厄尔尼诺 – 南方涛动（El Niño-Southern Oscillation，ENSO）、印度洋偶极子以及北极涛动等现象。海 – 冰耦合模式 OIFES 的早期版本为 OFES。OFES 是以美国地球流体学实验室（GFDL）的标准海洋模式三（modular ocean model version 3，MOM 3）为基础开发的适用于地球模拟器的海洋数值模式。OIFES 为 OFES 耦合了海冰模式后的海洋环流模式。其研究方向主要是大中尺度环流相互作用引起的年际和年代际变化、海洋环流对近海表面气候的作用以及海冰的季节性变化对洋流和气候的影响等。

7.2.2.2 美国项目部署分析

1. 地球透镜计划

地球透镜（Earth Scope）计划由美国 NSF、美国地质调查局（United States Geological Survey，USGS）和 NASA 在 2001 年联合发起。该计划总投资约为 200 亿美元，为期 15 年（2003 ～ 2018 年）。该计划旨在通过分布式、多用途仪器和观测台网的组合使用，来加深对北美大陆结构、演化和动力学特征的理解。通过多年的努力，地球透镜计划形成了三大研究设施，即美国地震台阵、板块边界观测站和圣安德烈斯

① About CESM OL.URL http://www.cesm.ucar.edu/about/[2018-12-12].

② 王斌，周天军，俞永强，等. 地球系统模式发展展望. 气象学报，2008，66（6）：857-869.

断层深部观测站。其主要目的是探索北美大陆的构造与演化，并揭示地震及火山喷发的秘密。地球透镜计划旨在通过观测、研究北美大陆的活动构造和岩石层结构，以发展地震科学，促进地震科学在减轻地震灾害中的应用。该计划由以下四部分组成。

（1）美国台阵（US Array）计划。美国台阵计划拟对美国大陆、阿拉斯加及其邻区的岩石层（地壳和上地幔）结构做高分辨度的地震成像。该计划拟动用400套宽频带地震仪组成大型的遥测地震台阵，有规则地进行实时观测；再用2400套便携式地震仪组成移动式台阵，借助于天然与人工两种震源，对在上述大型遥测台阵"脚印"内的关键目标做高密度的短期观测；并以固定式的地震台网——美国地质调查局/国家地震台网（USGS/national seismic network）进行长期、连续的地震观测。

（2）圣安德烈斯断层深部观测（San Andreas Fault Observatory at Depth，SAFOD）计划。该计划是圣安德烈斯断层深部的钻探计划，拟在圣安德烈斯断层带1966年帕克菲尔德地震震源的上方打一个4km深的钻孔。钻探将直达发震层所在深度，获取断层带的岩石及流体的样品供实验室分析地球物理参数，包括地震活动性、孔隙压、温度、应变等；该计划拟对井下和邻区的流体活动性、地震活动性、形变等进行长达20年的长期监测。

（3）板块边界观测（Plate Boundary Observatory，PBO）计划。该计划拟用应变仪和超高精准的全球定位系统仪（GPS）对美国西部进行地形变测量，包括：用"骨干台网"，即台距100～200km的、连续记录的GPS遥测台网获取从阿拉斯加至墨西哥的整条板块边界的、在空间上是长波长的、在时间上则是长周期的地形变信息的概况；并在构造活动地区（如主要断层带和活动岩浆系统）集中进行GPS定位、井下应变及地震观测。

（4）合成孔径雷达干涉测量（Interferometric Synthetic Aperture Radar，InSAR）计划。用星载InSAR对地面，特别是对与活动断层和火山有关的地面形变场成像。

《揭示北美大陆的奥秘——地球透镜科学计划2010～2020》指出，地球透镜计划在北美大陆活动变形研究，整个地质时代的北美大陆演化研究，深部地球结构和动力学研究，地震、断层与岩石圈流变学研究，地壳与地幔中的岩浆和挥发物研究，地形学和构造学研究，地球透镜计划与水圈、冰雪圈和大气圈的关系研究7个方面取得了重大突破，但是，未来仍然面临诸多问题与挑战。例如，地壳、地幔浮力和流体如何影响并维持处于构造活动状态的美国西部的地形？整个地质时间内，岩石圈如何在北美西部板块边界（边界与整个大陆地表演化存在相互作用）下方俯冲？

2. ESMF战略计划

1）项目概况

美国ESMF是一款用于构建气候、数值天气预报、数据同化以及其他地球系统科学软件应用程序的开源软件。重点建模项目多以分布式开发和社区管理形式开展，用以提高地球科学、空间科学、生命科学和微重力流体力学等科学领域中的大规模应用的互操作性等性能。ESMF 项目主要包括三个相关的项目：核心框架的开发、天气及气候建模应用的构建、数据同化应用的构建。ESMF 为地球系统建模提供了一个标准的开放资源的软件平台，实现了可操作的数字化天气预报、气候系统变化和可预报性研究。ESMF 使命包括：①通过越来越多的地球系统建模组件的广泛分布和相互操作功能，促进知识的快速转移；②地球系统建模者能够更有成效地关注科学而不是技术细节；③创建一个具有成本效益、高性能、共享基础设施和大量科学合作机会的地球系统建模社区；④ ESMF 代表的社会和技术进步加速科学发现和预测能力的提高。在 2012 ～ 2015 年的 ESMF 战略计划成果的基础上，2017 年 4 月美国又制定了《美国 ESMF 2017 ～ 2020》战略计划[①]。

2）ESMF 项目的实施

ESMF 是用于构建和耦合地球系统建模组件的社区开发软件，包括代表模型和耦合器件的上层结构，以及常用实用工具的基础结构，包括网格映射、时间管理、元数据管理、输入 / 输出（input/Output，I/O）和数据通信。

ESMF 项目的第一阶段始于 2002 年。在 NASA 授予一个代表美国主要建模中心的团队三年的奖项后，该团队最终交付了一个原型框架和一组新耦合的演示应用程序。在此期间，NASA 全球建模与同化办公室（Global Modeling and Assimilation Office，GMAO）创建了戈达德地球观测系统模型五（GEOS-5）大气环流模式，这是一个全新的模式，广泛使用了 ESMF。

ESMF 项目的第二阶段开始时，其他机构和项目决定采用该框架。这些项目包括美国国防部（Department of Defense，DOD）的战场环境研究所项目、NASA 的气候变化和预测项目、NOAA 的环境建模系统，以及一些相关领域的小型项目，如空间天气和沉积物建模。这些计划在技术和组织上都引入了额外的需求。使用初始 ESMF 原型交付的网格软件被完全重新设计，以适应非结构化网格。为了使工作人员在数学、数字方法和物理科学方面有更多的专业知识，核心团队的组成也发生了很大的变化。为了适应多机构的赞助，该项目的管理结构进行了重新设计和规范化。该组织在 ESMF 项目计划中描述，第二阶段在 2011 年交付了一个高质量、便携式、可扩展的软件包 ESMF 5.2.0r。

NUOPC 层的出现标志着 ESMF 第三个阶段的开始。运营天气预报中心及其研究合作伙伴 NUOPC 层旨在通过互操作性标准促进对运营的研究。该组织认识到，ESMF 可以通过多种不同的方式实施，从而建立符合 ESMF 又能互操作的建模系统。地球

① ESMF work group. ESMF Strategic Plan for 2017-2020. https://www.earthsystemcog.org/site_media/projects/esmf/plan_1704_esmfstrat.pdf[2018-03-02].

系统预测套件（ESPS）是 NOAA、美国海军、NASA、NCAR 以及其他使用 NUOPC 层约定的建模中心的建模组件和应用程序的集合。2016 年发布的 ESMF 7.0 包含了 NUOPC 层软件的成熟版本。

3）2012 ～ 2015 年 ESMF 战略计划的成果

2012 ～ 2015 年的 ESMF 战略计划聚焦于以下五个方面：①实现了一个稳定、高质量、完整的 ESMF 产品，包括软件、文档和支持功能。②开发战略合作伙伴和技术连接，使 ESMF 应用程序能够在日益异构的环境和多种环境中运行。为此，ESMF 团队和合作伙伴推出了 ESMF 组件作为网络服务运行的选项，创建了其他领域（如水文学）的框架的原型链接，并构建了 ESMPy，将广泛使用的 Python 接口用于 ESMF 网格映射。③通过建模应用程序来支持 ESMF 的继续采用。在 2012 ～ 2015 年的计划撰写之时，ESMF 的下载量约为 4000 次。ESMF 目前应用于美国大多数主要的气候和天气模型中，并且在世界范围内拥有不断增长的用户群。④构建可提高 ESMF 应用程序之间互操作性的通用模型架构。该架构可以被定义为在美国主要中心的本地耦合架构中出现的相似性。⑤创建自文档模型并支持端到端工作流。越来越多的对模型输出和衍生产品的审查、集合体的广泛使用以及个体模型的日益复杂化，使得模型来源的详细文档变得特别重要。ESMF 的“属性”或元数据类型的改进，包括从 ESMF 数据结构提取网格和其他信息的能力，可以实现使用标准模式编写的目标。

4）未来主要挑战、目标和战略

目前，ESMF 项目面临的主要挑战是预测其支持的应用程序的需求，从而为解决方案做好准备。ESMF 团队及其合作伙伴正在为未来做好准备，制定各种策略来管理多样性、复杂性和相互依赖性不断增加的建模系统，为组件层次结构提供解决方案，同时运行物理参数化，并探索如何编程和优化方法对新兴细粒度的架构是最好的，并将其应用于多组分的系统。制订全面的培训计划在未来几年将是越来越重要的事项。

同时，《美国 ESMF2017 ～ 2020》也提出了未来 ESMF 项目未来发展目标与战略，具体表现如下。

（1）通过维护、用户支持、持续开发和优化，使 ESMF、ESMPy 和 NUOPC 层保持可行性，以适应新的计算和科学需求。ESMF 及相关产品的持续可行性要求将其移植到新的计算平台，针对新兴技术和支持库的新版本进行更新，以增强应对新的科学预测挑战的能力，并由专门的团队提供支持。在当前系统和新兴细粒度体系结构上，继续优化基于 ESMF 的耦合应用是当务之急。即将进行的功能开发将包括用于处理日益高分辨率的网格的附加插值方法和分块技术。ESMF 团队还致力于使模型变得更能“自我描述”，并继续改进元数据处理。

（2）将通用架构模型和 NUOPC 层扩展到组件层次结构、嵌套域和集合，并确保与建模分析和预测层（modeling analysis and prediction layer，MAPL）的互操作性。

2012～2015年，与NUOPC层计划合作的通用模型架构仅限于一组高级组件，如大气、海洋、冰和波浪模型。然而，整个社区对扩展通用模型架构已包括其他类型的组件，以及实现组件层次结构、区域内和区域内嵌套域的兴趣越来越大，也有兴趣扩展通用模型架构以适应集成的研究方向，包括交互式集成。扩展通用模型架构将利用社区合作伙伴的研究成果。特别是，构建GEOS-5的NASA建模者采用了基于ESMF的分层范式，在MAPL中添加了这些组件如何相互作用的约定。MAPL支持50多个组件的层次结构，并将用作NUOPC层次结构的设计基础。该计划的目标是确保NUOPC层和MAPL尽可能合并，并且可以互操作。NUOPC层比MAPL支持更多的选项（例如，组件并发性的选项、更通用的网格映射），并且想法是产生提供两者最好功能的合并功能。

（3）通过建模应用程序和扩展ESPS，支持继续采用ESMF组件接口。基于ESMF的接口目前在美国大多数主要的气候和天气模式中都得到了应用。它在世界范围内和相关的社区中拥有不断增长的用户群，如空间天气方面的用户群。一个关键的机会是实施一个基于NUOPC层接口的新的CESM耦合器。目前，美国正在开展相关工作。由此产生的耦合器将是功能齐全、开放源代码的，其将继承包括大学合作者在内的庞大用户群。它有可能发展成一个社区耦合者，这是一个可以由多个中心或机构共享的新的美国建模概念。其他关键的机会是NOAA的NUOPC层统一建模系统以及海军全球和区域耦合系统的持续发展。为了提高对基于ESMF接口的可用组件的认识以及参与中心之间的互动，ESMF小组及其合作者在2012～2015年推出了ESPS。ESPS是一组符合NUOPC层标准接口的组件，满足组件可用性标准，包括相关的元数据和标准测试。其战略目标是通过添加组件的新实例、添加新的组件类型以及提高所有ESPS组件的可用性标准来扩展ESPS。

（4）利用ESMF软件处理与天气和气候有关的学科，如数据同化和水文学。ESMF已经成功地利用了框架的核心功能，并创建了其他学科和社区的ESMPy等辅助产品（ESMPy案例、地球系统数据分析和可视化社区）。其战略目标是继续为其他学科提供支持。在初始阶段，ESMF包括建模和数据同化团队，并提供一系列支持数据结构和工具。"数据同化一体化"等新兴的社区数据同化项目为ESMF提供了继续发展数据同化能力的绝好机会。从网格和位置流等现有构造的扩展到与数据同化有关的特定重新调整方法，ESMF可以为推进美国数据同化基础设施提供坚实的基础。水文建模应用为利用ESMF软件提供了额外的机会。以气象研究和预报水文模型（weather research and forecasting hydrological model，WRF-Hydro模型）作为中心预报部分的新的国家水资源模型现已运行。随着其发展，将在其演化过程中引入一系列不同类型组件的耦合。NASA、NOAA和美国海军目前正在实施包括陆地表面和水文成分在内的耦合系统，使用的是基于NUOPC层的耦合。以这些项目为基础，目标是了解和预测与水文建模相关的未来软件需求。这包括预处理和后处理的需求以及耦合要求。

（5）利用可用性工具，制订全面的 ESMF 和 NUOPC 层培训计划。多个机构采用 ESMF 和 NUOPC 层已经增加了模型用户和开发人员培训的需求。目标是 2015 ～ 2016 年改进材料，扩大现场培训计划。此外，将定期安排以网络研讨会为基础的培训，以便能够覆盖更广泛的国家。目前的网络研讨会可以支持大约 50 名观众，而且每次都能获得足够的支持。

新的工具正在使学习 ESMF 和 NUOPC 层变得更容易和更有吸引力，而且这些将继续改进并集成到培训中，包括作为任何符合 NUOPC 层标准的模型的通用驱动程序的浏览器组件。

5）战略远景

展望未来，在这一战略计划的最后阶段，ESMF 和 NUOPC 层将是美国主要建模系统的主要耦合基础设施。NUOPC 层和 MAPL 将尽可能地合并，并且它们的组件将是可互操作的。与数据同化一体化（JEDI）资料同化工作和国家水资源模式的合作将得到明确界定。ESPS 文档包括代码访问和测试信息，将得到改进并公开发布。新的 ESMF 映射功能和对细粒度体系结构的相关优化将开始在多个建模中心进行测试，并将建立一个综合的面对面和网络研讨会选项的综合培训计划。

3. 地球系统分析、综合与模拟计划

1）项目概况

地球系统分析、综合与模拟（Analysis，Integration and Modelling of the Earth System，AIMES）计划是国际地圈生物圈计划中的一个核心计划，是其第二阶段的新计划之一，它是第一阶段“全球分析、解释和模拟”计划的延续，并在此基础上进行了拓展，是国际地圈生物圈计划在地球系统层面上进行综合研究的前沿计划①。AIMES 计划将发展创新的、跨学科的方法与手段，用来认识自然界及其人类与自然之间相互作用的复杂性。其重点就是要理解并量化人类活动对生物地球化学循环的生态系统以及气候系统所产生的后果与反馈作用。AIMES 计划的目标包括：由气候与古环境科学家们通力合作进行的有根据的情景分析、考古学家与历史学家共同研究发展的关于地球系统变化和人类 – 环境相互作用的正确理解。

2）研究主题

共同参与筹划指导 AIMES 计划委员会的成员包括各种自然与社会学界的社会团体代表，他们相互交流合作，形成以下四个综合的主题：①过程与参数化研究（诠释地球系统过程的具体方面以及全球模拟功能）；②区域 – 全球综合研究（在基于区域

① Prentice. Analysis，Integration and Modelling of the Earth System Science Plan and Implementation Strategy. http://www.igbp.net/download/18.1b8ae20512db692f2a680006393/1376383134890/report_58-AIMES.pdf [2018-01-12].

分析的背景下全面认识理解地球系统）；③应用地球系统科学（端到端的研究是为了与决策者需要的综合信息相匹配）；④地球系统动力学（基础的地球系统研究，包括全球观测与模拟）。

过程与参数化研究包括以下几个方面：全球污染物排放清单活动（global emissions inventory activities，GEIA）（模拟活性示踪气体的量从规定值向预测值转变的过程），一项新的合作——气候与冰雪圈（Climate and Cryosphere，CLiC）计划与世界气候研究计划共同合作的关于碳排放量的项目，以及在北半球高纬度地区的岩土动力学研究。区域－全球综合研究行动将计划在亚洲季风区（区域人口密集，人类活动对气候造成较大影响）以及北半球高纬度地区（气候变化、远距离作用力能够在全球尺度范围内引发相应的后果）进行。

地球系统科学的议题包括：关于 IPCC 的方案发展，国际氮倡议（探索如何使欠发达国家的少氮状态和发达国家的多氮状态之间保持一个相对平衡），政策与能源评估中的地球系统模型和经济的一体化。

在地球系统动力学中，耦合碳循环－气候模型比较计划的目标是改进碳循环对气候变化反馈作用的量化，最终在更广范围内展示生物化学反馈与生态系统服务之间的相互作用。根据人类活动的历史与未来计划，从一个新的视角看待人类的历史发展，在各方面考虑环境对人类产生影响的同时，人类也对环境施加了相应的压力（比如：在社会政治、社会生态以及社会经济方面）。

3）项目组织模式

AIMES 计划是由科学协调委员会所指导的，该委员会的职责就是让大家实现共享。对于 AIMES 计划的宗旨来说，跨学科间的综合是关键。AIMES 计划的科学协调委员会成员包括从事自然和社会学研究的这两方面的科学家。

AIMES 计划的研究活动由一个国际项目办公室来管理。该国际项目办公室执行主任由 AIMES 计划的联合主席担任，他既是 AIMES 计划的领导人，又是地球系统科学方面的专家学者。该项计划的战略规划由主席团和科学协调委员会负责；后勤、资金筹措以及组织研究网络中各单位的交流合作由国际项目办公室负责。科学协调委员会每年召开一次会议。自 2005 年以来，AIMES 计划的国际项目办公室一直在美国科罗拉多州的博尔德（Boulder）国家大气研究中心举办会议。AIMES 综合的职权范围是研究对地球系统过程以及它们之间的驱动力和影响力的定量化认识。这就需要密切地与国际地圈生物圈计划的核心计划中研究地方与区域方面的大气、海洋和陆地项目合作，寻找它们的结合点。例如，大气－海洋、陆地－大气、陆地－海洋之间的相互作用。AIMES 计划是集古系统研究和“地球系统科学联盟”计划为一体的综合研究计划。

7.2.3 欧盟

7.2.3.1 欧盟战略布局分析

1. 欧洲地球系统模拟网络计划

2001 年，欧盟启动“欧洲地球系统模拟网络”（European Network for Earth System Modelling，ENES）计划[①]，ENES 的目标包括：①帮助开发和评估最先进的气候和地球系统模型；②加快模型之间的比较以便评估和改进这些模型；③鼓励软件和模型结果的交流；④在开发高性能计算设备时，致力于长时间高分辨率、多模式的集成。

截至 2015 年，ENES 包含来自学术界、公共和工业界的 47 个合作伙伴，自成立以来一直是许多项目的发起者，并参与了欧洲地球系统建模领域的众多行动。

2012 年，ENES 发布了未来十年的基础设施战略——《欧洲地球系统建模社区 2012—2022 年基础设施战略》[②]。战略为气候模拟研究基础设施提出了如下建议：①为气候应用提供高性能计算机设备；②加快研发百亿亿次（exascale，E 级）计算设备；③确保气候模拟数据容易获取，并进行归档；④构建物理网络链接国家档案，数据交换速度超过 1Tbits/s；⑤进一步加强欧洲的气候和计算机知识。

战略对未来的地球系统模型发展做了展望：在 2012 年全球集合模式 100km 分辨率（区域 10km）的基础上，2017 年达 20～30km（区域 2.5km），2022 年达 10km（区域 1km）。

2. 欧盟“活地球模拟器”项目

2011 年 5 月 4 日，欧盟委员会在布达佩斯召开的欧洲未来技术与新兴技术（Future and Emerging Technologies，FET）大会暨 2011 展览会上宣布启动 FET 旗舰研究（FET Flagship Initiatives）计划六大试点项目（Flagship Pilots）。FET 旗舰研究计划是欧盟着眼于重要战略领域的未来长远需求而启动的大规模、长期性、基础性研究计划，旨在资助能够对未来的技术创新和商业开发产生广泛和深远影响的变革性研究，通过科学研究的突破为解决经济社会重大挑战做出贡献。此次启动的试点项目是信息科技与脑科学、新材料、机器人、医学、纳米技术、灾害预报与分析等领域的交叉科学前沿，其进展能够对未来产生革命性影响。

FuturICT[③] 项目被列为六大试点项目之一。FuturICT 为 future（未来）、information（信息）、communication（交流）、technology（技术）的缩写。该项目旨在建立名为

① ENES. Welcome to the ENES Portal. https://portal.enes.org/[2017-09-10].

② Mitchell J F，Budich R，Joussaume S，et al. Infrastructure Strategy for the European Earth System Modelling Community 2012-2022. https://portal.enes.org/community/about-enes/the-future-of-enes/ENES%20foresight.pdf[2017-09-12].

③ FuturICT. Home. https://futurict.inn.ac/[2017-09-15].

“活地球模拟器”的全球尺度的计算平台，可大大提高信息处理能力，模拟和预测复杂的自然灾害，管理和应对人类活动引起的具有跨国乃至世界影响的重大灾害，为科学家、政府和社会预测和应对重大自然灾害及社会、经济危机提供信息支撑，减少决策失误，提高危机管理能力。

3. 英国“量化并理解地球系统”科学计划

英国 NERC 于 2002 年 12 月提出了一项地球系统科学研究计划——“量化并理解地球系统”（Quantifying and Understanding the Earth System，QUEST），并于 2004 年 7 月发布了 QUEST 的科学计划和实施计划，QUEST 计划为期 6 年（2003 ～ 2009 年），是 NERC 的一个指导性计划①。

QUEST 计划的主要目标是提高对地球系统中大尺度过程及其相互作用的定性和定量理解，特别关注大气、海洋、陆地中的生物、物理和化学过程之间的相互作用以及人类活动与它们之间的复杂关系。QUEST 计划将通过促进基于理论分析、定量模型的综合行动计划和跨学科行动计划，系统地开发观测和实验数据以评估和改善全球地球系统模型，从而解决地球系统科学中的一些重要问题。

QUEST 计划是由多个研究机构合作开展的研究计划，主要集中于 3 个研究主题：①现今的碳循环及其与气候和大气化学之间的相互作用；②大气成分在冰期－间冰期和更长时间尺度上的自然变化；③全球环境变化对资源可持续利用的影响后果。

QUEST 计划的战略研究重点主要有 3 个：地球系统模拟、地球系统图集（earth system atlas）和集成研究活动。

7.2.3.2 欧盟项目部署分析

1. ENES 发起和参与的 IS-ENES 和 PRISM 项目

1）IS-ENES 项目概况

欧盟资助的项目“欧洲地球系统模拟网络的基础设施”（Infrastructure for the European Network for Earth System，IS-ENES）是 ENES 的基础设施项目，2009 ～ 2013 年处于第一阶段，2013 ～ 2017 年处于第二阶段，旨在促进欧洲共同分布式气候模拟研究基础设施的开发，以促进气候模式的开发，更好地满足气候变化问题的社会需求。

2017 年 5 月 31 日，IS-ENES2 发布项目结题报告（IS-ENES2 Project Final Report）②。IS-ENES2（Infrastructure for the European Network for Earth System Modelling，Phase 2）是

① 李延梅，张志强，巩杰. 英国自然环境研究委员会（NERC）地球系统科学研究计划——QUEST 计划介绍. 地球科学进展，2004，19（6）：921-924.

② IS-ENES. IS-ENES2 Project Final Report. https://is.enes.org/archive-1/phase-2/documents/contractual-documents/is-enes2-final-report/at_download/file[2017-09-18].

ENES 计划分布式基础设施的第二阶段项目（2013 年 4 月 1 日至 2017 年 3 月 31 日）。IS-ENES2 的主要目标是促进全球和区域气候模拟社区的整合，鼓励模型及其环境的软件共同开发与共享，促进高端模拟的开发和实现，并支持气候研究、气候影响和气候服务社区的模拟结果的传播。在此过程中，IS-ENES2 为欧洲对世界气候研究计划国际试验提供了支持，所产生的数据被广泛用于政府间气候变化专门委员会的评估，并提供了建立欧盟缓解和适应政策的模拟结果。ENES 发起和参与的项目详见表 7-4。以下就该项目取得的主要成果和影响予以简要介绍。

表 7-4　ENES 发起和参与的项目

项目名称	项目简要描述	牵头机构	起始时间	截止时间
气候欧洲	连接科学与社会	英国气象局	2015 年 12 月 1 日	2020 年 11 月 30 日
COMBINE	地球系统的综合建模，以改善气候预测	德国马普学会	2009 年 5 月 1 日	2013 年 4 月 30 日
EMBRACE	地球系统模型偏差减少和评估突发气候变化项目	瑞典水文气象局	2011 年 11 月 1 日	2015 年 10 月 31 日
ENSEMBLES	基于多模式集合的气候变化、预测及影响研究计划	英国气象局	2004 年 9 月 1 日	2009 年 12 月 31 日
欧洲环境与地球系统研究基础设施	研究基础设施为科学和社会提供共享解决方案	芬兰赫尔辛基大学	2015 年 5 月 1 日	2019 年 5 月 1 日
欧洲天气和气候模拟卓越中心	卓越的欧洲天气和气候模拟	德国气候和地球系统研究中心，欧洲中期天气预报中心	2015 年 9 月 1 日	2019 年 8 月 31 日
EUCLIPSE	欧盟云相互比较，流程研究与评估项目	荷兰皇家气象研究所	2010 年 2 月 1 日	2014 年 1 月 31 日
EUDAT	欧洲数据基础设施	芬兰信息技术科学中心	2011 年 10 月 1 日	
IS-ENES	欧洲地球系统建模网络的基础设施	法国国家科学研究中心	2009 年 3 月 1 日	2013 年 2 月 28 日
IS-ENES2	欧洲地球系统建模网络的基础设施	法国国家科学研究中心	2013 年 4 月 1 日	2017 年 3 月 31 日
METAFOR	气候建模数字仓库的常见元数据	英国雷丁大学	2008 年 3 月 1 日	2011 年 8 月 31 日
PRIMAVERA	基于过程的气候模拟：高分辨率建模和欧洲气候风险评估的进展	英国气象局	2015 年 11 月 1 日	2019 年 11 月 1 日
PRISM	地球系统模拟集成计划	德国马普学会	2001 年 12 月 1 日	2004 年 11 月 30 日

2）IS-ENES2 项目目标

IS-ENES2 的主要目标包括 4 个[①]。

（1）促进欧洲气候与地球系统建模社区的融合。加强 ENES 治理，进一步发展 ENES 战略，特别是在模型评估和模式开发方面；刺激全球和区域气候模拟社区之间的相互作用；开展培训。

（2）加强地球系统模型的开发，以理解气候变率和变化。未来模型开发所需的网络和计算架构，提升模型质量；激发常见的软件开发，并提供模型和工具的服务。

（3）支持高端模拟，使我们能够更好地了解和预测气候变率和变化。准备未来的百亿亿次计算架构；在欧洲先进计算合作伙伴（Partnership for Advanced Computing in Europe，PRACE）计划的高性能计算机设备上准备多模式高分辨率常规实验；激励与 ICT 公司的合作。

（4）促进地球系统模型模拟的应用，以更好地预测和了解气候变化对社会的影响。加强全球和区域模式实验模型结果的传播；开发专门针对气候影响社区的界面，并通过元数据开发和向用户指导来提高模拟信息的质量；加强气候模拟活动与公司用户和新兴气候服务之间的互动。

3）IS-ENES2 项目成果

IS-ENES2 的主要成果包括以下几方面。

（1）促进欧洲气候和地球系统建模社区的整合。IS-ENES2 通过支持世界气候研究计划发起“国际耦合模式比较计划”和“联合区域降尺度计划”，在整合全球和区域气候模拟社区方面迈出了关键的一步。IS-ENES2 在相关数据库和元数据系统的国际治理和发展中发挥了至关重要的作用。《欧洲地球系统建模社区 2012—2022 年基础设施战略》中提出了关于模型、数据、计算、物理网络和人员的建议。它增加了开发模型评估的基础设施层面和更加可持续的基础设施方面的需求。

（2）加强地球系统模型的开发，以理解气候变率和变化。IS-ENES1 启动的建模和相关环境软件支持服务已经扩展到包括获取气候模型。IS-ENES2 也促进了相关知识的共同研发和共享，以帮助改进模型和相关的工作流程。IS-ENES2 已经商定了一个通用的辐射传输方法，并开发了一个原型库。专门的环境软件工具研讨会，如配置管理、元数据创建和工作流程所需的工具，一直是来自不同建模团队的软件工程师分享经验和最佳实践的机会。欧洲和美国的不同耦合技术首次以一种通用的方法进行了基准测试。

（3）支持高端模拟，更好地了解和预测气候变率和变化。气候建模界一直面临着确保模型能够紧随计算机体系结构演变的挑战。在百亿亿次时代，这将比过去更为苛

① IS-ENES. Objectives. https://is.enes.org/project/objectives[2017-09-18].

刻。IS-ENES2 主要通过涉及计算机供应商的研讨会帮助研究人员实现技术跟踪。IS-ENES2 已经开发了一套耦合的基准测试程序，可以简化与供应商的交互和新体系结构的测试。IS-ENES2 与美国合作制定并测试了衡量模型性能的第一个国际标准。并行系统的模型性能已经通过耦合器和 IO 服务器得到了改进，并且多模型多成员高分辨率模型的集成测试成功。IS-ENES2 内部的合作为建立欧洲天气与气候模拟卓越中心（Centre of Excellence in Simulation of Weather and Climate in Europe，ESiWACE）铺平了道路。该中心致力于提升百亿亿次计算机模型的性能。

（4）支持地球系统模型模拟成果的传播。IS-ENES2 团队引领着“国际耦合模式比较计划”和“联合区域降尺度计划”的公共数据基础设施的国际发展。IS-ENES2 领导“联合区域降尺度计划”数据标准的开发，并承载大部分可用数据。在筹备“第 6 阶段国际耦合模式比较计划”（6th Phase of the Coaplecd Model Intercomparison projoct，CMIP6）时，IS-ENES2 在元数据服务的国际升级方面也做出了重大贡献。目前，地球系统网格联盟（Earth System Grid Federation，ESGF）的 IS-ENES2 专业知识在哥白尼气候变化服务部门得到了广泛的认可，一些合作伙伴正在利用 ESGF 的数据节点获取气候预测。通过这项服务，IS-ENES2 进一步为气候变化影响的社区开发了专门的气候模型数据。Climate4impact 门户网站已经成功启用并增加了新的功能，如气候指标和缩减数据的在线计算、数据发现、可视化和指导。

4）IS-ENES 项目影响

IS-ENES2 对欧洲的全球和区域尺度的气候模拟产生了重要的影响，其中包括“国际耦合模式比较计划”和“联合区域降尺度计划”实验的国际协调的支持。所以，这个影响不仅限于欧洲。事实上，欧洲模型数据在全球范围内分布，IS-ENES2 在支持国际 ESGF 数据库和国际地球系统文件（Earth System Documentation，ES-DOC）项目元数据标准的发展方面发挥了至关重要的作用。IS-ENES2 还加强了气候模拟社区内部有关其基础设施不同组成部分的内部协作：数据、模型和高性能计算。IS-ENES2 的影响已超出了气候模拟界。这也影响到从事气候变化影响的研究以及未来计算。IS-ENES2 一直积极准备“第 6 阶段国际耦合模式比较计划”，这将有助于 IPCC 第 6 次评估报告，并开发与气候服务的接口。IS-ENES2 通过与高性能计算行业的合作以及社会创新，在创新中发挥着重要的作用。

（1）对欧洲地球系统建模的影响。IS-ENES2 合作伙伴在 ESGF 的 16 个工作小组中领导或共同领导了一半。在支持 ES-DOC 项目下“第 6 阶段国际耦合模式比较计划”元数据标准的进一步发展方面，大约 80% 的支持是通过 IS-ENES2 合作伙伴提供的。IS-ENES2 合作伙伴已经启动了 ESGF 区域气候模式的“联合区域降尺度计划”数据整合，引领“联合区域降尺度计划”标准的定义。ESGF 提供的大部分数据都是由欧洲模型组发布的。IS-ENES2 已开始对从事区域气候模拟的团体进行整合，至少已囊括了参与“联合区域降尺度计划”的研究团体。IS-ENES2 合作伙伴共同合作开发了用于地球系统模型和普通观测系统模拟器的共同辐射传输库。IS-ENES2 还推动和促进了 ESiWACE 的发展。

（2）对其他研究领域的影响。气候模拟数据的使用者不仅来自气候研究，还包括来自受气候变化影响的更广阔的研究领域，包括水资源、农业、健康等。IS-ENES1 开发了一个界面，可通过 Climate4impact 门户网站轻松获取气候模拟数据。该门户已在 IS-ENES2 中实施，并添加了功能。门户网站已成为一个可以执行数据分析的平台。它允许访问数据，并对数据进行计算，例如广泛使用的气候指数的计算。

（3）对国际层面的影响。IS-ENES2 进一步提高了欧洲对 ESGF 贡献的彰显度。由于 IS-ENES2 的工作，欧洲已成为 ESGF 的重要贡献者，也是 ES-DOC 元数据倡议的主要贡献者。ESGF 最初完全由美国驱动，现在已经成为国际合作形式。IS-ENES2 一直致力于准备 ESGF 的国际治理，并参与其指导和执行层面的工作。IS-ENES2 合作伙伴也积极参与“耦合模拟工作组”基础设施专家组，该专家组定义了 CMIP 数据发布和分发的程序。

（4）对创新的影响。IS-ENES2 促进了与高性能计算供应商和软件公司的互动。这是通过在高性能计算研讨会上的会议以及与各个公司进行的非保密协议下的一系列会议完成的。适应气候变化的需求向社会提供有关气候变化的可靠信息提出了挑战。“气候服务”社区通过将气候模式数据转化为最终用户量身定制的信息来提供这种访问。如《欧洲气候服务路线图（2015 年）》所述，IS-ENES2 不提供气候服务，但在从构建模型到提供气候服务的整个环节中发挥作用。

5）PRISM

PRISM 是 2000 年应欧洲 CLIVAR 委员会（Euroclivar）的提议而建立的合作研究计划，于 2001 年 12 月启动。来自欧洲各国的 22 个研究机构投入到该计划的研究和实施中。计划的目标是发展一套灵活、高效、便捷和对用户友好的地球系统模拟和气候预测系统，包括大气模式、大气化学模式、陆面模式、海冰模式、海洋生物地球化学模式、区域气候模式。它们通过耦合器相连接，构成一个完整的模式系统①。

2. 欧盟“活地球模拟器”项目

1）项目概况

“活地球模拟器”将向科学家、政策制定者、FuturICT 开发者开放，并且通过全球分享平台（global participatory platform）向其他公众开放。它将通过软件设施、标准和应用程序编程接口访问的模块化方式来构建，主要组成部分②包括以下几方面。

① 王斌，周天军，俞永强，等. 地球系统模式发展展望. 气象学报，2008，66（6）：857-869.

② FuturICT. The Living Earth Simulator . https://futurict.inn.ac/wp-content/uploads/2015/06/002-24-PLATFORM-Living-Earth-Simulator_0.pdf[2017-09-13].

（1）建模和模拟：基于代理的多级建模和模拟。

（2）统计推理、数据挖掘和验证：通过数据模拟产生海量的数据验证模拟结果。

（3）可视化和视觉分析：允许从平台轻松组合和集成构建模块——用户界面和可视化建模，用于理解结果的可视化分析技术。

（4）生活地球模拟器：模拟地球上发生的事情。

科学家认为，“活地球模拟器”相当于社会科学领域的“大型强子对撞机”。FuturICT 项目主席、瑞士联邦理工学院科学家赫尔宾博士表示：“如今我们面临许多问题，其中包括社会和经济的不稳定性、战争和疾病传播等，这都与人类的行为有关。但是，很明显我们对社会和经济究竟是如何运行的这个问题缺乏清晰的理解。”①

2）原理：知识对撞机

“活地球模拟器”将能够预测传染性疾病的传播，寻找解决气候变化的方法，甚至还可以发现可能将要到来的金融危机的迹象。该系统的运作方式是：首先，它需要一个数据组装过程，这些数据涵盖了地球上发生的大量活动。其次，它需要由一种目前还在建设的超级计算机提供支持，这种超级计算机可以执行海量数据处理任务。

尽管目前硬件设施还没有建成，但大量的数据已经可以使用。比如，由美国 NASA 领导实施的“行星皮肤”项目将能够将一个庞大的传感器网络链接起来，搜集海、陆、空以及太空的全方位气候数据，并形成有效的可用数据。此外，赫尔宾博士的研究团队已经识别出超过 70 种他们认为可用的在线数据源，如维基百科、谷歌地图等。整合来自金融市场、医疗记录、社会媒体等其他数百万个数据源，最终将能够为“活地球模拟器”提供强大的数据支撑。

下一步就是要建立一个框架，将这些混乱的数据输入模型之中，模型可以复制出地球上每天所发生的事情。当然，这种模拟器要想能够真正工作，还需要社会学家、计算机科学家和工程师共同努力，制定出“活地球模拟器”的工作规范。

3）技术：“语义网”技术

“活地球模拟器”所需要的技术要在未来十年内才有可能完善。例如，“活地球模拟器”不仅必须要能够吸收海量数据，而且还要同时理解这些数据的含义。因此，只有在“语义网”技术发展成熟之后，才有可能实现这一目标。“语义网”技术将能够在读取数据本身的同时解码数据的描述，从而让计算机能够根据上下文来理解这个数据。同时，汇集数据的方法要着重于摒弃那些与个人直接相关的任何信息。这样就可以使“活地球模拟器”能够整合出与人类行为相关的海量数据，而同时又能兼顾个人的隐私。

① 腾讯科技. 科学家打造地球模拟器　复制全球所发生事情. http://tech.qq.com/a/20110104/000099.htm[2017-09-13].

3. 英国 QUEST 计划战略行动——地球系统模拟

模拟是地球系统科学研究的一个必要组成部分，不论研究的焦点是理解地球系统的过去、现在还是未来。用于预测地球系统未来模式的可信度依赖于模式正确描述地球系统当前和过去的状态的能力。QUEST 计划的一个战略行动是开发新一代的地球系统模式，该模式将表达海洋和陆地生物圈的过程以及它们与海洋和大气之间的物理和化学作用。这部分的研究以主题 1（现今的碳循环与大气化学之间的相互作用）的项目为基础。地球系统模式也将有与社会 – 经济模式的接口，这部分研究以主题 3（全球环境变化对资源可持续利用的影响后果）的项目为基础。社会 – 经济模式的接口包括描述土地和海洋资源利用过程及相关的活动，如食品木材产品贸易。

基于主题 1 的研究项目的部分工作，地球系统模拟研究活动将开发陆地和海洋生物圈过程及其与物理和化学环境之间相互作用的新的"群落模式"（community models），并将其融入等级耦合模拟框架之中。基于这些新的"群落模式"，将开发出评估陆地和海洋生物圈模式的标准"基准"，作为与海洋环流和气候相互作用的独立模式以及耦合模式的组成部分。这个基准将包括大量的原地测量数据和遥测数据，以及相关的野外实验结果。

耦合模式的开发，将不仅要基于海洋 – 大气环流模式来开发高时空分辨率的模式，还要为一系列应用开发复杂性和分辨率低的模式体系，这就要求有开展长期模拟和 / 或多种敏感性试验的能力。开发这种模式体系的关键是"可追溯性"（traceability）概念，即尽可能地让不同层模式的基本原则相同，从一个级别的模式到另一个级别的模式所做的简化应该是清楚的和透明的。地球系统模拟研究的一个重要组成部分是"科学信息化"（e-science），其实施过程中非常重要的是要关注兼容性、模块化和透明性等问题。

4. 法国有关地球系统模拟的项目

2016 年 3 月，法国高等教育与研究部发布《法国研究基础设施国家战略 2016》，从社会科学与人文、地球系统与环境科学、能源、生物学与健康、材料科学与工程、天文学与天体物理学、核物理与高能物理、数字科技与数学、信息科技等 9 个领域，描述了法国现有和未来即将建设的研究基础设施的发展和运行计划①。该战略是法国在积极参与 ESFRI 的背景下，对 4 年发布一次的国家研究基础设施发展路线图的更新。

在地球系统与环境科学领域，法国在建和拟建的地球系统模拟相关研究基础设施有两个（表 7-5）。

① French Minister of Higher Education，Research and Innovation. Stratégie Nationale Des Infrastructures de Recherche. http://cache.media.enseignementsup-recherche.gouv.fr/file/Infrastructures_de_recherche/74/5/feuille_route_infrastructures_recherche_2016_555745.pdf[2017-09-05].

表 7-5 法国在建和拟建的地球系统模拟相关研究基础设施列表

设施名称	开始建设年份	运行年份	建设成本 / 万欧元	运行成本 / 万欧元
地球系统气候建模国家基础设施（CLIMERI-France）	2016	2016	800	870
地球系统建模数据和服务中心（Pôle de données）	2016	2017		

7.3 地球数值模拟器学科发展分析

7.3.1 基于地球数值模拟器论文的数量分析

鉴于科研论文，能够从另一角度反映科学和技术在基础理论研究和应用技术开发方面的状况。本节利用文献计量学的方法，通过国际研究论文分析，全面把握当前地球模拟器研究领域的国际科技发展态势。SCIE 数据库收录了全球各学科领域内最优秀的科技期刊，其收录的文献能够反映出科技前沿的发展态势。文献计量学是借助文献各种特征的数量，采用数学与统计学方法来描述、评价和预测科学技术的现状与发展趋势的图书情报学的分支学科。因此，通过对 SCIE 数据库收录的某研究领域有关文献的计量分析，能够在一定程度上揭示出该领域的总体研究概况、研究力量分布、研究热点及未来发展态势等特征。

1. 数据来源与分析工具

文献计量学被定义为，用数学和统计学的方法定量地分析一切知识载体的交叉科学。随着计算机和网络技术的快速发展，文献计量学逐渐向可视化、网络化和指标定量化等方向发展。因此，本节拟选用该方法对地球模拟器的国际发展态势进行分析。为了把握地球模拟器研究的进展，深入揭示该领域的发展态势，本节分析采用美国科学信息研究所 SCIE 数据库，通过 TS=(“Earth Simulator*” OR “Earth System Mode*” or “Simulator System*”) 检索式，检索了数据库中所有的地球模拟器研究方面发表的论文，并剔除了与地球模拟器发展无关的领域，获得 1998 ～ 2017 年与地球模拟器相关的论文共计 3269 篇［文献类型包括研究论文（article）、研究综述（review）和学术会议论文（proceeding paper），数据采集时间为 2018 年 4 月 2 日］。然后，利用汤森路透集团开发的专业数据分析软件 TDA 对相关数据进行清洗和分析，同时，还使用社会网络分析工具 UCINET 对一些矩阵式数据进行可视化。基于对其的数据挖掘和定量分析，探讨地球数值模拟器的国际发展态势。

2. 地球模拟器研究整体进展情况分析

1998 ～ 2017 年，地球模拟器研究论文总体呈增长趋势，但年际存在较大的波动。从图 7-4 可以看出，整体来看，论文发表可以分为两个阶段。第一阶段，即

1998～2007 年，论文发表数量整体变化不大，为缓慢的增长阶段，且每年论文量相对较少，最高论文量不超过 100 篇，年均发表论文 44 篇。但是年增长率峰值却出现在这一阶段，即 2003 年达到了 170%。由此可见，这一时段内，地球模拟器研究处于前期兴起阶段，这与日本电气股份有限公司为海洋研究开发机构制造的地球模拟器连续两年位居世界超级计算机性能排名第一有关系。第二阶段，即 2008～2017 年，年均发表论文 278 篇，年均增长率为 24.6%，整体呈稳步增加的趋势，其中 2016 年发文量最多，为 578 篇，年增长率为 34%，且 2015～2017 年地球模拟器研究论文数量较多，年均发表论文量超过 400 篇。

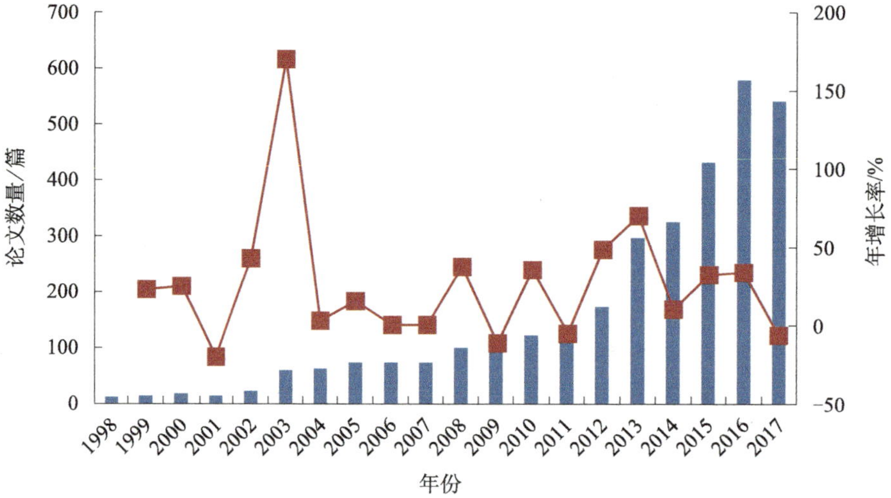

图 7-4　1998～2017 年地球模拟器研究论文的总体增长趋势

7.3.2　基于地球数值模拟器论文的研究主题变化分析

1. 主要国家研究情况

1）主要国家的发文量对比分析

对 1998～2017 年所有数据按国家的发文情况进行分析，得出排前 10 位的国家发表的论文数量占发文总量的 82.5%，表明地球模拟器研究相对集中在这前 10 位国家。这些国家依次为美国、德国、中国、日本、英国、加拿大、法国、挪威、瑞士和澳大利亚。相比较而言，美国在地球模拟器方面所研究的论文数量占绝对优势，2008～2017 年共发表 920 篇论文，占世界发文总量的 28.2%（图 7-5）。这在一定程度上说明，美国在地球模拟器研究方面最为活跃，且具有相当强的研究能力。德国、中国、日本依次排第 2 位、第 3 位和第 4 位，发文量分别为 364 篇、358 篇和 268 篇，表明这 3 个国家也在地球模拟器研究领域开展了一定的研究，但仍需要加大研究力度。

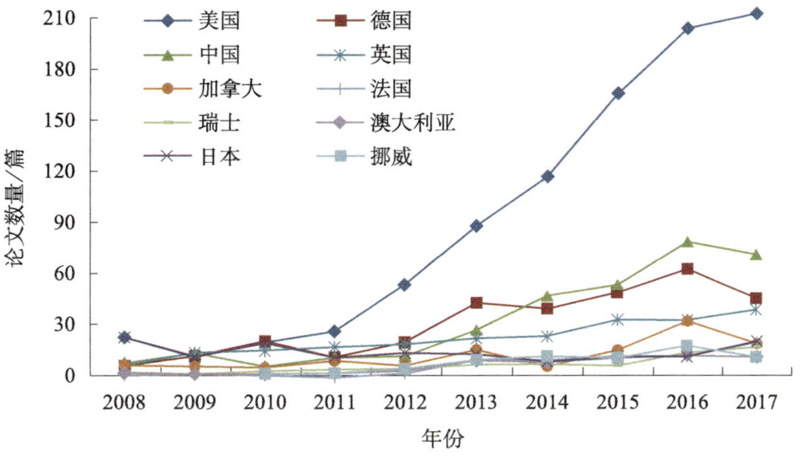

图 7-5　2008 ～ 2017 年前 10 位国家地球模拟器研究论文数量变化

2）主要国家研究主题分析

从主要国家关注的研究主题来看（表 7-6 以词频由高到低的顺序列出了各国最受关注 TOP10 主题词），地球模拟器、气候变化、高性能计算、碳循环等研究主题是多数国家共同且最为关注的，但各国对其关注程度和研究水平等却不尽相同，这在一定程度上反映了各国研究的重点领域与方向。除共同关注的主题外，美国还比较关注耦合模型、数据同化，中国比较关注年际变化和飞行器模拟，德国还比较关注年代际预测、模型评价和生物地球化学，日本比较关注数值模拟、环境和气候建模、对称多处理器（symmetric multiprocessor，SMP）集群、软件和机器性能、超级计算机等。

表 7-6　论文数量 TOP10 国家主要研究主题分布

国家	最受关注的主题词
美国	地球模拟器、气候变化、地球系统模型、气候模型、碳循环、建模、耦合模型、高性能计算、数据同化、第五阶段耦合模式比较计划（CMIP5）
德国	地球模拟器、气候变化、地球系统模型、碳循环、年代际预测、模型评价、建模、大气环流模型、生物地球化学、全球变化
中国	气候变化、地球系统模型、CMIP5、地球模拟器、建模、全球变化、碳循环、年际变化、气候模型、飞行器模拟
日本	地球模拟器、并行计算、高性能计算、地球系统模型、并行处理、数值模拟、环境和气候建模、SMP 集群、软件和机器性能、超级计算机
英国	地球系统模型、气候变化、碳循环、气候模型、CMIP5、建模、地球模拟器、大气环流模型、高性能计算、气候预测
加拿大	气候模型、地球模拟器、CMIP5、耦合模型、建模、大气环流、气候变化预测、冰雪圈、土地利用变化、模型评价
法国	地球系统模型、气候变化、CMIP5、气候模型、大气环流模型、高性能计算、建模、生物地球化学模型、地球模拟器、动力学
挪威	气候变化、地球系统模型、建模、气候模型、数据同化、地球模拟器、数值稳定性、大气环流模型、生物地球化学、全球变化

续表

国家	最受关注的主题词
瑞士	气候变化、碳循环、气候模型、地球模拟器、全球变化、气候预测、CMIP5、建模、数值模拟、计算平台
澳大利亚	地球模拟器、气候变化、气候模型、地球系统模型、建模、碳循环、碳封存、CMIP5、生态系统模型、环境模拟

2. 主要研究机构情况

1）主要研究机构发文量对比分析

2008～2017年，在发文量TOP10机构（图7-6）中，大学占5所，主要分布在美国和英国；从机构层面来看，发文量排前10位的第一著者所属研究机构中有5个属于美国，2个属于德国，其余3个分别属于中国、日本和英国。从2008～2017年，论文总量的排序来看，德国马克斯·普朗克气象研究所明显有别于其他机构，其发文量排全球第1位；中国科学院论文数量排第2位，反映出中国研究机构在地球模拟器研究领域也存在一定的研究实力；然而，美国国家大气研究中心排第3位，表现出了其在地球模拟器研究中的优势。特别指出，居全球第4位的是日本海洋研究开发机构。2002年，日本海洋研究开发机构拨巨款建立了世界最快的超级计算机地球模拟器。2009年，日本海洋研究开发机构更新了超级计算机地球模拟器，2015年正式运行第三代地球模拟器，运算性能是第二代系统（ES2）的10倍，主存容量提高了16倍，说明日本的地球模拟器成了高算的竞技台、最贵的水晶球。

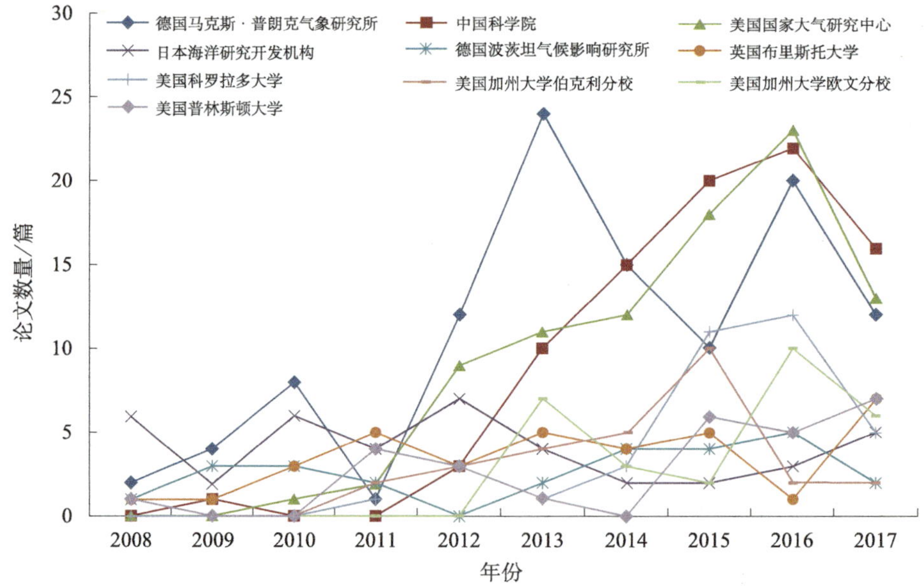

图7-6　2008～2017年发文量TOP10机构地球模拟器研究论文数量变化

2）主要研究机构的研究主题分析

从主要研究机构关注的研究主题来看（表 7-7 以由高到低的词频顺序列出了各机构最受关注的前 10 个主题词），地球模拟器、气候变化、碳循环等研究主题仍然是各主要机构最为关注的，但关注的程度各有不同。此外，德国马克斯·普朗克气象研究所还比较关注模型评价、数据存储、高性能计算等，中国科学院还比较关注数值模拟、年际变化、多模型耦合等，美国国家大气研究中心还比较关注耦合模型、数据同化、数据处理等，日本海洋研究开发机构还比较关注分布式内存、并行计算、数值模拟、环境和气候建模、超级计算机等，德国波茨坦气候影响研究所还比较关注年代际预测、模型评价、生物地球化学、全球变化等，英国布里斯托大学还关注气候模型、土地利用、气候预测等。总之，由于各机构的研究实力有所差异，各机构关注的研究主题词分布程度不同。

表 7-7　主要机构研究主题分布

机构	最受关注的主题词
德国马克斯·普朗克气象研究所	地球模拟器、气候变化、碳循环、CMIP5、年代际预测、大气环流模型、模型评价、建模、数据存储、高性能计算
中国科学院	地球模拟器、碳循环、气候变化、数值模拟、CMIP5、地球系统模型、年际变化、全球变化、多模型耦合、建模
美国国家大气研究中心	地球模拟器、气候变化、气候模型、地球系统模型、高性能计算、耦合模型、数据同化、数据处理、模拟器观测、碳循环
日本海洋研究开发机构	地球模拟器、地球系统模型、碳循环、气候模型、分布式内存、并行计算、高性能计算、数值模拟、环境和气候建模、超级计算机
德国波茨坦气候影响研究所	地球模拟器、地球系统模型、气候变化、碳循环、耦合模型、建模、年代际预测、模型评价、生物地球化学、全球变化
英国布里斯托大学	地球系统模型、气候变化、气候模型、土地利用、碳循环、建模、地球模拟器、大气环流模型、高性能计算、气候预测
美国科罗拉多大学	建模、地球模拟器、气候模型、碳循环、数据管理、大气建模、生物地球化学、气候变化、CMIP5、数据交互
美国加州大学伯克利分校	地球系统模型、碳循环、气候变化、气候模型评价、气候预测、地球模拟器、大气环流模型、高性能计算、建模、并行计算
美国加州大学欧文分校	气候变化、地球系统模型、碳汇、气候模型、大气环流模型、土地利用、地球模拟器、计算平台、数据处理、气候预测、
美国普林斯顿大学	气候变化、全球海洋建模、生物地球化学、碳循环、气候模型、气候预测、地球系统模型、大气环流模型、土地利用、建模

第七章　基于地球数值模拟器的产出及影响分析

7.4 各国家和地区地球数值模拟器的技术发展分析

7.4.1 基于地球数值模拟器专利的数量分析

1. 数据来源与分析工具

本节对“地球系统数值模拟器”相关研究领域的专利文献进行了调研分析。在智慧芽系统中采用检索式：标题 / 摘要 = ((earth AND (analog OR data OR virtual OR simulation OR modeling) AND (platform OR computer OR software OR network OR model)) OR (地球 AND (模拟 OR 数值 OR 数据 OR 虚拟 OR 仿真 OR 建模) AND (平台 OR 计算机 OR 软件 OR 网络 OR 模型 OR 系统))) AND IPC 分类号 = (G06 or H04)，检索时间是 2018 年 4 月 1 日，检索时间范围为截止到 2018 年 4 月 1 日之前的专利。满足以上检索式的共有 4879 件专利。简单同族去重后有 2983 件专利。其中，发明专利有 2194 件（其中授权专利有 881 件），占 73.55%；实用新型专利有 789 件，占 26.45%。

2. 地球模拟器专利数量分析

1998 ～ 2017 年地球模拟器相关领域的专利申请趋势如图 7-7 所示。由于专利信息的滞后性，2016 ～ 2017 年的数据未更新全，因此数据不全。从图 7-7 中可以看出，地球模拟器相关领域专利总体呈现增长趋势，尤其是在 2011 年该领域专利数量呈现急剧增长。自 2012 年来，年专利申请数量有所下降，但是授权数量总体增加，证明该技术领域的专利质量明显增加。

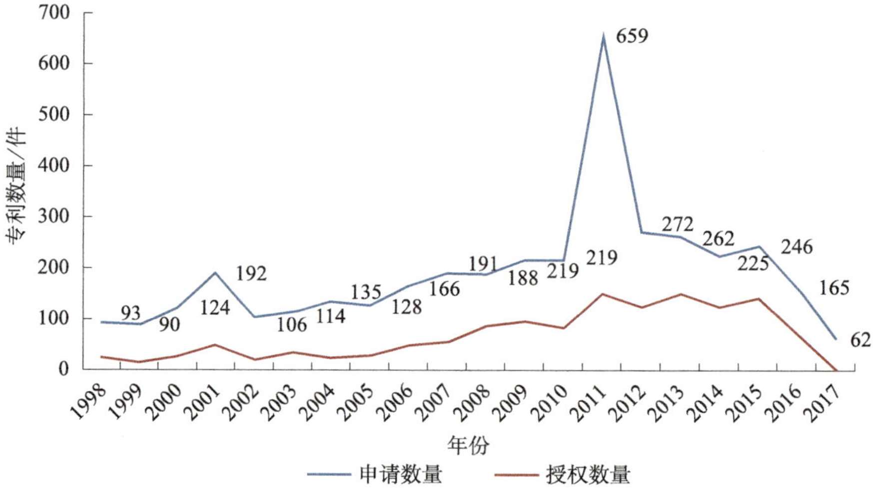

图 7-7 年度申请趋势图

3. 地球模拟器主要申请国家（组织）分析

1998 ～ 2017 年地球模拟器相关的专利中，中国专利占 59.3%，美国专利占 16.9%，其次是日本、韩国、英国等。从图 7-8 国家（组织）申请年度变化趋势图中可以看出，中国在 2012 年申请数量最多，共有 452 件，这和我国在 2010 年开始重点推进海洋事业的发展密切相关。

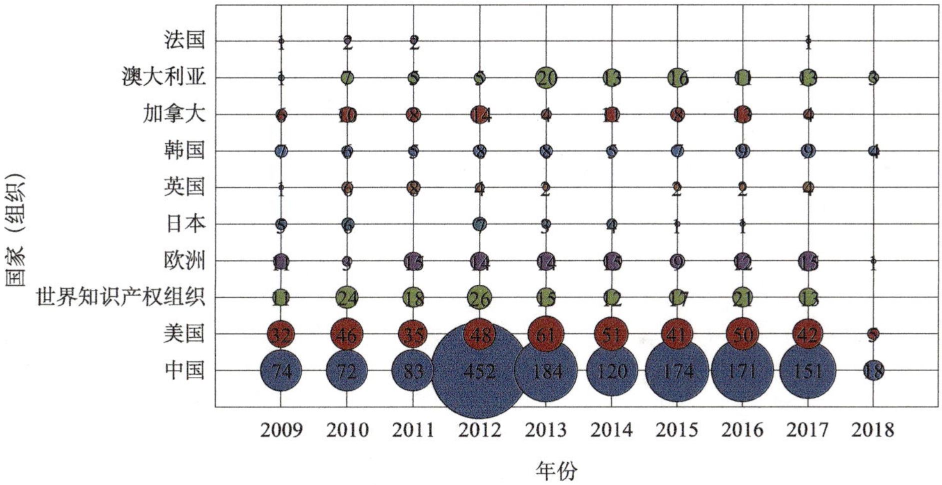

图 7-8　国家（组织）申请年度变化趋势图

7.4.2　基于地球数值模拟器专利的技术焦点变化分析

分析相关的技术焦点，H04L29（特定装置、设备、电路和系统）类的专利最多，为 484 件，其次是 G06Q10（行政；管理），为 461 件。H04B7（使用辐射场的无线电传输系统）类的专利申请有 376 件，是申请量居第三位的技术点（图 7-9）。

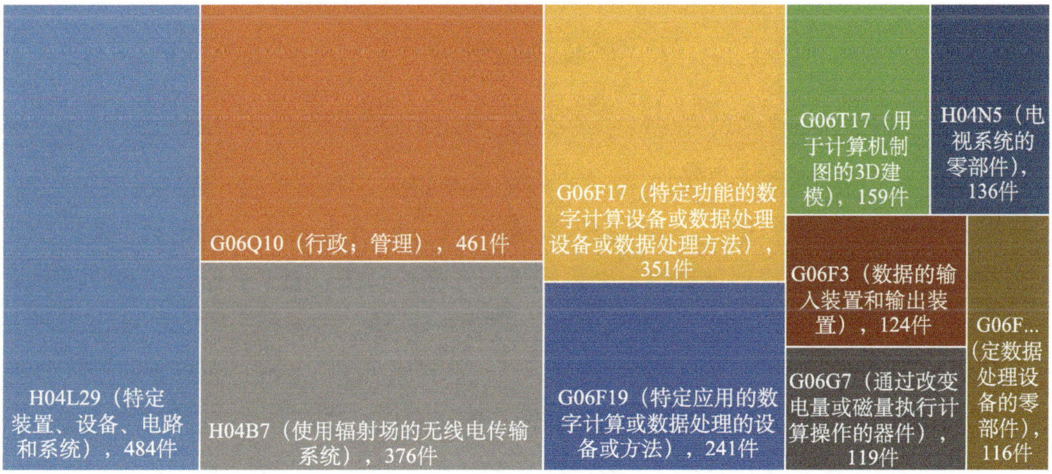

图 7-9　研究技术焦点分析

地球模拟器研究领域涉及的主要关键词是输出端、输入端、模型设计、ICT 技术支持、卫星通信等（图 7-10）。

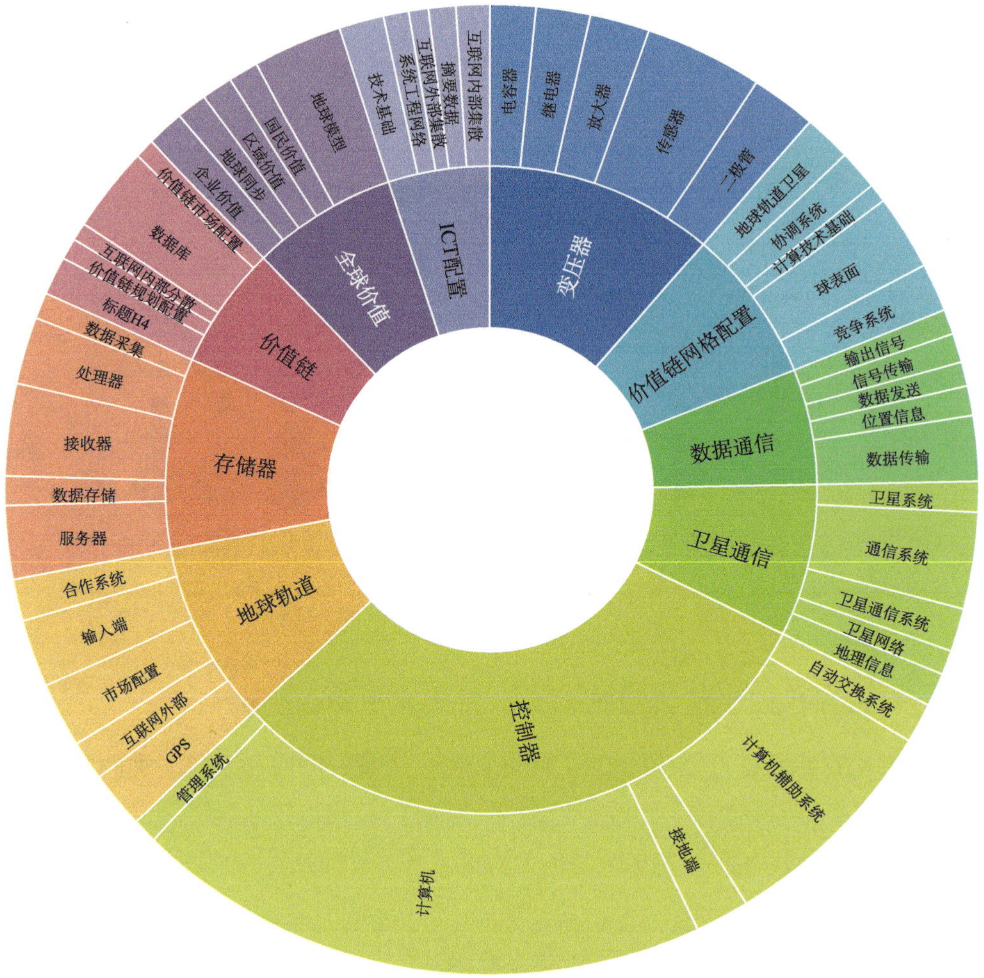

图 7-10　技术涉及的关键技术分解

地球模拟器研究领域涉及的关键技术领域有控制器、卫星通信、价值链网络配置、变压器、存储器和地球轨道等。主要技术领域的分解如图 7-10 所示，控制器主要涉及的关键词是计算机、接地端、计算机辅助系统、自动交换系统。卫星通信技术领域涉及的关键词有卫星系统、通信系统、卫星通信系统、卫星网络、地理信息等。地球轨道技术研究的关键词有合作系统、输入端、市场配置、互联网外部、GPS、管理系统等。数据通信领域的主要关键词有输出信号、信号传输、数据发送、位置信息、数据传输等。

通过创新词云图（图 7-11）可以了解该技术领域的最热门的技术主题词，帮助我们分析该技术领域最新重点研发主题。从创新词云图中可以看出，地球模拟器最热门的技术主题有计算机辅助系统、通信系统、认知系统、价值链、接地端等。

图 7-12 是地球模拟器相关领域的专利地图展示。它是专利技术布局可视化表现形式，高峰代表了技术聚焦的领域。从图中可以看出，地球模拟领域的专利技术主要在

通信、价值链、技术支持、传感器，触控、分析方法、键盘、电位、笔记本电脑等。

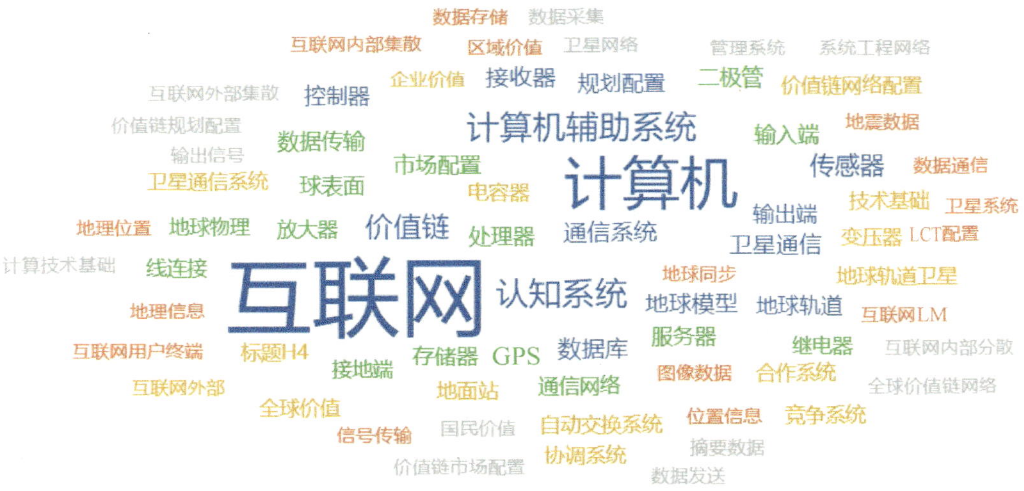

图 7-11　创新词云图分析

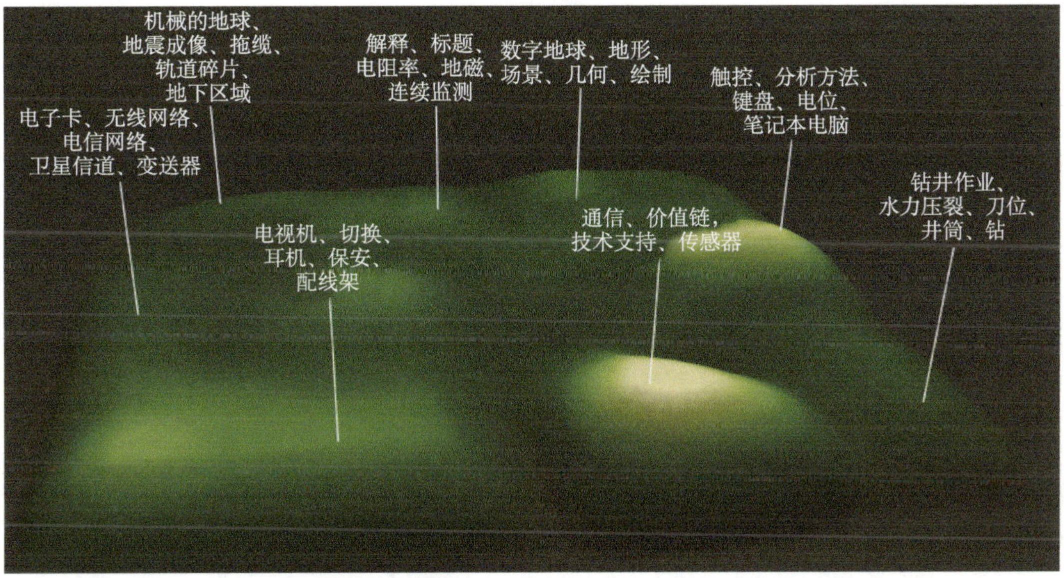

图 7-12　专利地图分析

7.4.3　基于地球数值模拟器专利权人分析

从图 7-13 可以查看出，地球模拟器相关专利权人中，排第一位和第三位的均属于石油勘探开发行业，分别是斯伦贝谢科技有限公司和贝克休斯公司，其相关专利分别有 41 件和 31 件，排第二位的是青岛海信电器股份有限公司。武汉大学是专利权人中唯一进入前 10 名的高校。

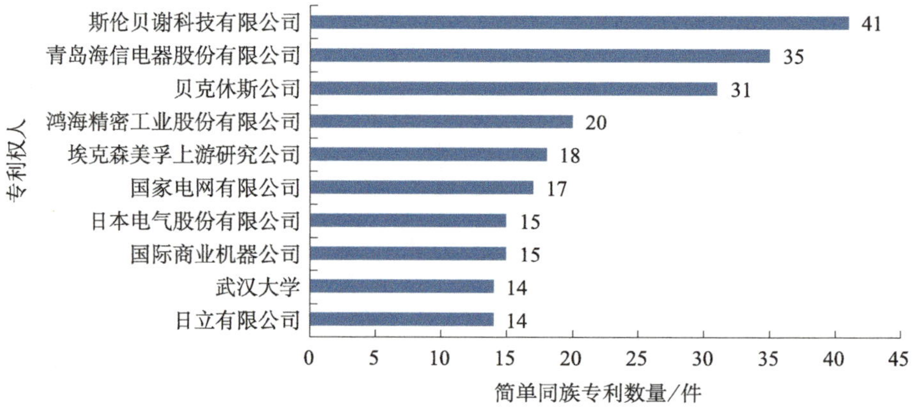

图 7-13　主要专利权人

从专利的被引用数据中可以看出，被引频次最高的专利是“环境条件预警监测和通知网络”，被引频次高达 561 次（表 7-8）。从被引频次 TOP15 并且被引频次大于等于 200 次的专利文献可以看出，这些文献均为美国专利，证明在该领域，美国的专利技术和布局占有压倒性的优势。被引频次大于等于 200 次的专利文献中，专利涉及的主要技术是轨道卫星通信技术，分别包括数据的采集、处理以及系统的设置。

表 7-8　专利被引频次 TOP15

专利申请号	专利名称	被引频次 / 次
US6023223	环境条件预警监测和通知网络	561
US5991279	分布式通信系统的无线分组数据	407
US5828336	鲁棒实时广域差分 GPS 导航	311
US6157621	卫星通信系统	295
US6112085	卫星通信系统的虚拟网络配置和管理系统	279
US6256497	电信网间互联互通	279
US5794128	仪器和现实模拟的无线信息传输系统进程	258
US5724241	分布式地震数据采集系统	254
US5926758	无线电频率共享卫星系统的方法	248
US6366761	基于优先级的带宽分配和在低地球轨道卫星数据通信网的带宽上需求	246
US4751512	远程移动用户鉴别导航系统	238
US6044325	反演处理的由横向电磁感应测井仪器的测量电导率各向异性估计方法	229
US5757784	使用基于全网多媒体卫星网络计费系统	226
US6160994	交互式的固定和移动卫星网络	221
US5861841	紧凑的 GPS 接收机 / 处理器	200

7.5 各国地球数值模拟器的影响分析

7.5.1 基于地球数值模拟器的科学产出影响分析

1. 基于地球数值模拟器的学术影响

1）主要国家论文产出及其影响力

本小节分别从发文量、被引比例、总被引频次、篇均被引频次、被引频次≥30次的论文数等5个指标对发文量TOP10国家及其论文影响力进行了分析（表7-9）。分析发现，这些国家的论文影响力与其本身论文总量无明显相关性。研究结果显示：从论文被引比例来看，法国、瑞士和英国均处于较强位置，均有89%以上的文章被引用，可见其文章的整体水平较高。总被引频次的数值也可以在一定程度上反映不同国家论文的影响力。分析表明，发文量排前三位的是美国、德国和中国，其中美国、德国为总被引频次最高的两个国家。篇均被引频次分析结果表明，英国、加拿大、瑞士篇均文章影响力处于世界前三位。从被引频次≥30次的论文数来看，发文量列前两位的美国和德国产出了很多具有高影响力的论文。中国的发文量虽排第三位，但与这些国家相比，在被引比例、篇均被引频次和被引频次≥30次的论文数等方面仍有一定的差距。中国未来在地球模拟器研究领域仍有待提高研究水平。

表7-9 地球模拟器研究发文量TOP10国家及其论文影响力指标

国家	发文量/篇	被引比例/%	总被引频次/次	篇均被引频次/次	被引频次≥30次的论文数/篇
美国	1 011	85.76	18 675	18.47	153
德国	364	86.54	7 995	21.96	72
中国	358	64.25	1 942	5.42	15
日本	268	70.90	3 552	13.25	27
英国	246	89.02	6 374	25.91	56
加拿大	143	86.71	3 423	23.94	33
法国	85	90.59	1 907	22.44	13
挪威	75	82.67	1 165	15.53	10
瑞士	74	89.19	1 764	23.84	19
澳大利亚	73	86.30	963	13.19	9

为了比较上述主要国家研究力量的强弱，本节引用了相对位置的投点象限图，以主要国家的发文量为横轴，以其所发论文的篇均被引频次为纵轴，以发文量和篇均被

引频次的平均值作为坐标原点，建立研究主体的研究实力评估坐标系，其中圆圈大小代表被引频次≥30次的论文多少。结果显示（图7-14）：仅有美国和德国位于第一象限，表明美国在论文的发表数量和论文影响力方面均表现突出，是地球模拟器研究领域的强国。此外，被引频次≥30次的论文数也相对较多，对该领域研究具有明显的引领作用。法国、瑞士、加拿大和英国均则被投在了第二象限，指示其虽然在论文数量上不多，但是具有较高的影响力，为地球模拟器研究影响力较大的国家。相比而言，挪威和澳大利亚分布在第三象限，表明这些国家仅开展了一些相关的研究工作，在论文的量和质方面都相对较弱。在第四象限的日本和中国拥有相对较大的论文发表总量，但是，在影响力方面未达到10个国家的整体均值，表明这两个国家是地球模拟器研究的大国，但是并不是高影响力的强国。

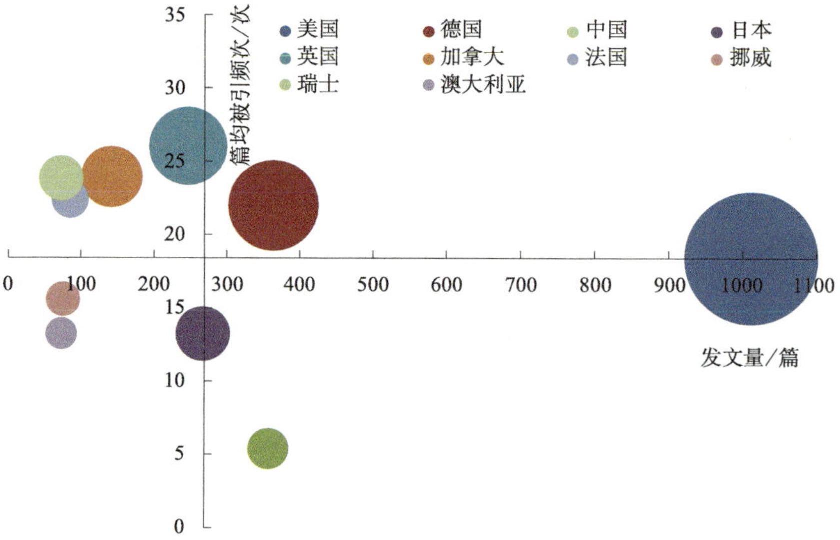

图7-14　主要国家研究力量及影响力对比

2）主要机构论文产出及其影响力

相对于国家论文产出及影响力分析，机构论文产出及影响力分析增加了所属国家这项指标（表7-10）。从机构层面来看，发文量TOP10第一著者所属研究机构中，美国占5个，德国占2个，中国、日本和英国均为1个，并且位列前3的研究机构中，德国、中国和美国各拥有1个机构，显示了这3个国家在该领域的影响力。具体来看，在这10个机构中，有3个机构发文量≥90篇。整体而言，发文量位列前10的机构都属于科技大国，表明这些研究机构在地球模拟器研究中发挥了至关重要的作用。从表7-10可以看出，美国加州大学伯克利分校、美国国家大气研究中心、美国加州大学欧文分校、德国马克斯·普朗克气象研究所、日本海洋研究开发机构在论文被引比例方面均表现良好，整体超过了91%，而在篇均被引频次方面，德国波茨坦气候影响研究所则更具有优势，篇均被引频次为 30.80 次。在被引频次≥20 次的论文数中，德国马克斯·普朗克气象研究所和美国国家大气研究中心被引频次≥20 次的论文数则相对较多。中国虽有机构进入前 10 位，但在总被引频次、篇均被引频次和被引频次≥20 次的论文数等方面与国外相关机构相比还有一定的差距。

表 7-10　SCIE 数据库中地球模拟器研究发文量 TOP10 机构及其论文影响力指标

机构	发文量 / 篇	被引比例 /%	总被引频次 / 次	篇均被引频次 / 次	被引频次≥20 次的论文数 / 篇	所属国家
德国马克斯·普朗克气象研究所	114	93.0	2841	24.92	51	德国
中国科学院	92	89.1	820	8.91	13	中国
美国国家大气研究中心	90	93.3	2718	30.20	35	美国
日本海洋研究开发机构	49	91.8	1042	21.27	14	日本
德国波茨坦气候影响研究所	49	89.8	1509	30.80	19	德国
英国布里斯托大学	40	87.5	721	18.03	11	英国
美国科罗拉多大学	35	80	611	17.46	7	美国
美国加州大学伯克利分校	33	93.9	591	17.91	10	美国
美国加州大学欧文分校	29	93.1	495	17.07	9	美国
美国普林斯顿大学	29	86.2	333	11.48	11	美国

对机构的影响力分析，同样利用象限图分析了这些机构在地球模拟器研究领域的影响力水平（图 7-15）。分析结果显示：德国马克斯·普朗克气象研究所和美国国家大气研究中心位于第一象限，其中德国马克斯·普朗克气象研究所发文量位居第一，其论文总被引频次和被引频次≥20 的论文数最多，属于地球模拟器研究相对较强的机构。日本海洋研究开发机构和德国波茨坦气候影响研究所则位于第二象限，表示这两个机构具有明显的高影响力，虽然论文数量不多，但是篇均被引频次具有明显的优势。位于第三象限的机构在发文量和篇均被引频次方面相对较弱，英国布里斯托大学、美国科罗拉多大学、美国加州大学伯克利分校、美国加州大学欧文分校及美国普林斯顿大学 5 个机构位列第三象限。相比之下，中国科学院位于第四象限，表明该机构具有较高的发文量，但其篇均被引频次优势并不明显。

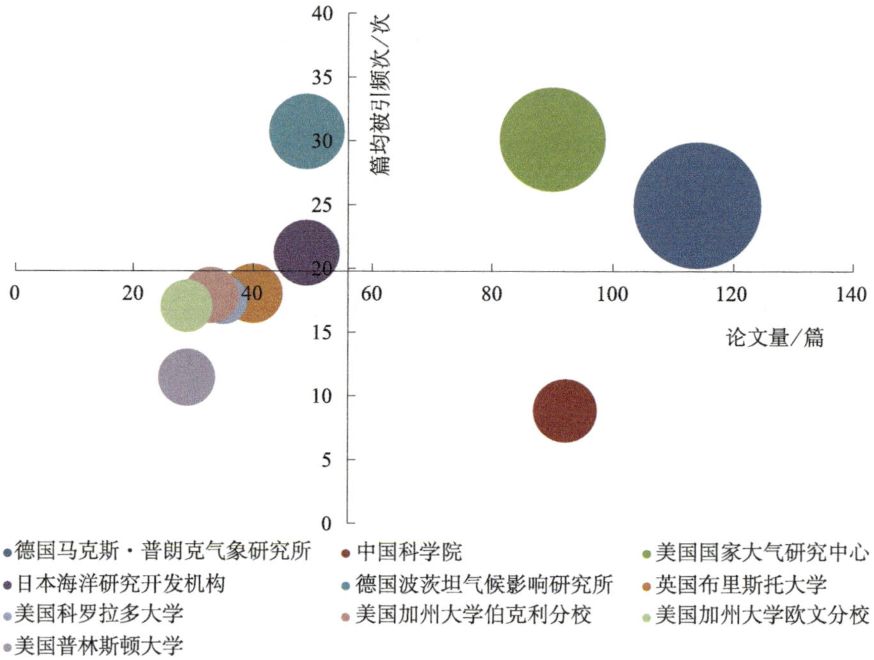

图 7-15　主要机构研究力量及影响力对比

2. 基于地球数值模拟器的学科演化交叉分析

1）基于持续度的重点学科识别

本小节研究涉及地球模拟器研究领域前 15 个学科。从时间维度来看，这一复杂的科学体系并不是一开始就成形的，而是逐渐发展完善的。尽管有的学科领域在研究最初的几年没有涉及地球模拟器，后来才慢慢出现并得以发展，但是有一些学科在 1998 ～ 2017 年基本每年都有论文发表，表明相关地球模拟器研究基本没有中断过，同时也说明这些学科是地球模拟器研究领域科学体系的重要基础。

为定量化表征各学科的持续度，我们设计了学科持续度这一指标。具体分析方法是：如果某个学科在某年有论文发表，记为 1，然后将整个 1998 ～ 2017 年的此类数据相加，并与持续时间（20 年）相比，如果比值≥ 0.85，即认为该学科有非常好的持续性，也确定地表明该学科在这 20 年中每年都有相关研究开展，科研工作很少中断。

分析结果表明（表 7-11），地质学、工程学、计算机科学、气象学和大气科学、环境科学与生态学、自然地理学、海洋学、物理学是地球模拟器研究领域 8 个持续发展的学科，据此认为它们是地球模拟器研究领域的重点学科。

表 7-11　地球模拟器研究领域各学科的持续度

序号	学科	学科持续度	序号	学科	学科持续度
1	地质学	1.00	9	地球化学和地球物理学	0.80
2	工程学	1.00	10	遥感	0.80
3	计算机科学	1.00	11	科学与技术	0.75
4	气象学和大气科学	0.95	12	古生物学	0.75
5	环境科学与生态学	0.95	13	数学	0.60
6	自然地理学	0.95	14	自动化与控制系统	0.60
7	海洋学	0.85	15	水资源	0.50
8	物理学	0.85			

2）重点学科的演化

从上述重点学科的论文量占各年论文总数的比例来看（图 7-16）：2008 ～ 2017 年，各重点学科这一比例的变化基本处于一种剧烈波动的状态，并且各重点学科比重变化的时间点不一致。由此说明，地球模拟器研究领域的科学研究方向可能处于一个不断调整的过程。

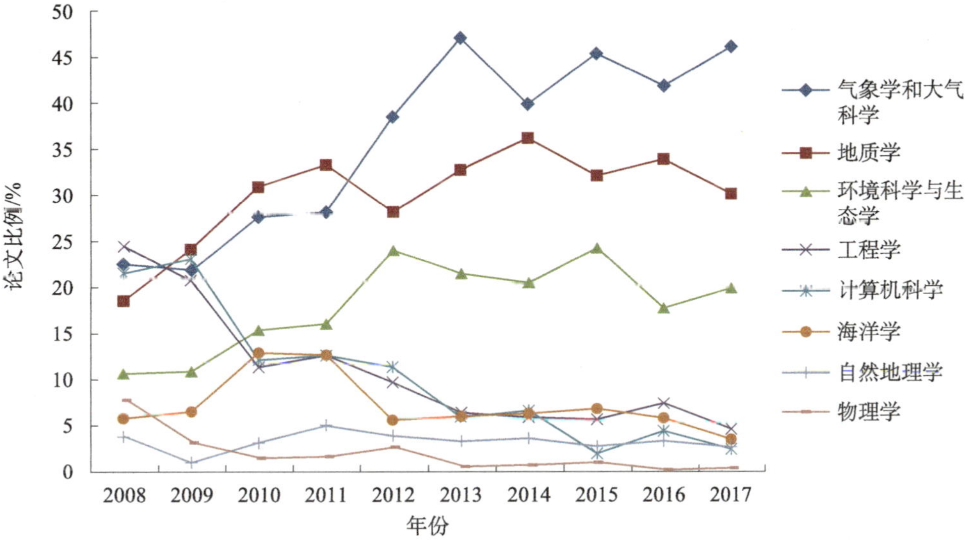

图 7-16　2008 ～ 2017 年地球模拟器研究领域 8 个重点学科的论文比例变化

具体来看，2008 ～ 2017 年，各重点学科的发展也各有不同：①气象学和大气科学、地质学、环境科学与生态学的比重快速上升，分别在 2013 年、2014 年和 2015 年达到其最高水平，此后其发展或相关研究进入了一个相对稳定的时期。②计算机科学、工程学和海洋学的比重分别在某个时间段内呈波动上升趋势，表明其在某一阶段获得了重视。③自然地理学和物理学在低水平徘徊，但一直有相关研究在持续开展。

总体而言，在当前及未来一段时间内，气象学和大气科学、地质学、环境科学与生态学仍将可能是地球模拟器研究领域的重心所在，其他几个学科的地位虽低于这3个学科，但仍是不能放弃的重要基础和无法忽视的基本支撑所在。总体而言，这些学科将作为地球模拟器研究领域的工作基础，在整体上不断推动地球模拟器研究向前发展。

3）研究热点变化

基于对地球模拟器研究论文关键词的词频统计（图7-17）和对高频关键词（词频≥20次）的关联可视化分析，图7-18展示了利用TDA得到高频关键词的关联矩阵，然后将此矩阵导入UCINET得到研究热点的关联可视化图（图中点的大小代表论文数量的多少，点与点之间的连线粗细代表关联的强弱。不难看出该领域的一些重点研究方向。

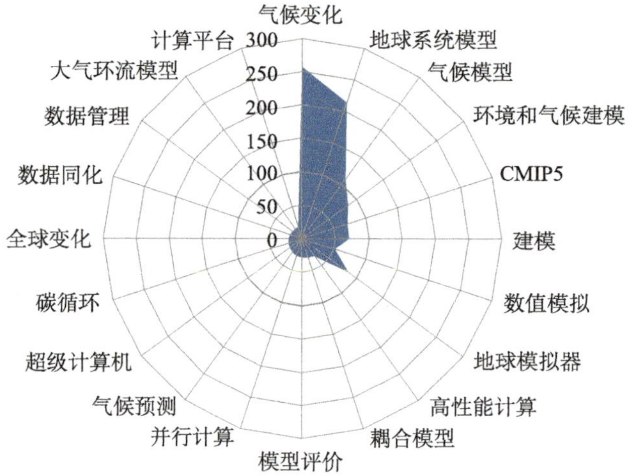

图7-17　地球模拟器研究论文的关键词词频分布

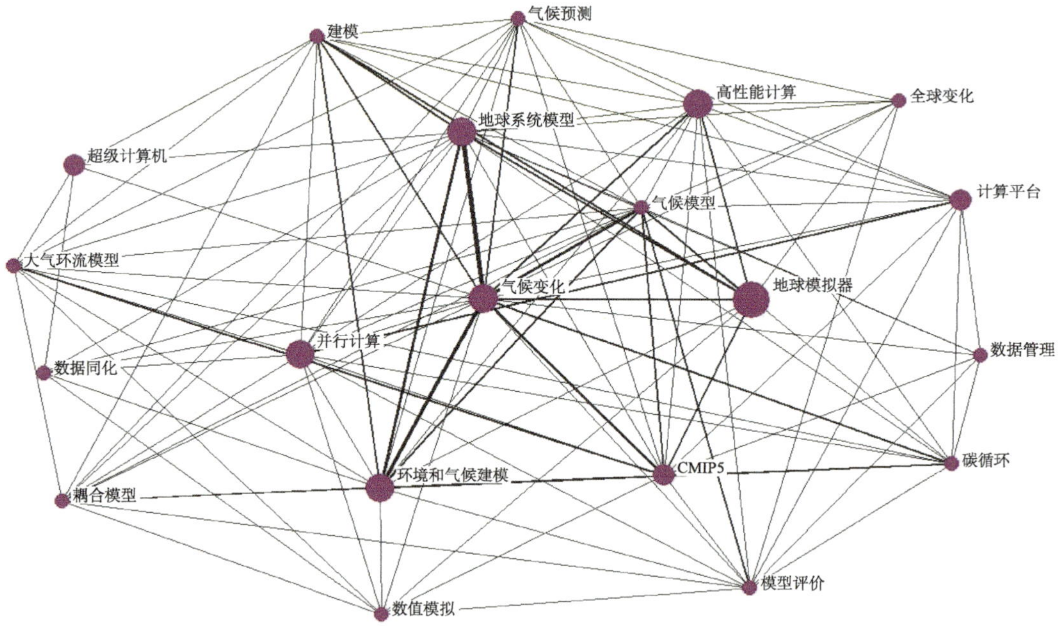

图7-18　地球模拟器研究领域的高频关键词关联可视化图

（1）尽管地球模拟器研究主要关注的是模拟器，但其中高性能计算和地球系统模型研究也受到了一定程度的关注。

（2）地球模拟器研究涉及了跨领域研究，如气候变化、大气环流模型、环境和气候建模等研究，同时还在 CMIP5、大气环流模型和碳循环等方面开展了大量丰富的工作。

（3）在地球模拟器研究中，相关研究也较多集中在并行计算、超级计算机、数据同化、数据管理等方面。可以看出，地球模拟器研究离不开各领域计算平台设施的应用的支撑。

7.5.2 基于地球数值模拟器的技术转化分析

地球模拟器研究领域涉及的技术相对应的专利许可量年度变化趋势如图 7-19 所示。值得说明的是，该统计数据是在国家知识产权局备案的数据，很多机构和个人专利经许可后并未备案，因此这部分数据为保守数据，仅供参考。从图 7-19 中可以看出，2010 年相关技术的专利许可量最多，2015 年和 2016 年的专利许可量有 2 件，也说明模拟器涉及的技术领域逐渐成熟，随后越来越多的地球模拟器的研究相继兴起。

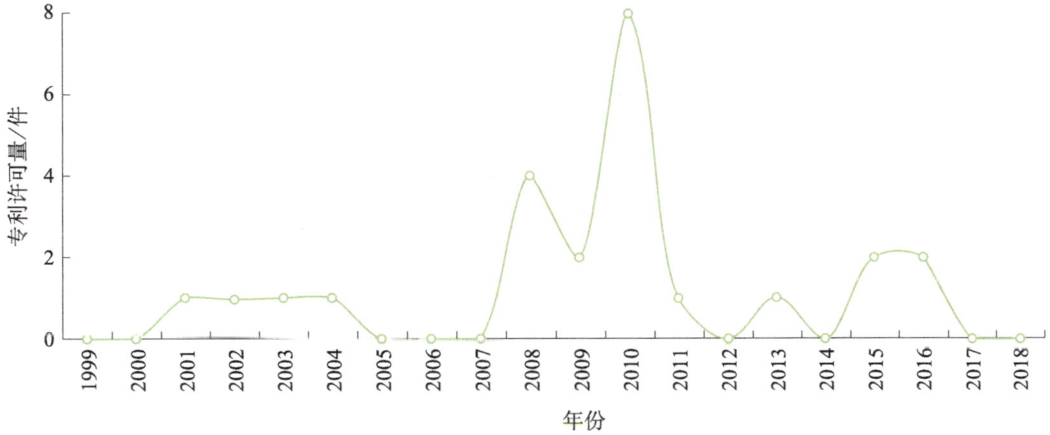

图 7-19　地球模拟器研究领域涉及的技术相对应的专利许可量年度变化趋势

7.5.3 基于地球数值模拟器的国际合作分析

国际化、合作研究是当今科学研究的一个必然趋势，合著论文是合作研究的一个重要表现，地球模拟器的研究亦不例外。由论文合著表现出的合作情况来看（表 7-12），国际合作多在 2 个国家之间开展，两国合作完成的论文数占到了该领域全部论文的 52.8%，而 3 个国家及以上的情形分别只占到了 24.6% 和 20.6%。具体来看，美国与日本、中国、德国、英国、法国，日本与澳大利亚、中国、美国，中国与日本、美国之间的合作非常频繁，明显多于其他国家（图 7-20）。

表 7-12　地球模拟器研究中国家或机构的合作发文情况

类别	合作国家或机构数量 / 个	论文数 / 篇	占全部论文比例 /%
国家	2	1725	52.8
	3	804	24.6
	>3	672	20.6
机构	2	836	25.6
	3	556	17.1
	>3	878	26.9

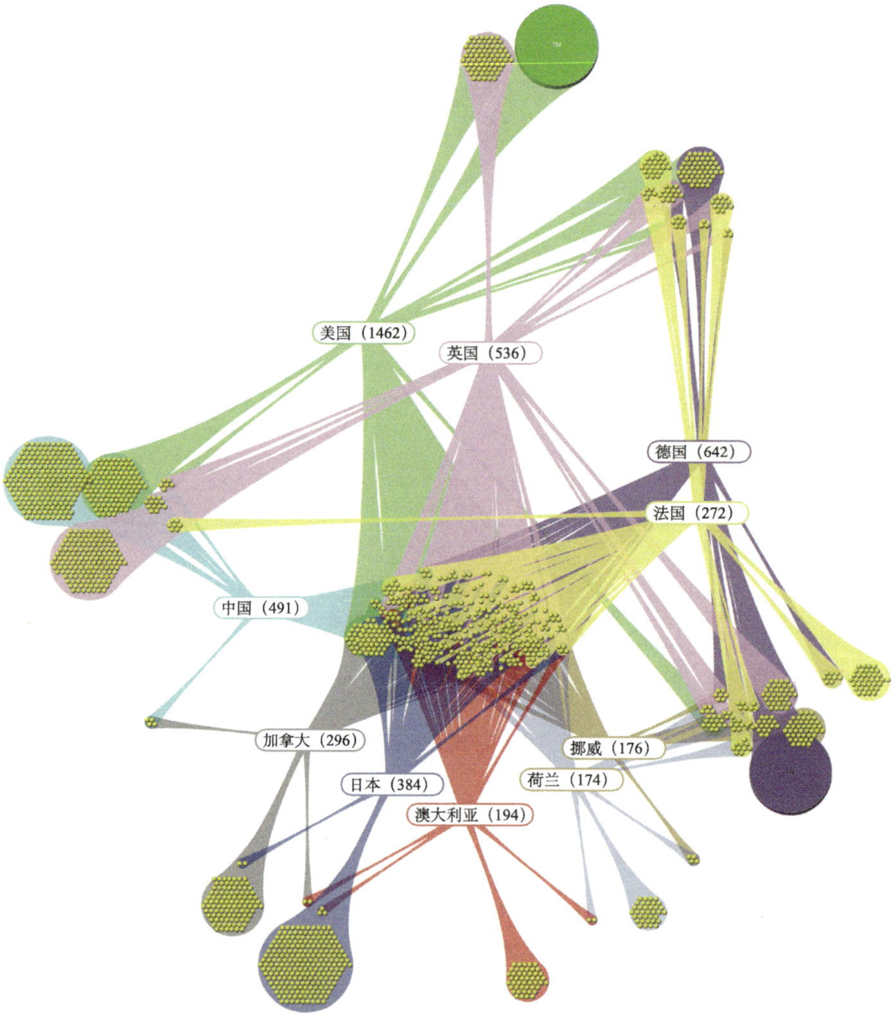

图 7-20　主要国家间合作情况

从机构层面来看，论文的合著更多地在多于 3 个机构之间进行，这部分论文占到了全部论文的 26.9%。机构间的合作更多地发生在各国的国内机构之间，主要表现为美国的国内机构，如美国国家航空航天局与美国橡树岭国家实验室、美国科罗拉多大学、美国国家大气研究中心等（图 7-21）。中国科学院、日本海洋研究开发机构和德国马克斯·普朗克气象研究所合作密度则明显小于美国国内机构之间的合作。

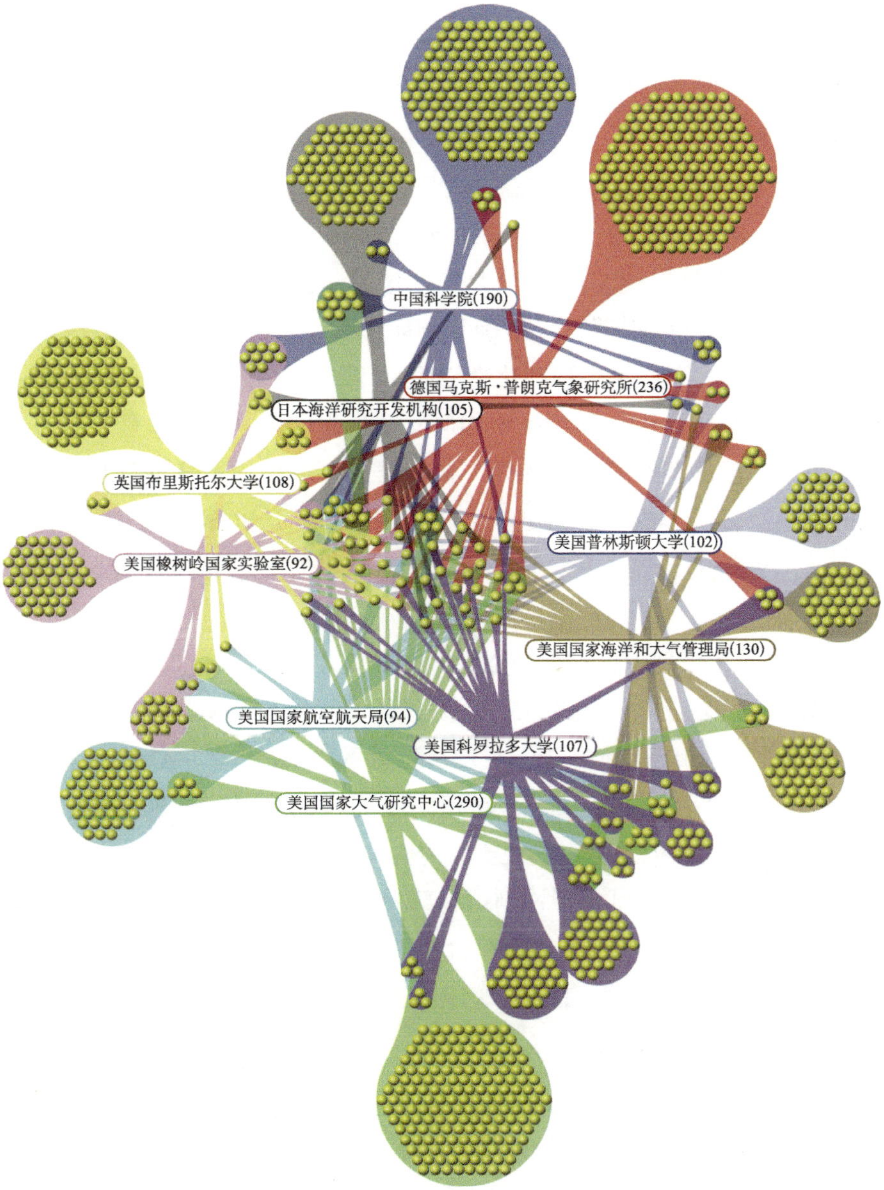

图 7-21　主要机构间合作情况

7.5.4 基于地球数值模拟器的重大突破及获奖

“地球系统数值模拟器”作为重大科技基础设施，已经在高水平地球系统模式研发与应用中得到了广泛的应用，极大地提升了地球系统模拟的整体能力和重大自然灾害预测预警、气候变化预估的研究水平。近两年，国外知名地球模拟器系统建设取得了较大的进步，在地球系统科学研究中也发挥出重要作用，取得了一系列重大突破，许多地球模拟器系统及主要建设专家获得了国际知名奖项，这也从侧面反映出了地球模拟器对当今地球系统科学研究的重要作用及影响力。以下简单列举部分地球模拟器在系统建设、地球科学研究突破及获得表彰的情况。

1. 各国地球模拟器建设不断完善

1）美国布置最新先进海洋和大气模拟器

2017 年 11 月 8 日，美国 NSF 资助加州拉霍亚斯克里普斯海洋研究所 280 万美元[①]，用于开发新的斯克里普斯海洋大气模拟器（Scripps ocean atmosphere research simulator，SOARS）。该模拟器可以准确复制海洋－大气相互作用的系统，在实验室环境中捕捉风、波浪、海洋微生物和化学物质之间的相互作用。通过 SOARS，科学家们还可以探索由人类活动引入的污染物如何改变海洋和大气的化学性质，进而探索这些变化如何影响气候的调节机制。此外，该仪器还可以增加对污染物及二氧化碳对海洋动物和植物以及云层形成机制的更深了解。该模拟器是世界上唯一能够研究当前和未来海洋－大气系统的仪器，并将在地球科学领域里发挥培养和教育下一代科学家和工程师的作用。

2）美国地球透镜计划阿拉斯加地震台网全部安装成功

2017 年 10 月 8 日，作为地球透镜计划的一部分，被称为 A19K 的地震台站被安置在了距离美国最北端城市巴罗（Barrow）127mi[②]处的一个地方[③]。A19K 地震台是阿拉斯加地震台网的 280 个台站中最后一个安装的台站，这个监测网络能够不断记录来自本地、区域和全球的地面震动数据并可以实现实时传输。阿拉斯加是美国地震最活跃的州，每年约发生 25 000 次地震。地球透镜计划地震部分的负责人表示，A19K 的安装过程十分复杂，但是这次安装也使得阿拉斯加地震台网阵列得以完整，研究人员也正在研究延长这些台站寿命的方法，使得这些台站在 2019 年前能够在阿拉斯加保存完整。

① NSF. NSF awards $2.8 Million Grant to Develop Advanced Ocean and Atmosphere Simulator. https://www.nsf.gov/news/news_summ.jsp?cntn_id=243548[2018-03-11].

② 1mi=1609.344m。

③ NSF. EarthScope's Transportable Array Now Spans Alaska，the Last Frontier. https://www.nsf.gov/news/news_summ.jsp?cntn_id=243286&org=NSF[2018-06-14].

2. 地球模拟器在地球系统科学研究中发挥重大作用

1）地球模拟器实现天气预报准两年振荡的提前两周预测

2018 年 2 月 3 日，《地球物理研究通讯》上刊发了来自 JAMSTEC 和英国 NCAS 的研究成果[①]。研究称，基于日本地球模拟器的支撑，这个国际研究小组实现了对大气中高空气流正常向东或向西气候的变化规律（准两年振荡）的监测。研究人员基于专为高空大气设计的气候模式，发现异常的风力扰动是由来自热带以外的高海浪造成的。这意味着基于全新的模型，预报员可以提前准确预测准两年振荡的不规则性。

2）地球模拟器助力首次开发金星大气大循环数据同化系统

2017 年 8 月 25 日，JAMSTEC 发布消息称，其在地球模拟器的支撑下，首次对金星大气大循环模型观测数据进行了同化，并成功开发出了金星大气大循环数据同化系统。但是金星被厚厚的云层覆盖，人们并不清楚其内部机制，大气大循环模型的大气运动数值是否在金星适用一直未有定论。此次研究中，将地球大气中使用的观测数据同化方法引入了金星大气大循环的研究中，结合金星探测器“拂晓号”的高分辨率数据，在地球模拟器的支撑下进行了数据同化。这些成果有助于进一步了解并解开金星之谜。

3. 地球模拟器频获国际大奖

1）IS-ENES2 获得“欧洲之星”奖

2017 年 12 月 4 日，巴黎第四届“地平线 2020”论坛期间，当年度“欧洲之星”获奖名单发布，来自欧洲地球系统模拟网络的基础设施 IS-ENES2 项目获得此项荣誉[②]。欧盟自 2013 年设置了雄心勃勃的“地平线 2020”计划以来，一直在支持欧盟内部跨国研究。同年，法国高等教育与研究部启动“欧洲之星”基金，每年由皮埃尔和玛丽·居里大学（巴黎第六大学）主席监督下的一个科学评审团评议选出获奖名单。在 2017 年获奖者中，IS-ENES2 项目被特别提及。IS-ENES2 是 IS-ENES 的第二阶段，其聚焦于专门从事气候建模和气候变化预测服务，结合了气候建模、计算科学、数据管理和气候影响方面的专业知识。负责人表示，希望欧洲能够继续帮助和加强气候领域研究的支持，从而加强欧洲团队对气候建模和数据管理的自身能力，摆脱美国代理机构开发的最初的 ESGF 数据库，转而成为美国代理机构的欧洲合作伙伴。

2）ENES 下 ESGF 获欧盟 R&D TOP100 奖

2017 年 12 月 6 日，欧盟研究与开发（R&D）TOP100 奖公布，ENES 计划下的 ESGF 位列其中[③]。ESGF 部署了一种集协作、开发、部署和维护软件于一体的基础设

① JAMSTEC. Scientists Advance Weather Forecasts by Discovering the Cause of Unusual Wind Patterns. http://www.jamstec.go.jp/e/about/press_release/20180203/[2018-06-24].

② CNRS. European Research in Focus. https://news.cnrs.fr/articles/european-research-in-focus/[2018-01-21].

③ ENES. IS-ENES Among the Stars of Europe 2017. https://portal.enes.org/community/announcements/news/is-enes-among-the-stars-of-europe-2017/[2018-06-24].

施，用于管理、传播和分析模型，并且输出观察数据。ESGF 的主要目标是促进地球系统科学的进步。R&D TOP100 奖旨在表彰过去 55 年来的科技项目，是一项最负盛名的创新奖项之一，通常颁发给具有伟大研发及科技创新理念的项目。R&D TOP100 表彰会议于 2015 年正式启动，作为庆祝 R&D TOP100 奖的教育活动，可以提供行业人员最新的深度会议以及网络协作的最佳机会。R&D TOP100 表彰会议和 R&D 大会共同探索研发方面的重大进展，并为各级研究人员及专业人士提供丰富的经验与知识。

3）CESM 资深科学家获得美国地球物理联合会最高奖

2017 年 11 月 7 日，美国 NCAR 称，该中心资深科学家 Kevin Trenberth 因在大气和气候科学方面的贡献，被美国地球物理联合会授予雷维尔奖章（Roger Revelle Medal）①。该奖项每年颁发一次，以表彰在大气科学、大气与海洋耦合、大气与陆地耦合、生物地球化学循环、气候或地球系统相关方面具有杰出贡献的科学家。Kevin Trenberth 作为 CESM 这一地球模拟系统的核心科学家，率先开展了大气与海洋之间的相互作用研究，尤其是厄尔尼诺和拉尼娜循环之间关系的研究。CESM 是目前被广泛使用的复杂地球模拟系统之一，是由美国 NCAR 在 CCSM 的基础上改进研发，并于 2010 年推出的新一代系统模式。在完全兼容 CCSM 的基础上，它还支持陆地碳循环、动态植被等更多的物理、生物和化学过程，并将不同组织研发的分量模式通过耦合器进行联合，增加了气候模式框架的可插拔性。

7.6 启示与建议

地球数值模拟器是衡量地球科学研究综合水平的重要标志，是认识地球环境的复杂系统。在模拟地球系统圈层变化和长期气候变化、提高国家地球系统模拟整体能力、开展重大自然灾害预测预警和气候变化预估等科学研究方面，运用地球数值模拟器是必不可少的手段。对比美国、日本、欧盟等的地球模拟器计划，为我国地球数值模拟器相关研究提出如下建议。

7.6.1 加强地球系统模式的开发

当前我国地球系统科学模拟研究的首要任务是研制具有我国独创优势和较高分辨率的全球地球系统模式。全球地球系统模式包括完整的物理气候系统与生态环境及生物地球化学过程耦合的地球系统模式，主要包括大气、海洋、海冰、陆面、大气化学和气溶胶、生态、水文、碳循环、地球生物化学等子系统模式或分量模块，并通过一个通量耦合器实现它们之间的完整耦合，同时还将拓展包括空间天气、固体地球、大

① NCAR. AGU, AMS Honor NCAR Scientists. https://news.ucar.edu/129940/agu-ams-honor-ncar-scientists [2018-02-18].

陆冰盖等过程模块，模式水平分辨率应该达到 5 ～ 10km。

同时，我国应抓紧研制建立我国的区域高精度环境模拟系统，其空间分辨率应达到 1km 左右，形成对我国主要环境要素的模拟和预测能力，主要功能包括区域气候及其次生灾害的模拟预测、区域云可分辨数值天气预报及集合预报、区域水循环模拟与水资源模拟预测、区域大气污染模拟预测、区域作物生产模拟预测、区域生态安全评估与预测、区域地震和地震波模拟等。

7.6.2 开发高性能大型计算机

地球系统模式是一种典型的高性能计算应用。随着模式分辨率的提高，地球系统模式在高性能计算机上使用了上千、数千甚至数万个中央处理器（CPU）核进行计算。高性能计算机及其技术的发展为高分辨率地球系统模式的发展提供了基础，同时高分辨率地球系统模式的发展，也为高性能计算机及其技术提出了需求，带来了挑战。随着所考虑的过程越来越多、越来越精细以及分辨率越来越高，地球系统模式对计算机速度和内存的要求也越来越高，因此加速发展中国的计算机技术是地球系统模式发展的重要前提条件。目前，地球系统模式的发展正处于从物理气候系统模式向地球气候系统模式过渡的阶段，要求计算机的速度达到百万亿次到千万亿次的量级，要求内存达到 10 ～ 100TB 的水平。在地球系统模式发展的第 3 阶段，预计需要万万亿次以上速度的计算机系统，该系统内存需 10PB 以上。

7.6.3 相关数据同化与应用

为了形成强大的预测能力我国及周边区域环境（主要包括大气、陆地、海洋环境等），应建成基于同化分析及反演理论，有效应用多源观测资料（包括各种常规及遥感观测资料，特别是卫星观测资料）的高精度、高分辨率分析数据集，还要进行大气资料同化、海洋资料同化、陆面资料同化、多源资料融合、大气化学及污染资料同化、关键环境参数反演及地球观测系统模拟子系统和若干应用示范。

7.6.4 资源共享与人才储备

当前，美国、日本和欧盟等的地球模拟器计划都注重相关建模系统的基础设施的整合与共享，鼓励模型及其环境的软件共同开发与共享，促进高端模拟的开发和实现，并支持气候研究、气候影响和气候服务社区的模拟结果的传播。美国 ESMF 还制订了相关的培训计划。地球数值模拟器汇集了地球科学、海洋科学、计算机科学等多学科，当前还应建立庞大的人才储备。

致谢：感谢中国科学院大气物理研究所朱江研究员、中国科学院西北生态环境资源研究院李新研究员对本章内容的审阅！

第八章 基于生物成像设施的产出及影响分析

郑 颖 吴晓燕 丁陈君 陈 方
（中国科学院成都文献情报中心）

8.1 生物成像设施的定义及特点

生物成像研究的是如何将生命机体结构及活动变化规律予以直观呈现，它关注的对象既包括生物机体从微观原子分子、细胞器、细胞到宏观组织、器官层次的结构，又包括机体结构动态变化所引起的功能活动过程。生物成像方法按技术可以分为X射线成像方法、核磁共振成像方法、生物光学成像方法、放射性核素成像方法、生物组织质谱成像等。生物成像技术的进步极大地带动了生物学的发展，使生物学研究进入亚细胞及分子层次。目前，生物成像设施已被广泛应用于调查研究生物分子在生物系统和疾病动物模型内的空间分布、人类疾病组织分子特异性表达与分布、疾病标志物的发现与验证、药物及其代谢物的分布规律等重要领域。

8.1.1 国际发展现状

随着生物技术和信息技术的飞速发展，生物成像所能解析的生物结构和功能能力逐步增强，已突破了传统成像的局限，在生命科学研究与临床医学应用中发挥着至关重要的作用。因此，各国已经将生物成像设施的建设纳入到国家重要战略规划与布局中。美国在2017年发布的《医学影像研究与发展路线图》提出标准化的图像采集和存储方案、先进的计算和机器学习医学成像应用、高价值成像技术开发与转化、医学成像领域最佳实践推广四个主题方向来指导未来研究活动[①]。2015年，欧盟出资178万欧元在“地平线2020”计划中设计开展全球生物成像（Global Bioimaging，GBI）计划。该计划将欧洲的所有生物学和生物医学成像基础设施连接到国际网络中，从而通过各国的成像设施，能够更好地交流实践经验和先进技术，使全球社区能更快地获取最新的生物医学成像技术。目前，该计划的合作伙伴包括了澳大利亚、印度、阿根廷、加拿大、日本、墨西哥、新加坡、南非和美国9个国家，并正在通过此种方式在这些合作伙伴间创建一个可持续的国际生物成像设施社区网络。作为GBI计划最早的合作伙伴之一的澳大利亚于2016年12月发布了《2016年国家研究基础设施路线图》[②]，提出发展包括生物医学成像国家网络在内的表征设施研究领域。该计划内容包括研发先进的大口径和小口径磁共振成像技术，重点关注混合双模式成像和新一代正电子发射型计算机断层成像（positron emission computeyized tomography，PECT）技术等。2018年5月，英国生物技术与生物科学研究理事会（Biotechnology and Biological Sciences Research Council，BBSRC）发布《英国生物成像的战略评论报告》[③]，提出支持发展英国生物成像能力的多项建议，根据科学需求确定潜在的未来基础设施需求。2019年4月,《放射学》上刊载了一篇名为《医学影像人工智能的基础研究路线图》的特别报告，这是美国国立卫生研究院（National Institutes of Health，NIH）于2018年8月举办的研究会的成果。该报告探讨了医学成像中人工智能的未来发展方向和需优先考虑的研究领域[④]。

1. 美国国家生物医学影像及生物医学工程研究所

美国NIH于2000年建设国家生物医学影像及生物工程研究所（National Institute of Biomedical Imaging and Bioengineering，NIBIB），该所的宗旨是促进理化科学、工程技术与生命科学集成，通过引领、催化生物医学技术的发展和应用，推动生命科学基础研究和国家医疗事业的进步。NIBIB致力于物理学、工程科学和生物工程技术相结合，推进生命健康等基础研究的发展，重点开展生物医学成像和生物工程技术装置的研发，从根本上改善疾病的检测、治疗和预防；改善现有成像和生物工程研究模式，支持物理和数学的相关研究；鼓励多学科领域的研究与开发，支持新生物制剂、材料、

① White House. Roadmap for Medical Imaging Research and Development. https://www.whitehouse.gov/wp-content/uploads/2017/12/Roadmap-for-Medical-Imaging-Research-and-Development-2017.pdf[2018-12-01].

② Austrilian Government Department of Education Skills and Employment. 2016 National Research Infrastructure Roadmap. https://docs.education.gov.au/node/43736[2018-05-12].

③ BBSRC. Publication of the Strategic Review of Bioimaging in the UK. https://bbsrc.ukri.org/news/research-technologies/2018/180518-n-strategic-review-of-bioimaging-in-the-uk/[2018-05-18].

④ Langlotz C P，Allen B，Erickson B J，et al. A roadmap for foundational research on artificial intelligence in medical imaging: from the 2018 NIH/RSNA/ACR/the academy workshop. Radiology，2019，291（3）：190613.

工艺、装置和程序的有效性评价；开发早期疾病检测的健康状态评估技术，并开发先进的成像和工程技术以进行多尺度的生物医学研究。

2. 美国斯坦福大学医学与成像人工智能中心

美国斯坦福大学医学与成像人工智能中心成立于2018年，其主要任务是使用人工智能技术来解决医学领域的临床重要问题。该中心利用斯坦福大学在临床医学影像、生物信息学、统计学、电气工程和计算机科学方面的跨学科专业知识，支持在医学影像生命周期中应用的新人工智能方法的开发、评估和传播。其重点研究领域包括图像质量提升、工作流程优化、早期检测、疾病分类和自动报告起草。该中心还开发了新的自然语言处理方法来标记成像研究，并对其进行机器学习。

3. 美国哈佛大学生物影像中心

美国哈佛大学生物影像中心成立于2010年5月17日，是世界上最具创新性的生物影像中心之一。为了确保研究人员始终可以使用最新、最好的技术，中心被设计为“常绿”显微镜设施。该中心的成像系统是租赁的，而不是每2～3年重新购买和更换的系统，且不会使用陈旧的设备，这样可以确保该设施使用技术的先进性。截至2020年，中心包含各种显微镜，包括共聚焦、超分辨率、多光子、光片、活细胞成像、高内涵筛选、玻片扫描、激光解剖和宏观检查等仪器设备。该设施还具有湿实验室空间以及真核和原核孵化功能，并可以利用动物保育设施来培育物种。

4. 英国剑桥大学高级影像中心

在许多特定研究计划中，实验室开发的仪器并不适用于更广泛的生物医学研究，所以英国剑桥大学高级影像中心力图创建自己的高级成像设备来克服这一障碍。该中心将剑桥大学的影像活动汇集在一起，形成网络，为生物医学研究服务。该中心还通过量身定制的仪器来解决现代生物成像中最紧迫的需求。该中心拥有共聚焦、光片、双光子、超分辨率等光学显微镜，扫描透射电子显微镜，以及数据分析的软硬件成套设备。该中心被列入剑桥大学重点发展战略之中，计划在未来，学校将进一步扩大该中心的高级影像获取渠道，促进强有力的跨学科合作；为其提供大容量的数据管理，存储和处理能力；用先进的成像技术培训当前和未来的多学科科学家；促进该中心与领先机构的国际合作。

8.1.2 国内发展现状

中国国家发展和改革委员会等九部委于2016年12月联合印发了《国家重大科技基础设施建设“十三五”规划》，优先布局了多模态跨尺度生物医学成像设施等10个建设项目。其中，多模态跨尺度生物医学成像设施已于2017年4月启动建设，要建设多维度超快生物分子成像装置、高分辨全脑网络连接图谱成像装置、全数字超高性能变结构多模 PET 装置、超灵敏磁共振成像装置等四大核心装置和多模态图像信息整合中心。《中国科学院"十三五"发展规划纲要》中也明确提出，发展先进生物成像技术。发展基于串行晶体学的自由电子激光新型 X 射线晶体衍射技术，重点攻关生物大尺度高分辨率关联成像与大数据技术、生物超快电子显微成像技术、近场负折射率超分辨率光学成像技术、单分子量子成像技术等新型生物成像技术。2018 年 4 月，国家发展和改革委员会批复了多模态跨尺度生物医学成像国家重大科技基础设施的项目建议书，由北京大学作为法人单位，总投资达 17.5 亿元，建设面积为 72 000m^2，建设周期为 5 年。目前，"大视场生物成像分析仪""超高分辨率正电子发射断层显像（PET）"等多个重点项目也已经陆续启动。

目前，国内已有许多科研机构建成了生物成像的设备平台（中心），虽然规模尚未达到国际先进水平，但这些平台（中心）承担了国际和国内的大量生物显微成像技术服务工作，极大地促进了相关生命科学前沿研究的进展，成为我国生命科学基础研究的重要支撑。

1. **中国科学院生物物理研究所蛋白质科学研究平台生物成像中心**

中国科学院生物物理研究所蛋白质科学研究平台生物成像中心定位于发展多尺度生物样品的高分辨率成像技术，旨在通过对样品结构信息的解析来探索生命科学的奥秘。该中心集成了超分辨率光学显微技术、低温电子显微技术、三维重构技术、低温扫描微加工技术、单分子荧光成像技术、原子力显微技术、光电关联显微成像技术以及一系列生物显微成像样品技术。目前，该中心占地约 1000m^2，拥有透射电子显微镜四台（300kV 场发射低温透射电子显微镜 FEI Titan Krios、200kV 场发射低温透射电子显微镜 FEI Talos F200C、200kV 透射电子显微镜 FEI Tecnai 20 和 120kV 透射电子显微镜 FEI Tecnai Spirit），和先进的双束扫描电子显微镜一台（FEI Helios Nanolab 600i，配备了 Quaroum PP3000T 低温样品载台），原子力显微镜一台，结构照明超分辨率光学显微镜（Delta Vision OMX）一台，光激活定位（photoactivated localization microscopy，PALM）超分辨率显微镜一台，全内反射荧光（total internal reflection fluorescent，TIRF）显微镜一台，激光扫描共聚焦显微镜两台（FV1000，FV1200），转盘共聚焦显微镜两台（Andor SDC，3I Marianas XL），双光子显微镜一台（FV1000MPE）。围绕这些显微设备，生物成像中心配备了完整的用于生物超微结构研究的样品制备系统，其中包括高压冷冻仪、快速冷冻仪、冷冻替代仪、临界点干燥仪、低温 / 常温超薄切片机、真空镀膜仪、表面等离子清洗仪、离子溅射仪、低温样品杆以及 AutoCUTS 连续切片自动收集系统。此外，中心还建成了完整的显微图像数据采集、存储和处理计算机网络系统，其中包括 Leginon-Appion 低温透射电镜自动化数据收集和数据处理软件、SerialEM 透射电镜自动化数据收集软件、Xplore3D 低温电子断层数据自动化收集和处理系统、浪潮倚天图形处理单元（GPU）图形工作站，浪潮天梭高性能计算机集群一套（100 个计算节点，1200 个计算核心）以及具有 22 台计算机终端的多媒体教室（用于图像处理软件教学）。

近年来，依托中心的设备，国内外科研人员完成了大量的样品制备和观察服务工作，取得了诸多重要的研究成果。这些成果发表在 *Science*、*Nature*、*Cell*、*Molecular Cell*、*Nature Nano Letter*、*PNAS*、*PLOS Pathogen*、*Structure*、*Journal of Virology* 等一系列国际一流的期刊上。2017 年，依托中心的设施科研人员共发表论文 19 篇，其中 Xuejuan Wang 等撰写的论文“3.9 Å Structure of the Yeast Mec1-Ddc2 Complex，a Homolog of Human ATR-ATRIP”发表在 *Science* 杂志上。同年，中心在新技术新方法的研究推广方面也取得了重要进展：中国科学院生物物理研究所－赛默飞世尔科技生物电镜联合实验室顺利挂牌，具有二级生物安全的高分辨率冷冻电镜平台正式投入使用，100m^2 样品制备新实验室启用，100m^2 光镜实验室启用。中心主任孙飞研究员因其在冷冻电方法开发和应用上的一系列重要成就以及对冷冻电镜技术的推广所做的贡献，获得首届中国冷冻电镜杰出贡献奖。2018 年，中心年度总服务机时达 64 697.65 h，较上一年增长 47.92%，再创历史新高。中心服务单位涵盖了京区及周边地区乃至全国科研单位、院校、高新技术企业等。

2. 劳伯特生物医学成像研究中心

以诺贝尔奖获得者、核磁共振成像技术之父——Paul C. Lauterbur 命名的劳特伯生物医学成像研究中心于 2007 年成立。该中心拥有中国科学院“多模态分子影像”创新团队、广东省自然科学基金研究团队。依托该研究中心，建有国家发展和改革委员会高端医学影像创新平台、国家地方联合高端医学影像工程实验室、广东省磁共振成像与多模系统重点实验室、广东省生物医学成像工程技术研究中心、深圳市磁共振重点实验室、深圳医学成像关键技术工程实验室等多个实验平台，主要研究方向有磁共振、计算机断层扫描（CT）、医学超声、PET、分子影像等多模态成像技术和仪器设备。该中心初步建成国际先进水平的磁共振成像（magnetic resonance imaging，MRI）/CT 和超声成像实验室，面积为 2000 余 m^2。目前承担包括国家重点基础研究发展计划（简称 973 计划），国家科技支撑计划，国家自然科学基金，中国科学院、广东省及深圳市企业等一批科研项目，在研科研经费超两亿元。

3. 中国科学技术大学生物医学影像中心

中国科学技术大学生物医学影像中心成立于 2013 年。该影像中心建设有磁共振射频研究室、图像引导微创介入实验室、分子影像实验室、神经影像实验室、医学图像处理实验室、微流控实验室和放射信息学实验室等，承担 973 计划，NSF 重大研究计划，重点科学仪器，中国科学院、教育部以及企业合作项目等多项科研项目。

截至 2020 年，该影像中心已安装两台磁共振成像系统、两台 CT、两台超声设备和一台介入磁共振成像系统。其中，一台开放式 0.35T 磁共振成像系统于 2015 年 7 月投入使用，专门用于磁共振引导微创介入治疗；一台 GE Discovery MR750 3.0T 磁共振成像（MRI）系统于 2016 年 3 月投入使用，用于磁共振功能成像、磁共振成像方法、多核谱（F^{19}、C^{13}、Na^{23}、P^{31}）成像和分子影像等研究和临床转化工作。该系统和 GE Innova 3100 血管造影机相连，两台机器同心共轴，以方便患者或被试在机器之间的快速转移，构成了一套完整的 MRI/DSA 混合成像系统 X-MRI，可用于心血管磁共振成像和介入。

4. 北京大学生物医学前沿创新中心

2009 年，国际著名物理化学家谢晓亮教授与稍早海归的北京大学生命科学学院的苏晓东教授、北京大学工学院的黄岩谊教授共同在母校北京大学发起创建北京大学生物动态光学成像中心。2018 年，该中心更名为北京大学生物医学前沿创新中心（Biomedical Pioneering Innovation Center，BIOPIC）。BIOPIC 是一个以技术驱动为核心的多学科交叉的生命科学研究中心，中心的目标是发展和利用最先进的生物成像与基因测序手段，在分子和细胞水平上进行生命科学与医学的基础研究。中心将配备世界一流的研究设备和条件，有重点地发展最新的生物成像和测序技术。

未来几年，中心的研究重点将集中于以下几种技术：①从细胞外到活细胞内的单分子观测与操纵；②高通量测序；③超高空间分辨率细胞成像；④单细胞微流控操控与分析；⑤非标记生物医学显微成像。中心将利用这些新兴手段从事生物化学、生物物理学、分子生物学和细胞生物学的基础研究，致力于解决与干细胞、癌症、感染性疾病及代谢疾病相关的一些重大医学问题。中心希望通过跨学科、新手段的研究及校内外、国内外的合作来促进生命科学的发展。

2014 年，北京大学第三医院乔杰研究组、北京大学谢晓亮研究组和汤富酬研究组，共同完成的“利用极体高通量测序结果精确推演出母源基因组信息”研究成果入选 2014 年度中国科学十大进展。黄岩谊发明了纠错编码测序法，刷新了 DNA 高通量测序的精确度。从单细胞高通量基因测序和单分子单细胞动态成像，到基因表达调控研究与新兴的基因编辑，再到原创仪器的开发以及临床医学的应用，BIOPIC 在许多国际科技前沿上做出了引人注目的贡献，为中国和世界培养了急需的专业人才。

8.2 依托生物成像设施开展的科学研究及影响分析

生物成像设施的建设周期大多较长，有许多设施目前尚处于试验和建设初期阶段，运行时间较短，因此本节选取了其中建设时间较早且规模较大的美国 NIBIB 作为观察对象，以研究生物成像设施对近年相关学科发展的影响与作用。

8.2.1 论文检索策略

本节文献计量部分通过科睿唯安公司的 DDA 等工具对采集自 WoS 核心合集数据库（SCIE）中著名生物成像设施 NIBIB 支持下所产生的 SCI 论文数据集进行分析，检索时间为 2018 年 7 月 31 日。分析结果用以揭示该设施自投入运行以来主要的应用方向以及对科研发展产生的影响。

8.2.2 科学研究论文产出分析

1. 依托 NIBIB 开展的科学研究论文

从图 8-1 可以看出，科研人员在 2004 ～ 2017 年运用 NIBIB 开展了大量的科学研究。21 世纪初期，由于 NIBIB 建设刚刚开始，其所能提供的技术服务与功能比较少，很少有论文发表；从 2006 年开始，论文数量开始明显增长，至 2011 年以后，每年论文发表数量基本保持在 500 ～ 600 篇，说该设施的运用已经有较为固定的用户与范围。从图 8-2 可以看出，NIBIB 产出的论文中，以放射核医学成像、工程学、化学、神经科学研究最多，其中放射核医学成像占总论文数的 26.7%，工程学占比达 21.7%。

近年来，在 NIBIB 的指导和帮助下，美国斯坦福大学、哈佛大学、耶鲁大学、加州大学系统、华盛顿大学等也先后成立了成像研究中心，开展生物成像研究计划，并一直与 NIBIB 保持密切的合作关系。从各机构论文数量角度分析（图 8-3），加州大学系统、美国国立卫生研究院、哈佛大学、VA 波士顿健康系统、威斯康星大学系统、马萨诸塞州综合医院以及 NIBIB 是研究论文产出的主体，以及华盛顿大学、斯坦福大学发文量均排在前列。

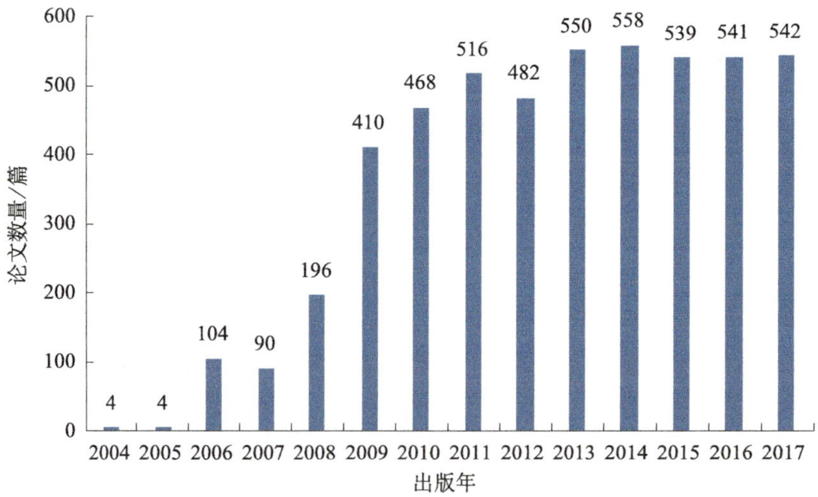

图 8-1 依托 NIBIB 发表的 SCI 论文数量

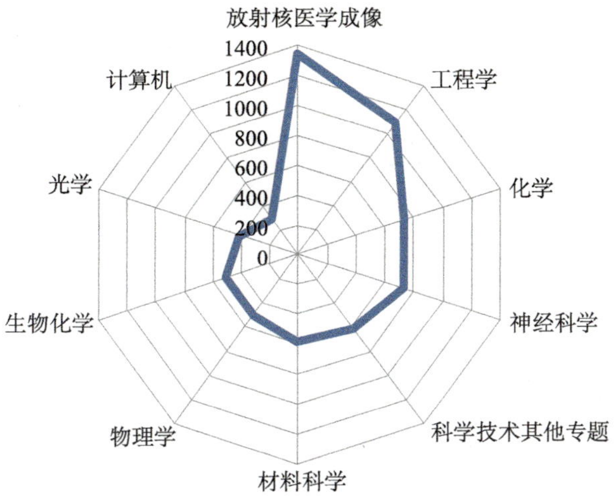

图 8-2　依托 NIBIB 发表的 SCI 论文的研究方向 TOP10

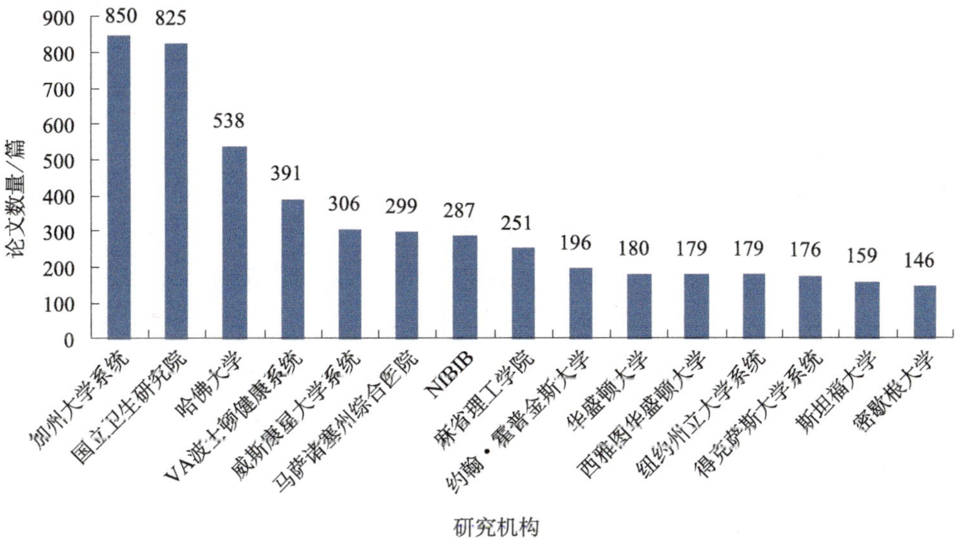

图 8-3　依托 NIBIB 发表 SCI 论文的 TOP15 研究机构分布

2. 依托 NIBIB 开展的科学研究的影响力

论文被引频次的变化可以在一定程度上表现论文在学术领域中的影响力。从表 8-1 中可以看出，2008 ～ 2017 年依托 NIBIB 发表的 SCI 论文被引频次经过了一个飞跃式发展过程，从最初的 100 次达到 25 485 次，而篇均被引频次同样增长快速，2017 年达到 49.87 次，10 年间增长了约 70 倍。

高被引论文是被引文频次达到领域前 1% 的论文，这类论文代表了该领域影响力最大的研究成果。依托 NIBIB 开展的科学研究论文中有 122 篇被列入该领域的高被引论文。其中，被引频次最高的一篇发表于 2012 年，该论文被引频次达到 1421 次，所有 2008 ～ 2017 年间高被引论文的总被引频次达 27 101 次，篇均被引频次达 222.14 次，*H* 指数达 85。

表 8-1　2008 ～ 2017 年依托 NIBIB 发表的 SCI 论文的被引频次变化

年份	被引频次 / 次	篇均被引频次 / 次	高被引论文数量 / 篇
2008	100	0.70	2
2009	840	2.36	6
2010	2 824	6.92	10
2011	5 450	12.47	6
2012	8 221	18.47	17
2013	11 373	22.21	11
2014	14 603	28.03	16
2015	18 032	34.09	18
2016	21 943	42.04	14
2017	25 485	49.87	22

3. NIBIB 的国际合作网络

作为世界上建设最早和水平最高的生物成像设施，NIBIB 自投入使用以来就一直是各国科研人员开展独立和合作研究的重要技术支撑。除美国以外，该设施涉及中国、英国、德国、加拿大、韩国、法国等 68 个国家的科研活动。如图 8-4 所示，该设施所支持的科学研究的 TOP20 国家之间都有着较为密切的合作关系。其中，美国与中国、荷兰、瑞士、爱尔兰、新加坡和丹麦等国有直接合作关系，德国、法国、西班牙、意大利、爱尔兰、丹麦等欧盟国家则形成了较为紧密的合作，而各个子网络通过节点国家又形成了更为复杂的合作网络。

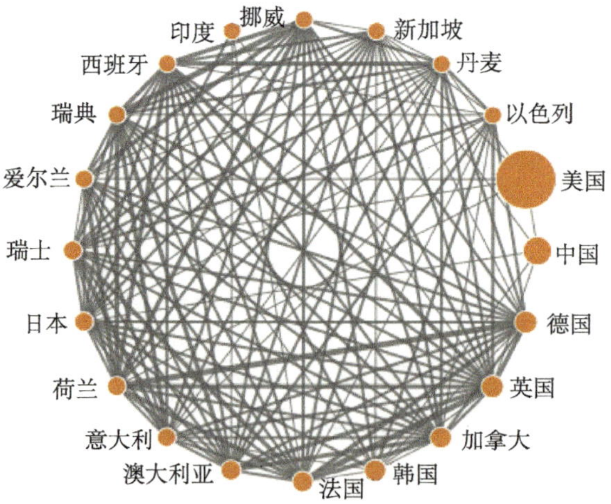

图 8-4　依托 NIBIB 开展科学研究 TOP20 国家的合作网络

8.3 生物成像应用相关技术发展现状与趋势分析

在微观层面探索生命的奥秘时，成像技术的分辨率决定了研究的深度，因此以超分辨率光学成像为代表的单分子成像技术受到普遍关注。当前的超分辨率技术打破了传统光学衍射的限制，可以将成像分辨率提高 10 倍以上，实现纳米级水平。在性能不断提升的同时，成像技术也向多模态、多功能的方向发展，结合多种成像技术的优点，多模态融合系统可以提供更加精确的功能和生化信息，技术应用的广度和深度也得到了极大的扩展。随着核心技术的不断进步，生物成像设施不断升级换代、推陈出新。

8.3.1 专利检索策略

专利分析部分以 incoPat 数据库作为数据源，以生物成像主要装置名称［荧光寿命显微镜（fluorescence-lifetime）、X 射线成像（X-ray imaging）、单粒子分析（single-particle analysis）、磁共振成像（magnetic resonance imaging）、多模态影像（multimodal imaging）、磁铁蛋白纳米颗粒（magnetoferritin nanoparticle）、放射性核素成像（radionuclide imaging）、非线性显微镜（nonlinear microscopy）、荧光共振能量转移（fluorescence resonance energy transfer）、光学相干层析成像（optical coherence tomography）、漫射光学成像（diffuse optical imaging）、漫射光学断层摄影（diffuse optical tomography）、光声断层摄影（photoacoustic tomography）、高光谱成像（hyperspectral imaging）、光谱成像（spectrometry imaging）、超声波（ultrasound）等］作为关键词，结合 C12、A01、A61 专利分类号进行检索分析，检索专利申请时间为 2010 年 7 月至 2018 年 7 月。

8.3.2 技术发明专利产出分析

1. 专利申请量发展趋势

在 incoPat 数据库中检索所有生物成像应用专利，检索结果显示，相关专利共计 16 147 件（7227 项），专利年申请量如图 8-5 所示。生物成像应用专利申请从 1977 年开始，1977 ～ 2013 年，专利数量呈现较为平稳的增长，至 2013 年达到申请的高峰，而后申请量略微下滑（由于专利从申请到公开最长有 18 个月的迟滞，截至检索日，2016 年、2017 年、2018 年还有部分专利申请尚未公开）。

2. 专利受理国家 / 组织分布

由生物成像应用专利受理国家 / 组织分布情况可以看出（图 8-6），美国和日本是生物成像应用专利权人最重视的领域保护市场地，其次是世界知识产权组织、欧洲专利局、中国和韩国等。

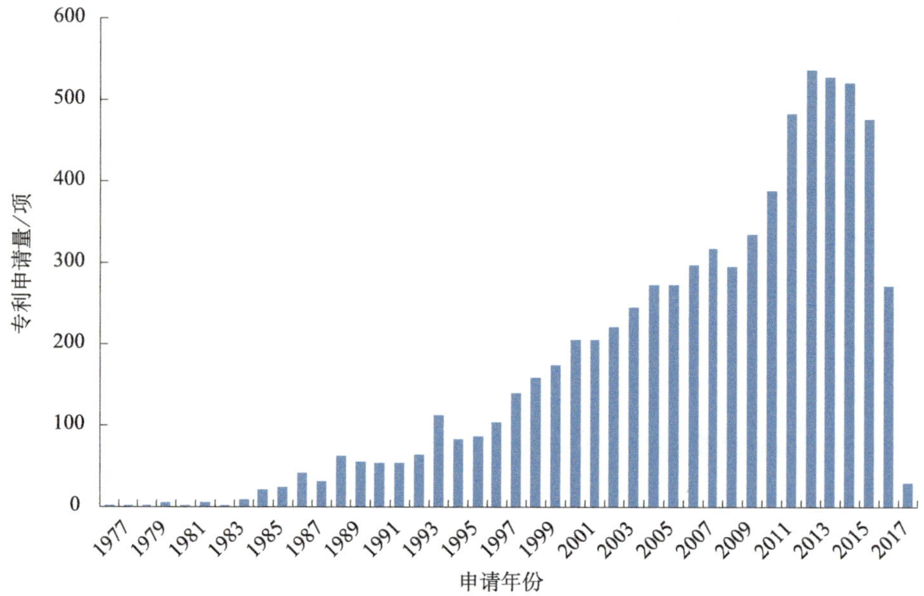

图 8-5　生物成像应用全球专利申请量发展态势

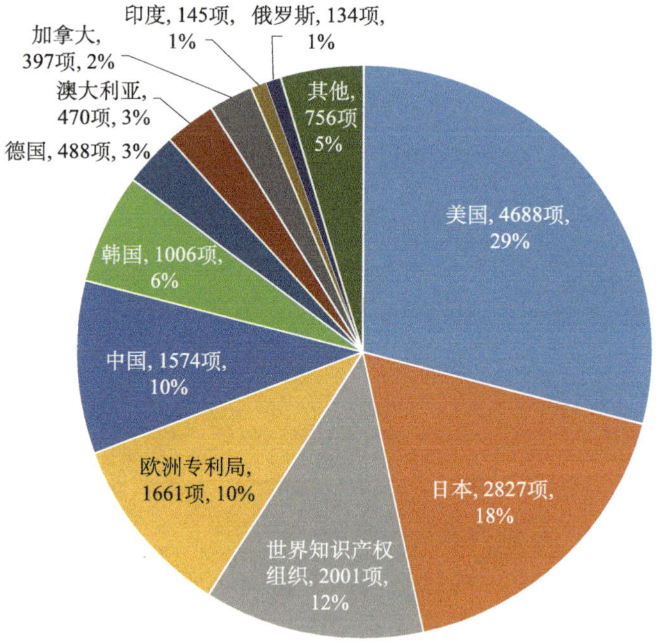

图 8-6　生物成像应用专利受理国家 / 组织分布

3. 主要专利申请人竞争力分析

在生物成像应用中，大型跨国公司是全球最主要的专利申请主体（图 8-7）。申请量排前 10 位的专利申请机构中，美国企业占 4 席，日本企业占 3 席，还有荷兰、德国和韩国的企业各一席。排名第一的是美国通用电气公司，其专利申请量远远超过排第二位的荷兰皇家飞利浦公司，其次是荷兰皇家飞利浦公司、德国西门子股份公司，最后是韩国三星集团、日本日立株式会社、日本东芝株式会社等。

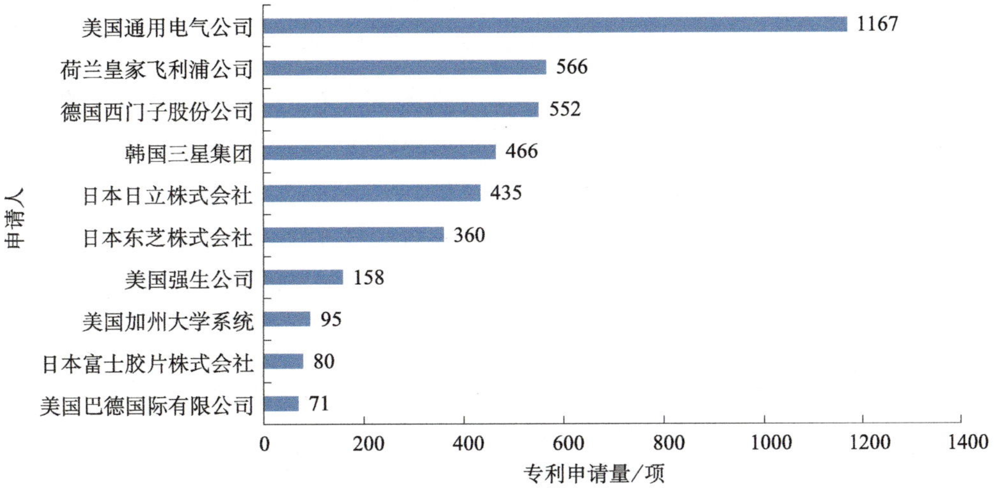

图 8-7　生物成像应用全球主要专利申请人

4. 专利权人活跃度分析

分析主要申请机构 2010 年以后专利产出占比发现，韩国三星集团、美国巴德国际有限公司和日本富士胶片株式会社 2010 年后专利申请较为活跃，其 60% 以上的相关专利都是 2010 年之后申请，特别是韩国三星集团，它在生物成像应用方面虽然起步较晚，但近期专利申请活跃度最高；美国强生公司 2010 年后专利产出占比已经不足 10%，说明其专利研发的重心可能已经转移；日本日立株式会社、德国西门子股份公司、日本东芝株式会社、美国通用电气公司、美国加州大学和荷兰皇家飞利浦公司在 2010 年之后仍然保持着相当数量的专利申请，活跃度也较高。

表 8-2　生物成像应用专利重要申请人活跃程度

序号	专利权人	专利申请量 / 项	2010 年后专利产出 / 项	2010 年后专利产出占比 /%
1	美国通用电气公司	1167	394	33.76
2	荷兰皇家飞利浦公司	566	100	17.67
3	德国西门子股份公司	552	215	38.95
4	韩国三星集团	466	442	94.85
5	日本日立株式会社	435	182	41.84
6	日本东芝株式会社	360	128	35.56
7	美国强生公司	158	11	6.96
8	美国加州大学系统	95	28	29.47
9	日本富士胶片株式会社	80	49	61.25
10	美国巴德国际有限公司	71	62	87.32

5. 重要申请人专利领域布局

分析在2010年后活跃度较高的韩国三星集团、美国通用电气公司、德国西门子股份公司、日本日立株式会社和日本东芝株式会社在2010年以后申请的专利，表8-3至表8-7列举的是其中高被引的专利，用以探究这些公司的研发优势和研发重点。

韩国三星集团在超声成像精确输出、X射线成像降噪、核磁共振成像的改进方面都有涉猎。美国通用电气公司的专利多关注于超声定位、温度管控和成像效果、数据处理等方面的改善。德国西门子股份公司在核磁共振导航和水脂分离、超声体积传感和X射线三维成像方面进行了较多的专利研发。日本日立株式会社主要致力于磁共振成像设备性能的改进。日本东芝株式会社也较多涉及在超声成像和核磁共振成像改进方面的专利布局。

表8-3　韩国三星集团在生物成像应用中的主要专利举例

序号	公开号	申请日期	内容
1	KR1020120050379A	2011年10月28日	用于分析脑疾病的磁性共振成像和功能性的磁性共振成像设备和方法
2	KR101310825B1	2012年5月10日	一种用于产生磁共振图像的方法和设备，通过减少磁共振图像恢复过程中的噪声来精确地恢复磁共振图像
3	US20130301799A1	2013年5月14日	X射线成像装置根据多个像素中的每个像素的特性校正误差来形成具有降低噪声的X射线图像
4	US9730669B2	2014年6月24日	在射线照相术上优化射线照相条件的X射线成像设备及其控制方法
5	US9028144B2	2013年6月17日	从照相机成像的被摄体的图像中识别出位于要进行X射线成像的部位的标记，并控制X射线管和X射线检测器各自移动到与识别的标记相对应的位置，以及控制该标记的方法
6	US20150005630A1	2014年7月1日	关于超声图像的信息共享的方法
7	JP2014168690A	2014年3月4日	移动式X射线成像设备，提高X射线源和便携式X射线探测器的位置定位准精度，控制X射线曝光量以获得优异的图像质量
8	KR1020130030663A	2011年9月19日	超声诊断装置和医学成像系统，通过产生和显示超声标准图像来提高读出的准确度
9	US20160220215A1	2015年10月8日	X射线源避开障碍物的路径被自动设置在X射线源的移动路径上，用户也可以通过使用简单的操作来手动设置路径，从而提供有效的X射线成像系统
10	US20140072100A1	2013年7月12日	一种X射线成像方法和设备，形成具有降低噪声并且显示病变区域的清晰边界的X射线图像

表 8-4　美国通用电气公司在生物成像应用中的主要专利举例

序号	公开号	申请日期	主要内容
1	US20120143055A1	2010 年 12 月 1 日	一种方法和系统用于超声成像，包括跟踪该位置和方向的一个超声探头
2	US20120065510A1	2010 年 12 月 30 日	超声成像系统和方法，包括从解剖结构的超声数据生成图像并将模型拟合到图像
3	US20120179037A1	20101 年 1 月 7 日	用于超声成像系统中无线通信的无线超声成像系统和方法
4	US20120143040A1	2010 年 12 月 6 日	磁共振成像系统中的患者沟通与监测
5	US20120157842A1	2010 年 12 月 17 日	用于在超声图像中自动识别和分割不同组织类型的系统和方法
6	JP2010172699A	2010 年 1 月 20 日	提供一种在声辐射力脉冲（ARFI）成像中降低组织中给定能量的方法
7	US8285360B2	2010 年 1 月 7 日	一种血流动力学分析装置，从受试者处获取的多帧图像的数据来分析对象的血流的状态
8	US20130053697A1	2011 年 8 月 22 日	超声成像系统，包括超声探头，以及降低功耗的方法
9	CN103519841A	2013 年 6 月 28 日	提供一种温度管理系统和一种监视超声成像系统中的温度变化的方法
10	US20130190600A1	2012 年 1 月 25 日	提出了一种用于识别最佳图像帧的方法，包括选择接收对象中的感兴趣解剖区域

表 8-5　德国西门子股份公司在生物成像应用中的主要专利举例

序号	公开号	申请日期	内容
1	US20120089008A1	2011 年 6 月 1 日	实时 MRI 引导的被动医用装置的导航系统和方法
2	US20110306886A1	2010 年 6 月 10 日	用于医疗诊断超声波的体积机械传感器
3	DE102012201798A1	2012 年 2 月 7 日	用于监测心脏病患者心脏的 X 射线成像装置，基于姿态参数确定对象的照射区域
4	US8094773B2	2010 年 9 月 27 日	提供用于快速和简单地产生一种三维断层 X 射线成像的方法
5	JP2010259806A	2010 年 5 月 6 日	一种计算机可读存储介质，用于提供一种高强度聚焦超声的反馈方法，消除传统技术缺陷，同时提供一种计算机可读存储介质，以及进行高强度聚集超声反馈系统
6	JP2012081269A	2011 年 10 月 6 日	使医用超声成像实现更准确的剪切波评估
7	CN102232831A	2010 年 4 月 30 日	一种实现水脂分离的磁共振成像方法
8	JP2013000583A	2012 年 6 月 7 日	测量血管内物体移动的位置，提高定位的可靠性
9	CN102247163A	2011 年 4 月 12 日	在用于磁共振引导高强度聚焦超声（HIFU）的方法和装置中，通过以梯度回波（GRE）序列并行地成像，检查对象，确定 HIFU 的焦点的精确位置
10	CN102038502A	2010 年 10 月 14 日	用于校正在获取检查对象的扩散加权磁共振图像时发生的图像失真的方法

表 8-6　日本日立株式会社在生物成像应用中的主要专利举例

序号	公开号	申请日期	内容
1	JP2013031633A	2012 年 3 月 27 日	用于比吸收率（SAR）预测的磁共振成像装置和方法
2	CN103442635A	2012 年 3 月 15 日	静磁场均匀度的调整方法、磁共振成像用静磁场产生装置、磁场调整系统程序
3	JP2012011060A	2010 年 7 月 2 日	磁共振成像装置通过稳定拍摄下的静磁场的均匀性来获得高质量的 MRI 图像
4	CN103561645A	2012 年 5 月 23 日	磁共振成像装置以及翻转角决定方法
5	JP2012161354A	2011 年 2 月 3 日	磁共振成像装置和非线性畸变的校正方法
6	JP2012085679A	2010 年 10 月 15 日	用于诊断设备和操作支持系统的动物固定装置
7	JP2013135738A	2011 年 12 月 28 日	提高核磁谐振成像装置的 3D 图像精度的操作支持系统
8	JP2012223469A	2011 年 4 月 22 日	校正射频（RF）脉冲或梯度磁场脉冲效果的误差
9	US8715185B2	2011 年 2 月 18 日	将超声脉冲施加到生物组织以产生剪切波
10	JP2015231417A	2014 年 6 月 9 日	提供一种磁共振成像装置，通过高速成像的方法实现降噪

表 8-7　日本东芝株式会社在生物成像应用中的主要专利举例

序号	公开号	申请日	内容
1	US20130225999A1	2012 年 2 月 29 日	超声成像系统的手势命令用户界面
2	CN101953691A	2010 年 7 月 14 日	X 射线诊断装置以及 X 射线照射区域控制方法
3	US20130245428A1	2012 年 3 月 16 日	用于超声成像系统的患者－探针－操作者跟踪方法和装置
4	JP2010221026A	2010 年 3 月 18 日	MRI 装置，用于确定空间图案和幅度的一种传输高频率磁场
5	JP2011156361A	2011 年 1 月 28 日	在可变翻转角（VFA）中进行适当的再聚脉冲振幅设计的设计方法和装置
6	JP2012110689A	2011 年 10 月 21 日	磁共振成像设备，允许对心脏进行高精度定位操作
7	JP2012005823A	2011 年 4 月 19 日	磁共振成像设备和方法，防止图像拍摄方法改变回波信号之间的相位差而导致的图像质量变差
8	US20110046485A1	2010 年 8 月 11 日	超声诊断成像装置，具有可选方向 M 模式光标设置位置信息选择器
9	JP2012125554A	2011 年 10 月 31 日	设置预脉冲和数据采集条件，便于执行 MRS 数据采集和诊断
10	CN104023627A	2013 年 8 月 28 日	磁共振成像装置及其比吸收率的运算方法

进一步分析 TOP5 专利权人主要生物成像应用分布（表 8-8），韩国三星集团在 X 射线、超声和核磁共振方面的专利研发分布较为均匀；美国通用电气公司更注重超声和核磁共振的应用改造，X 射线专利分布相对较少；德国西门子股份公司、日本日立株式会社和日本东芝株式会社在核磁共振应用研发方面投入最多，在超声和 X 射线方面投入较少。

表 8-8　TOP5 专利权人主要生物成像应用分布（单位：项）

专利权人	X 射线	超声	核磁共振
韩国三星集团	163	163	141
美国通用电气公司	242	531	425
德国西门子股份公司	137	180	252
日本日立株式会社	29	103	308
日本东芝株式会社	37	46	283

8.4　启示与建议

重大科技基础设施对创新驱动发展和建设科技强国发挥着至关重要的作用。文献分析的结果表明，生物成像设施在国内外的生命科学研究领域正在发挥着越来越重要的作用，论文所涉及的研究方向也较为广泛，包括放射核医学成像、工程学、化学、神经科学等多个学科和交叉领域，且论文被引频次和高被引论文数量也在近年来有了飞跃式增长。从专利分析可以看出，韩国、美国、德国、日本等国近年来加强了生物成像技术应用的专利布局，而且各有侧重。韩国在各项技术中都布局较为全面，而德国、日本则重在核磁共振的应用研发上，美国则在超声和核磁共振的应用改造方面的成果较多。

从上文分析可以看出，当前生命相关学科研发能力正随着国际上生物成像设施的逐步成熟而增长，我国急需尽快建成高技术的专业生物成像设施，以支撑国家重大科学研究任务的实施。为此，本书针对我国生物成像基础设施建设提出以下发展建议。

8.4.1　优化基础设施布局

在设施布局方面，我国应积极借鉴如 NIBIB 等机构的建设经验，通过自主研发与引进国外成熟技术相结合的方法，积极部署生物成像国家重点项目。应尽量避免低水平重复投入，以国家战略发展需求为导向，建设有特色和专长的生物成像设施。为了提升我国在生物领域中的国际影响力，应重点加强国际前沿研究领域的设施建设，使之成为新技术和产品的有力助推剂。同时，也应注意基础科研领域的支持，使其成为创新的主要驱动力和重要支撑。

8.4.2 突破重要核心技术

生物成像设施正在为生物学和生物医学等科学研究做出重要贡献。近年来，我国在相关技术开发与设备研制上已取得了一些可喜成绩。中国科学院生物物理研究所李栋课题组与美国霍华德·休斯医学研究所人员合作，开发用于观测细胞内动态过程的掠入射结构光照明超分辨率成像技术（GI-SIM），克服了全内反射荧光的成像深度局限，实现了快速（266 帧 /s）、高分辨率（97nm）的活细胞超分辨成像，为解析细胞中细胞器（内质网、线粒体等）与细胞膜相互作用及微管功能的研究提供了新的研究方法。华中科技大学谢庆国团队研发了世界首台数字正电子发射断层成像仪，可以更早期和灵敏地检测肿瘤的发生，该仪器已经远销芬兰。但相对于国际先进水平，我国在生物成像设施的关键技术研发中仍相对滞后。以市场需求为导向，聚合产、学、研三方力量，重点加强核心部件和关键技术的突破创新，在提高仪器整体性能的同时，降低使用成本，更加有效地支撑生命科学研究，更好地服务于健康医疗事业，促进我国仪器设备产业的快速发展，在国际市场竞争中树立民族品牌。

8.4.3 加强国际合作交流

国际合作已经成为当今科学研究的大趋势。NIBIB 所属设施都已经成为各国科学家所广泛使用的重要基础设施。建议加强与欧美、日本等生物成像技术发达的国家和地区的合作，吸引海外资金、技术和经验支撑国内设施和装置的建设。同时，努力提升国内基础设施建设投资和建设的透明度和可预见性，吸引海外企业来中国投资，推动国内民营企业与欧洲企业的合资合作。鼓励和支持与国（境）外大学和科研院所加强科研项目合作，与国（境）外高水平大学或有一定影响的科研机构及企业建立长期稳定的交流和合作关系。加强与国际生物成像机构如美国 NIBIB 的交流与协作，以全球生物成像计划等协同模式组建全球生物成像基础设施国际网络，将全球分散的生物成像系统联系起来，借助数据共享获取更多的科研资源，同时也将中国的成果推广到全球。此外，经过多年的发展，科技发达国家在生物成像设施的发展中已经取得了丰富的经验，也培养了大量的相关专业与管理人才。加强人才国际合作与交流将有助于提升我国生物成像设施发展的效率，取长补短，也有利于我国人才的进一步成长。

致谢：感谢华中科技大学谢庆国教授、中国科学院生物物理研究所徐平勇研究员对本章内容的审阅！

第九章 基于蛋白质研究设施的产出及影响分析

迟培娟　杨艳萍

（中国科学院文献情报中心）

9.1 蛋白质研究设施的定义及特点

当前，生命科学已进入“后基因组时代”，探究蛋白质的奥秘已成为全球生命科学研究的热点。其中，蛋白质空间结构的解析是蛋白质研究领域中的一个重要环节，它不仅有助于人类对如生殖、发育、疾病等基本机理进行了解，也对人类疾病防治和药物发明有重要意义，因此蛋白质结构研究已成为生命科学领域的前沿和带头学科之一[①]。

生命科学研究需要和重视各种复杂的技术支持，包括各种大型的设备、仪器、工具和方法。相应地，蛋白质结构研究也需要依赖先进的蛋白质研究设施及相关技术。其中，蛋白质结构研究设施主要涉及核磁共振（nuclear magnetic resonance，NMR）、低温电子显微镜和 X 射线晶体学等 3 种技术系统及设施仪器。

（1）核磁共振能在溶液状态下开展蛋白质的三维结构解析和动力学分析，被认为比晶体结构更能够描述生物大分子在细胞内的真实结构，并且能获得氢原子的结构位置。其缺点则在于无法测定分子量较大的蛋白质结构，也无法直接测定复合物结构。

① 林亚静，刘志杰，龚为民. 蛋白质结构研究. 生命科学，2007，19（3）：289-294.

（2）低温电子显微镜，也称为冷冻电镜，在研究分子量巨大的体系方面具有优势。它无需将大分子样品制成晶体，通过对运动中的生物分子进行冷冻，即可在原子层面上进行高分辨率成像，可以解决 X 射线晶体学和核磁共振无法获得高分辨率的大型蛋白复合体结构的难题。2015 年，国际著名期刊 *Nature* 旗下子刊 *Nature Methods* 将低温电子显微镜技术评为年度最受关注的技术①；2017 年，三名欧洲科学家因“发展低温电子显微镜，用于在溶液中测定生物分子的高分辨率结构”而分享了 2017 年诺贝尔化学奖②。该技术存在的问题是急速冷冻过程对大型蛋白质或大型蛋白质复合物有一定的影响，导致部分样品无法在冷冻制样过程中维持天然的构象状态；此外，冷冻电镜的分辨率问题也并未得到彻底的解决，仍不适于解析较小的蛋白质结构。

（3）X 射线晶体学是最早和最准确的结构解析手段，一直是确定蛋白质结构的主力技术。到目前为止，在蛋白质数据库（Protein Data Bank，PDB）中已经收录了超过 13 万个蛋白质结构，并且有 9 万多个是用 X 射线晶体学解析出来的。在这些利用蛋白质晶体解析的结构中，有很大一部分是利用同步辐射的晶体学衍射手段测定的。根据 Biosync 数据库的统计，2017 年，利用 X 射线晶体学一共解析了 11 684 个蛋白质及蛋白质复合物的结构，其中 10 864 个结构是由同步辐射晶体学技术所解析而获得，占比达到 93%（图 9-1，检索日期：2018 年 3 月）。欧美是利用同步辐射解析蛋白质晶体结构数量最多的国家和地区，其中欧洲近几年在该领域的发展呈现出快速增长趋势。相比而言，亚洲国家解析的蛋白质结构数量较少，但近年来也呈现出快速追赶的趋势（图 9-2，检索日期：2018 年 3 月）③。蛋白质结构生物学是目前受同步辐射推动作用最大的学科，迄今已有 5 项基于同步辐射结构解析的研究工作获得诺贝尔奖，分别是 ATP 合酶结构、离子通道结构、RNA 聚合酶结构、核糖体结构和 G 蛋白偶联受体结构④。X射线晶体学的缺点是，需要对蛋白质或蛋白质复合物的样品进行结晶，而结晶所需条件目前尚无确切的理论可以指导，所以仍需进行大量的尝试，并有失败的可能。

① 中国生物技术信息网. Nature Methods公布2015年度技术. http://www.biotech.org.cn/information/139156.2018.7.23 [2018-03-05].

② 科学网. 2017年诺贝尔化学奖揭晓. http://news.sciencenet.cn/htmlnews/2017/10/390230.shtm?id=390230.2018.6.9 [2018-03-05].

③ BioSync. Statistics Regarding PDB Structures for which Data was Collected at Synchrotron Facilities. http://biosync.sbkb.org/stats.do?stats_sec=MAIN&stats_focus_lvl=GLBL.2018.9.2[2018-09-02].

④ 董宇辉. 同步辐射中的蛋白质结构和功能研究. 现代物理知识，2014，26（5）：22-30.

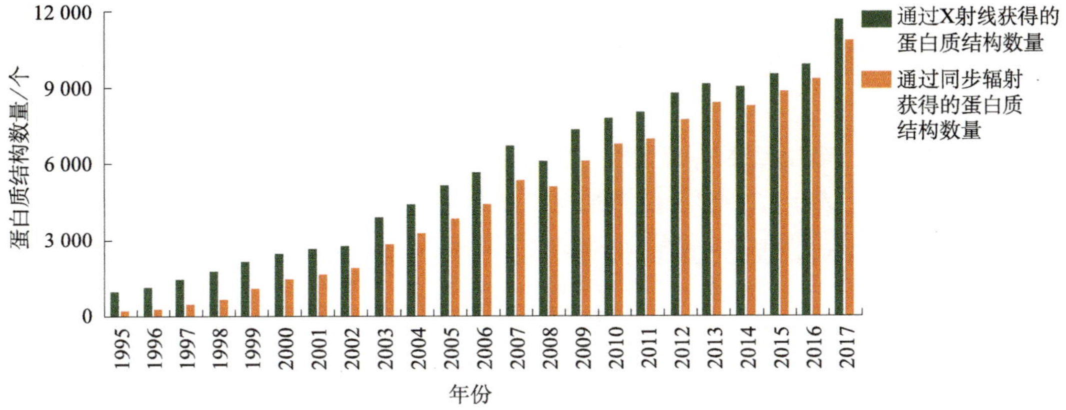

图 9-1　利用 X 射线晶体学解析的蛋白质结构数量年度变化趋势

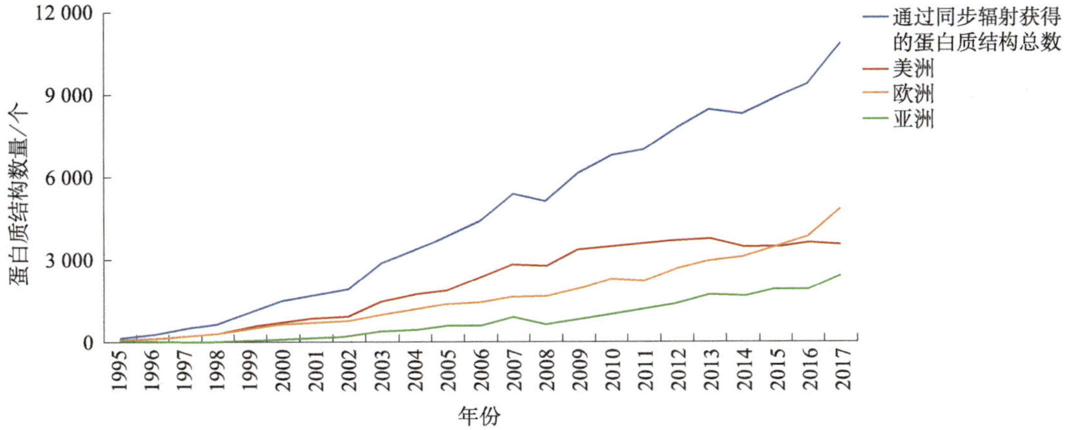

图 9-2　利用 X 射线晶体学解析的蛋白质结构数量主要区域分布

9.2　数据来源和方法

9.2.1　研究论文分析

本节以主题检索词为主来编写检索式①，在 SCIE 数据库中对论文进行检索，时间限定为 2018 年 3 月 14 日，文献类型限定为文章、信件、会议摘要、会议总结、会议

① SCIE论文检索式：#1 or #2 or #3 or #4 or #5 or #6

#6 TS=（xray or x-ray） AND AK= （protein* AND structur*）

#5 TS=（xray or x-ray） AND TI= （protein* AND structur*）

#4 TS=（NMR or nuclear-magnetic-resonance） AND TI=（protein*） AND TI=（structur* ）

#3 TI=protein* AND AK= （structur* ） AND TS=（NMR or nuclear-magnetic-resonance）

#2 TS= （（SRCD or synchrotron or SAXS or SANS） AND （protein*））

#1 TS= （（CryoEM or cryo-electro* or electron-cryomicroscopy） AND protein*）。

论文、新闻和编辑材料。通过上述方法，共检索到 18 437 篇论文。数据下载后，将数据导入 TDA 分析工具中进行数据清洗，再利用相关工具进行数据分析、统计和图表绘制。

高被引论文：采用基本科学指标（Essential Science Indicators，ESI）数据库对高被引论文的定义，在 ESI 数据库按照学科领域和出版年统计被引频次排名前 1% 的论文（article 和 review），表示文章的引文影响力已经位列全球同年度、同学科的前 1%。统计本领域 2008 ～ 2017 年的高被引论文作为研究对象。

9.2.2 专利分析

采用技术主题词结合 IPC 分类的方式在德温特创新索引（Derwent Innovation Index）数据库中进行专利检索①。其中，专利数据检索时间为 2018 年 3 月，经过同族归并后，共获得 2632 项专利。

研发主题分析：通过 Derwent Innovation Index 数据库中的主题分析功能，对领域的研发主题进行可视化分析，形成类似等高线地形图。其中，地形图中的点为单篇专利，山峰表示相似专利形成的不同技术主题，白色表示专利集中领域和热点。

9.3 主要国家和地区蛋白质研究设施的发展战略及趋势

9.3.1 美国

美国非常重视蛋白质科学研究的前瞻布局。在 21 世纪初期，美国 NIH 就在其发布的路线图中将结构生物学作为该机构重点发展的主题之一；美国 DOE 将计算机在生物蛋白质折叠中的应用列为其优先发展计划之一。同时，美国非常重视蛋白质研究，并加大了对相关领域的研发投入。2000 年以来，美国 NIH 至少投资了 12.61 亿美元部署三项重大科学研究计划，即蛋白质结构计划、癌症临床蛋白质组技术计划和临床蛋白质组计划。美国 DOE 启动了“从基因组到生命”（Genomes to Life，GTL）的 5 年计划，将蛋白质及其复合体的功能以及相互作用网络作为主要研究内容之一。同时，美国基于国家重点实验同步辐射装置，建立了多个大型蛋白质科学研究设施。例如，在阿贡国家实验室 APS 中，美国建设了 13 条可以用于解析大分子晶体结构的光束线。同时，阿贡国家实验室耗资 3450 万美元在 APS 附近成立了先进蛋白质鉴定设

① Derwent Innovation Index专利检索式：
（TAB=（NMRornuclear-magnetic-resonance）ANDIC=（C07K*）ANDTAB=（protein*）ANDTAB=（struct*））OR （TAB= （xray or x-ray） AND IC = （C07K*） AND TAB= （protein*） AND TAB= （struct*） ） OR （TAB= （SRCD or synchrotron or SAXS or SANS） AND TAB= （protein*） AND IC = （C07K*）） OR （TAB= （CryoEM or cryo-electro* or electron-cryomicroscopy） AND IC = （C07K*） AND TAB= （protein*） ）。

施（advanced protein characterization facility，APCF），用于蛋白质的生产、特征解读和结晶分析。美国劳伦斯伯克利国家实验室的先进光源共有 8 条光束线可用于解析大分子晶体结构。同时，该国家实验室还成立了伯克利结构生物学中心，对其中 5 条用于高通量蛋白质晶体学的光束线进行管理和经营，并利用三维生物成像、蛋白质晶体学、生物样品的 X 射线显微术等技术开展相关研究。

9.3.2 欧盟

欧洲主要在欧盟和成员国两个层面开展蛋白质科学研发布局规划和研发资助。其中，欧盟通过建立统一的组织与协调机构如 ESFRI，统筹资源和引导，建设具有欧盟标志的大型研究基础设施。在 ESFRI 2016 年发布的《研究基础设施战略报告》中①，蛋白质研究的项目型基础设施包括欧洲化学生物学开放筛选平台、欧洲生命和生物医学成像基础设施、欧洲系统生物学基础设施等，同时建议欧洲生物医学领域应该大力整合可用于蛋白质组学的高通量测序技术、质谱平台、先进成像技术。此外，欧盟通过研发框架计划持续资助与健康和食品相关的蛋白质组研究，如分别资助了酵母蛋白质组、机构蛋白质组、生物核磁共振项目以及蛋白质组分析高通量设施②。在成员国层面，各国根据自身特点纷纷制定了本国的基础研究设施路线图，推进蛋白质科学设施的部署及相关研究。例如，德国基础研究路线图中涉及了欧洲 X 射线自由电子激光装置、高斯超级计算中心、欧洲化学生物学开放筛选平台等蛋白质相关设施；英国在其发布的基础研究设施路线图中将核磁共振成像等高级成像设备列为重点发展领域；法国在其基础研究设施路线图中提出重点建设法国综合结构生物学基础设施（French infrastructure for integrated structural biology，FRISBI）和蛋白质组学领域顶级实验室设施“蛋白质组学法国基础设施”（proteomics French infrastructure，ProFI）；丹麦在其基础设施路线图中提出，应重点发展生物信息数据库、超级计算机、高级成像技术、蛋白质生产设施、质谱平台等方面研究。

9.3.3 日本

日本是早期开展蛋白质功能和结构研究的国家之一。1998 年，日本理化研究所成立“蛋白质研究小组”，率先进行蛋白质研究。随后，日本斥资 1.6 亿美元启动了“蛋白质 3000”计划，目标是在 5 年内确定出 3000 个蛋白质的结构。2004 年，日本文部科学省投资 100 亿日元用于研究人类生命的形成过程，主要研究蛋白质合成机理，以

① ESFRI. ESFRI Roadmap 2016 Strategy Report on Research Infrastructures. https://www.esfri.eu/roadmap-2016 [2018-09-02].

② European Commission. European Research Infrastructures（Including E-Infrastructures）– Horizon 2020 Work Programme 2018-2020 Preparation. https://ec.europa.eu/programmes/horizon2020/en/european-research-infrastructures-including-e-infrastructures-%E2%80%93-horizon-2020-work-programme-2018 [2018-08-02].

应用于新药开发。2007年，日本文部省启动总预算为371亿日元的靶向蛋白研究计划（Targeted Proteins Research Program，TPRP）[①]。在蛋白质研究设施方面，日本投资1100亿日元建设了世界上能量最高的第三代同步辐射光源设施SPring-8。该设施在生物医学前沿领域中的应用包括蛋白质结构解析和生物样品高分辨率成像，其中至少有9条光束线可以用于蛋白质结构解析。

9.3.4 中国

我国将蛋白质研究纳入国家战略规划中，并明确了重点研发方向和优先建设项目。2006年，我国在《国家中长期科学和技术发展规划纲要（2006—2020年）》中明确将蛋白质研究列为国家重大科学研究计划之一。2013年，我国发布了《国家重大科技基础设施建设中长期规划（2012—2030年）》，将支撑规模化蛋白质制取纯化和结构功能分析的设施建设纳入生命科学领域前沿，计划适时启动大型成像和精密高效分析研究设施建设。2016年，国家发展和改革委员会等九部委发布《国家重大科技基础设施建设"十三五"规划》，优先建设高能同步辐射光源、硬X射线自由电子激光装置、多模态跨尺度生物医学成像等相关设施[②]。同时，我国重视蛋白质科学研究，并加大了蛋白质研究资助力度。1998年，我国启动了第一个国家层面的重大蛋白质组项目——"蛋白质组以及蛋白质结构动态变化与其生物功能的研究"。2001年以后，科技部启动了一批蛋白质研究相关的国家科技攻关重大专项、973计划、国家高技术研究发展计划（简称863计划），主要涉及癌症、肝病等人类重大疾病。2012年，科技部将蛋白质研究纳入了国家重大科学研究计划——"十二五"专项规划之一，主要集中在结构生物学研究、蛋白质组学研究、蛋白质药物靶标和分子诊疗技术研究等方向。

我国蛋白质研究设施分为两部分，分别在上海和北京。其中，国家蛋白质科学研究（上海）设施于2015年7月通过国家验收，总投资了7.56亿元，是全球生命科学领域首个综合性的大科学装置。该设施依托上海光源，以建设蛋白质结构解析能力为主，构建了规模化蛋白质制备系统、蛋白质晶体结构分析系统、核磁分析系统、集成化电镜分析系统、蛋白质动态分析系统、质谱分析系统、复合激光显微成像系统、分子影像系统和数据库与计算分析系统等九大技术系统。国家蛋白质科学中心（北京基地）由军事医学科学院、清华大学、北京大学、中国科学院生物物理研究所等单位共同建设，于2015年10月正式开始试运行。北京设施重点建设蛋白质组分析系统和功能蛋白质组研究系统，同时建设以生物信息学、蛋白质/抗体制备、生物资源库、模式动物等为核心的支撑系统，并承担了科技部"中国人类蛋白质组计划"研究工作。

① 日本外文省. Targeted Proteins Research Program. http://www.tanpaku.org/e_index.php[2018-09-01].

② 国家发展和改革委员会等. 关于印发国家重大科技基础设施建设"十三五"规划的通知. http://www.ndrc.gov.cn/zcfb/zcfbghwb/201701/t20170111_834860.html[2018-09-16].

9.3.5 其他国家

澳大利亚于 1996 年建立了世界上第一个蛋白质组研究中心，并投建了澳大利亚蛋白质组分析设施（Australian proteome analysis facility，APAF），并于 2016 年发布《2016 年国家研究基础设施路线图》，提出未来五年的重点资助领域包括高级同步加速器光束线、核磁共振等高级成像技术[①]。加拿大也于 1996 年成立了国家蛋白质组研究中心，并于 2008 年向加拿大基因组公司拨款 1.4 亿加元以支持基因组学和蛋白质组学的研究计划。

9.4 各国蛋白质研究设施学科发展分析

9.4.1 研究历程

根据相关发文情况，蛋白质结构相关研究可以划分为两个阶段，并且相关研究论文近年来总体呈现快速增长趋势（图 9-3）。

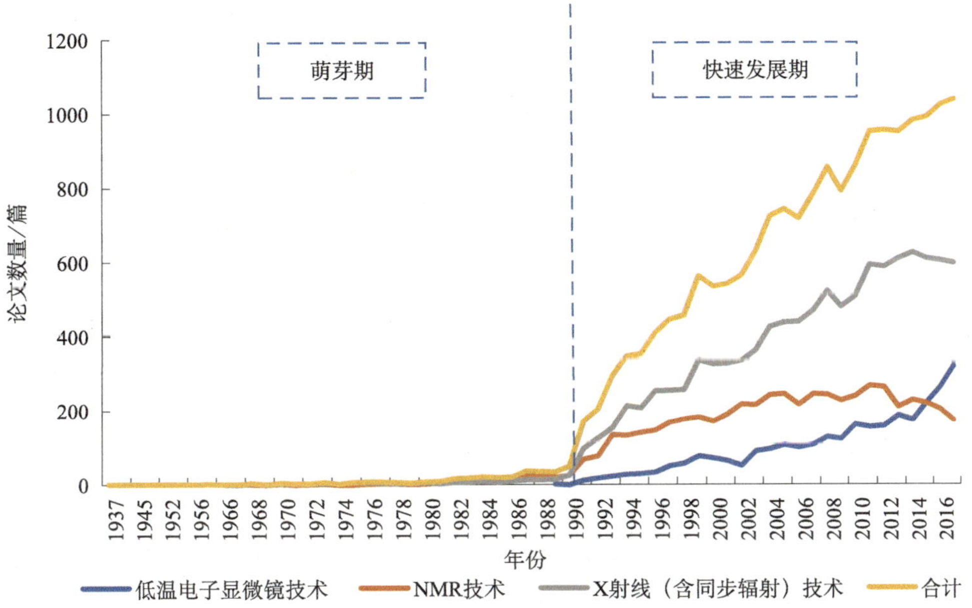

图 9-3 基于 X 射线、NMR 和低温电子显微镜技术的蛋白质结构研究论文数量年度变化趋势

1. 萌芽期（1937 ～ 1990 年）

从年度发表论文数量来看，1937 ～ 1990 年，采用 X 射线、NMR、低温电子显微镜技术进行蛋白质结构研究的论文数量逐渐增加，但年发表量不超过 50 篇，处于萌芽

① National Innovation and Science Agenda. 2016 National Research Infrastructure Roadmap. https://www.education.gov.au/2016-national-research-infrastructure-roadmap[2018-08-30].

期。1937 年开始出现采用 X 射线技术分析蛋白质结构的研究论文，1967 年开始出现采用 NMR 技术进行蛋白质结构研究的论文，1967 ～ 1988 年，采用 X 射线和 NMR 技术进行蛋白质结构研究的论文逐渐增多，但最多不超过 30 篇，总体来看，X 射线技术相关的研究论文数量略多于 NMR 技术相关论文。1989 年开始出现了采用低温电子显微镜技术进行蛋白质结构研究的论文。

虽然萌芽期采用三大技术进行蛋白质结构研究的论文数量不多，但这一时期出现了多位研究蛋白质结构的诺贝尔奖获得者，他们的工作极大地推动了蛋白质结构生物学的发展。1959 年，英国化学家佩鲁茨（F. Perutz）和肯德鲁（C. Kendrew）利用 X 射线对血红蛋白和肌红蛋白等球状蛋白进行结构分析，提出肌红蛋白的三维空间结构分子模型，相关研究获 1962 年诺贝尔化学奖。20 世纪 50 年代后，豪普特曼（A. Hauptman）和卡尔勒（J. Karle）建立了以应用 X 射线分析的直接法测定晶体结构的纯数学理论，在晶体研究中具有划时代的意义，特别是在研究大分子物质如激素、抗生素、蛋白质及新型药物分子结构方面起了重要作用，他们因此获得 1985 年诺贝尔化学奖。英国化学家克鲁格（A. Klug）自 1962 年起在剑桥大学利用 X 射线“衍射晶体分析与电子显微镜成像技术结合”阐明了蛋白质、核酸的微结构以及核酸和蛋白质复合物的立体结构，并开发出立体结构分析法，获得 1982 年诺贝尔化学奖。德国化学家戴森霍费尔（J. Deisenhofer）、胡贝尔（R. Huber）和米歇尔（H. Michel）确定了光合反应中心的三维结构，他们将担负光合作用中心任务的一种膜蛋白分离出来后，利用 X 射线分析这种膜蛋白的晶体结构，这一工作获得 1988 年诺贝尔化学奖。

2. 快速发展期（1991 ～ 2017 年）

1990 年之后，采用 X 射线、NMR 和低温电子显微镜技术进行蛋白质结构研究的论文总体呈现快速增长趋势。1990 ～ 2015 年，采用 X 射线技术进行蛋白质结构研究的论文最多，其次是采用 NMR 技术发表的论文；从 2015 年开始，低温电子显微镜技术超过 NMR 技术的发文量，在每年发表的论文数量中排第二位。这一时期同样出现了多位由于蛋白质结构解析工作而获得诺贝尔奖的科研人员。1997 年，诺贝尔化学奖授予约翰·沃克（John E. Walker）、詹斯·斯科（Jens C. Skou）和保罗·波耶尔（Paul D. Boyer），他们采用同步辐射技术揭示了 ATP 合酶的结构。随后，又有 4 项诺贝尔奖工作采用同步辐射技术分别揭示了离子通道结构（2003 年）、RNA 聚合酶结构（2006 年）、核糖体结构（2009 年）和 G 蛋白偶联受体结构（2012 年）。瑞士联邦技术研究所的库尔特·维特里希（K. Wuthrich）、日本化学家田中耕一（K. Tanaka）和美国的约翰·芬恩（J. Fenn）开创性地应用核磁共振光谱，鉴定和分析了蛋白质等生物大分子的结构，获得 2002 年诺贝尔化学奖。瑞士科学家雅克·杜本内（Jacques Dubochet）、美国科学家乔基姆·弗兰克（Joachim Frank）和英国科学家理查德·亨德森（Richard Henderson）因在开发对生物分子进行高分辨率结构测定的低温电子显微镜方面的贡献而获得 2017 年诺贝尔化学奖。

9.4.2 全球研究现状

1. 主要国家产出分析

1）美国是采用 X 射线、NMR 和低温电子显微镜技术进行蛋白质结构研究的领头羊

截至 2018 年，从主要国家（通讯作者地址所在国家）来看，美国发表的论文数量遥遥领先，占全球论文总量的 33.3%；英国排第二位，发表的论文数量占比为 8.9%；德国排第三位，论文数量占比为 8.6%；法国和日本分列第四、五位，论文数量占比分别为 6.8% 和 6.5%；中国排第六位，论文数量占比为 3.8%（图 9-4）。

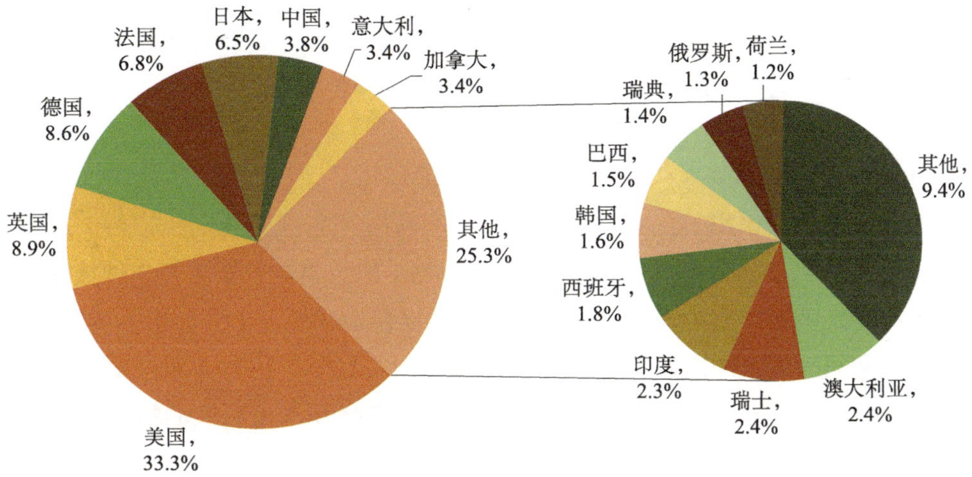

图 9-4 主要国家发文分布情况（截至 2018 年）

2）中国进入该领域较晚，但一直保持追赶势头

由于 1937 ～ 1978 年的论文通讯作者地址信息不全，后续国家的年度发文趋势只针对 1979 年以后的数据进行分析。从发文总量排名前六位的国家年度发文趋势来看，美国自 1979 年之后，相关论文数量总体呈现快速增长趋势，尤其是 1998 ～ 2011 年，增幅要远高于其他国家，每年发表的论文数量在 150 ～ 350 篇，2011 年之后，每年发表的论文数量总体呈现下降趋势；英国在 1979 ～ 1999 年的年度论文数量呈现缓慢增长趋势，2000 年之后呈现波动增长趋势；德国、法国与英国的论文发表趋势相似；日本在 1982 ～ 2007 年的论文数量总体呈现增长趋势，2008 年及之后呈现波动式下降趋势，2014 年之后略有上升；中国从 1996 年开始出现相关论文，论文数量总体呈现快速增长趋势，2017 年发表论文 81 篇，超过日本、法国和德国，在六个国家中排第三位（图 9-5）。

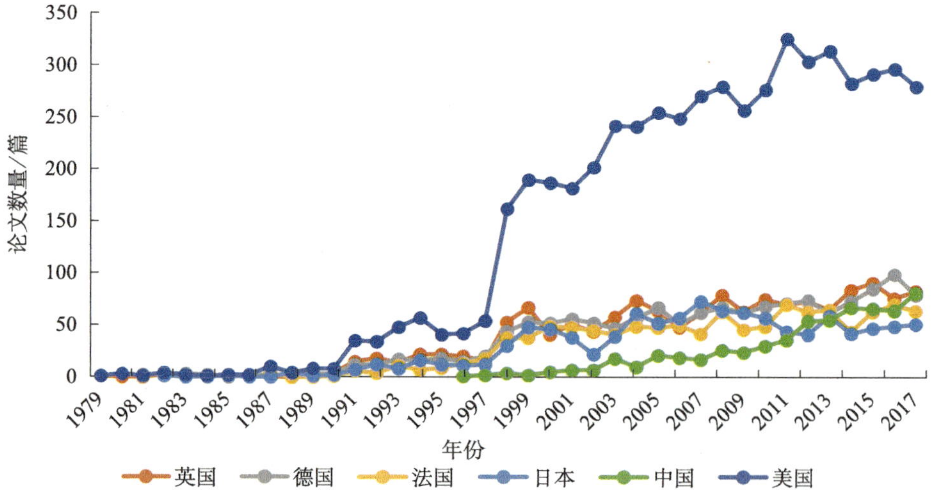

图 9-5　主要国家年度发文趋势

2. 主要国家研究布局

从各国研究论文采用的主要技术来看，美国利用 X 射线（含同步辐射）进行蛋白质结构研究的论文数量最多，利用同步辐射、NMR 和低温电子显微镜 3 种技术的论文数量大体相当。美国涉及各种技术的研究论文数量在全球表现十分突出。英国、德国、法国和意大利代表的欧洲国家发表的 X 射线相关论文最多，其中 X 射线的论文数量明显多于 NMR 和低温电子显微镜相关论文。日本、中国和澳大利亚的情况与上述欧洲国家类似。瑞士则表现出与上述国家不同的特点——NMR 技术的相关论文最多（表 9-1）。总体而言，采用 X 射线技术解析蛋白质结构是主流。

表 9-1　主要国家采用主流技术发表的论文数量（单位：篇）

国家	同步辐射	X 射线（含同步辐射）	低温电子显微镜	NMR
美国	1307	2832	1343	1711
英国	523	880	345	314
德国	467	870	297	333
法国	523	785	145	255
日本	420	766	120	242
中国	240	405	99	149
意大利	239	410	9	174
加拿大	176	329	62	212
澳大利亚	194	289	23	110
瑞士	74	167	78	173

3. 主要国家研究论文的影响力和合作分析

1）美国的发文数量和高影响力论文数量遥遥领先，近年来我国在该领域发展迅速

根据二八定律和布拉德福德定律，某领域最重要文献和其他文献的比例可以设定为 2∶8。在本文分析的 18 437 篇论文中，被引频次在 48 次以上的论文合计 3671 篇，约占 20%，我们将这些文献定义为该领域的高影响力论文。

从各国发表的论文数量来看，美国发表了 1358 篇高影响力论文，占所有高影响力论文的 37.0%，表现十分突出；英国和德国发表的高影响力论文数量占比分别为 8.9% 和 9.3%；法国发表的高影响力论文比例为 5.6%；日本发表的高影响力论文比例为 3.4%；中国在 TOP10 国家（发表论文数量排前十位的国家）中发表的高影响力论文数量最少，仅占 1.0%；瑞士虽然发文量排第十位，但高影响力论文比例排第六位，仅次于日本，表现较为突出。

从各国的篇均被引频次来看，瑞士在这十个国家中排第一位，篇均被引频次为 57.8 次；德国排第二位，篇均被引频次为 47.3 次；美国排第三位，篇均被引频次为 42.3 次；英国排第四位，篇均被引频次为 40.3 次；法国、加拿大、意大利、澳大利亚和日本的篇均被引频次在 20 ～ 30 次；中国排名最后，仅有 13.2 次，与其他国家存在较大差距（表 9-2）。

从表 9-2 列出的近三年[①]发文占比情况来看，中国近三年发文数量占其论文总量的 26%，其他国家均在 10% ～ 16%，说明中国近年十分重视该领域的研究。

表 9-2 TOP10 国家论文影响力分析

国家	论文数量 / 篇	高影响力论文数量 / 篇	各国高影响力论文数量占高影响力论文总量的比例 /%	被引频次 / 次	篇均被引频次 / 次	近三年发文占比 /%
美国	5 524	1 358	37.0	233 755	42.3	12
英国	1 471	326	8.9	59 264	40.3	12
德国	1 424	343	9.3	67 389	47.3	13
法国	1 125	205	5.6	32 909	29.3	13
日本	1 077	124	3.4	24 408	22.7	10
中国	637	35	1.0	8 421	13.2	26
意大利	560	80	2.2	13 408	23.9	10
加拿大	557	91	2.5	15 247	27.4	14
澳大利亚	405	50	1.4	9 455	23.3	16
瑞士	395	122	3.3	22 831	57.8	13

① 本章的近三年为2015～2017年。

2）从 2008 ～ 2017 年发表的论文数量及影响力来看，美国和欧洲地区表现依然强劲，中国与发达国家之间的差距明显减少

由于被引频次受时间积累效应的影响较大，而中国进入该研究领域明显晚于其他国家，近几年发文量才开始明显增加，为了避免时间累积效应导致的对比失真，本节对 TOP10 国家 2008 ～ 2017 年的发文情况进行对比分析。

从 2008 ～ 2017 年的论文数量来看，与所有年份的发文数量情况类似，美国依然遥遥领先。从 2008 ～ 2017 年的篇均被引频次来看，瑞士依然表现突出，排第一位，篇均被引频次为 24.4 次；美国紧随其后，篇均被引频次为 24.3 次；英国和德国分列第三、四位；中国篇均被引频次为 12.0 次，在 TOP10 国家中排名仍然最后，但与其他国家之间的差距明显减少（表 9-3）。

2008 ～ 2017 年该领域共获得 192 篇高影响力论文。其中，美国以 88 篇遥遥领先；德国和英国分别发表 29 篇和 28 篇，分列第二、三位；中国发表了 13 篇，排第四位；瑞士发表了 8 篇，排第五位。从高影响力论文数量占本国发文总量的比例来看，瑞士表现突出，4.0% 的论文为高被引论文；其次是德国和英国，分别有 3.9% 和 3.7% 的论文属于高影响力论文；美国有 3.0% 的论文进入高影响力论文行列；中国排第五位，2.6% 的论文属于高影响力论文（表 9-3）。

表 9-3　TOP10 国家 2008 ～ 2017 年产出对比

国家	论文数量 / 篇	篇均被引频次 / 次	高影响力论文数量 / 篇	高影响力论文占本国发文总量的比例 /%	合作论文数量 / 篇	合作占比 /%
美国	2910	24.3	88	3.0	1122	20.3
英国	759	24.1	28	3.7	632	43.0
德国	740	22.5	29	3.9	617	43.3
法国	597	18.5	4	0.7	467	41.5
日本	516	12.8	3	0.6	174	16.2
中国	503	12.0	13	2.6	179	28.1
意大利	346	17.5	1	0.3	240	42.9
加拿大	276	15.9	3	1.1	230	41.3
澳大利亚	268	14.0	2	0.7	172	42.5
瑞士	202	24.4	8	4.0	202	51.1

3）从国际合作来看，欧洲普遍重视国际合作，美国虽然是其他各国的主要合作对象，但与日本类似，均以本国独立研究为主

2008 ～ 2017 年，瑞士、德国、英国、意大利、法国等欧洲国家和澳大利亚、加

拿大的国际合作比例均在40%以上，瑞士高达51.1%的论文是与其他国家合作完成的。此外，中国有28.1%的论文与他国合作完成；美国的国际合作率仅有20.3%，这可能是其强大的技术实力所决定的；日本的国际合作率最低，仅有16.2%。

本节根据各国合作论文情况，构建了TOP10国家相互合作网络图。其中，方形代表各个国家，其大小代表各个国家发表论文数量的多少，线条粗细代表合作论文数量的多少。从网络图来看，美国是其他各国的主要合作国家，与德国、英国合作发表的论文数量较多。此外，英国、法国和德国之间的相互合作也较多（图9-6）。

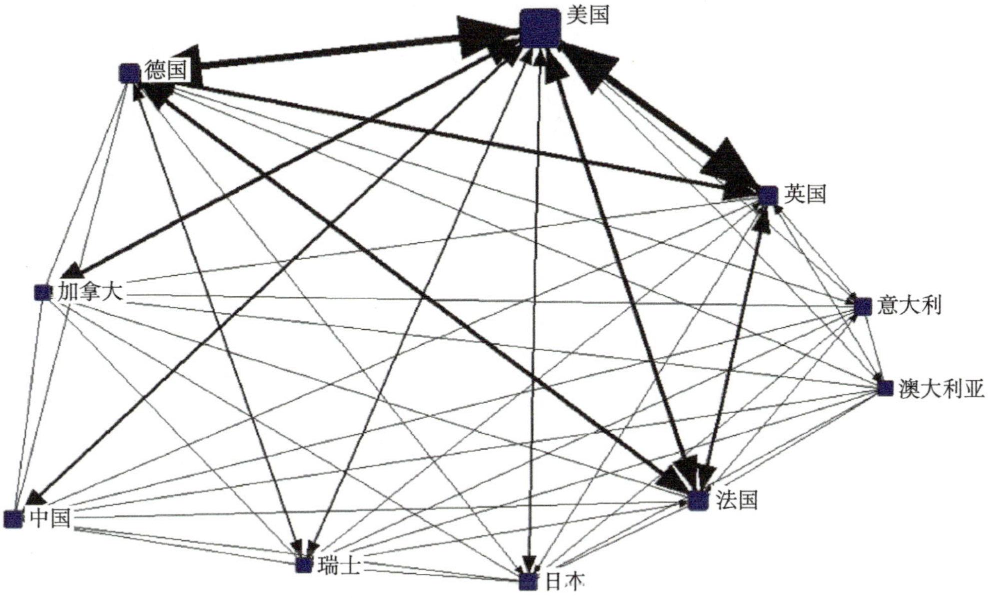

图 9-6　TOP10 国家相互合作网络图

4. 主要机构产出分析

1）从发文数量来看，美国机构表现突出

发文数量TOP20国际机构主要来自美国（9个）、英国（3个）、日本（2个）、中国、德国、法国、西班牙、俄罗斯等。排第一位的是美国加州大学系统，发文533篇；排第二位的是德国马普学会，发文321篇；美国的斯克利普斯研究所和中国科学院并列第三位，均发文191篇；法国国家科学研究中心和欧洲分子生物学实验室分列第四、五位，发文174篇和151篇（表9-4）。

从2015～2017年的发文数量占该机构论文总量的比例（产出比）来看，俄罗斯科学院近三年产出比高达20%；其次是中国科学院，为16%；剑桥大学和华盛顿大学均为15%。这说明上述机构近年来相对重视该领域的研究。

表 9-4　TOP20 机构发表论文情况

序号	主要机构	国家 / 地区	论文数量 / 篇	发文年度	2015～2017 年产出比 /%
1	加州大学系统	美国	533	1980～2018	11
2	马普学会	德国	321	1981～2018	13
3	斯克利普斯研究所	美国	191	1991～2018	7
4	中国科学院	中国	191	1996～2018	16
5	法国国家科学研究中心	法国	174	1987～2017	6
6	欧洲分子生物学实验室	欧洲	151	1981～2017	10
7	牛津大学	英国	140	1983～2017	9
8	华盛顿大学	美国	137	1989～2018	15
9	普渡大学	美国	132	1984～2018	10
10	东京大学	日本	129	1988～2018	12
11	贝勒医学院	美国	125	1989～2017	7
12	俄罗斯科学院	俄罗斯	118	1992～2017	20
13	西班牙国家研究委员会	西班牙	107	1992～2017	11
14	康奈尔大学	美国	102	1993～2017	13
15	威斯康星大学	美国	102	1993～2018	14
16	大阪大学	日本	99	1988～2017	5
17	英国医学研究理事会	英国	96	1991～2017	5
18	伊利诺伊大学	美国	96	1979～2018	11
19	哈佛大学	美国	94	1987～2016	3
20	剑桥大学	英国	87	1992～2018	15

进一步分析近十年[①]的主要研究机构的发文情况，结果发现发文数量排前二十位的机构并没有较大变化，加州大学系统和马普学会依然分列第一、二位，中国科学院的排上升到第三位。美国机构占据 7 个席位，英国机构占据两个席位，德国、瑞士、日本、法国、加拿大、西班牙、澳大利亚、丹麦、中国和俄罗斯等各占据一个席位（表 9-5）。

① 本章的近十年为2008～2017年。

表 9-5　近十年主要研究机构的发文情况

序号	主要机构	国家 / 地区	近十年论文数 / 篇
1	加州大学系统	美国	306
2	马普学会	德国	156
3	中国科学院	中国	145
4	华盛顿大学	美国	91
5	斯克利普斯研究所	美国	82
6	牛津大学	英国	80
7	法国国家科学研究中心	法国	76
8	东京大学	日本	75
9	康奈尔大学	美国	69
10	普渡大学	美国	66
11	俄罗斯科学院	俄罗斯	63
12	威斯康星大学	美国	61
13	瑞士联邦理工学院	瑞士	55
14	剑桥大学	英国	55
15	范德堡大学	美国	55
16	欧洲分子生物学实验室	欧洲	54
17	萨斯喀彻温大学	加拿大	53
18	西班牙国家研究委员会	西班牙	51
19	莫纳什大学	澳大利亚	51
20	哥本哈根大学	丹麦	51

2）美国主要研究机构的论文影响力明显高于世界平均水平

对近十年论文数量排前十位的机构篇均被引频次进行分析，并以该领域近十年所有发文的篇均被引频次作为基数，得到各个机构篇均被引频次与世界篇均被引频次的比值，结果如表 9-6 所示。普渡大学、加州大学系统、华盛顿大学和斯克利普斯研究所等美国机构的篇均被引频次明显高于世界平均水平，为世界平均水平的 1.8 倍以上；英国牛津大学、德国马普学会发表论文的篇均被引频次是世界平均水平的 1.5 ～ 1.6 倍；美国康奈尔大学发表论文的篇均被引频次略高于世界平均水平；法国国家科学研究中心发表论文的篇均被引频次略低于世界平均水平；日本东京大学和中国科学院发表论文的篇均被引频次明显低于世界平均水平，分别为世界平均水平的0.77和0.67。

表 9-6　主要机构近十年论文影响力分析

主要机构	国家	近十年论文数量 / 篇	篇均被引频次 / 次	篇均被引频次 / 世界篇均被引频次
加州大学系统	美国	306	34.1	1.88
马普学会	德国	156	28.6	1.58
中国科学院	中国	145	12.2	0.67
华盛顿大学	美国	91	33.4	1.84
斯克利普斯研究所	美国	82	33.0	1.81
牛津大学	英国	80	29.1	1.60
法国国家科学研究中心	法国	76	16.8	0.92
东京大学	日本	75	14.0	0.77
康奈尔大学	美国	69	19.8	1.09
普渡大学	美国	66	34.3	1.89

3）欧美机构发表的高被引论文数量最多，加州大学系统是该研究领域的佼佼者，高被引论文主要采用低温电子显微镜技术

对近十年ESI数据库排名前1%的192篇高被引论文的分析表明，这些论文主要来自欧美机构，并且其中大部分论文采用低温电子显微镜技术进行蛋白质结构解析。

其中，美国加州大学系统不仅论文总量排名第一，还独揽18篇高被引论文，其中9篇论文采用低温电子显微镜进行细菌、病毒、帕金森病等疾病相关的蛋白质结构，其余9篇文献主要研究小角X射线散射（small-angle X-ray scattering，SAXS）的计算评估以及提高单粒子低温电子显微镜分辨率等，这说明加州大学系统十分重视与人类疾病健康相关的研究，并且引领了同步辐射技术和低温电子显微镜技术的技术创新。德国马普学会排第二位，发表了11篇高被引论文；这些论文主要采用低温电子显微镜（9篇）、XFEL（1篇）、小角X射线散射和NMR结合（1篇）解析蛋白质结构。美国斯克利普斯研究所发表了10篇高被引论文，主要涉及采用低温电子显微镜（7篇）、X射线（2篇）和NMR（1篇）研究G蛋白偶联受体。英国医学研究理事会发表了8篇高被引论文，主要涉及利用低温电子显微镜研究哺乳动物呼吸道复合体以及人类γ-

分泌酶等蛋白质结构。清华大学发表了 8 篇高被引论文，主要涉及采用低温电子显微镜研究剪接体、离子通道以及核糖体等相关的蛋白质结构（表 9-7）。

表 9-7　近十年高被引论文主要发文机构

序号	机构	国家 / 地区	高被引论文数 / 篇	主要研究方向
1	加州大学系统	美国	18	采用低温电子显微镜进行细菌、病毒、帕金森病等疾病相关的蛋白质研究（9 篇）；小角 X 射线散射的计算评估（4 篇）；提高单粒子低温电子显微镜分辨率（2 篇）等
2	马普学会	德国	11	采用低温电子显微镜（9 篇）、XFEL（1 篇）、小角 X 射线散射和 NMR 结合（1 篇）解析蛋白质结构
3	斯克利普斯研究所	美国	10	采用低温电子显微镜（7 篇）、X 射线（2 篇）和 NMR（1 篇）研究 G 蛋白偶联受体
4	英国医学研究理事会	英国	8	利用低温电子显微镜研究哺乳动物呼吸道复合体以及人类 γ- 分泌酶等蛋白质结构（8 篇）
5	清华大学	中国	8	采用低温电子显微镜研究剪接体、离子通道以及核糖体等相关的蛋白质结构（8 篇）
6	欧洲分子生物学实验室	欧洲	6	采用低温电子显微镜研究人类免疫缺陷病毒（2 篇）和核孔复合物（1 篇）；建设小角散射生物数据库（1 篇）和欧洲 SAXS 实验装置研究（2 篇）
7	哈佛大学	美国	6	采用 NMR 研究膜蛋白结构（3 篇）；采用低温电子显微镜研究蛋白酶和炎症小体（2 篇）；单粒子低温电子显微镜研究（1 篇）
8	剑桥大学	英国	5	采用低温电子显微镜（3 篇）和 NMR（2 篇）研究蛋白质结构
9	华盛顿大学	美国	5	采用 NMR（3 篇）和低温电子显微镜（2 篇）解析蛋白质结构
10	瑞士联邦理工学院	瑞士	4	采用低温电子显微镜解析蛋白质结构（4 篇）
11	洛克菲勒大学	美国	4	采用低温电子显微镜解析蛋白质结构（4 篇）
12	牛津大学	英国	4	采用 X 射线（3 篇）和低温电子显微镜（1 篇）研究膜蛋白

4）主要机构之间的合作呈现地域合作为主的特点

全球 TOP20 机构之间的合作网络如图 9-7 所示。其中，美国机构与其他机构的合作论文数量较多，是合作网络的中心。美国的加州大学系统与斯克利普斯研究所合作最多，并且与华盛顿大学和贝勒医学院也有较多合作。此外，日本的东京大学和大阪大学的合作较多；马普学会、法国国家科学研究中心、欧洲分子生物学实验室、牛津大学和俄罗斯科学院等欧洲机构之间的合作也较多。总体而言，美国、日本、欧洲主要机构的合作主要集中在本地区。

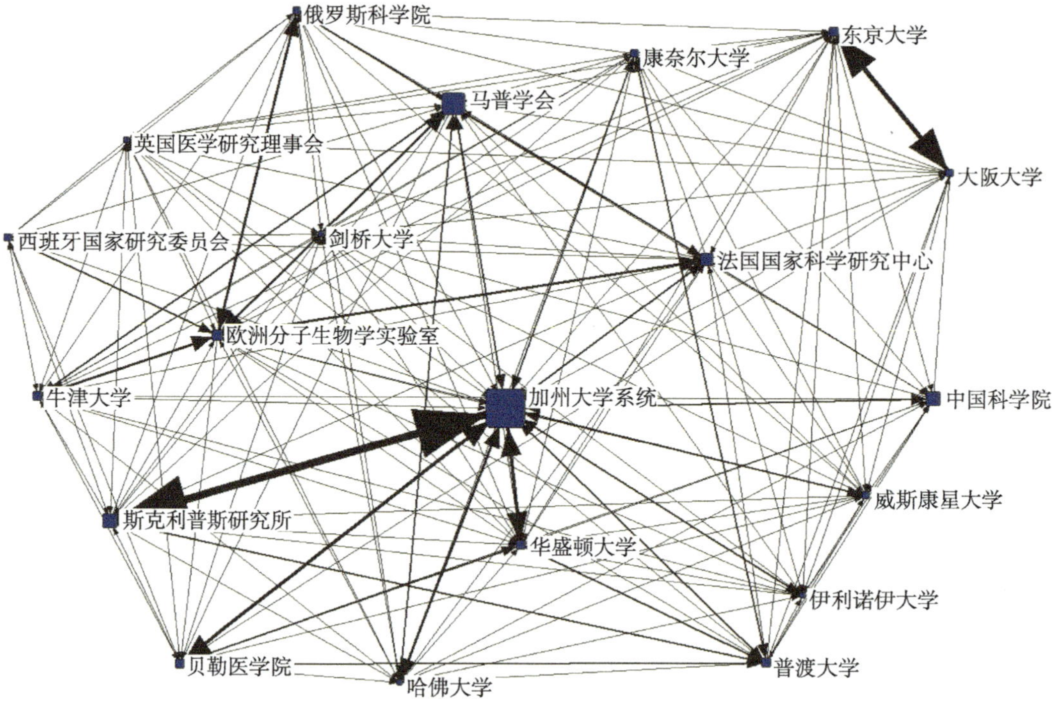

图 9-7　全球 TOP20 机构之间的合作网络

5. 主要学科演化分析

本节以 5 年为一个时间段，对 1998 ～ 2017 年的学科演化情况进行分析，结果如图 9-8 所示。以生物化学与分子生物学、生物物理学、细胞生物学、结晶学、生化研究方法和光谱学为代表的传统学科发文比例总体呈现下降趋势；以多学科科学、化学 & 多学科、化学 & 物理学、材料科学 & 多学科、物理学 & 原子 & 分子 & 化学为代表的新兴交叉学科发文比例总体呈现上升趋势，多学科交叉融合是该技术领域未来的发展方向。总体而言，1998 ～ 2017 年，蛋白质结构研究中的传统学科发文量比重逐渐下降，而多学科交叉成为未来的发展方向。

图 9-8　主要学科占比演化趋势

9.4.3 中国研究历程及现状

1. 中国的研究历程

根据中国蛋白质结构研究的论文数量的年度变化趋势，中国相关研究可以划分为以下三个阶段（图 9-9）。

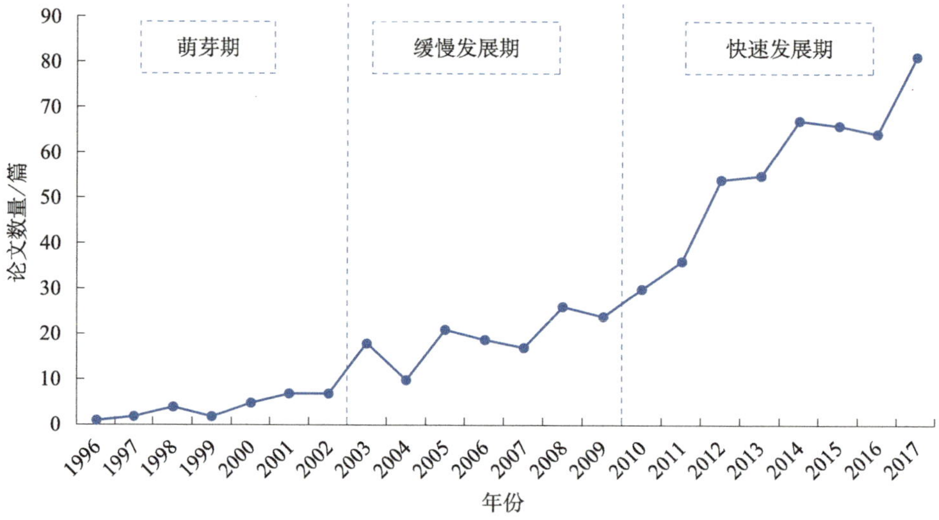

图 9-9 中国蛋白质结构研究的论文数量年度变化趋势

1）萌芽期（1996 ～ 2002 年）

中国于 1996 年开始发表相关论文，最早发表的论文来自中国科学院物理研究所，主要针对 X 射线衍射数据进行研究。1996 ～ 2002 年，中国发表的论文数量增长缓慢，年发表量不超过 10 篇。

2）缓慢发展期（2003 ～ 2009 年）

在该时期，中国每年发表的论文数量以 10 ～ 30 篇波动式增长。2008 年，北京大学的科研人员在 *PNAS* 期刊上发表的一篇采用低温电子显微镜技术研究伴侣蛋白酶结构的论文引起了世界的广泛关注，截至目前被 WoS 核心合集引用 92 次。

3）快速发展期（2010 ～ 2017 年）

在该时期，中国每年发表的论文数量总体呈现快速增长趋势，2017 年发表的论文数量达到 81 篇，为历年之最。这期间，我国发表的高被引论文数量达到 13 篇，说明中国已经出现了部分世界先进水平的研究成果。这些高被引论文主要采用低温电子显微镜技术解析蛋白质结构，只有 1 篇采用同步辐射技术研究蛋白质结构。其中，清华大学表现十分突出，包揽了 8 篇高被引论文，包括施一公团队采用低温电子显微镜技术研究剪接体的研究和高宁团队采用低温电子显微镜技术研究离子通道以及核糖体蛋白质结构等研究。

2. 中国的研究现状

1）中国科学院发表论文数量最多，清华大学和江南大学近三年的发文比例最高

国内发文量 TOP10 的机构如表 9-8 所示，中国科学院以 191 篇发文量排名第一，遥遥领先于其他机构；北京大学和清华大学分列第二、三位，发文量分别是 38 篇和 37 篇。从近三年的发文比例来看，清华大学和江南大学均以 38% 的比例排第一位；中国海洋大学和复旦大学分列第三、四位，占比分别是 29% 和 27%。说明这些机构近三年相关科研产出较多，比较重视该领域的研究。

2）国内主要研究机构的论文影响力普遍低于世界平均水平，从高被引论文数量来看，清华大学表现突出

从论文的篇均被引频次来看，华东理工大学和清华大学表现较为突出，篇均被引频次接近 21 次，但与同时期（1996 ～ 2018 年）世界论文的篇均被引频次比较，还存在较大的差距，均仅为世界平均水平的 0.66。中国科学院的发文量虽然最多，但篇均被引频次不及华东理工大学、清华大学和北京大学，仅为世界平均水平的 0.41。从发表的高被引论文数量来看，清华大学表现突出，发表了 8 篇高被引论文，在国内排第一位；中国科学院发表了 3 篇高被引论文，在国内排第二位，其他 TOP10 机构没有高被引论文。

表 9-8　TOP10 中国机构论文产出对比

机构	发文量 / 篇	发文年度	2016 ～ 2018 年的发文比例 /%	篇均被引频次 / 次	篇均被引频次与世界篇均被引频次的比值	高被引论文数量 / 篇
中国科学院	191	1996 ～ 2018	16	12.97	0.41	3
北京大学	38	1998 ～ 2017	11	15.79	0.50	0
清华大学	37	2008 ～ 2017	38	20.86	0.66	8
复旦大学	22	2003 ～ 2018	27	11.86	0.38	0
中国海洋大学	17	2012 ～ 2018	29	9.41	0.30	0
台湾清华大学	12	1997 ～ 2005	0	9.83	0.31	0
华东理工大学	11	2006 ～ 2016	9	20.91	0.66	0
浙江大学	10	2000 ～ 2016	10	10.80	0.34	0
中国农业大学	8	2001 ～ 2018	25	3.00	0.09	0
江南大学	8	2010 ～ 2017	38	8.38	0.27	0

9.4.4　国内外研究对比分析

1. 我国在蛋白质结构生物学领域的研究论文影响力总体较低

TOP10 国家论文篇均被引频次与世界篇均被引频次的比值分析如图 9-10 所示。其中，瑞士、德国、英国和美国代表的欧美发达国家论文影响力普遍高于世界平均水平，处于第一梯队。日本、意大利、加拿大、澳大利亚和法国的篇均被引频次为世界平均

水平的 0.6～0.9，处于第二梯队。中国论文的篇均被引频次仅为世界平均水平的 0.37，明显落后于其他国家。

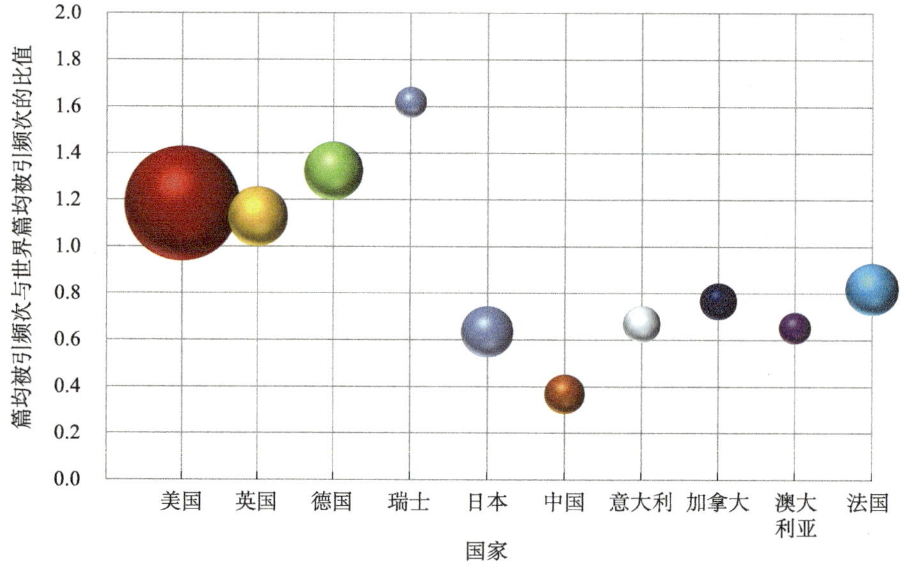

图 9-10　TOP10 国家论文篇均被引频次与世界篇均被引频次的比值分析

注：气球大小表示该国发表的论文数量的多少

2. 近十年我国在该技术领域的研究论文影响力有所提升，有部分研究成果表现突出

近十年 TOP10 国家的篇均被引频次与世界篇均被引频次的比值情况和高被引论文情况分析如图 9-11 所示。其中，美国表现十分突出，篇均被引频次是世界平均水平的 1.31 倍，高被引论文数量高达 88 篇。瑞士、英国和德国代表的欧洲发达国家虽然高水平论文数量不及美国，但是篇均被引频次接近美国，均在世界平均水平的 1.2 倍以上。中国虽然篇均被引频次最低，仅为世界平均水平的 0.65，但是中国的高被引论文数量仅次于美国、德国和英国，这说明近十年我国在该研究领域的论文影响力有所提升，虽然整体水平与欧美等主要发达国家相比还存在不少差距，但有部分论文的影响力已经进入全球排名 1% 行列。

3. 我国主要研究机构的论文影响力与世界主要机构相比差距较大，清华大学部分研究成果表现相对突出

中国科学院是近十年发文量排全球前十位中的唯一中国机构，清华大学是近十年持有高被引论文数量最多的中国机构，以这两个机构作为我国在该技术领域的代表机构，与其他发文数量排全球前十位的机构进行对比，分析这些机构近十年的论文影响力，结果如图 9-12 所示。其中，美国的加州大学系统、斯克利普斯研究所、华盛顿大学、普渡大学、英国的牛津大学和德国马普学会论文篇均被引频次是世界平均水平的 1.5 倍以上，表现十分突出。中国科学院和清华大学的论文篇均被引频次不到世界平均水平的 0.7，低

于其他机构。值得注意的是，清华大学虽然只发表了 37 篇论文，但是其中 8 篇属于高被引论文，仅次于加州大学系统、马普学会和斯克利普斯研究所，表现较为突出。

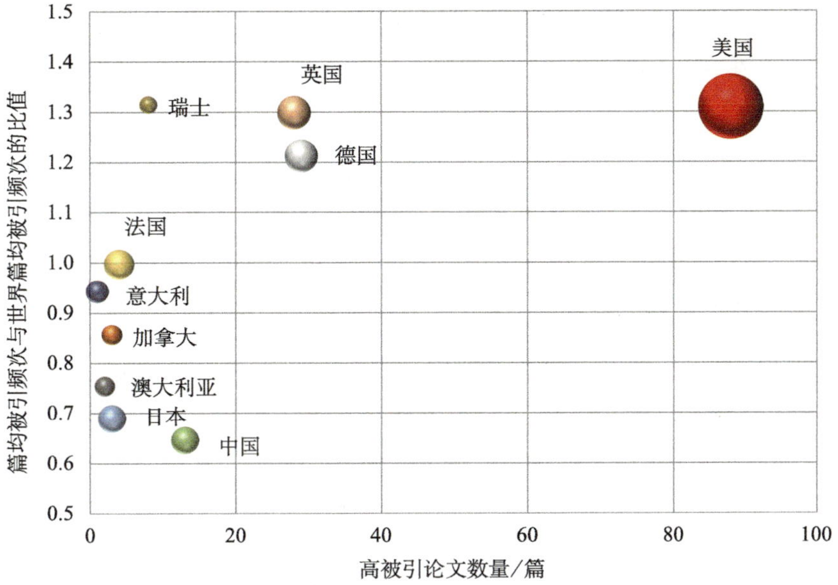

图 9-11　近十年 TOP10 国家论文影响力对比分析

注：气球大小表示该国近十年发表论文数量的多少

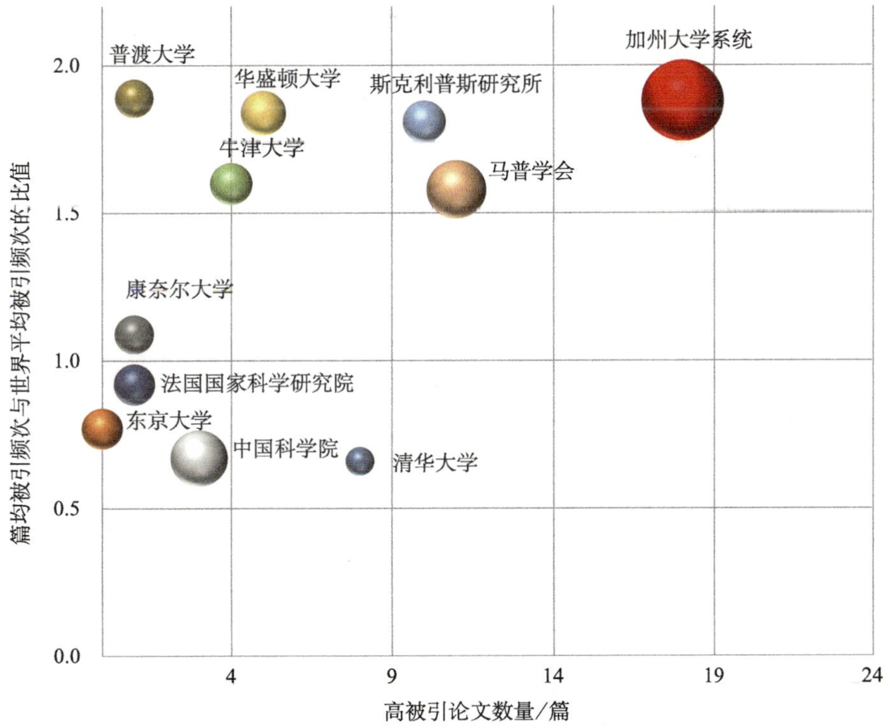

图 9-12　近十年主要机构的论文影响力对比分析

注：气球大小表示该机构近十年发表论文数量的多少

9.5 各国蛋白质研究设施技术发展分析

9.5.1 研究历程

根据专利发文趋势，蛋白质结构专利技术发展大致划分为以下三个阶段（图 9-13）。

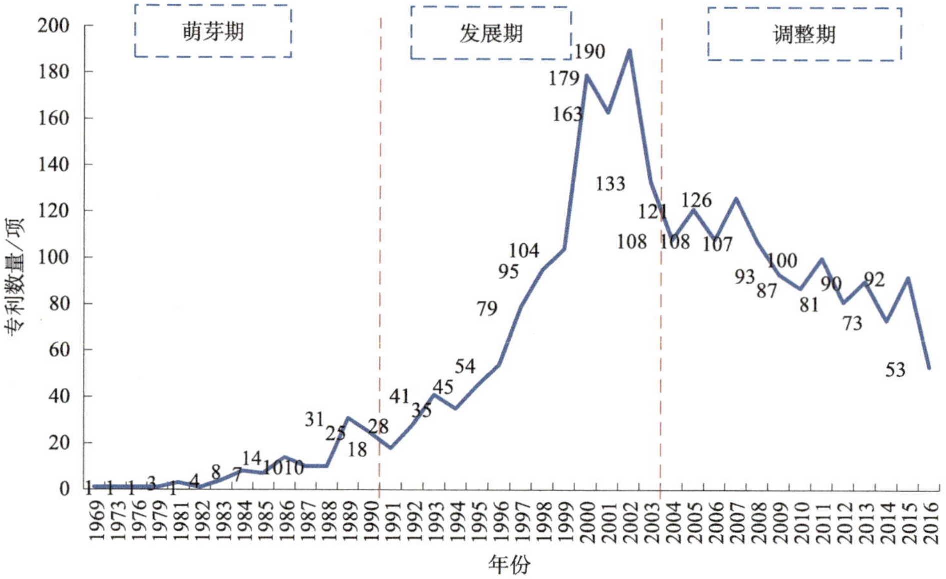

图 9-13 历年申请的专利数量趋势（采用最早优先权年数据）

（1）萌芽期（1969 ～ 1990 年）。从每年申请的专利数量来看，这一时期采用 X 射线、NMR 和低温电子显微镜技术进行蛋白质结构技术研发的专利数量逐渐增加，但年申请量不超过 40 项，处于萌芽期。

（2）发展期（1991 ～ 2002 年）。1990 年之后，采用 X 射线、NMR 和低温电子显微镜技术进行蛋白质研究的专利数量呈现快速增长趋势。2002 年申请的专利数量为历年之最，达到 190 项。

（3）调整期（2003 ～ 2016 年）。2003 年之后，采用 X 射线、NMR 和低温电子显微镜技术进行蛋白质研究的专利数量呈现波动式下降趋势，到 2016 年，申请的专利数量仅为 53 项。专利技术从申请到公开存在时滞现象，因此 2016 年专利数据可能失真。

9.5.2 研发现状

从专利申请的最早优先权国家 / 地区来看，这些专利主要集中在欧洲和美国，在欧洲申请的专利数量占全球总量的 46.5%，美国申请的专利数量占全球总量的 38.8%，欧美占据了全球 85.3% 的技术份额，优势十分明显。持有专利数量在 10 项以上的国家 / 地区如表 9-9 所示，其中中国申请了 14 项专利。

表 9-9　蛋白质结构相关专利的主要申请国家 / 地区（专利数量 10 项以上）

序号	国家 / 地区	专利数量 / 项
1	欧洲	1225
2	美国	1021
3	日本	85
4	加拿大	41
5	韩国	31
6	英国	18
7	中国	14
8	澳大利亚	11

从主要申请机构来看，持有专利 10 项以上的机构主要有 8 个，这些机构主要来自美国（3 个）、日本（3 个）、德国（1 个）和加拿大（1 个），美国、日本等国家的机构表现突出。其中，3 家机构为制药企业，4 家机构为来自美国或日本的研究机构或高校（表 9-10）。由此可见，在采用 X 射线、NMR 和低温电子显微镜技术三大技术进行蛋白质研究的技术领域中，制药研发是主体。

表 9-10　蛋白质结构相关专利的主要申请机构（专利数量 10 项以上）

主要研发机构	国家	所属行业或机构性质	专利数量 / 项
Affinium 制药公司	加拿大	制药	45
ZymoGenetics 公司	美国	制药	19
加州大学系统	美国	高校	17
日本钟化公司	日本	化工	12
拜耳公司	德国	制药	38
日本科学技术振兴机构	日本	研究机构	11
日本理化学研究所	日本	研究机构	10
美国斯克利普斯研究所	美国	研究机构	10

9.5.3　专利研发主题

从全球专利的主要研究内容和研究布局来看，该技术领域的主要研究热点集中在肺癌和乳腺癌相关蛋白质结构研究、糖尿病及自身免疫病相关蛋白质研究、单克隆抗体、炎症反应、蛋白质晶体结构分析、疫苗开发等相关研究。（图 9-14）。其中，欧美国家在相关领域申请了大量专利，而中国在该技术领域的专利布局较少。

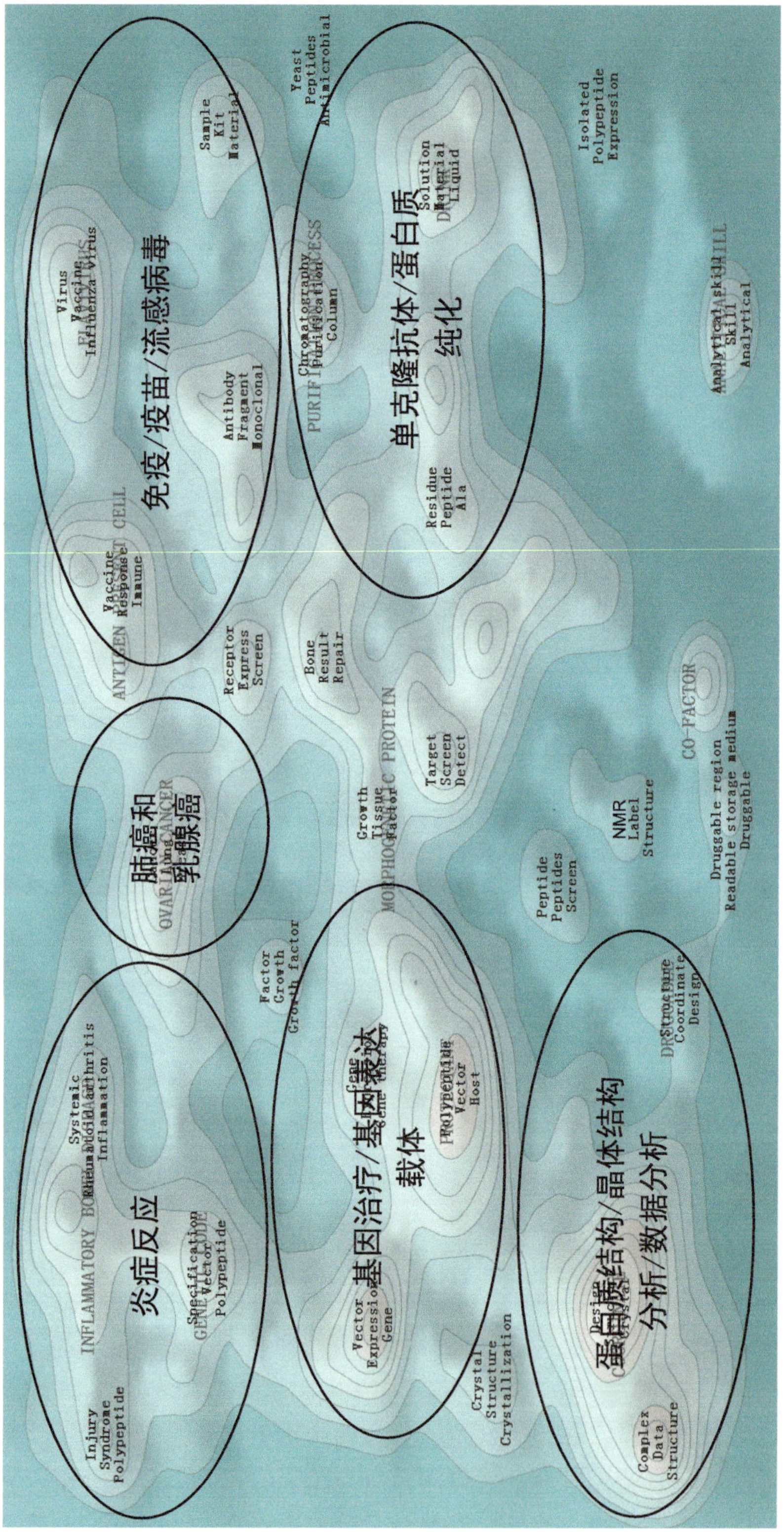

图 9-14　全球蛋白质结构生物学相关专利技术布局

9.5.4 核心专利分析

专利的被引频次从一定程度上可以说明专利的影响力和重要性，本节筛选了被引频次为 6 次及以上的专利作为核心专利进行进一步分析。通过上述方法，共获得 260 项核心专利，占该技术领域专利总数的 10% 左右，这些专利主要为在美国申请的专利，说明美国是重要的技术来源国和目标市场（图 9-15）。欧洲是排名第二的主要技术申请国家 / 地区，但其数量与美国相比，差距较大。中国仅有两项核心专利，与欧美的差距十分明显。

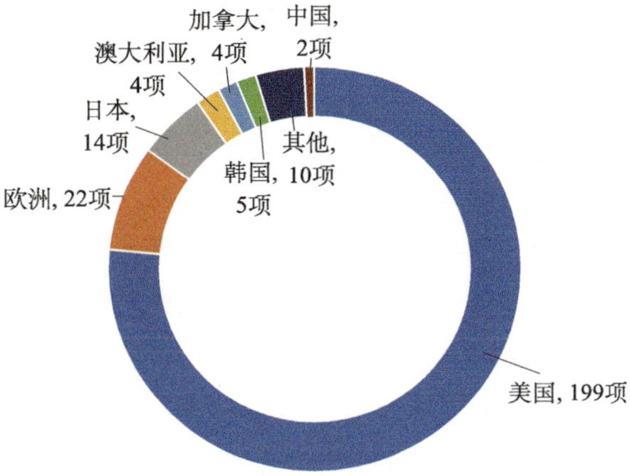

图 9-15 核心专利的主要申请国家 / 地区分布

进一步分析被引频次在 50 次以上的 28 项核心专利，结果发现，其中 24 项为美国专利，2 项为加拿大专利，1 项为日本专利，1 项为欧洲专利。这些核心专利主要集中在肿瘤药物研发、抗体及免疫应答、靶向治疗等医药健康领域。

9.6 启示与建议

（1）国际上非常重视蛋白质科学研究，依托大装置的蛋白质结构解析是各国当前蛋白质研究布局的重点。欧盟、美国、日本、中国等主要国家 / 组织纷纷牵头实施了蛋白质组计划，并从国家 / 地区层面实施了多个蛋白质研究计划或重大项目。世界上 90% 的蛋白质等生物大分子结构都是借助同步辐射等大型设备进行揭示的，因此这些大型装置对蛋白质研究尤其是晶体结构解析的作用可见一斑。欧盟、美国、日本等及我国纷纷依托同步辐射等大型装置，建立了大型蛋白质研究的基础设施。美国阿贡实验室围绕 APS 建设了蛋白质研究实验室 APCF。欧盟依托 ESRF 等成立了结构生物学联合体。日本围绕 SPring-8 开展了一系列蛋白质研究计划。我国围绕上海光源建设了国家蛋白质科学研究（上海）设施。

（2）我国应加强蛋白质数据的收集、计算以及平台建设。欧美十分重视蛋白质数据平台和超级计算中心建设，已在生物大数据领域进行了前瞻部署。美国已经建立了肿瘤相关的蛋白质组数据库，并将先进计算技术列入优先发展计划。欧盟及其成员国的研究设施战略中均明确了超级计算技术的重要性，并建立了高斯超级计算中心。美国加州大学系统和德国马普学会发表的高被引论文中涉及了蛋白质结构数据计算、模型和数据库建设相关内容。与发达国家相比，我国在生物尤其是蛋白质领域的数据库建设仍然比较滞后，鲜见相关高水平论文的发表。因此，我国未来应重视和加强蛋白质数据的收集、计算以及平台建设，这样才能在各国激烈的生物数据竞争中占有一席之地。

（3）我国应加强顶层设计，制定技术发展路线图，围绕重大科技基础设施，重点扶持具有国际竞争力的机构。由欧美的战略布局和机构产出关系来看，围绕国家的顶层设计，以重大科技基础设施和国家重点实验室为平台，国内顶级研究机构具体执行相关研究，可以同时提升国家和相关机构的竞争力水平。例如，美国加州大学系统是该研究领域的佼佼者，其论文数量和质量都遥遥领先，这主要得益于位于加州大学伯克利分校内的先进光源。该先进光源隶属于美国能源部的劳伦斯伯克利国家实验室，由加州大学系统负责运营，共有 8 条光束线可用于解析大分子晶体结构。劳伦斯伯克利国家实验室还成立了伯克利结构生物学中心，对其中 5 条用于高通量蛋白质晶体学研究的光束线进行管理和经营，并利用三维生物成像、蛋白质晶体学、生物样品的 X 射线显微术等技术开展相关研究。加州大学系统发表的 18 篇高被引论文中有 9 篇主要研究同步辐射装置的计算评估以及单粒子低温电子显微镜技术分辨率的提高，引领了同步辐射技术和低温电子显微镜技术的技术创新。再如，欧盟研究基础设施路线图涉及了欧洲 X 射线自由电子激光装置和高斯超级计算中心等，马普学会和欧洲分子生物学实验室作为欧洲顶级研究机构参与具体研究。马普学会发表的高水平论文涉及 XFEL 和 SAXS 技术，欧洲分子生物学实验室发表的高水平论文涉及建设小角 X 射线散射生物数据库等研究。因此，我国应加强顶层设计，制定技术发展路线图，围绕重大科技基础设施，重点扶持具有国际竞争力的机构。

（4）围绕重大科技基础设施，加强地域合作，形成研发集群效应。从图 9-7 可以看出，美国、日本、欧洲主要机构的合作主要集中在本地区。由于蛋白质结构生物学研究高度依赖于大型科技基础设施，科研机构之间的合作必须要考虑与大型基础设施的物理距离，所以我国应该在有潜力的研究机构聚集区域布局大型基础设施，以便于这些机构使用基础设施开展研究，也便于其相互之间开展合作，形成欧美发达国家呈现的研发集群。

（5）加快产业布局，重点扶持国内医药研发企业，使其加大在蛋白质结构解析领域的相关技术研发。从专利技术来看，欧美占据了全球 85.3% 的技术份额，优势十分明显，而我国在该技术领域的专利布局较少。该技术领域的主要研发机构来自美国、日本和欧洲，其中药物研发机构表现突出。该技术领域的主要研究热点集中在肺癌和乳腺癌相关蛋白质结构研究、多肽载体宿主研究、蛋白质结晶、蛋白质结构数据等方面。该技术领域的核心专利集中在美国，说明美国是重要的技术来源国和目标市场。被引频次在50次以上的28项核心专利主要为美国专利，这些核心专利主要集中在肿瘤药物研发、抗体及免疫应答、靶向治疗等医药健康领域，这些与人体健康和医药研发相关的方向都是欧美发达国家重点部署的技术领域。从专利年度产出数量来看，该技术领域目前处于调整期，中国应该借助这个时机追赶欧美，加快在该技术领域的研发布局。

致谢：中国科学院高能物理研究所董宇辉研究员、中国科学院生物物理研究所叶盛副研究员对本章的初稿给予了有价值的修改意见，谨致谢忱！

第十章 基于高性能计算设施的产出及影响分析

唐 川 房俊民 张 娟 田倩飞

（中国科学院成都文献情报中心）

10.1 高性能计算设施的定义及特点

10.1.1 高性能计算设施的定义

高性能计算（high performance computing，HPC）设施或超级计算（supercomputing，SC）设施是利用先进的、具有超强计算能力的计算系统来理解和解决现实问题的工具。

在计算领域，高性能计算与超级计算是两个相近又易混淆的概念，有许多相关定义，但还没有一个获得学术界、工业界和应用团体的认可。超级计算与高性能计算都是能进行并行数值计算和数据处理的大规模运算，但又有一定区别。超级计算以计算速度为第一追求目标，特点是最快的速度、最大的存储、最庞大的体积、最昂贵的价格，主要被专业用户用于科学计算，标准测试的重点为浮点运算速度测试。高性能计算更倾向于追求综合性能，将超级计算追求单一计算指标转变为追求高性能的综合指标，被更多地用于数值计算和数据处理，更倾向于走产业化发展道路，标准测试趋于综合性能测试。

从发展历史看，超级计算的概念形成于 20 世纪 70 年代，并随着其应用面的扩大，在 80 年代衍生出高性能计算，而高性能计算又把超级计算推向了更多领域。到今天，大多数情况下，人们把这两者结合起来作为广义的高性能计算，而超级计算可以看作是高端的高性能计算。国际相关领域对超级计算与高性能计算这两个词汇的应用没有严格规定，因此通常将二者视为同一概念。除非特别说明，本书将按照参考文献的用法使用这两个词汇。

10.1.2　全球超级计算 TOP500 国家分布

截至 2017 年 6 月，全球性能最强大的 TOP500 超级计算设施中（图 10-1、图 10-2），美国和中国分别拥有 168 套和 160 套系统，遥遥领先其他国家 / 地区（表 10-1，表 10-2）。

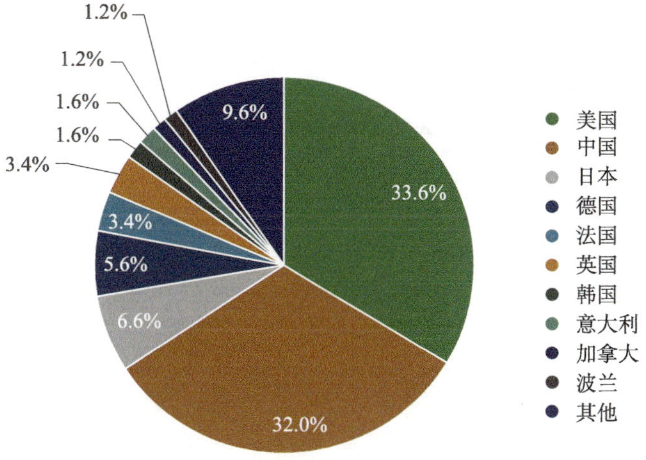

图 10-1　全球超级计算 500 强国家分布——按系统数量（截至 2017 年 6 月）

注：因四舍五入，数据加和不为 100.0%

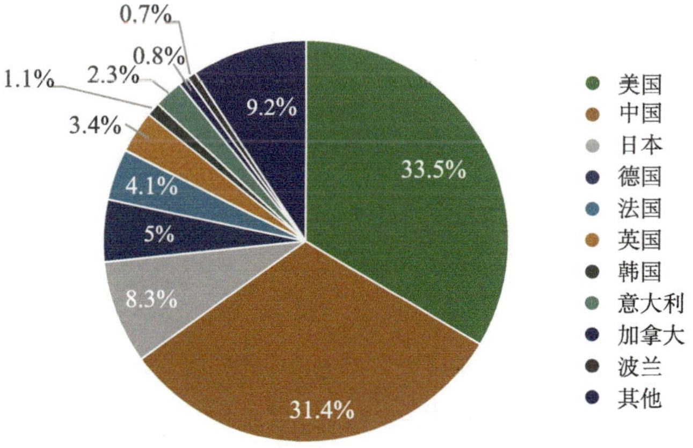

图 10-2　全球超级计算 500 强国家分布——按计算性能（截至 2017 年 6 月）

注：因四舍五入，数据加和不为 100.0%

表 10-1　全球超级计算机 TOP10（截至 2017 年 6 月）

排名	系统	机构	国家	计算内核数量	LINPACK 测试峰值性能 /GFlops	理论峰值性能 /GFlops	能耗 /kW
1	神威·太湖之光	国家超级计算无锡中心	中国	10 649 600	93 014.60	125 435.90	15 371
2	天河二号	中国人民解放军国防科技大学国家超级计算广州中心	中国	3 120 000	33 862.70	54 902.40	17 808
3	Piz Daint	瑞士国家超级计算中心（Swiss National Supercomputing Centre，CSCS）	瑞士	361 760	19 590.00	25 326.30	2 272
4	Titan	DOE/ 科学办公室 / 橡树岭国家实验室	美国	560 640	17 590.00	27 112.50	8 209
5	Sequoia	DOE/ 国家核安全管理局（National Nuclear Security Administration，NNSA）/ 洛斯·阿拉莫斯国家实验室	美国	1 572 864	17 173.20	20 132.70	7 890
6	Cori	DOE/ 科学办公室 / 劳伦斯伯克利国家实验室 / 国家能源研究科学计算机中心（National Energy Research Scientific Computing Center，NERSC）	美国	622 336	14 014.70	27 880.70	3 939
7	Oakforest	高级高性能计算联合中心（Joint Center for Advanced High Performance Computing）	日本	556 104	13 554.60	24 913.50	2 719
8	K computer	日本理化研究所计算科学研究机构（Advanced Institute for Computational Science，AICS）	日本	705 024	10 510.00	11 280.40	12 660
9	Mira	DOE/ 科学办公室 / 阿贡国家实验室	美国	786 432	8 586.60	10 066.30	3 945

续表

排名	系统	机构	国家	计算内核数量	LINPACK 测试峰值性能 /GFlops	理论峰值性能 /GFlops	能耗 /kW
10	Trinity	DOE/NNSA/ 洛斯阿拉莫斯国家实验室 / 桑迪亚国家实验室（Sandia National Laboratories，SNL）	美国	301 056	8 100.90	11 078.90	4 233

表 10-2　全球超级计算机 TOP500 国家分布（截至 2017 年 6 月）

国家	系统数量 / 套	所占比例（按系统数量）/%	LINPACK 测试峰值性能 /GFlops	理论峰值性能 / GFlops	计算内核数量
美国	168	33.6	250 904 433	366 319 668	12 207 986
中国	160	32.0	235 115 292	406 993 366	20 925 100
日本	33	6.6	62 481 816	91 275 837	7 242 076
德国	28	5.6	37 497 153	47 583 121	1 598 152
法国	18	3.6	25 722 027	32 378 441	1 166 988
英国	17	3.4	30 717 835	36 231 323	1 229 176
韩国	8	1.6	8 534 877	12 016 411	293 968
意大利	8	1.6	17 308 313	25 930 658	683 112
加拿大	6	1.2	5 612 415	10 146 305	261 184
波兰	6	1.2	5 739 053	7 666 938	190 324
沙特阿拉伯	6	1.2	10 062 165	14 404 496	418 168
瑞典	5	1.0	4 029 796	5 580 001	139 936
印度	4	0.8	2 703 926	3 935 693	103 116
荷兰	4	0.8	3 322 302	4 995 072	134 400
澳大利亚	4	0.8	3 947 448	4 973 619	208 632
奥地利	3	0.6	1 695 732	2 452 275	80 000
芬兰	3	0.6	2 334 588	3 426 816	86 976
俄罗斯	3	0.6	3 662 012	5 491 801	141 284
瑞士	3	0.6	21 716 281	27 674 706	472 224
巴西	2	0.4	907 023	1 315 540	27 828
丹麦	2	0.4	944 143	1 359 187	34 776
爱尔兰	2	0.4	1 638 320	2 903 962	75 624
比利时	1	0.2	548 000	619 315	16 128
新西兰	1	0.2	549 117	864 000	21 600

续表

国家	系统数量 / 套	所占比例（按系统数量）/%	LINPACK 测试峰值性能 /GFlops	理论峰值性能 / GFlops	计算内核数量
挪威	1	0.2	953 571	1 081 651	32 192
新加坡	1	0.2	1 010 000	1 285 939	30 912
南非	1	0.2	1 029 320	1 366 810	32 856
捷克	1	0.2	1 457 730	2 011 641	76 896
西班牙	1	0.2	6 227 200	9 957 427	148 176

10.2　各国家和地区高性能计算设施的发展战略

10.2.1　美国

2015 年 7 月 29 日，美国总统奥巴马签发行政令，正式启动美国国家战略性计算计划（National Strategic Computing Initiative，NSCI）①，旨在使HPC研发与部署最大限度地造福于经济与科学发现。

NSCI 要求加快建设可实际使用的百亿亿次计算系统，并创建一个可持续的公私合作关系，确保 HPC 研发的利益最大化，并实现美国政府、产业界、学术界间的利益共享。NSCI 确立了相关的领导机构、基础研发机构和部署机构。领导机构负责开发和交付下一代集成式 HPC，并参与针对软硬件开发的支持，以及针对 NSCI 各项目标的人力资源开发。基础研发机构负责基础科学发现工作与相关的工程研发，为 NSCI 各项目标的实现提供必要的支持。部署机构负责制定基于任务的 HPC 需求，为新型 HPC 系统的设计提供参考，同时负责就目标需求向私营部门和学术界征求建议（表 10-3）。

表 10-3　各部门与机构在 NSCI 中的角色与职责

分类	各机构的角色	机构具体责任
领导机构	DOE	下属的科学办公室与国家核安全署联合开展一项通过百亿亿次计算实现先进仿真的项目，并重点实现相关应用的可持续性，以及有助于完成任务的分析性计算
	NSF	将在推动科学发现进展、打造 HPC 生态系统、人力资源开发等方面发挥核心作用
	DOD	重点研发数据分析型计算。DOE、NSF、DOD 三所领导机构同其他基础研发机构和部署机构合作，实现 NSCI 各项目标并为联邦政府的各种需求提供支持

① Obama B. Executive Order–Creating a National Strategic Computing Initiative. https://www.whitehouse.gov/the-press-office/2015/07/29/executive-order-creating-national-strategic-computing-initiative?from=groupmessage&isappinstalled=0[2015-07-29].

续表

分类	各机构的角色	机构具体责任
基础研发机构	情报高级研究计划署（Intelligence Advanced Research Projects Activity，IARPA）	重点研发面向未来的计算范式，实现标准半导体计算技术的替代方案
	国家标准与技术研究院（National Institute of Standards and Technology，NIST）	重点推动测量科学的发展，为未来计算技术提供支持。IARPA、NIST 两所基础研发机构与部署机构开展协作，实现研发成果的有效转化，为联邦政府的各种需求提供支持
部署机构	NASA 联邦调查局（Federal Bureau of Investigation，FBI）NIH 国土安全部（Department of Homeland Security，DHS）NOAA	这些机构参与新型高性能计算系统、软件和应用的早期设计及协同设计过程，以将与自身任务相关的具体需求反映到设计中，并参与相关测试、人力资源开发等工作，确保相关成果在其任务中得到有效部署

2016 年 7 月，NSCI 执行理事会发布《国家战略性计算计划战略规划》①，在维持 NSCI 既定战略发展目标和政府机构角色的基础上，进一步明确了各机构在每一项发展目标中的具体责任（表 10-4）。

表 10-4　各政府机构在战略发展目标①～⑤中的具体责任

目标序号	目标内容	机构名称	机构具体责任
目标①	加快可实际使用的百亿亿次计算系统的交付	DOE	与 NSC1 参与机构合作，确定一系列面向政府目标的应用，并针对每项应用制定定量的绩效评估方法
			与产业界合作。确定并开发方案来应对技术挑战，支持各机构实现百亿亿次计算
			部署下一代高性能计算系统，如美国橡树岭国家实验室、阿贡国家实验室与劳伦斯利弗莫尔国家实验室合作打造的“珊瑚”（Collbarataon of Oak Rige, Argomne, and Lvermor, CORAL）系统，以探索高性能计算面临的技术挑战，分析和应对 DOE 与 NASA 亟须解决的目标问题
			领导下一代高性能计算的算法、系统软件研发，针对 DOE 目标开发可持续应用
			与 DOD 协调，确保针对高性能计算的未来技术能被适当地纳入百亿亿次系统中
		DOD	合作设计先进架构并开发硬件，引领对算法、系统软件和可持续应用的探索

① Holdren J P，Donovan S. National Strategic Computing Initiative Strategic Plan. https://www.whitehouse.gov/sites/whitehouse.gov/files/images/NSCI%20Strategic%20Plan.pdf[2016-07].

续表

目标序号	目标内容	机构名称	机构具体责任
目标①	加快可实际使用的百亿亿次计算系统的交付	NSF	确定与 NSCT 相关的科学与工程前沿，总结由 NSCI 计划激发的科学发现进展
			推进计算与数据应用，促进科学与工程及相关的软件技术
			推进应用与系统软件技术的根本研究，促进编程能力和再利用性，确保高可扩展性和准确度
		IARPA	通过 IARPA 在超导、机器学习、后摩尔定律方面的研究工作。支持百亿亿次计算，努力实现计算系统性能增强 100 倍的目标
		NIST	打造关键使能平台，推动新颖设备架构和计算平台的开发与测试
			针对未来计算技术的物理与材料特征，推进测量科学
			充分利用物理学、材料设计和测量工具等，解决高性能计算平台中潜在的逻辑、存储与系统问题
			针对下一代计算系统和网络的健壮性与安全性制定方法、标准和指南
			创建并评估量化技术，评估下一代计算系统结果的可靠度与不确定性
		NASA	协同设计百亿亿次计算系统
目标②	加强建模和仿真技术与数据分析计算技术的融合	DOE	促进先进高性能数据分析能力的设计与开发，支持软件和数据科学的生态系统，增强建模仿真与数据分析计算的技术基础的融合
		NSP	打造具备高互操作性、协作性和数据密集的高性能计算生态系统．支持 NSF 科学前沿，加大学术团体的参与度
			推进科学与工程前沿中的计算与数据应用、软件技术等
		NASA	促进模报与数据分析计算的协同，支持 NASA 在地球与空间科学、航天研究和空间探案中的大数据与大计算应用
		NIH	引领计算方法、算法和可持续软件应用的开发，充分利用 NSCI 并推进生物医学研究
		NOAA	进一步利用大数景完成研究、建模及预演任务，为 NOAA 用户提供创新产品
目标③	未来 15 年，为未来高性能计算系统甚至后摩尔时代的计算系统研发开辟一条可行途径	NSF	探索多样化的科学难题与机遇，推进未来高性能计算
			促进新颖设备和前沿技术的利用，满足前沿科学需求
			与其他机构合作，通过一系列基础研究项目实现 NSCI 目标
		IARPA	持续引领除标准半导体计算技术外的基础研究
			充分利用超导、量子、神经形态和机器学习方面的研究，有效部署数字化计算范式难以完成的应用
			投资于后摩尔定律技术，支持 NSCI 战略目标

续表

目标序号	目标内容	机构名称	机构具体责任
目标③	未来15年，为未来高性能计算系统甚至后摩尔时代的计算系统研发开辟一条可行途径	NIST	打造关键使能平台，推动新颖设备架构和计算平台的开发与测试
			针对未来计算技术的物理与材料特征，推进测量科学
			充分利用物理学、材料设计和测量工具等，解决高性能计算平台中潜在的逻辑、存储与系统问题
			针对下一代计算系统与网络的健壮性与安全性，制定方法、标准和指南
			创建并评估量化技术，评估下一代计算系统结果的可靠度与不确定性
		NASA	参与后摩尔定律研究，研究量子计算、纳米技术和其他相关技术
目标④	实施整体方案，综合考虑联网技术、工作流、向下扩展、基础算法与软件、可访问性、劳动力发展等诸多因素的影响，提升可持续国家高性能计算生态系统的能力	DOE	最大化地利用百亿亿次级计算系统
		DOD	NSCI计算环境使得DOD采购人员能解决科学与技术问题，满足任务需求
		NSF	支持广大用户团体的基础高性能计算培训，支持计算与数据科学家的职业生涯发展
			加强产业界与学术界的参与度
			支持广泛部署NSCI技术，提升高性能计算生态系统的容量与能力
			引领国内外合作，推动计算科学与工程的变革发展
		NASA	参与跨机构项目，协调优化国家高性能计算基础设施，在协作计算、大规模数据分析与可视化环境、大规模观测数据设施和健壮的全国网络中融入NASA的经验
		NIH	参与跨机构项目，协作开发NSCI技术和算法，引领计算算法和可持续软件应用的研发
		NOAA	与DOE、NSF合作以升级高性能计算系统，持续投资于软件工程，提升数值模型的性能和可移植性，以更好地完成天气预报、气候研究和海岸研究等
目标⑤	创建一个可持续的公私合作关系，确保高性能计算研发的利益最大化，并实现美国政府、产业界、学术界间的利益共享	NSF	通过小企业创新研究（Small Business Innovation Research，SBIR）项目、小企业技术转移项目（Small Business Technology Transfer，SBTT）、产业/高校合作研究中心、创新合作伙伴等推进产业创新和产学合作

10.2.2 欧盟

2015 年 9 月，欧洲高性能计算技术平台（ETP4HPC）与 PRACE 计划联合启动为期 30 个月的"欧洲极限数据与计算行动计划"（EXDCI），以实现欧洲最重要的三大 HPC 设施的联合。EXDCI 通过"地平线 2020"计划被拨款 1.4 亿欧元[①]，资助开展 21 项新的 HPC 项目[②]和建设 8 所新的计算卓越中心（CoE）[③]，以解决 HPC 系统面临的诸多挑战（表 10-5、表 10-6）。

表 10-5　2015 年 9 月获得"地平线 2020"计划资助的 HPC 项目

分类	项目名称	资助额度/万欧元	项目周期/年	牵头国家
研究与创新行动	ALLScale：创建一个基于嵌套递归并行性的百亿亿次编程、多目标优化与弹性管理环境	336.6	3	奥地利
	ANTAREX：面向高能效百亿亿次 HPC 系统的自调谐与自适应方案	311.5	3	意大利
	ComPat：面向高性能多尺度计算的计算范式	394.2	3	荷兰
	ECOSCALE：百亿亿次高能效异构计算	423.7	3	希腊
	ESCAPE：面向百亿亿次天气预测的高能效可扩展算法	397.7	3	英国
	ExaFLOW：实现百亿亿次流体动力学模拟	331.2	3	瑞典
	ExaHyPe：百亿亿次双曲偏微分方程引擎	279.5	4	德国
	ExaNest：欧洲百亿亿次系统互联与存储	844.2	3	希腊
	ExaNode：欧洲百亿亿次处理器内存节点设计	862.9	3	法国
	ExCAPE：百亿亿次化合物活动预测引擎	391.0	3	比利时
	EXTRA：研发具备可重构架构的百亿亿次技术	398.9	3	比利时
	GreenFLASH：绿色闪存，面向实时科学研究的高能效高性能计算	376.0	3	法国
	INTERTWinE：适用于百亿亿次计算的编程模型的互操作性	386.1	3	英国
	MANGO：研究面向下一代 HPC 系统的众核架构	580.1	3	西班牙

① European Commission. EU Invests €140 Million for World Leadership in Supercomputing Technologies and Applications. https://ec.europa.eu/digital-agenda/en/news/eu-invests-eu140-million-world-leadership-supercomputing-technologies-and-applications[2015-10-02].

② European Commission. 21 New H2020 High Performance Computing Projects. http://ec.europa.eu/programmes/horizon2020/en/news/21-new-h2020-high-performance-computing-projects[2015-09-14].

③ European Commission. Eight New Centres of Excellence for Computing Applications. http://ec.europa.eu/programmes/horizon2020/en/news/eight-new-centres-excellence-computing-applications[2015-09-23].

续表

分类	项目名称	资助额度/万欧元	项目周期/年	牵头国家
研究与创新行动	MontBlanc-3：基于低功耗嵌入式技术的欧洲可扩展与节能 HPC 平台	796.8	3	法国
	NextGenIO：面向百亿亿次计算的下一代输入/输出端口	811.4	3	英国
	NLAFET：面向未来极端规模计算系统的并行数值线性代数	390.7	3	瑞典
	READEX：面向高能效百亿亿次计算的应用动态的运行时间利用	353.4	3	德国
	SAGE：面向以数据为中心的百亿亿次计算的知觉存储	788.2	3	英国
协调与支撑行动	EXDCI：欧洲极限数据与计算项目	255.1	2.5	比利时
	Eurolab-4-HPC：欧洲高性能计算系统卓越研究中心基地	148.9	2	瑞典

表 10-6　2015 年 9 月获得“地平线 2020”计划资助的面向计算应用的 CoE 项目

项目名称	主要研究方向	（资助/年限）/（万欧元/年）	牵头国家
EoCoE：面向计算机应用的能源导向的卓越中心	原材料、水资源、聚变能源等可再生能源领域的高性能计算与模拟	540.3/3	法国
BioExcel：生物分子学研究卓越中心	蛋白质、DNA、糖类、膜、小分子等生物体组件的结构与功能研究	478.2/3	瑞典
NoMaD：新材料开发实验室	物理学、材料科学、量子化学等跨学科领域的原子模拟和多尺度建模，材料科学的“大数据分析”	491.0/3	德国
MaX：百亿亿次级材料设计卓越中心	百亿亿次计算硬件支撑，材料模拟推动科学研究和产业创新实践	406.8/2.5	意大利
ESiWACE：欧洲天气与气候模拟卓越中心	利用 HPC 平台，提高数字天气预报和气候模拟的效率	495.1/4	德国
E-CAM：面向建模与仿真软件、培训与咨询的信息化基础设施	创建、开发和维护欧洲计算科学基础设施，开展多尺度的建模与仿真分布式研究	483.6/5	爱尔兰
POP：性能优化与生产力卓越中心	提供性能优化的精确评估服务	404.8/3	西班牙
COEGSS：全球系统科学卓越中心	高性能数据分析、全球性风险和机遇实施评估	446.9/3	德国

10.2.3　日本

2013 年 12 月 24 日，日本文部科学省推出了百亿亿次超级计算机研制项目，旨在保持日本在计算科学和技术领域的领先优势。新的超级计算机后“京”（Post-K）于

2020 年投入使用，速度是日本曾经最快的超级计算机“京”的 100 倍[①]。

该项百亿亿次超级计算机研制项目被日本文部科学省列为“旗舰 2020 计划”（Flagship 2020 Project），由日本理化研究所计算科学研究机构负责实施。2015 年 8 月，日本文部科学省公布的 2016 年预算显示，该计划 2016 年获得了 76 亿日元的拨款，比前一年的 39 亿日元增加了近一倍[②]。

后“京”的研发秉持四项基本设计方针[③]：能解决实际的社会和科学问题；在能效方面具备国际竞争力；最大限度地利用前任“京”确立的技术、人才和应用；2020 年以后也能针对半导体技术的发展实现有效的性能扩展。基于这四项方针，后“京”的开发通过系统与应用的协同设计（co-design）进行，一是开发下一代超算系统后“京”，二是面向后“京”的使用，开发相应的应用，以解决革命性新药开发、计算生命科学、灾害预测、气象预测、绿色能源系统实用、宇宙演化分析等 9 项重要的社会和科学问题。

后“京”的开发分为四个方面：架构开发、协同设计推进、系统软件开发、应用开发。日本理化研究所计算科学研究机构为此设立了 4 个专职研发团队。后“京”需要解决的下一代技术挑战包括：①通过协同设计（各应用程序的算法改进与最佳架构设计同时进行），提高多数应用程序的运行性能并降低其功耗。②通过优化芯片内部电路，打造具备高能效的超算系统。③利用已有的开源软件开发先进的系统软件，同时通过国际合作，实现稳定安全的软件开发，在开源软件群基础上构建 HPC 系统。④开发能用于超大规模（1000 万以上的内核）并行计算的高效系统软件。⑤构建适用于超大规模并行计算的高效编程环境。

后“京”的研发由日本理化研究所和富士通公司共同承担。从计划的日程来看，后“京”的研发于 2014 年启动，2014 年主要是基本设计阶段，2015 年开始进入详细设计阶段，2017 年完成详细设计，2018 年完成制造并开始量产，2019 年进行设置和调整，2020 年投入运行。不过，2016 年 9 月，在美国奥斯汀举行的 HPC 用户论坛上，该项目负责人——日本理化研究所的石川裕表示，正式运行的时间可能延后 1 ～ 2 年，但并未说明延后的原因。有报道称，延后的原因可能是半导体设计问题，也就是说，可能是用于后“京”的互补金属氧化物半导体（complementary metal oxide

① O’Neal T. RIKEN Wins Grant for Exascale Supercomputer Project. http://www.supercomputingonline.com/latest/57657-riken-wins-grant-for-exascale-supercomputer-project[2015-09-23].

② 平成28年度概算要求の概要. http://www.mext.go.jp/component/b_menu/other/__icsFiles/afieldfile/2015/08/27/1361292_2.pdf[2015-08-27].

③ 文部科学省研究振興局.フラッグシップ—2020プロジェクト　について. http://www.mext.go.jp/b_menu/shingi/chousa/shinkou/035/shiryo/__icsFiles/afieldfile/2014/07/29/1350309_03_1.pdf[2014-07-29].

semiconductor，CMOS）制造技术尚不成熟，或者是芯片开发的时间比预期要长[①]。

10.2.4 中国

为在与各国的高性能计算竞争中进一步取得先机，中国已将百亿亿次超级计算机及相关技术的研究写入了国家“十三五”规划，希望在2020年左右实现这一宏伟研究计划。在国家“十三五”高性能计算专项课题中，中科曙光、国防科技大学以及国家并行计算机工程技术研究中心同时获批牵头E级超算的原型系统研制项目。

2016年7月，由国防科技大学同国家超级计算天津中心联合开展的中国新一代百亿亿次超级计算机样机研制工作启动[②]。计划研制的超级计算机的主要特点就是突出全自主——自主芯片、自主操作系统、自主运行计算环境。该项工作的第一阶段是样机研制，重点是突破百亿亿次超级计算机的关键技术难题。该项工作已经完成。根据规划，拟开发的超算系统的运算性能将是“天河一号”的200倍。除了计算能力的扩展，更重要的是技术的突破，其计算密度、单块计算芯片计算能力、内部数据通信速率都将得到极大提升。而且，它将是国内自主化率最高的超算系统。我国自主研发的CPU、高速互联通信系统、操作系统等都将投入使用。

2016年7月，中科曙光对外宣布正式启动由其牵头的E级高性能计算机原型系统研制项目[③]。项目将在体系结构、计算、存储、网络、系统软件、系统冷却和可靠性等方面对未来E级超算的建设进行有益探索。其不仅要在能效等关键技术上取得突破，更要应对生态环境、可靠性、应用编程、存储、多领域应用的融合等多方面挑战。该预研项目的任务目标是完成E级原型计算机系统，验证E级计算机研制的关键技术和路线图，形成E级计算机的完整方案，为国产E级超算的研制奠定技术基础。

2016年11月，由国家并行计算机工程技术中心牵头、落户在国家超级计算济南中心的中国新一代超级计算机项目“神威E级计算机原型系统”项目正式启动[④]，目标是实现每秒百亿亿次浮点计算，约是当前世界最快的超级计算机，是“神威·太湖之光”运算速度的10倍。E级计算机在效率、能耗、可靠性和应用适应性等方面仍面临

① Feldman M. Japan Runs into Detour on Exascale Roadmap. https://www.top500.org/news/japan-runs-into-detour-on-exascale-roadmap/[2016-09-09].

② 中华人民共和国国家互联网信息办公室，中共中央网络安全和信息化委员会办公室. 我国新一代百亿亿次超级计算机研制启动，将成国内自主化率最高超算. http://www.cac.gov.cn/2016-07/26/c_1119285411.htm[2016-07-26].

③ 中科曙光启动百亿亿次E级超算原型系统研制项目. http://news.xinhuanet.com/info/2016-07/05/c_135489749.htm[2016-07-05].

④ 娄辰. 我国神威E级计算机将10倍于当年最快水平. http://www.81.cn/jwgz/2016-11/04/content_7342466.htm[2016-11-04].

前所未有的挑战，具有很多不确定性。这次研发具有一定规模的 E 级计算机原型系统，将充分验证国产核心技术和创新技术的有效性，为实现 E 级以上规模计算机的研制提供坚实基础。

10.3 各国家和地区高性能计算设施的项目部署与资源建设

10.3.1 美国

1. 美国 DOE 下一代超级计算设施研发与建设项目

1）百亿亿次计算项目

针对“国家战略性计算计划”，美国 DOE 推出了百亿亿次计算项目（Exascale Computing Project，ECP），将此前处于初期的百亿亿次计算行动计划（Exascale Computing Initiative）逐步转变为正式的DOE项目①。ECP由隶属DOE的两家机构——科学办公室和国家核安全管理局联合推行，遵循 DOE 的正规项目管理流程。DOE 下属的 6 个国家实验室负责具体领导并管理 ECP，包括 ANL、LBNL、LLNL、洛斯阿拉莫斯国家实验室（LANL）、ORNL 和 SNL。

ECP 旨在完成对未来百亿亿次计算系统的有效开发和部署至关重要的硬件、软件、平台和解决人才发展需求，使高性能计算为美国经济竞争力、国家安全和科学发现带来最大的利益。ECP 将开发的运算性能是当前千万亿次系统的 50 ～ 100 倍甚至更高的超算系统，旨在提供突破性建模与仿真方案以在更短的时间内分析更多数据。

作为十年期项目，ECP 重点关注以下四个领域。

（1）应用开发：使 ECP 的应用套件具备可扩展的性能，能在 ECP 的百亿亿次系统上有效执行。

（2）软件技术：改善 DOE 科学办公室和 NNSA 依赖的软件栈，满足百亿亿次应用需求，使其能有效使用百亿亿次系统。同时，开展工具与方法研发，改进生产性能并提升可移植性。

（3）硬件技术：资助超算供应商开展创建百亿亿次系统所需的硬件架构设计研发。

（4）百亿亿次系统：资助测试床和先进系统工程开发，关注采购功能性百亿亿次系统所需的增量式现场准备和系统扩展成本等。

2016 年 9 月 7 日，ECP 公布总额为 3980 万美元的首轮资助项目②，包括 15 项全额

① Messina P，Lee S. Exascale Computing Project （ECP） Update. http://science.energy.gov/～/media/ascr/ascac/pdf/meetings/201604/ECP_ASCAC_Overview_final.pdf[2016-04-04].

② The Department of Energy's Exascale Computing Project. The Exascale Computing Project（ECP） Announces 39.8 Million in First-Round Application Development Awards. http://science.energy.gov/～/media/_/pdf/news/090716-ECP-Awards.pdf[2016-09-07].

资助项目和 7 项种子基金项目，涵盖 45 家研究和学术机构。此轮资助旨在开发侧重于可移植性、可用性和可扩展性的先进建模和模拟解决方案，应对 DOE 在科学发现、清洁能源、国家安全和与 NIH 的国家癌症研究所（National Cancer Institute，NCI）合作的精准医疗计划等方面所面临的具体挑战（表 10-7）。

表 10-7　ECP 发布首轮资助项目概况

类别	项目名称	研究机构
全额资助项目	超大规模星空计算（Computing the Sky）	ANL、LANL、LBNL
	实现癌症精准医学的百亿亿次深度学习和模拟	ANL、LANL、LLNL、ORNL、NIH/NCI
	面向核物理和高能物理的百亿亿次格点规范理论（LGT）机遇与需求	费米国家实验室（FNAL）、BNL、托马斯·杰斐逊国家加速器实验室（JLab）、波士顿大学、哥伦比亚大学、犹他大学、印第安纳大学、伊利诺伊大学厄巴纳－香槟分校、石溪大学、威廉与玛丽学院
	百亿亿次级分子动力学：横跨材料科学中关键问题的准确性、长度和时间尺度	LANL、SNL、田纳西大学
	先进离子加速器的百亿亿次级建模	LBNL、LLNL、SLAC
	流动、传输、反应、力学耦合过程的百亿亿次级地下模拟器	LBNL、LLNL、国家能源技术实验室（NETL）
	可预测风场流动的百亿亿次级物理建模	国家可再生能源实验室（NREL）、SNL、ORNL、得克萨斯大学奥斯汀分校
	QMCPACK：可预测和系统改进的量子力学材料模拟器框架	ORNL、ANL、LLNL、SNL、斯通里奇（Stone Ridge）科技公司、英特尔公司、英伟达公司
	小型模块化反应堆的蒙特卡洛中子和流体流动耦合模拟	ORNL、ANL、爱达荷国家实验室、麻省理工学院
	通过百亿亿次模拟变革添加制造技术	ORNL、LLNL、LANL、NIST
	应对百亿亿次时代的化学、材料和生物分子挑战	西北太平洋国家实验室（PNNL）、阿姆斯国家实验室（Ames Lab Oratory）、ANL、BNL、LBNL、ORNL、弗吉尼亚理工大学
	磁约束等离子体的高保真度建模	普林斯顿大学等离子体物理实验室、ANL、ORNL、LLNL、罗格斯大学、加州大学洛杉矶分校、科罗拉多大学
	自由电子激光器的百亿亿次级数据分析	SLAC、LANL、LBNL、斯坦福大学
	利用百亿亿次模拟变革燃烧科学与技术	SNL、LBNL、NREL、ORNL、康涅狄格大学
	地球水循环的云分辨气候建模	SNL、ANL、LANL、LLNL、ORNL、PNNL、加州大学欧文分校、加州州立大学

续表

类别	项目名称	研究机构
种子基金项目	在化学和材料领域中实现 GAMESS 软件的百亿亿次计算	ANL、ORNL、爱荷华州立大学、佐治亚理工学院、欧道明大学、澳大利亚国立大学、EP Analytics 公司、英伟达公司
	多尺度耦合城市系统	ANL、LBNL、NREL、ORNL、PNNL
	恒星爆炸的百亿亿次建模：典型的多物理模拟	LBNL、ANL、ORNL、石溪大学、芝加哥大学
	微生物分析的解决方案	LBNL、LANL、联合基因组研究所
	区域内地震灾害和风险评估的高性能、多学科模拟	LBNL、LLNL、加州大学戴维斯分校、加州大学伯克利分校
	利用离散元、粒子网格、双流体模型实现多项能量转换设备的性能预测	NETL、LBNL、科罗拉多大学
	优化百亿亿次级的随机网格动力学	PNNL、ANL、NREL

2）CORAL 项目

2014 年初，美国 DOE 下属的 ORNL、ANL、LLNL 宣布将联合开展代号为 CORAL 的下一代超级计算机研发活动①。CORAL 项目拟研制的超级计算机在 2017～2018 年启用。

CORAL 项目由位于 ORNL 和 ANL、隶属于 DOE 科学办公室的两个领导级计算设施，以及位于 LLNL、隶属于国家核安全局的先进设施联合领导，作为国家战略性计算工作的一部分，旨在为三家实验室提供领导级的计算系统，并协调联邦机构的战略与资源②。CORAL 项目是通往百亿亿次超级计算的重要一步。在下一代超级计算机研制成功前，CORAL 项目将确保相关应用程序已得到优化，以便帮助科学家尽快在新系统上运行这些程序。项目将要解决的技术挑战包括：降低能耗需求；确保有足够的内存带宽，以充分利用计算性能；确保系统的可靠性与弹性。

2014 年 11 月 14 日，DOE 宣布向 ORNL 与 LLNL 拨款 3.25 亿美元，用于建造两台运算速度达 150 PFlops 的超级计算机③。这两台超级计算机均将采用 IBM POWER 处

① Lawrence Livermore National Laboratory. LLNL joins with ORNL and Argonne to Develop New Supercomputers. http://www.hpcwire.com/off-the-wire/llnl-joins-ornl-argonne-develop-new-supercomputers/ [2014-02-26].

② U.S. Department of Energy. Fact sheet: Collaboration of Oak Ridge，Argonne，and Livermore （CORAL）. http://www.energy.gov/sites/prod/files/2014/12/f19/CORAL%20Fact%20Sheet__FINAL%20AS%20ISSUED_UPDATED.pdf[2014-12-17].

③ Department of Energy. Department of Energy Awards $425 Million for Next Generation Supercomputing Technologies. http://www.energy.gov/articles/department-energy-awards-425-million-next-generation-supercomputing-technologies?rssnewsid=2047[2014-11-14].

理器和英伟达公司 Volta GPU、迈络思公司的“无限带宽”互联网络以及美国国际商业机器公司的弹性存储技术，且预期最大功耗为 10MW。这两台超级计算机将被用于基础科学研究比如核武器等。

Summit 和“塞拉”（Sierra）。2018 年 6 月 9 日，美国能源部 ORNL 正式发布超级计算机 Summit，其峰值运算性能为 200 PFlops。Summit 要比“神威 · 太湖之光”快 60%，比同在 ORNL 的 Titan——美国超算前纪录保持者要快接近 8 倍。在早期测试中，ORNL 的研究人员使用 Summit 在一个分析人类基因序列差异的项目中执行超过一百万兆（quintillion）次计算每秒。他们称，这是科学计算首次达到计算规模要求。

Summit 使用了 27 648 块搭载 Tensor Core 的最新英伟达公司的 Volta GPU，以及来自美国国际商业机器公司公司的超过 9000 块传统处理器（其中包括 Power 9）。在 NVLink 等高速互联技术的帮助下，Summit 在每个节点上部署了 6 块 GPU（而不是常规的 1 块）。英伟达公司称，新的超级计算机上 95% 的计算能力来自 GPU。如此大规模的 GPU 使用对超级计算机来说也是不寻常的，它应该能够促使在使用机器学习来解决科学难题方面出现突破。ORNL 负责人 Thomas Zacharia 表示，Summit 是世界上最智能的超级计算机。

此外，美国能源部还在支持 LLNL 研制名为 Sierra 的超级计算机，其运算性能可达到上百“每秒千万亿次浮点运算”，原计划在 2018 年内完成。

“曙光”（Aurora）。2015 年 4 月，美国能源部宣布投资 2 亿美元开发峰值运算性能达 180 PFlops 的超级计算机 Aurora①，原计划于 2018 年完成，并部署于 ANL。

英特尔公司与克雷（Cray）公司将共同作为 Aurora 的分包系统集成商，提供行业领先的可扩展系统专业技术以及经过验证的超级计算技术和 HPC 计算软件栈。Aurora 将基于克雷公司研发的新一代超级计算机“沙斯塔”（Shasta）的设计方案，并采用英特尔公司的 HPC 可扩展系统架构，集成“新一代”至强（Intel Xeon）处理器与 72 核至强融核（Intel Xeon Phi）处理器。英特尔公司还计划将硅光子学技术用于实现超级计算机内部的光脉冲数据传输。

Aurora 将向所有研究用户开放，主要研究目标涉及材料科学、生物学、运输效率、可再生能源等多个领域②。

---

① Department of Energy. U.S. Department of Energy Awards $200 Million for Next-Generation Supercomputer at Argonne National Laboratory. http://www.energy.gov/articles/us-department-energy-awards-200-million-next-generation-supercomputer-argonne-national[2014-04-09].

② Argonne National Laboratory. U.S. DOE Awards $200M for Supercomputer at Argonne National Laboratory. http://www.hpcwire.com/off-the-wire/u-s-doe-awards-200m-for-supercomputer-at-argonne-national-laboratory/?utm_source=rss&utm_medium=rss&utm_campaign=u-s-doe-awards-200m-for-supercomputer-at-argonne-national-laboratory[2015-04-09].

2. 美国 NSF 极限科学与工程发现环境

1）发展概况

2011 年 7 月 1 日，美国 NSF 正式启动“极限科学与工程发现环境”（Extreme Science and Engineering Discovery Environment，XSEDE）项目，旨在连接全球的计算机、数据和研究人员，建立可供科学家共享并用于开展研究的单一虚拟系统。XSEDE 项目为期五年，共获资 1.21 亿美元，是 TeraGrid 项目（2001 ～ 2011 年）的延续，是全球最先进、最强大和最稳定的集成式数字资源和服务环境之一[①]。

XSEDE 是一项大型的国家级协作项目，由伊利诺伊大学厄巴纳－香槟分校主持。作为一个单一的虚拟系统，XSEDE 可以为医学、工程学、地震科学、流行病学、基因组学、天文学和生物学等领域的科学发现提供网络基础设施服务和资源支持。这些服务和资源包括超级计算机、数据收集和其他软件工具。

XSEDE 将降低访问及使用的技术门槛，为多项科学研究提供支持，例如引力波的发现、高精度北极地图绘制、人类免疫缺陷病毒结构解析、预防交通事故受伤等。新建的分布式网络基础设施使研究人员能建立私有的安全环境，获取他们所需的全部资源、服务和协作支持。XSEDE 用户访问层允许用户查看任何可用的资源。该用户访问层将集成认证和任务监控等功能，提供研究人员所需网络基础设施的综合概览和单一接触点，帮助他们实现科学和教育目标。XSEDE 可通过一系列服务来确保研究人员能充分利用超级计算机和工具，包括将服务拓展至从未使用过网络基础设施和其他数字服务的新组织，以及为 XSEDE 资源的超大规模复杂新用途提供支持。

2016 年 8 月 23 日，NSF 宣布，在未来 5 年内再拨款 1.1 亿美元，资助伊利诺伊大学厄巴纳－香槟分校及 18 家合作机构继续开展并拓展基于 XSEDE 的活动。新的 5 年期资助被称为 XSEDE 2.0，将继续向其广大用户提供已有服务，并增加创新元素来满足日益发展的支撑技术及用户需求[②]。XSEDE 2.0 支持美国国家战略计算计划的目标，包括从整体上扩展国家 HPC 生态系统的能力，服务于教育和员工发展，培养当前和未来的研究人员与技术专家。XSEDE 2.0 将提供若干关键功能，包括：①面向一系列超级计算机、高端可视化和数据分析资源管理提供服务，以解决日益多样化的科学与工

① Extreme Science and Engineering Discovery Environment. XSEDE Project Brings Advanced Cyberinfrastructure, Digital Services, and Expertise to Nation's Scientists and Engineers. https://www.xsede.org/web/guest/xsede-launch[2015-12-14].

② National Science Foundation. NSF Awards $110 Million to Bring Advanced Cyberinfra Structure to Nation's Scientists, Engineers. https://www.nsf.gov/news/news_summ.jsp?cntn_id=189573&WT.mc_id=USNSF_51&WT.mc_ev=click [2016-08-23].

程挑战。②管理配置流程，方便研究人员访问先进计算资源；继续改进并创新该流程，使其与新的研究访问工作流与新的资源保持一致。③基于 XSEDE 优秀用户服务的传统，通过连接校园 HPC 社团，以及开展教育、培训、拓展活动，引进新一代的多样性计算研究人员，帮助研究人员访问当地和国家资源。④供扩展的合作支持服务，以将 XSEDE 的计算或软件工程专家与领域科学家组合起来，加强项目建设或开发促进研究所需的工具。⑤继续运作并改善国家层面的 XSEDE 集成 HPC 能力，为 XSEDE 负责协调的网络基础设施生态系统的用户提供一站式体验。

2）参与机构

除了伊利诺伊大学厄巴纳－香槟分校的国家超级计算应用中心，其他 18 家参与 XSEDE 项目的机构分别为：康奈尔大学先进计算中心，佐治亚理工学院集成科学、数学与计算教育中心，印第安纳大学泛在技术研究所，田纳西大学诺克斯维尔分校国家计算科学研究所，俄克拉何马州立大学高性能计算中心，俄克拉何马州立大学科研教育超级计算中心，普渡大学罗森先进计算中心，加州大学圣迭戈分校圣迭戈超级计算中心，得克萨斯大学奥斯汀分校得州先进计算中心，阿肯色大学阿肯色高性能计算中心，佐治亚大学特里商学院，南加州大学信息科学研究所，美国国家大气研究中心，俄亥俄超级计算中心，匹兹堡超级计算中心，西北大学研究协会，阿贡国家实验室、非营利组织 Shodor。

XSEDE 在其 8 个核心服务提供机构站点间形成了高速互联网络 XSEDENet①，每一站点都以 10Gbit/s 的速度与 Internet2 网络的先进第二层服务（advanced layer 2 service，AL2S）相连。

3）资源

参与 XSEDE 的多家机构均为其贡献一种或多种可配置的资源与服务，这些资源包括高性能计算、高通量计算（high-throughput computing，HTC）、可视化、数据存储等。

高性能计算资源：位于匹兹堡超级计算中心的“桥”（Bridges）和“绿地”（Greenfield），位于加州大学圣迭戈分校圣迭戈超级计算中心的“彗星”（Comet）和“戈登”（Gordon），位于印第安纳大学 / 得克萨斯大学奥斯汀分校得州先进计算中心的 Jetstream，位于得克萨斯大学奥斯汀分校得州先进计算中心的“热潮”（Stampede）和“牧人”（Wrangler），位于田纳西大学诺克斯维尔分校国家计算科学研究所的“灯塔”（Beacon），位于路易斯安那州立大学的“超级米克”（SuperMIC），位于斯坦福研究计算中心的 Xstream。

① Extreme Science and Engineering Discovery Environment. XSEDE Resources. https://www.xsede.org/networking[2019-01-17].

高通量计算资源：即开放的科学网格，其联合了地区、社区与国家网络基础设施，以通过开放分布式计算促进科学研究。

可视化资源：得克萨斯大学奥斯汀分校得州先进计算中心的独行者（Maverick）交互式可视化与数据分析系统及可视化门户。

存储资源：得克萨斯大学奥斯汀分校得州先进计算中心长期磁带档案存储（Ranch 系统），得克萨斯大学奥斯汀分校得州先进计算中心长期存储（Wrangler 存储系统），印第安纳大学 / 得克萨斯大学奥斯汀分校得州先进计算中心存储（Jetstream 存储系统），田纳西大学诺克斯维尔分校国家计算科学研究所长期磁带档案存储（HPSS 系统），匹兹堡超级计算中心存储（Bridges Pylon 系统），匹兹堡超级计算中心持久性磁盘存储（Data SuperCell 系统），加州大学圣迭戈分校圣迭戈超级计算中心中期磁盘存储（Data Oasis 系统），XSEDE 广泛文件系统。

3. 美国陆军研究实验室超级计算研发与设施建设目标

2015 年 1 月，美国陆军研究实验室（Army Research Laboratory，ARL）发布了《2015—2019 年技术实施计划》，提出 2015 ～ 2030 年的超级计算技术研发目标与设施建设目标①。该计划提出建设一台 100 PFlops 的超级计算机，用于提高士兵在战场上的实时处理能力，帮助情报分析人员更好地开展实时数据分析工作，以及提高军事行动的效率并降低风险。由于受能耗与性能的限制，现有计算设备无法实现上述目标，因而需要构建一种分布式计算系统，并在战术端辅以个性化的高性能计算移动平台——ARL 称其为“战术微云”。

为实现研发目标，ARL 针对以下四个方面开展工作。

（1）有效利用新兴的计算架构，以提升固定端和“战术微云”端的计算性能。

（2）在分布式计算架构中有效配置系统，减少网络单跳问题。

（3）实现对软件代码的动态编译，减少重新编写软件的需求，并促进运行环境的优化，以实现最优性能。

（4）开发能够感知能耗与架构的计算技术，提高系统配置的智能化程度与计算系统的感知能力。

同时，ARL 计划开发大量应用，以提供决策、大规模数据集处理、车辆自主导航等方面的人工智能支持。该计划从技术研发和基础设施建设方面分别提出近期目标（2015 ～ 2019 年）、中期目标（2020 ～ 2025 年）与长期目标（2026 ～ 2030 年）（表 10-8，表 10-9）。

① Trader T. Army Research Lab Lays Out HPC Strategy. http://www.hpcwire.com/2015/02/19/army-research-lab-lays-out-hpc-strategy/?utm_source=rss&utm_medium=rss&utm_campaign=army-research-lab-lays-out-hpc-strategy[2015-02-19].

表 10-8 超级计算技术研发目标

阶段	技术研发目标
近期目标（2015～2019年）	①开发出能精确匹配计算性能与通信基础设施的模型。 ②开发可扩展的算法，以优化计算系统与通信系统的能效。 ③分别针对量子网络、生物计算、异构计算、量子退火、神经突触计算等计算形态探索可扩展、分布式的算法。 ④从战略和战术两方面出发，构建能实现信息系统最优配置的参数体系。 ⑤基于新兴模型，开发可扩展的算法
中期目标（2020～2025年）	①实现从基于静态编译的算法与软件开发向实时、动态的二进制译码转型，从而实现系统优化与架构的重新匹配。 ②利用量子网络，围绕特定的以人为中心的应用，实现计算与网络系统的集成。 ③通过明确关键的算法特征，查找出能耗较高的指令集。 ④利用量子网络、生物计算、异构计算、量子退火、神经突触计算等计算模式开发战场指令应用
长期目标（2026～2030年）	①实现新型计算模式（量子计算、神经形态计算和生物计算）与硬件的集成，并用于士兵的装备。 ②基于计算任务负载和可使用的资源，实现专有网络与量子网络的规划和弹性。 ③探索自治高性能计算、音频与视频处理、敌我力量分析等新型应用，并用于增强士兵作战能力

表 10-9 超级计算基础设施建设目标

阶段	基础设施建设目标
近期目标（2015～2019年）	①开发小规模计算硬件，以对新兴的低能耗方案与其他替代方案进行测试。 ②开发测试床，对实时复杂传感器、异构数据处理等战场指令应用进行评估。 ③探索神经突触计算和量子退火模拟技术，开发小型系统以探索相关算法
中期目标（2020～2025年）	①创建实验平台，开发个性化架构，加强专有网络模拟设施的建设。 ②利用多核技术和神经突触技术开发异构计算架构。 ③开发移动系统，对战术端系统的功能进行测试
长期目标（2026～2030年）	建成并向用户提供新兴计算系统，包括量子计算、神经突触计算、高密度核、异构计算等系统

10.3.2 欧盟

1. PRACE 计划

2007 年 4 月 17 日，来自 14 个欧洲国家的研究机构代表宣布合作建立欧洲超级计算研究基础设施，即开展 PRACE 计划。该计划旨在使欧洲科学家和工程师在需要的时候能够使用世界一流的超级计算资源，也就是欧洲高性能计算金字塔生态系统中的顶级（Tier0）基础设施。PRACE 计划的使命是实现所有学科的高影响力科学发现和工程研究与开发，以增强欧洲的竞争力，从而造福社会。

目前，参加 PRACE 计划的国家已经发展到 25 个：比利时、保加利亚、塞浦路斯、捷克、丹麦、匈牙利、爱尔兰、以色列、卢森堡、荷兰、斯洛伐克、斯诺文尼亚、土耳其、德国、英国、法国、西班牙、芬兰、希腊、意大利、挪威、波兰、葡萄牙、瑞典、瑞士。其中，法国、德国、意大利、西班牙和瑞士 5 个国家担负着 7 个领先高性能计算系统的资助和运营。

（1）“居里”（Curie）——法国国家大型计算中心。CURIE BULLx 系统由 5040 个计算刀片（称为瘦节点）组成，每个节点具有 2 个八核英特尔 SandyBridge EP 处理器，2.7GHz、4GB / 核（即 64GB/ 节点）和大约 64GB 本地固态硬盘（SSD）。这些节点通过 Infiniband QDR 网络互连，并以 250GB/s 的速度访问多层 Lustre 并行文件系统。瘦节点分区的峰值性能为 1.7 PFlops。

（2）马可尼（Marconi）——意大利超算中心“欧洲、加拿大和非洲国家人群的通用基础设施”（Common Infrastructure for National Cohorts in Europe，Canada，and Africa，CINECA）。该系统于 2016 年开始作为 PRACE 计划的基础设施进行服务。Marconi 系统配备了新的英特尔至强（Intel Xeon）处理器，它有两个不同的分区：Marconi- Broadwell（A1 分区）由最多 7 个 Lenovo NeXtScale 机架组成，每个机架 72 个节点，每个节点包含 2 个处理器，每个处理器有 18 个内核和 128GB 的 DDR4 随机存储器（RAM）；Marconi - KNL（A2 分区）于 2016 年底部署，由联想集成的 3600 个英特尔服务器节点组成，每个节点包含 1 个带 68 个内核的 Intel Knights Landing 处理器、16GB 的 MCDRAM 和 96GB 的 DDR4 RAM。整个系统通过英特尔 OmniPath 网络连接，全球最高性能是 13 PFlops。2017 年第三季度，Marconi-Broadwell 分区被基于 Intel Skylake 处理器和联想 Stark 架构的新分区所取代，总计算能力超过 20PFlops。

（3）Hazel Hen——德国斯图加特超级计算机中心。Hazel Hen 是新的 Cray XC40 系统（Hornet 系统的升级版），专为高性能和高扩展性需求的应用设计，其峰值性能 7.42PFlops。系统由 7712 个计算节点组成，总计 185 088 个 Intel Haswell E5-2680 v3 核。Hazel Hen 具有 965TB 的主内存和总共 11PB 的存储容量，分布在 32 个额外的包含 8300 多个磁盘驱动器的机柜上。输入 / 输出速率为 +/-350 Gigabyte/s。

（4）JUQUEEN——德国高斯超级计算中心。JUQUEEN 系统是目前能效最高的超级计算机，整体峰值性能为 5.87 PFlops。它由 28 个机架组成，每个机架包含 1024 个节点（16 394 个处理核心），主存储量达到 458TB。

（5）MareNostrum——西班牙巴塞罗那超级计算中心。MareNostrum 基于英特尔最新一代 2.1GHz Xeon E5 处理器（两个 CPU，一台每个节点有 24 个核心，另一台每个节点有 48 个核心），2GB / 内核和 240GB 本地固态硬盘。系统共有 48 个机架，每个机架有 72 个计算节点，总共 3456 个节点。所有节点通过英特尔 Omni-Path 100Gbits/s 网络与非阻塞式胖树网络拓扑相互连接。MareNostrum 的峰值性能为 11.14 PFlops。

（6）Piz Daint——瑞士国家超级计算中心。Piz Daint 是一款混合型 Cray XC50 系统，可提供 4400 个节点。计算节点配备了 Intel®Xeon®E5-2690 v3 2.60GHz 处理器，具

有 12 核、64GB RAM 和 NVIDIA®Tesla®P100 16GB。节点通过克雷公司的 Aries 专有互联与蜻蜓网络拓扑连接。

（7）SuperMUC——德国莱布尼茨超级计算中心，通过 JUQUEEN 为 PRACE 计划提供资源。SuperMUC 第一阶段包括 18 个配备英特尔 Sandy Bridge 处理器的瘦节点岛和一个配备英特尔 Westmere 处理器的胖节点岛。每个节点岛包含用于用户应用程序的（512 个计算节点，每个节点具有 16 个物理内核）8192 个内核。最高性能是 3.1 PFlops。一个独立岛内的所有计算节点都通过完全非阻塞的 Infiniband 网络（瘦节点为 FDR10，肥胖节点为 QDR）连接，通过修剪过的树形网络连接群岛。

SuperMUC 第二阶段由基于英特尔 Haswell-EP 处理器技术的 6 个岛组成。每个岛内的所有计算节点都通过完全非阻塞的 Infiniband 网络（FDR14）连接。修剪过的树形网络连接了群岛。两个系统阶段共享相同的并行和主文件系统。

2. 欧洲网格基础设施

欧洲网格基础设施（European Grid Initiative，EGI）是一个可持续的泛欧基础设施项目，联合了各国与国际科研团体的数字能力、资源与专业知识，为科学研究提供先进的计算服务，推动各学科研究人员合作开展数据及计算密集型科研创新活动。EGI 由 EGI 基金会（EGI.eu）负责协调并由 EGI 理事会负责治理。

EGI 项目于 2010 年正式启动，第一阶段为“欧洲网格基础设施面向欧洲科研人员的集成可持续泛欧基础设施”（European Grid Initiative: Integrated Sustainable Pan-European Infrastructure for Researchers in Europe，EGI-InSPIRE）项目，旨在创建一个无缝系统，以满足当前和未来的科学工作需求。2014 年 12 月，EGI-InSPIRE 项目结束。2015 年 3 月，第二阶段的“促进 EGI 社区迈向开放科学公地”（Engaging the Research Community Towards an Open Science Commons，EGI-Engage）项目启动，旨在扩展欧洲在计算、存储、数据、通信、知识和技能方面的重要联合服务能力，以加速开放科学公地的实施①。

EGI 提供计算、数据与存储、培训三大类服务②，其中计算服务包括以下几方面。

（1）云计算：可以按需部署和扩展虚拟机，提供安全和隔离环境中的有保障的计算资源并配备标准应用程序接口（API）访问，而无须对物理服务器进行管理。云计算服务用户能从所有 EGI 云提供商提供的列表中选择预配置的虚拟设备（CPU、存储、磁盘、操作系统或软件等）。

（2）云容器计算：可以按需部署和扩展容器，可以提高性能，很适合开发工作。可以实现按需部署，利用轻量级环境实现性能最优化，提供标准接口以在多个服务提

① European Grid Infrastructure. A Short History of EGI. https://www.egi.eu/about/a-short-history-of-egi/[2018-06-01].

② European Grid Infrastructure. EGI Services. https://www.egi.eu/services/[2018-06-01].

供商上实现部署，具备互操作性和透明性，消除开发和操作环境间的冲突。

（3）高通量计算：由计算中心组成的分布式网络提供，可以通过标准接口和虚拟组织成员资格访问，能大规模运行计算任务，帮助用户分析大型数据集并执行数以千计的并行计算任务。EGI 提供 65 万多计算内核，并支持每天约 160 万计算任务的运行。HTC 服务支撑从个体到大型合作各种规模的研究与创新活动。

3. 德国马克斯·普朗克计算与数据设施

德国马克斯·普朗克计算与数据设施（Max Planck computing and data facility，MPCDF），即前加兴计算机中心（Rechen Zentrum Garching，RZG），创建于 1960 年，最初是作为马普等离子体物理研究所的计算中心而成立的，是跨马普学会各机构的竞争力中心，支持马普学会的计算与数据科学研究[①]。通过与来自马普学会不同研究所的领域科学家开展密切合作，MPCDF 致力于高性能计算算法与应用的开发和优化，以及数据密集型项目的设计和实施。

MPCDF 运行着最先进的超级计算机、几套中等规模的计算系统和数据仓储，为马普学会所有研究所提供关键服务，包括应用开发与优化、面向大数据项目的数据管理、中央超级计算机与计算集群运营、现代数据基础设施运营和长期存档。

MPCDF 提供的服务涉及高性能计算、数据、可视化、网络及其他一些通用服务，主要如下[②]。

1）计算

MPCDF 提供的设施用于高性能计算、容量计算（Linuxy 计算集群）和远程可视化，并为通用及专用系统提供支持。主要计算设施包括以下几方面。

（1）网关系统：提供对 MPCDF 计算与数据资源的安全外壳（SSH）访问。

（2）高性能计算：超级计算机“九头蛇”（Hydra）是一台 IBM iDataPlex 系统，也是 MPCDF 的中央 HPC 系统。

（3）Linux 计算集群：通用 Rzgcc 计算集群提供给 MPCDF 的所有用户使用，而专用 Linux 计算集群拥有 24 000 颗 CPU 内核，为马普学会的 14 家研究所和工作组提供服务。所有集群都采用以下硬件架构和软件栈：SUSE SLES 操作系统，以 GPFS 作为泛集群的并行文件系统，SGE 批处理系统，用于软件部署的模块环境，Intel MPI、编译器和 GNU 编译器套件。专用集群的软件栈尽量与 Hydra 保持一致。

（4）远程可视化：HP 远程可视化系统专用于交互式远程数据分析与可视化，这些服务运行在 Hydra 超级计算机和“天龙座”（Draco）集群上。

① Max Planck Computing & Data Facility. About the Max Planck Computing and Data Facility. http://www.mpcdf.mpg.de/about-mpcdf/profile[2018-06-28].

② Max Planck Computing & Data Facility. The Computing Services of MPCDF. http://www.mpcdf.mpg.de/services/computing[2018-06-29].

2）数据

MPCDF 提供存储、备份、同步与共享、注释、存档等数据服务。其中，AFS 主文件系统存储系统具备全球命名空间特征，用户可以独立于计算机来使用和访问自己的文件。数据的同步与共享通过云存储进行，注释服务则通过 Taco 元数据系统进行，这是一个用于分层结构化数据集合的系统，可以直接分派元数据到文件系统的文件夹。

此外，MPCDF 还提供专用的高级数据应用支持，包括数据仓库服务、定制网络开发，以方便所有马普学会研究人员及其合作者能通过网络获取数据。

3）可视化

Hydra 为远程可视化配置了 4 个 GPU 节点，总共提供了 8 个可视化插槽。这些节点与 Hydra 超级计算机使用同样的 home 与 scratch 文件系统，除了通用软件，Hydra 还安装了可视化相关软件用于远程可视化会议。

MPCDF 提供的可视化服务涉及核物理、材料科学、理论化学、聚合物研究、天体物理学、地球科学、生态学等多个领域，如分子散射时电子定位函数的演变、鸟群迁移可视化、中子星合并等。

4）网络

MPCDF 的网络连接着 IPP 的各个部门，以及马普学会的各个研究所。核心网络及与各研究所和校园的连接由速度为 1Gbps 或 10Gbps 的以太网（光纤）构成，高性能服务器也通过 1Gbps 或 10Gbps 的以太网相连，桌面系统通常通过 100Mbps 的以太网（光纤或铜缆）相连；与因特网的连接一是通过 1Gbps 的链路连接至德国科研网 XWiN，二是通过 10Gbps 的链路连接至慕尼黑科研网。其可从外部访问的服务器位于特定的“非军事区”。

10.3.3 中国

截至 2017 年，由科技部批准建立的国家超级计算中心共有六家，分别是国家超级计算天津中心、国家超级计算深圳中心、国家超级计算长沙中心、国家超级计算广州中心、国家超级计算济南中心和国家超级计算无锡中心。

1. 国家超级计算天津中心

国家超级计算天津中心（Tianjin National Supercomputing Center，NSCC-TJ）是科技部于2009年5月正式批准建设的，由天津市滨海新区和国防科学技术大学共同建设，是以 863 计划信息技术领域“高效能计算机及网格服务环境”重大项目“千万亿次高效能计算机系统”研制成果为基础而构建的国家级超级计算中心。

国家超级计算天津中心的主业务计算机是当前世界上运算速度最快之一的“天河一号 A”超级计算机，此外还装备有三个高性能计算系统：计算性能达到百万亿次的天河·天腾（TH-1）系统；包含 128 个 Intel-EX5675 CPU 的天河·天翔系统；包含 96 个 CPU 的天河·天驰系统。四套计算机系统面向不同的应用领域，提供高质量的高性能计算和云服务①。

国家超级计算天津中心的高性能计算的主要应用领域包括：石油勘探数据处理、生物医药、新材料新能源、高端装备设计与仿真、动漫与影视渲染、空气动力学、流体力学、天气预报、气候预测、海洋环境模拟分析、航天航空遥感数据处理等。

2. 国家超级计算深圳中心

国家超级计算深圳中心（深圳云计算中心）是隶属深圳市科技创新委员会的事业单位，实行企业化管理。中心配置国产曙光 6000 超级计算机系统“星云”，具有丰富的计算资源、海量的存储资源，是深圳市建市以来由市政府投资最大的国家级重大科技基础设施，总投资 12.3 亿元，其中科技部拨款 2 亿元②。

国家超级计算深圳中心接入了充裕的网络资源，建立了可靠的信息安全管理体系，并部署有很多常用的科学计算方向的商业软件，涉及材料科学模拟、生命科学模拟、量子化学计算、化学反应模拟、药物筛选等③。例如，Materials Studio、Molpro、Spartan 软件提供材料科学方向的分子模拟服务，解决了金属、半导体、高聚物、复合材料、电池材料、有机材料、无机材料、纳米管等材料的力学性质、电学性质、光学性质、磁学性质、热力学性质、弹性性能和振动性质的模拟和预测，被广泛应用于新材料、新能源等产业领域。Discovery Studio 软件提供生命科学方向的分子模拟服务，解决了分子动力学、分子对接、药效团等模拟问题，用于蛋白质结构功能研究，以及药物发现。Gaussian、Turbomole、Gamess-UK 软件提供高性能量子化学计算服务。Chemkin 软件提供求解复杂化学反应的服务。Sybyl 软件提供药物虚拟筛选的服务，解决了快速精确地将配体与蛋白质活性位点进行柔性对接计算的问题，用于药物虚拟筛选、药物先导发现、药物先导改造等。

3. 国家超级计算长沙中心

国家超级计算长沙中心是继国家超级计算天津中心和国家超级计算深圳中心之后，科技部正式批准建立的第三家国家超级计算中心，位于湖南大学校区内，占地 43.25 亩④，总建筑面积约 2.6 万 m^2，工程总投资约 8.6 亿元。该中心采用“政府主导、军地合作、省校共建、市场运作”的创新模式，由省政府负责建设的资金投入，由湖南大学负责全面运

① 国家超级计算天津中心. http://www.nscc-tj.gov.cn/introduction/introduction_1.asp[2018-07-01].

② 国家超级计算深圳中心，深圳云计算中心. 深圳超算新添大数据分析挖掘神器. http://www.nsccsz.gov.cn/info[2018-04-25].

③ 国家超级计算深圳中心，深圳云计算中心. 科学计算商业软件. http://www.nsccsz.gov.cn/hpc/sci/softwares[2018-09-20].

④ 1亩≈666.7m^2。

营管理，由国防科技大学负责技术支持[①]。

国家超级计算长沙中心主机采用国防科技大学“天河一号”计算设备，全系统峰值计算性能为1372.5万亿次，全系统内存容量为108TB，磁盘总容量为1.07PB。系统中配置了3个管理节点、由128个存储处理与服务节点组成的服务阵列、64个可视化节点构成的可视化阵列、4个四路登录服务节点、4个八路登录服务节点以及26个I/O节点[②]。长沙中心可以为国内外科研院所、创新企业提供计算数学、流体力学、固体力学、分子动力学、生物医药、新型能源与材料等领域的科学计算服务。

4. 国家超级计算广州中心

国家超级计算广州中心是国家在“十二五”期间部署的重大科技创新平台，在科技部的支持下，由广东省人民政府、广州市人民政府、国防科技大学和中山大学共同建设，是支撑国家实施创新驱动战略和服务地方产业发展的重大科技基础设施，是中山大学面向学术前沿、面向国家重大战略需求、面向区域经济社会发展的需要，开展重大科学研究、服务国家和区域经济社会发展的重要支撑平台。围绕“天河二号”超级计算机，推进高性能计算与大数据的深度融合，精心打造科学研究、学科建设、交流合作、技术创新以及人才培养五大支撑平台，提倡“开放、合作、协同、创新”，力争取得一系列标志性成果，创建具有中国特色的世界一流超算中心。

国家超级计算广州中心业务主机——“天河二号”超级计算机是863计划重大项目的标志性成果，由国防科学技术大学承担研制。广东省和广州市为其提供了研制经费和配套支持。“天河二号”一期系统峰值计算速度每秒5.49亿亿次、持续计算速度每秒3.39亿亿次、能效比每瓦特秒19亿次双精度浮点运算。“天河二号”峰值计算速度、持续计算速度以及综合技术水平处于国际领先地位，是我国超级计算技术发展取得的重大进展。

“天河二号”拥有约17 920个计算节点，每节点配备两个Xeon E5系列12核心的中央处理器、三个Xeon Phi 57核心的协处理器（运算加速卡），总内存容量约1.4PB，全局存储总容量约12.4PB。

针对大气海洋环境、天文地球物理、工业设计制造、新能源新材料、生物医药健康、智慧城市云计算等六大领域，国家超级计算广州中心建设了相应的服务平台，并配备了相应的应用软件与服务。

5. 国家超级计算济南中心

国家超级计算济南中心是科技部批准成立的千万亿次国家超级计算中心之一，总投资6亿元，于2011年3月正式启动建设，于当年10月27日落成揭牌并开始对外提供计算服务。

① 国家超级计算长沙中心. 中心概况. http://nscc.hnu.edu.cn/Article_List.aspx?C_ID=8&ParentID=2[2018-03-15].

② 国家超级计算长沙中心. 硬件资源. http://nscc.hnu.edu.cn/Article_List.aspx?C_ID=6&ParentID=1[2018-03-02].

国家超级计算济南中心的“神威蓝光”超级计算机系统持续性能为 0.796 PFlops，LINPACK 效率为 74.4%，性能功耗比超过 741 MFlops/W，组装密度和性能功耗比居世界先进水平，系统综合水平处于当今世界先进行列，完美实现了国家大型关键信息基础设施核心技术自主可控的目标①。中心按需提供科学计算、工程计算、海量存储等资源租用服务，重点支持需求 1000 核以上规模的科研或工程项目②。

6. 国家超级计算无锡中心

国家超级计算无锡中心经科技部批准成立，由科技部、江苏省和无锡市三方共同投资建设。中心拥有世界上首台峰值运算性能超过每秒十亿亿次浮点运算能力的超级计算机——“神威·太湖之光”。该系统是我国“十二五”期间 863 计划的重大科研成果，由国家并行计算机工程技术研究中心研制，运算系统全面采用了由国家高性能集成电路设计中心通过自主核心技术研制的国产“申威 26010”众核处理器。“神威·太湖之光”也是我国第一台全部采用国产处理器构建的世界排第一位的超级计算机。国家超级计算无锡中心面向科学与工程领域中的重大应用问题，提供高性价比计算系统解决方案，按需提供硬件和软件出租服务。中心已安装各类通用商业计算软件，并且软件并行规模巨大，同时可提供数十拍字节的高性能的存储系统。

国家超级计算无锡中心是无锡市政府直属事业单位，由清华大学与无锡市政府共同建设，并委托清华大学管理运营。国家超级计算无锡中心依托“神威·太湖之光”计算机系统，根植江苏、覆盖长三角、拓展全国、放眼全球，与国内外专家、应用单位等进行密切合作，面向生物医药、海洋科学、油气勘探、气候气象、金融分析、信息安全、工业设计、动漫渲染等领域提供计算和技术支持服务，承接国家级、省部级等重大科技或工程项目，为我国科技创新和经济发展提供平台支撑。

10.4 基于高性能计算设施的科学产出分析

为分析各个学科基于高性能计算设施的科研论文产出，本节以“高性能计算”或“超级计算”作为关键词在 WoS 核心数据库中进行主题检索③，同时排除信息科技相

① 国家超级计算济南中心. 中心简介. http://www.nsccjn.cn/node/42.jspx[2018-07-01].

② 国家超级计算济南中心. 中心业务. http://www.nsccjn.cn/node/77.jspx[2018-07-14].

③ TS=（supercompting OR supercomputer OR supercomputation OR "high performance computing" OR "high performance computer" OR "high performance compututation"）。

精炼依据: 排除 Web of Science 类别: （COMPUTER SCIENCE THEORY METHODS OR ENGINEERING ELECTRICAL ELECTRONIC OR COMPUTER SCIENCE HARDWARE ARCHITECTURE OR COMPUTER SCIENCE INTERDISCIPLINARY APPLICATIONS OR COMPUTER SCIENCE SOFTWARE ENGINEERING OR COMPUTER SCIENCE INFORMATION SYSTEMS OR COMPUTER SCIENCE ARTIFICIAL INTELLIGENCE OR TELECOMMUNICATIONS OR COMPUTER SCIENCE CYBERNETICS）AND 文献类型: （ARTICLE OR PROCEEDINGS PAPER）。

关学科的论文，共获得 1998 ～ 2017 年发表的 3523 篇期刊和会议论文。检索时间为 2018 年 1 月 22 日。

10.4.1 年度发文量分析

1998 ～ 2017 年，非信息科技领域一共发表 3523 篇高性能计算相关论文，表明基于高性能计算设施的科学产出总体呈快速增长趋势，特别是自 2009 年以来，保持着持续、大幅增长（图 10-3）。其中的一个因素是，2008 年 6 月美国国际商业机器公司研制出的超级计算机“走鹃”（Roadrunner）将世界超级计算机的速度从百万亿次带入了千万亿次级别，推动超级计算的研究与应用上了一个新台阶。

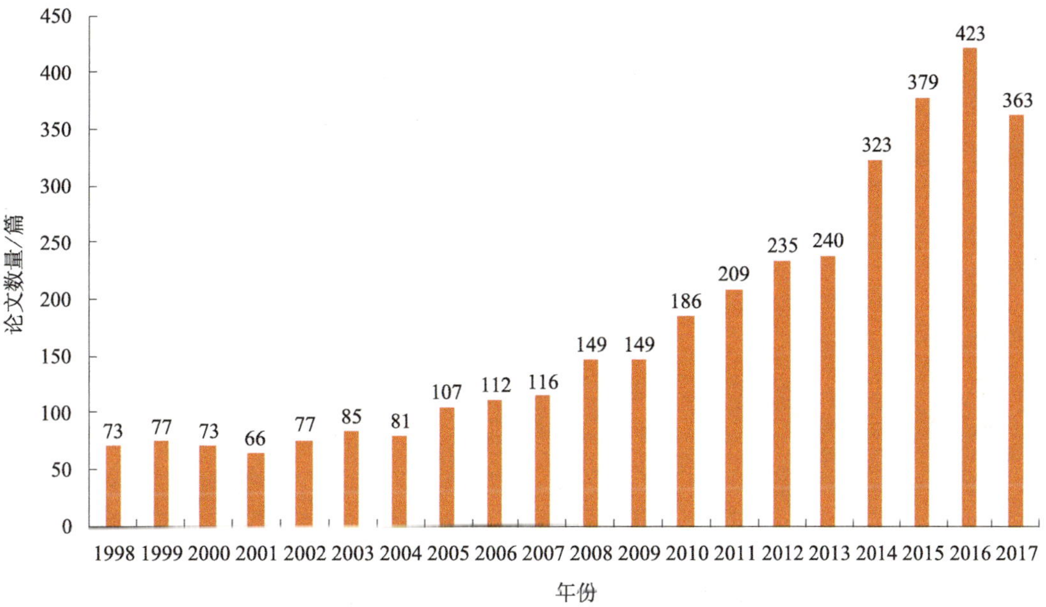

图 10-3 非信息科技领域高性能计算相关论文年度发文量（1998 ～ 2017 年）

10.4.2 发文国家分析

1998 ～ 2017 年，美国发表相关论文 1399 篇，大幅领先于其他国家，显示出其在利用高性能计算机开展各类研究方面处于绝对领先水平。德国位于第二集团的领先位置，其后是日本、中国、英国等（图 10-4、图 10-5）。虽然我国近年来在高性能计算设施研制和部署方面取得了长足进步，特别是在国际超级计算 TOP 500 排行中表现优异，但非信息科技领域利用高性能计算设施开展各类研究的活跃度还未达到相应水平，在第二集团中也并不突出，这与我国高性能计算资源的部署不平衡有很大关系。据国际超级计算机 TOP500 排行榜（2017 年 11 月）和“2017 年中国高性能计算机性能 TOP100 排行榜”（2017 年 10 月，http://www.hpc100.cn），我国绝大部分高性能计算机部署在互联网企业，用于互联网、大数据、云计算等商业应用，只有较少的高性能计算机设施部署在科研机构，用于科学研究。这与美国、德国等有较多高性能计算设施部署在科研机构有较大区别。

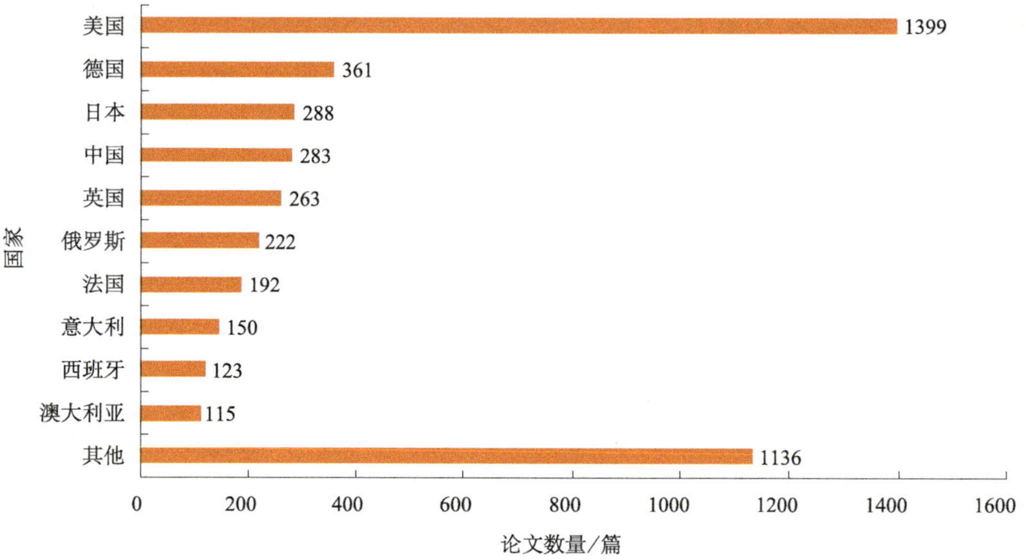

图 10-4　国家发文量（1998 ～ 2017 年）

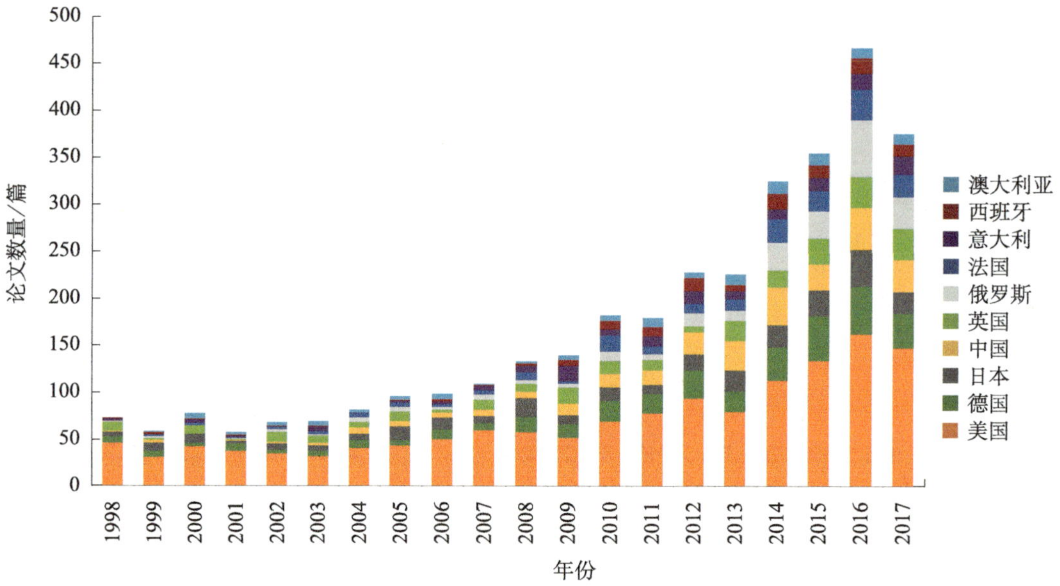

图 10-5　国家发文量变化趋势（1998 ～ 2017 年）

10.4.3　发文机构分析

在发文量排前十的科研机构中，俄罗斯科学院发表了 95 篇相关论文，明显领先于其他机构，而来自美国的科研机构有六所（图 10-6）。日本东京大学、中国科学院、美国橡树岭国家实验室、洛斯・阿拉莫斯国家实验室、阿贡国家实验室、莫斯科罗蒙诺索夫国立大学等都拥有进入 TOP500 榜单的高性能计算设施，其中美国橡树岭国家实验室和洛斯阿拉莫斯国家实验室都拥有世界排名前十的高性能计算资源。俄罗斯科学院拥有俄罗斯国内排名前 50 的多台高性能计算设施①。此外，美国加州大学伯克利分校和伊利诺伊大学也可非常便利地使用劳伦斯利弗莫尔国家实验室和阿贡国家实验室的高性能计算资源（均入围 TOP500 榜单）。可见，能够方便获取一流高性能计算资源有助于科研机构取得相关科研产出。

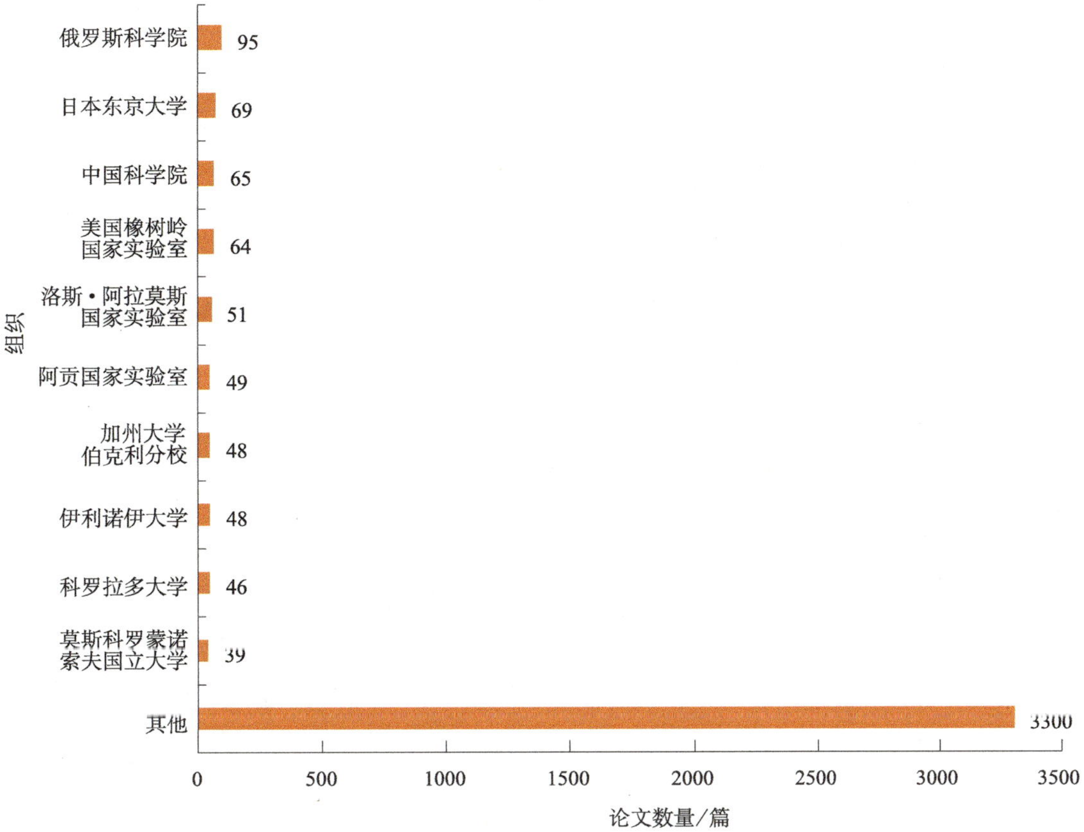

图 10-6　研究机构发文量（1998 ～ 2017 年）

10.4.4　学科分布分析

从非信息科技领域基于高性能计算的论文产出量及其变化趋势来看，工程学和物理学是应用高性能计算最活跃的领域，数学也是其最主要的应用领域之一（图 10-7）。同时可以发现，工程学、物理学和数学在 2009 年以后对高性能计算设施的应用开始快速增长（图 10-8），其中可能的原因是这些学科领域需要巨大的计算资源，2008 年千万亿次计算系统的实现和后续发展让这些学科的计算需求得到了更多满足。

① Суперкомпьютерные Top50. http://top50.supercomputers.ru[2018-07-18].

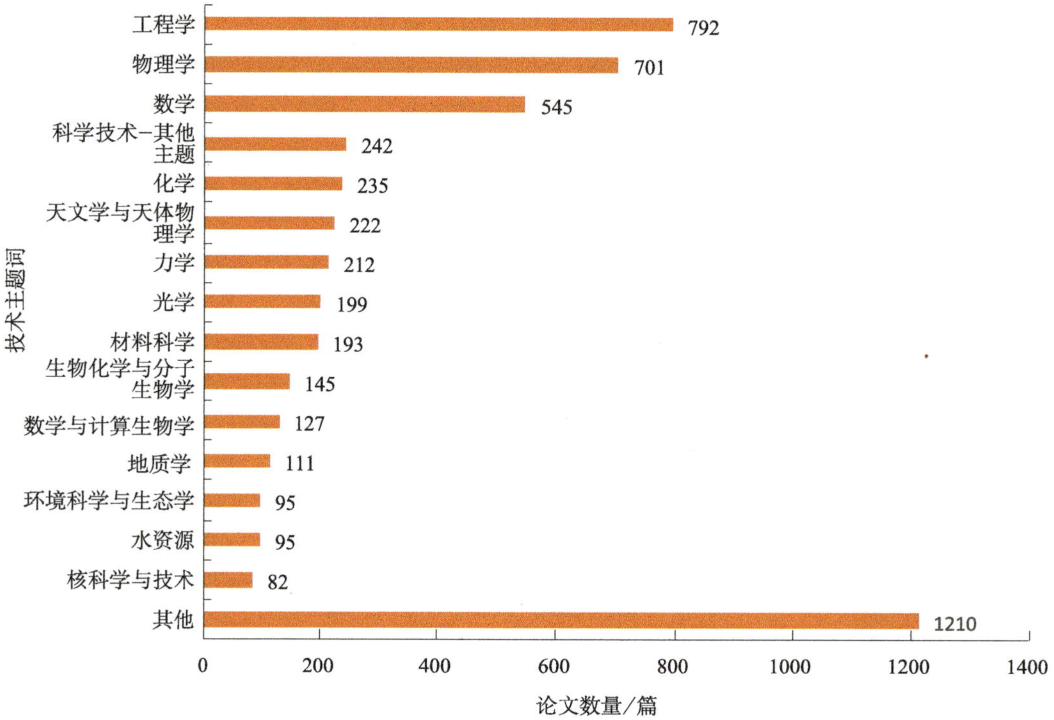

图 10-7　非信息科技领域基于高性能计算的论文产出量（1998 ～ 2017 年）

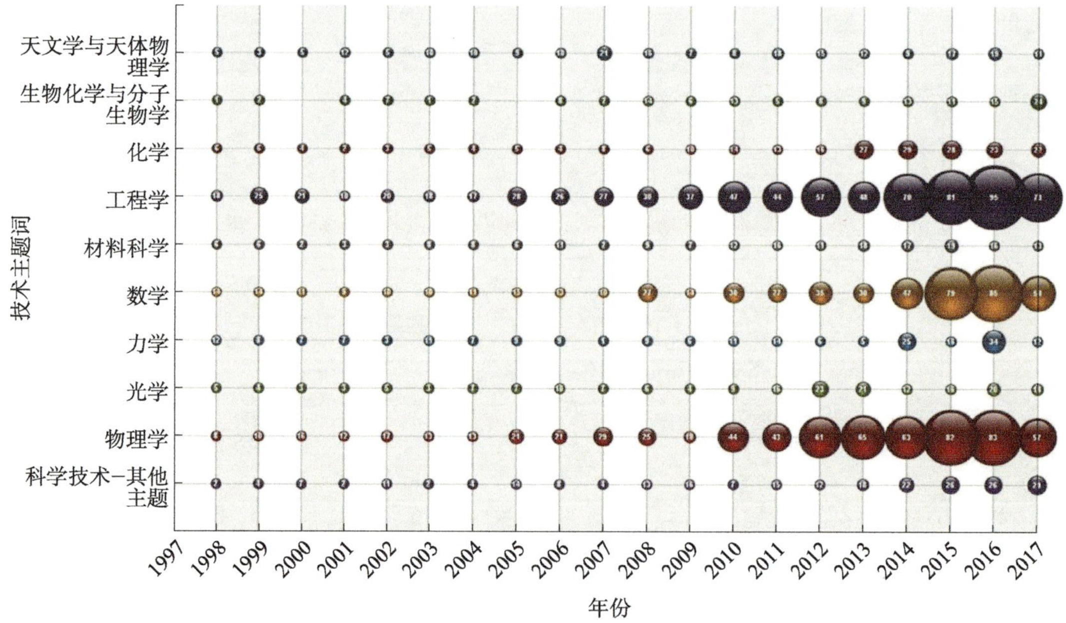

图 10-8　非信息科技领域基于高性能计算的产出量变化趋势（1998 ～ 2017 年）

10.4.5　高性能计算在不同领域的扩散趋势分析

根据各学科领域首次发表基于高性能计算的论文的时间，可以观察高性能计算在不同领域的扩散趋势（表 10-10）。1999 ～ 2017 年（因数据年限为 1998 ～ 2017 年，无法判断 1998 年首次发表基于高性能计算的论文的学科领域），平均每年有 4.1 个学科领域首次发表了基于高性能计算的论文，最多的一年有 14 个学科领域，最少的一年有 1 个学科领域。几乎每年都有生命、医疗、健康方面的学科领域首次发表基于高性能计算的论文。自 2009 年起，高性能计算的应用明显向社会科学和人文艺术（管理、历史、哲学、人文、宗教等）扩散。

表 10-10　各学科领域首次发表基于高性能计算的论文的时间（1998 ～ 2017 年）

年份	学科数量 / 个	首次发表基于高性能计算的论文的学科
1999	14	听力学与言语病理学（audiology & speech-language pathology）、 心血管系统与心脏病学（cardiovascular system & cardiology）、 细胞生物学（cell biology）、 胃肠病学与肝脏病学（gastroenterology & hepatology）、 影像科学与摄影技术（imaging science & photographic technology）、 医学信息学（medical informatics）、 医学检验技术 Medical（laboratory technology）、 神经科学与神经病学（neurosciences & neurology）、 核科学与技术（nuclear ncience & technology）、 海洋学（oceanography）、 运筹学与管理科学（operations research & management science）、 眼科学（ophthalmology）、 自然地理学（physical geography）、 外科学（surgery）
2000	11	农学（agriculture）、 艺术学（art）、 艺术与人文学－其他土题（arts & humanities - other topics）、 电化学（electrochemistry）、 微生物学（microbiology）、 肿瘤学（oncology）、 药理学与制药学（pharmacology & pharmacy）、 生理学（physiology）、 公共管理学（public administration）、 生殖生物学（reproductive biology）、 机器人科学（robotics）
2001	4	仪器与仪表（instruments & instrumentation）、 光谱学（spectroscopy）、 毒理学（toxicology）、 城市研究（urban studies）
2002	5	生物技术与应用微生物学（biotechnology & applied microbiology）、 遗传学（genetics & heredity）、 血液学（hematology）、 情报学与图书馆学（information science & library science）、 社会科学的数学方法（mathematical methods in social sciences）

续表

年份	学科数量 / 个	首次发表基于高性能计算的论文的学科
2003	4	食品科学与技术（food science & technology）、 林学（forestry）、 卫生保健科学与服务（health care sciences & services）、 植物学（plant sciences）
2004	4	内分泌学（endocrinology & metabolism）、 生命科学与生物医学－其他主题（life sciences & biomedicine - other topics）、 数学与计算生物学（mathematical & computational biology）、 显微镜学（microscopy）
2005	1	科学史与科学哲学（history & philosophy of science）
2006	1	矫形学（orthopedics）
2007	2	通信（communication）、 动物学（zoology）
2008	2	进化生物学（evolutionary biology）、 免疫学（immunology）
2009	8	水产学（fisheries）、 普通内科学（general & internal medicine）、 传染病学（infectious diseases）、 古生物学（paleontology）、 寄生虫学（parasitology）、 心理学（psychology）、 社会问题（social issues）、 运动科学（sport sciences）
2010	3	矿物学（mineralogy）、 病理学（pathology）、 研究与实验医学（research & experimental medicine）
2011	1	生物医学社会科学（biomedical social sciences）
2012	5	人类学（anthropology）、 考古学（archaeology）、 历史学（history）、 国际关系学（international relations）、 宗教学（religion）
2013	2	建筑学（architecture）、 公共，环境和职业健康（public，environmental & occupational health）
2014	4	文化研究（cultural studies）、 产科学与妇科学（obstetrics & gynecology）、 精神病学（psychiatry）、 热带医学（tropical medicine）
2015	1	护理学（nursing）

续表

年份	学科数量 / 个	首次发表基于高性能计算的论文的学科
2016	3	解剖学与形态学（anatomy & morphology）、 生物多样性与保护（biodiversity & conservation）、 法医学（legal medicine）
2017	3	广播影视学（film，radio & television）、 文学（literature）、 哲学（philosophy）

10.5 高性能计算设施在科研中的应用

10.5.1 国际应用情况

1. 多样化计算能力为引力波的发现提供支撑

2016 年 2 月，美国 NSF 召集来自美国加州理工学院、麻省理工学院以及“激光干涉引力波天文台”（Laser Interferometer Gravitational Wave Observatory，LIGO）科学合作组织的科学家，共同对外宣布：人类首次直接探测到了引力波。这是前沿物理的重大进展，在多方面具有革命性意义①。在 LIGO 探测到引力波的背后，超级计算发挥了关键的支撑作用。

LIGO 探测器由 10 个子系统组成，其中的数据与计算系统负责 LIGO 探测数据的采集、分配和计算等任务②。为支持长达 5 个月的数据分析，满足科学家对计算资源的不同需求，LIGO 构建了多样化的计算资源体系。

（1）专用计算。LIGO 的成员机构利用自己的计算资源构建了“LIGO 数据网格”，负责常规性的、需要及时处理的计算任务，即在数据产生的同时，对其进行实时分析。

（2）机动计算。根据动态需求，LIGO 可通过 NSF 资助的“开放科学网格”获取机动计算资源，实现高通量计算。

（3）分配式计算。NSF“极端科学与工程探索环境”为 LIGO 分配了计算资源，既包括传统的超算环境（批量提交，用户登录，文件系统共享），也包括基于虚拟化的用户界面、无需再批量提交任务的超算环境。

（4）志愿计算。LIGO 通过“伯克利网络计算机开放基础设施”（Berkeley Open Infrastructure for Networked Computing，BONIC）项目参与“爱因斯坦在我家”（Einstein @

① Moore G，Bockelman B. OSG Helps LIGO Confirm Einstein's Theory. https://sciencenode.org/feature/osg-helps-ligo-confirm-einsteins-theory.php?clicked=title[2016-02-17].

② Laser Interferometer Gravitational-Wave Observatory. A Nation-Wide Research Facility. https://www.ligo.caltech.edu/page/facilities[2018-07-20].

Home）计划，利用志愿者的个人计算机寻找中子星信号。该计划适用于数据量较小、耗时很长的计算任务，负责搜寻连续的引力波信号（如脉冲星自转产生的引力波）。

在架构上，LIGO 的数据与计算系统分为两级。一级系统由位于探测站点（利文斯顿和汉福德）和加州理工学院的计算中心组成，探测站点的计算中心主要负责检测激光干涉仪的状态，加州理工学院的计算中心则负责处理一些需要及时完成的任务。原始数据经一级系统处理后，被分配给 LIGO 成员机构、开放科学网格（OSG）、XSEDE、Einstein@Home 等二级系统进行深入分析。

2. 高性能计算支撑欧盟人脑计划研究

2013 年 1 月，欧盟宣布投资 11.9 亿欧元启动为期 10 年的人脑计划（Human Brain Project，HBP），以创建全球最大型的脑科学研究基础设施，构建能详细模拟人脑的计算模型，促进大脑研究及医学和脑启发信息技术发展①。

人脑计划是跨领域、跨地域的大型科研合作计划，需要神经科学、计算机科学、信息学、物理学和数学等多学科专家和学者的共同参与，而现代化的 ICT 可以为大规模科研合作提供强有力的支持。为此，人脑计划创建了高性能分析与计算（High-Performance Analytics and Computing，HPAC）等六大 ICT 平台。

处理大脑的超级复杂性离不开先进的 HPC 能力，HPAC 的任务就是帮助神经科学家成为优秀的高端超级计算机和系统的使用者，以更好地开展大数据分析。就 10 年规划来看，HPAC 将为人脑计划联盟以及更广泛的欧洲神经科学团体提供百亿亿次超级计算机、面向拍字节级数据分析的大数据 HPC 系统以及分布式云计算能力，以实现基于云的高端 HPC 应用。这需要针对系统软件、中间件、交互式计算指导、可视化等领域开展研究。HPAC 项目开发的软件与工具将被用于多尺度大脑模型的创建和模拟，特别是用于解决全脑建模的硬扩展挑战。

目前，欧洲 PRACE 计划下属的四家欧洲顶级超级计算中心——西班牙巴塞罗那超级计算中心（Barcelona Supercomputing Center，BSC）、意大利 CINECA 超级计算中心、瑞士国家超级计算中心、德国于利希超级计算中心（Jülich Supercomputing Centre，JSC）已加入人脑计划。未来，人脑计划的超级计算资源将通过 PRACE 同行审议过程提供。

3. 超级计算机助力鸟类生命树绘制

2014 年 12 月，*Science* 一次性发表了 8 篇关于鸟类生命树最新研究的文章②。德国卡尔斯鲁厄理工学院的研究人员设计出了鸟类进化综合分析的算法，借助超级计算机对大

① Alivisatos A P，Chun M，Church G M，et al. The brain activity map project and the challenge of functional connectomics. Neuron，2012，74（6）：970-974.

② Karlsruher Institut für Technologie（KIT）. Science: Big Data Explain Evolution of Birds. http://www.eurekalert.org/pub_releases/2014-12/kift-sbd121214.php[2014-12-02].

量的鸟类基因数据进行分析，绘制出了迄今为止最可靠、全面的鸟类生命树。研究发现，在恐龙灭绝后的 1500 万年出现了鸟类进化大爆炸式发展，形成了今天的物种多样性。

虽然超级计算机配置了上千个处理器，但是生命树分析软件受限制，只能使用 500 个处理器。因此，研究人员不得不重新设计和开发各处理器组件之间的通信方案。新的方法能够高效地向 4000 个处理器分配计算任务，从而使计算时间从 1 年缩短到 1 个月。卡尔斯鲁厄理工学院生命科学高性能计算教授亚历山德罗斯·斯塔马塔基斯（Alexandros Stamatakis）称，如果没有先进的算法和超级计算机，要想绘制出鸟类生命树是不可能的，即使是在超级计算机上分析这些庞大而复杂的基因序列数据，也是一件困难的事。

对鸟类生命树的计算是一个数据密集型的问题。因此，算法首先要粗略地过滤掉一些不可能的演变情况，然后根据 48 种鸟类的 1.4 万个基因数据计算出生命树。新的并行软件运行在德国莱布尼茨超级计算中心高性能计算设施 SuperMUC 和美国的两个计算中心上。计算的数据量差不多相当于一台单处理器计算 300 年的量。

亚历山德罗斯称，该生命树算法可以应用于其他所有类型的生物，此外还有可能重现病毒和细菌的来源和数量，从而更好地对抗病原体[①]。

4. 云计算和超级计算的结合提升分子动力学研究效率

由于分子尺寸极小，且震动快速，因此一直以来人们都难以通过实验来研究分子动力学，即使使用在飞秒尺度计算分子运动变化情况的计算机模型，也达不到理想的效果。科学家必须首先建立一个分子运动的精确模型，然后在保证足够高的时域分辨率的情况下使模型运行足够长的时间，最后对模型产生的大量数据进行分析。斯坦福大学的生物物理科学家潘德（Pande）领导的团队正在利用云计算和超级计算在分子水平研究癌症等严重疾病的治疗[②]。

潘德领导的团队正在利用 Folding@home 项目和 Google Exacycle 计划的云计算资源来对蛋白质折叠进行详细的分子动力学仿真研究。在 Folding@home 项目中，志愿者将其未使用的计算机资源贡献出来用于运行分子动力学仿真，并将结果返回给 Folding@home。Google Exacycle 计划也采用类似的方式，但不同之处在于谷歌（Google）提供了所有的计算资源，而研究人员需要向 Google 申请使用时间。这两种云计算对需要大量计算能力、对 I/O 和通信需求较低的任务都十分有效。

如果仅仅使用云计算，科学家虽能获得很多数据，却需要在分析方面耗费很多精力。超级计算机具有很高的网络速度、很大的存储容量、联系紧密的计算节点，这与云计算

① Karlsruher Institut für Technologie (KIT). Science: Big Data Explain Evolution of Birds. http://www.eurekalert.org/pub_releases/2014-12/kift-sbd121214.php[2014-12-02].

② Gaynor N. Cloud and Supercomputing Cooperate in Molecular Dynamics Research. http://www.ncsa.illinois.edu/news/story/cloud_and_supercomputing_cooperate_in_molecular_dynamics_research[2014-05-21].

大不相同。因此，潘德团队将云计算和超级计算结合了起来，首先借助 Folding@home 或 Google Exacycle 进行原始轨迹运算，然后利用美国国际商业机器公司的“蓝水”超级计算机分析运算结果，最后将分析结果返回给 Folding@home 或 Google Exacule 进行处理。

通过结合云计算和超级计算的优势，潘德的团队使其分子动力学仿真在时间尺度上比类似实验长了一千倍。潘德认为，云计算和超级计算对其研究都十分关键，二者不可相互替代。

5. 超级计算机助力纳米科学研究

2015 年 3 月，普渡大学电气与计算机工程学院教授、计算纳米技术网络主任格哈德·克里梅克（Gerhard Klimeck）带领的团队开发出一款用于预测纳米级晶体管未来状况的重要软件工具①。该软件被称为“第五代纳米电子建模工具”(NEMO5)，它能模拟当电荷通过数个原子宽度的晶体管时所发生的多尺度、多相现象。NEMO5 能辅助研究人员设计未来纳米电子设备，包括晶体管、量子点等，甚至在这些设备被真正开发出来前，就能预测出设备性能和工作状况。

通过 NSF“千万亿次计算资源分配”项目的资助，克里梅克团队正利用国家超级计算应用中心的“蓝水”超级计算机，研究现有半导体技术的极限和未来构件的可能性。克里梅克团队成员已利用“蓝水”超级计算机完成了国际半导体技术路线图所需的设备模拟和配置工作。他们探索了未来 15 年内设备进一步小型化的技术可行性，并确定诸如量子散射和约束等对极端小型设备可能产生的性能影响。克里梅克团队还利用“蓝水”超级计算机探索可用于替代硅的材料，包括砷化铟、锑化铟、石墨烯、碳纳米管等。克里梅克表示，他们还将开发一款工程工具，用以理解和设计摩尔定律失效以后的设备。

“蓝水”超级计算机是全球领先的模拟、建模和数据分析机器。2015 年 3 月，北美五大湖千万亿次计算协会向九个研究团队分配了“蓝水”超级计算机的计算与数据资源，相关项目覆盖多个天体物理、气候变化、聚合物研究、生命科学和蛋白质研究等多个领域②。

10.5.2 中国应用情况

1. “千万核可扩展大气动力学全隐式模拟”首获戈登·贝尔奖

2016 年 11 月 17 日，在美国盐湖城举行的 2016 年全球超级计算大会上，由中国

① National Science Foundation. From Massive Supercomputers Come Tiniest Transistors. http://www.nsf.gov/discoveries/disc_summ.jsp?cntn_id=134313&WT.mc_id=USNSF_1[2015-03-03].

② National Center for Supercomputing Applications. Great Lakes Consortium Awards Blue Waters Resources to 9 Research Teams. http://www.ncsa.illinois.edu/news/story/great_lakes_consortium_awards_blue_waters_resources_to_9_research_teams[2015-03-13].

科学院软件研究所杨超与清华大学薛巍、付昊桓和北京师范大学王兰宁等人组成的联合研究团队，凭借“千万核可扩展大气动力学全隐式模拟”研究成果一举获得戈登·贝尔奖。这是我国超算应用团队首次获得有着“超算应用诺奖”之称的国际高性能计算应用领域最高奖，标志着我国科研人员正将超级计算的速度优势转化为应用优势①。

获奖研究基于国家超级计算无锡中心的全球最快超算系统“神威·太湖之光”运行，可以有效开展全球公里级气象预报。与当前国际主流的大气动力模式相比，其计算速度提升近10倍，与2015年获得戈登·贝尔奖的项目相比，计算效率提升了10倍以上。

项目设计并开发了一种用于大气动力学中经常出现的强时间依赖问题的高可扩展性全隐式求解器。该求解器使用异构多重网格局部分解算法，显著加快了求解器的收敛过程，并利用粗粒度并行。此外，设计了在物理上的多块异步不完全LU分解方法来解决每个重叠子域上的子问题，从而进一步取得粗粒度并发。同时，在不同硬件层级上实现了系统层面上的优化，充分利用异构计算单元，减少数据移动的开销。基于“神威·太湖之光”超级计算机，该求解器实现了快速且准确的大气模拟，可以扩展到850万核，取得了1.5 PFlops的持续计算性能②。

2. “非线性地震模拟”再获戈登·贝尔奖

2017年11月，由清华大学、山东大学、南方科技大学、中国科学技术大学、国家并行计算机工程技术研究中心和国家超级计算无锡中心等共同完成的“非线性地震模拟”获得戈登·贝尔奖，这是我国科研团队继2016年后再次揽获该奖。基于国产超算系统“神威·太湖之光”的计算能力，中国科研团队设计并实现了高可扩展性的非线性地震模拟工具。该工具可以实现高达18.9PFlops的非线性地震模拟，是国际上首次实现如此大规模高分辨率、高频率的非线性可塑性地震模拟。利用该工具，科学家首次实现了对唐山大地震发生过程的高分辨率精确模拟，这对未来地震预防预测等研究具有借鉴意义③。

3. “天河二号”开启眼科人工智能诊疗新里程

中山大学中山眼科中心是我国首家眼科专科医院，2006年成立眼科学国家重点实验室，截至2017年底已连续七年位列中国医院最佳专科声誉排行榜眼科第一，连续三届位列中国医院科技影响力排行榜第一，引领着我国眼科学的发展。在2017年“天河二号”超算用户年会上，中山眼科中心林浩添教授受邀分享了基于“天河二号”实现

① 李大庆. 获戈登贝尔奖　中国超算应用有了国际话语权. http://tech.163.com/16/1128/04/C6UCLBKU00097U81.html[2016-11-28].

② 国家超级计算无锡中心. 典型案例. http://www.nsccwx.cn/casedetail.php?word=case&i=58&id=111[2016].

③ 马海燕. 中国再获戈登·贝尔奖 超级计算带动交叉学科发展. http://news.tsinghua.edu.cn/publish/thunews/9650/2017/20171121134008048546240/20171121134008048546240_.html[2017-11-20].

全球首个眼科智能医生，助力医疗人工智能发展的精彩报告。该项成果已发表在国际权威杂志 *Nature Biomedical Engineering* 上，并成为当期的封面文章和精选新闻。

优质医疗资源分配不均、供需不平衡是我国医疗改革面临的主要瓶颈。一方面，现有的医疗体系对罕见病筛查和诊治的成本高，随访困难，收益低，覆盖度严重不足，导致大量罕见病患者漏诊、误诊和延误治疗。另一方面，传统医疗模式产生的海量“闲置”的罕见病诊疗大数据未得到充分利用。近年来，人工智能的迅猛发展为优质医疗资源的拓展和辐射提供了新的思路。林浩添教授所在的中山眼科中心人工智能团队以先天性白内障作为罕见病模型，探索罕见病的全新智能医疗模式，尝试解决上述的罕见病诊疗困境。

林浩添教授介绍，眼睛作为人体的体表器官，使眼科诊疗具有独特性，眼科疾病90%以上的诊断可基于对眼睛的直观和影像学成像信息进行，具有临床应用价值的眼睛图像是最容易获得的医疗图像信息之一。人工智能的核心技术是可依靠对大量图像数据进行深度学习，因此基于图像分析的眼病诊断可以作为人工智能医学应用的重要突破口。

该研究团队从2010年开始积累先天性白内障的医疗数据，数据涵盖诊断、评估、治疗等全链条信息。基于“天河二号”的超算资源，以大量的眼前段照相图像作为智能化训练及模拟测试样本，采用以深度学习为主体的多重人工神经网络，训练出先天性白内障智能医生 CC-Cruiser。在实景模拟和临床试验中，智能机器人医生与专业眼科医生同场竞技，均展现了高精度水准——面对不同来源的样本，智能机器人医生的诊疗决策准确率保持在90%以上，达到了眼科专家级医师水平。这些研究成果受到国际学术界的高度评价。

经过模拟和实际测试后，中山眼科中心人工智能团队将人工智能医生应用于临床诊断。目前，智能机器人已走进眼科门诊，使患者免费享受专家级诊疗服务，让患者实现高效、准确、快速就诊。目前，已有超800名眼科患者受益。同时，研究团队还创建了全球首个临床应用的人工智能眼病诊疗云平台，已在多家基层医院进行临床推广应用，应用过程中不断反馈的数据也可持续提高其诊断的准确性。

林浩添教授介绍，未来人工智能机器人医生将在各大医院应用于更多领域。机器人2.0版本将增加人工智能随访和并发症预测功能，通过手机APP采集患者的眼部图片，实现远程复诊及对随访过程的精确预测与远程监控。在下一步发展规划中，人工智能平台有望进驻综合门诊，实现患者初筛、智能分诊和进行治疗决策，以及最终推广到各亚专科来人工智能诊治。据悉，团队还正在通过深度学习眼科专家手术视频大数据，和国内外多家单位联合研发智能眼科手术机器人，这将成为手术机器人技术突破的里程碑。

“天河二号”有效支撑了眼科人工智能诊疗的应用发展，为探索我国智能医疗模式提供了有力支撑。未来，中心将携手中山眼科中心团队，进一步拓展眼科智能诊治领域，助力医学人工智能的发展，使高水平的医疗服务可以覆盖更广的人群，促进医疗资源效益不断提升，大力推进医疗服务模式的创新和供给侧全链条的改革[①]。

4.“天河二号”揭示宇宙的漫长演化进程

2015 年 5 月，由北京师范大学、国防科技大学、加拿大理论天体物理研究所、北京大学、中国科学院高能物理研究所联合组成的宇宙中微子数值模拟团队，经过一系列技术攻关，在“天河二号”超级计算机系统上成功完成了 3 万亿粒子数的宇宙中微子和暗物质数值模拟，揭示了宇宙大爆炸 1600 万年之后至今约 137 亿年的漫长演化进程[②]。

中国科学院国家天文台宇宙暗物质与暗能量研究组首席科学家陈学雷研究员介绍，该项研究比美国阿贡国家实验室的 Mira 超级计算机去年进行的 1.07 万亿粒子数数值模拟超出两倍多的粒子数，是目前国际宇宙学领域运行粒子数最多的 N 体数值模拟。有关专家指出，这一研究成果为通过天文观测手段来研究宇宙中微子及其质量打开了一扇新的大门，有望大大缩短人类探索宇宙起源与演化奥秘的时间进程，将对基础科学、宇宙环境、地球生态、矿藏勘探等领域的研究起到积极推动作用。

2014 年，团队试运行模拟了 3715 亿个粒子，占用节点数 3456 个，信息传递接口（MPI）进程数 13 824 个，占用核心数 98 304 核，数值模拟规模的边长 32.6 亿光年。2015 年，北京师范大学团队占用 13 824 个节点，总计 331 776 核，进一步分别完成了 3 万亿暗物质的和暗物质 + 中微子的 N 体数值模拟，模拟数量超出原先世界纪录两倍，有望实现对中微子演化进行最精确的预测。

团队使用了由 Fortran 编写的开源程序 CubeP3M，该程序是专门为高度并行而设计的 N 体数值模拟程序，利用 MPI 和 OpenMP 两层并行结构对 N 体问题 Particle-Mesh 算法进行加速，并针对“天河二号”的 MIC 架构进行了优化。CubeP3M 运用 P3M 原理，善于模拟宇宙大尺度结构、中微子问题[③]。

5.“天河一号 A”助力生物信息与生物医药研究

位于国家超级计算天津中心的“天河一号 A”具备存储、处理和分析全基因组从头测序、全基因组重测序、外显子测序、转录组测序、小 RNA 测序等海量生物信息数据的能力，以及进行长时间尺度的生物分子动力学模拟和高通量虚拟药物筛选的能力。

① 国家超级计算广州中心.“天河二号”开启眼科人工智能诊疗新里程. http://www.nscc-gz.cn/newsdetail.html?7791[2018-01-02].

② 成舸，王握文.“天河二号”完成3万亿粒子数宇宙学模拟. http://news.sciencenet.cn/htmlnews/2015/5/318839.shtm[2015-05-18].

③ 国家超级计算广州中心. 中微子对宇宙大尺度结构演化的影响. http://www.nscc-gz.cn/newsdetail.html?5113[2015-07-28].

“天河一号 A”支持深圳华大基因科技有限公司开展大规模生物基因处理及数据存储，开发了基于 GPU 的高效基因测序处理软件，并利用该软件进行了 3000 株水稻的基因组重测序分析，短序列比对程序相对于之前应用的 CPU 版本速度提高了 15 倍，且输出格式不需要再进行转换，降低了 I/O 消耗；构建 Hadoop 平台，将原来深圳华大基因科技有限公司拥有的 100 个节点规模的计算平台扩展至数千节点，大幅度缩短项目的计算时间。构建深圳华大基因科技有限公司北方基因库，基因数据规模已经超过 1PB。开发完成了基于天河系统的群体基因型高分辨率分析软件，使用“天河一号 A”的 Gaea 软件，15 个小时便能完成人类 64X 全基因组测序（WGS）数据的所有分析过程。

“天河一号 A”已成为我国药物研发的重要计算处理平台，支持中国科学院上海药物研究所、中国科学院生物物理研究所、军事医学科学院、北京生命科学研究所、北京大学、南开大学等机构开展了大量研发工作，在胰岛素、艾滋病、癌症等领域取得了突出性成果。中国科学院上海药物研究所药物发现与设计中心通过“天河一号 A”，运用分子对接、动力学模拟方法，从 20 万个化合物中挑选出 25 个候选分子，经电生理测试，确认 9 个 KCNQ2 新激动剂，其中两个在两类动物模型中表现出优异的抗癫痫活性。国际顶级期刊 *Cell Research* 在线发表了该研究结果①。

10.6 启示与建议

我国在超级计算领域已经取得了举世瞩目的成就，并积累了许多成功经验。但是，我们应该清醒地认识到，我国离超级计算强国还有相当长的距离，我国科研界还未将超级计算打造成一项“撒手锏”。纵观全球各国利用超级计算推动科技发展的举措和经验，我们可以得到以下启示。

（1）大力改善科研院所高性能计算设施建设。尽管我国入围 TOP500 榜单的高性能计算设施数量已大幅超越美国，但其大部分都排在榜单的后半部分，并且大多被部署在互联网公司、云服务提供商、电信运营商、电力公司和政府部门，用于尖端研发的寥寥无几②。与此相对应的，美国大多数高性能计算设施被部署在国家实验室、大学以及其他研究机构中，从事最尖端和前沿的研究。中国的大学等研究机构需要引进高性能计算设施，并加大在这方面的投资。

（2）关注“指标”更要关注“实效”。近年来，我国高性能计算设施频频在 TOP 500 排行榜上出现，给国人带来自豪和骄傲。但我们需要清醒地认识到，TOP 500 排行榜是以 LINPACK 性能测试为核心指标的，主要反映理论上的最快速度，并不代表

① 国家超级计算天津中心. http://www.nscc-tj.gov.cn/example/example_3.asp[2018-07-28].

② 张云泉. 中国高性能计算机发展现状分析与展望. 民主与科学，2017，（4）：26-27.

超级计算的全部价值，在 LINPACK 测试中表现良好的超级计算机不一定能在实际应用中脱颖而出。正如李国杰院士所指出的那样[①]，高性能计算设施不是拿来争名次的道具，而是能在科研、国防和经济建设中发挥巨大作用的基础设施。因此，用于科研的超级计算机不应盲目追求 LINPACK 测试值，而应当更加关注超级计算有没有帮助科学家取得重大科学发现和科技突破。

（3）加速培养超级计算应用人才。我国高性能计算的研发人才已具备相当的实力，但应用人才相对短缺，包括应用软件和系统软件方面的专业人才，以及掌握超级计算和各学科领域专业知识的跨领域人才。主要原因在于培养相关人才的门槛高、专业性强，学科交叉协作还未形成风气，缺乏鼓励学科交叉合作的具体机制和组织保障[②]。因此，培养高素质跨学科人才显得尤为迫切。除通过科普，让更多年轻人接触、了解高性能计算之外，建议扩大设置“高性能计算理论＋多学科应用课程”的高校范围，加大对“懂计算、懂专业”的复合型人才的培养力度，大力推动该领域多学科的交叉融合。不仅要加强课程建设、师资队伍建设等，还要拓宽人才培养渠道，结合实践培训用户来解决人才不足的问题。

致谢：本章获国家超级计算广州中心副总工程师杨跃东、国家超级计算深圳中心高性能计算部前部长郝政的指导，在此特表感谢！

① 李国杰. 让高性能计算机开花“结果”. https://dl.ccf.org.cn/institude/institudeDetail?id=3744263238567936[2017-11-10].

② 刘华. 超级计算到底有啥用？九三学社中央科学座谈会解读. http://www.china.com.cn/cppcc/2017-04/17/content_40632820.htm[2017-04-17].

第十一章 基于生物医学大数据设施的产出及影响分析

王超男　刘　晓　王小理
（中国科学院上海生命科学研究院）

11.1　生物医学大数据设施的定义及特点

国际上，美国、欧洲、日本的生物信息学研究和生物科技发展处在世界的前列，这得益于其已远远走在前列的生物医学大数据领域科技基础设施建设、技术和应用。早在20世纪八九十年代，美国、欧洲和日本已分别建立世界三大生物数据中心：美国国家生物技术信息中心（National Center for Biotechnology Information，NCBI）、欧洲分子生物学实验室－欧洲生物信息研究所（EMBL-European Bioinformatics Institute，EMBL-EBI）和日本DNA数据库（DNA Data Bank of Japan，DDBJ）。另外，美国能源部联合基因组研究所（DOE Joint Genome Institute，DOE JGI）正在打造新一代基因科学用户设施。这几大生物数据中心掌握和管理着全球主要的生物数据和知识资源，并处于垄断地位。

11.1.1　美国国家生物技术信息中心设施

20世纪80年代，美国已经意识到生物科学数据的重要性。数目巨大的分子数据和这些数据的隐秘而精细的关联模式使得数据库和分析方法成为生物医学大数据处理的必需手段和工具。美国国家医学图书馆（National Library of Medicine，NLM）于1988年11月4日建立了NCBI。目前，NCBI收录数据库63个、支持软件59个、用于下载文件传输协议（FTP）站点与资源35个，涵盖的生物信息具有复杂性、广泛性、综合性、权威性和时效性，网站的日常用户数量已经突破400万，每天处理4TB的输入数据，高峰时每秒点击7000次，成为全球生物信息数据的“巨无霸”[①]。2003年，美国NIH提出生物医学研究路线图“生物信息学和计算生物”项目，进一步致力于打造推动医学研究的信息高速公路，通过部署强健的生物医学计算环境，整合不同层次组织的数据和知识，在不同尺度上分析、建模、理解和预测动态、复杂的生物医学环境[②]。

将NCBI进一步升级或另外打造新的生物医学大数据基础设施已经成为基本共识。美国认为，整个生物医学研究事业面临着“大数据”的机遇和挑战，生物科学数据存储、分析与应用管理越发重要。2015年6月和2018年6月，NIH先后发布《美国国家医学图书馆工作组最终报告》[③]和《NIH数据科学战略计划》[④]，并均提出，应将发展的立脚点从NIH扩展到整个生物医学研究事业，将国家医学图书馆打造成为国家生物医学数据科学中心。

11.1.2　美国能源部联合基因组研究所设施

美国DOE JGI成立于1997年，旨在整合LBNL、LLNL以及LANL三家国家实验室在基因组绘制、DNA排序、技术开发和信息科学中的专门技术和资源。拥有领先基因组科学用户设施的DOE JGI不断发展和应用基因组学功能，以期解决最紧迫的全球能源和环境挑战[⑤]。

美国能源部在2005年10月提出资助强度为1亿美元的大型科学研究计划，并提出：10年内（2005～2015年）建设一个国家级基础设施，将大量涌现的生物数据和概念转变为基于计算的生物学。2012年发布的《能源部联合基因组研究所（DOE JGI）未来十年战略愿景》提出，将DOE JGI打造为新一代基因组科学用户设施[⑥]，主要包括：①继续保持在测序方面的领头优势；②利用具有高通量的实验平台了解基因功能；③多维基因组测序和数据集成；④面向大数据挑战和序列注释的高性能计算基础架构；⑤大规模快速DNA合成和基因组操作；⑥组织面向任务的用户群体。将DOE JGI打造成为下一代的基因科学用户设施是这些方面的创新和有效整合，对生命科学实现基因测序的全部益处和前景有重要意义。

---

① 李勤. 生物大数据的国际趋势. http://observation.biotech.org.cn/Show/top/sj_detail10/[2016-01-29].

② Jakobsson E. The NIH Bioinformatics and Computational Biology Roadmap. https://www.nitrd.gov/pitac/meetings/2004/20040617/20040617_jakobsson.pdf[2004-07-17].

③ National Library of Medicine Working Group. Final Report. https://www.nlm.nih.gov/pubs/Report-NLM-06112015-ACD.pdf[2015-06-11].

④ NIH. NIH Releases Strategic Plan for Data Science. https://www.nih.gov/news-events/news-releases/nih-releases-strategic-plan-data-science[2018-06-04]

⑤ DOEJGI. Joint Genome Institute. https://jgi.doe.gov/about-us/[2018-02-21].

⑥ DOEJGI. A 10-Year Strategic Vision Forging the Future of the DOE JGI. https://jgi.doe.gov/wp-content/uploads/2013/05/10-Year-JGI-Strategic-Vision.pdf[2018-02-22].

11.1.3 欧洲分子生物学实验室 – 欧洲生物信息研究所设施及升级版

EMBL-EBI 建立于 1994 年，是一个非营利性的学术机构，致力于以信息学手段解答生命科学问题。研究所位于英国剑桥南部的威康信托基金园，是欧洲分子生物学实验室的一部分。EMBL-EBI 的任务是，以促进科学进步的方式为科研团体免费提供各方面的生物信息学数据及服务，协调整个欧洲范围内的生物数据库①。

在 EMBL-EBI 基础上，打造欧洲生命科学生物信息基础设施。丹麦、荷兰、芬兰、瑞典和英国五国于 2011 年 9 月 15 日签署一项备忘录，批准启动欧洲生命科学生物信息基础设施（European Life Science Infrastructure for Biological Information，ELIXIR）项目②。ELIXIR 项目旨在：建设欧洲跨国生物信息基础设施，对欧洲现有的 EMBL-EBI 进行升级，建设欧洲分子生物数据中心；推动前沿信息技术应用于数据整合、数据库的互操作；推动和开发分布式注释的应用；开发生命科学数据库大规模合作技术。总建设费用为 5.67 亿欧元（2007 ～ 2013 年），共有来自 14 个国家的 32 个合作方参与 ELIXIR 项目的建设。主要建设目标包括：管理快速增长和庞大的生命科学数据，推动相互关联的核心、专业化生物数据资源和文献的存储；处理日益增加的数据的复杂性，开展大批量数据的标准和本体学研究；建立更强大的生物信息学基础设施，对 EMBL-EBI 核心信息资源进行升级；进行多样化、异质数据的整合和互操作；通过合适的基础设施和友好型接口，对数据进行快速访问和获取；促进分布式注释和技术开发；链接欧洲大型超级计算中心，获取高性能计算资源；加强与生物产业界的合作。

ELIXIR 是分布式的基础设施。ELIXIR 成员国和国际组织（例如 EMBL-EBI）的节点通过国际共同协议和协调中心联系在一起，形成一个具有整体性、一致性的基础设施。ELIXIR 的很多节点，包括 EMBL-EBI 已经作为重要的基础设施运行，并且承担着多种责任，如国家研究数据管理、支持国家计算平台、为研究项目提供直接咨询等。同时，这些节点与其他生物学和医学领域的分布式研究基础设施如生物资源库、生物成像中心、药物筛选中心紧密协作。作为 ELIXIR 的组成部分，这些节点将继续发挥原有功能。ELIXIR 基础设施的额外益处在于最优化实施方案的开发和推广。ELIXIR 中心负责协调服务，对欧洲范围内的核心服务、技术合作及培训进行协调，鼓励联合投资和运行成本分摊，从而发挥对节点的支持作用。因此，确保基础设施的长期可持续性运行具有重要的意义，包括招募新的成员国及确保未来几年的资金充足。

11.1.4 日本 DNA 数据库设施及升级版

日本 DNA 数据库是在日本文部科学省的认可下，于 1986 由日本国立遗传学研究

① EMBI-EBI. Home. https://www.ebi.ac.uk/[2019-03-05].

② The European Bioinformatics Institute-Cambridge. Overview. https://www.ebi.ac.uk/sites/ebi.ac.uk/files/shared/images/Brochures/EMBL_EBI_Overview_brochure.pdf[2019-03-05].

所创立的，本是所级数据库。随着生物大数据的重要性日益提高，鉴于日本生物数据的整合度差，日本科技战略界（日本科技政策理事会）先后发布日本基因组信息学战略（Japan's Strategy for Genomic Information Science，2000 年）、《日本生命科学领域数据库准备战略》（Japan Life Science Database Maintenance Strategy，2006）、《整合数据库工作组报告》（Integrated Database Task force Report，2009），最终由日本文部科学省、厚生劳动省、农林水产省和经济产业省共同推动成立国家生物科学数据中心（National Bioscience Database Center，NBDC），令其成为新的实体机构①。NBDC 主要研发领域包括：信息技术，包括数据检索、组织、抽提、分析和关联；数据存储；不同类型生命的数据库建设，包括蛋白组数据库、脑科学、蛋白质结构数据库、表观遗传学、代谢组学、大人群队列研究数据、生物成像数据、微生物组数据、多组学数据等；数据服务。整体上，日本生物医学大数据设施已经形成雏形。

11.1.5　中国尚没有生物医学大数据设施

与全球蒸蒸日上的生物医学大数据及设施跨越式发展热潮相比，中国相关设施建设、研发及应用才拉开宏大帷幕，在有些方面与国际上的差距已经拉小。在生物信息的资源产出方面，自人类基因组计划实施以来，中国对生物数据资源的国际贡献日益增大，中国的生物组学数据产量约占全球的 40%，数据规模已经达到艾字节级。深圳华大基因科技有限公司已成为世界上最大的基因测序中心之一；在健康信息领域，我国正在建设越来越多的大型队列，现代医疗诊断、干预数字设备及移动监护设备的发展使医疗数据的产生速度呈指数增长。但从整体看，我国尚未有自主的国家级生物信息中心和综合性数据平台，生物数据分散保存，尚未形成系统性的信息资源。而且，许多生物数据处于“出口再进口”的模式，科研数据提交到国外数据库，需要数据时又不得不从国外数据库下载，使生物信息资源自由地流向国外。

11.2　国际生物医学大数据设施的发展战略及趋势

11.2.1　各国家和地区战略布局分析

1. 美国 NIH 数据科学战略计划

美国 NIH 数据科学战略计划致力于确保 NIH 所支持的所有数据科学活动和产品都能遵循可发现性、可访问性、互操作性和可重用性（findability，accessibility，

① 科学技術振興機構.ライフサイエンス分野のデータベース統合に向けた「バイオサイエンスデータベースセンター（ＮＢＤＣ）」の設置および平成２３年度新規研究開発課題の決定につい. https://www.jst.go.jp/pr/info/info790/index.html[2011-04-01].

interoperability，and reusability，FAIR）原则[①]。

（1）优化数据存储和安全。大规模的云计算平台就是数据存储、访问和计算的共享环境。它们靠使用分布式数据存储资源来实现规模经济化和可获得性，这在概念上类似于电力和水资源等公用事业的存储和分配。因此，云环境有可能通过允许快速无缝的访问来简化 NIH 数据的使用，并有可能通过使基础设施建立和维护成本最小化来提高效率。NIH 将通过战略合作或采购等方式，利用私营部门提供的服务，来创建一个可行的平台即服务（platform as a service，PaaS）环境。NIH 将与云服务提供商合作，共同推进云存储、计算和相关基础设施服务的发展，从而促进对大型且高价值的 NIH 数据集的存储和访问。这些谈判或许能够推动与重点支持研究活动的美国顶级基础设施提供商达成合作协议。合适的云环境将能容纳多种数据类型和利用公共资金创建的高价值数据集，能确保它们的稳定和安全，防止数据泄露或丢失，并可供人们研究使用和重复利用。实施策略包括：①利用现有的联邦、学术和商业计算机系统进行数据存储和分析；②采用并适应新兴技术和专业技术；③支持相关技术和满足基础设施需求，如保障数据安全、使用授权和创建唯一标识符来索引和定位数据。

（2）链接 NIH 数据系统。每天有超过 3000 个不同的团体和个人通过 NCBI 系统提交数据。其中，有来自人体和其他有机体的基因组序列；基因表达数据；化学结构和性质，包括安全性和毒性数据；有关临床试验及其结果的信息；基因型－表型相关性数据等。NIH 将制定战略以链接高价值的 NIH 数据系统，建立框架体系，确保数据可以一起使用，而不是让数据被孤立。这一战略的关键目标就是扩大数据共享的范围。不仅生物医学研究人员能够受益，而且政策制定者、资助机构、专业机构和公众也能从中受益。使用 NCBI 作为协调工具，将 NIH 数据共享和现有的广泛使用的 NIH 数据库或数据存储库进行链接，确保在实施过程中新的 NIH 数据资源能链接到其他 NIH 系统。适当情况下，开发与非 NIH 数据资源的链接。

（3）实现数据存储库生态系统的现代化。为了促进数据存储库生态系统的现代化，NIH 将重新调整其资金优先级，重点关注存储库效用、用户服务、可访问性和运行效率。只要有可能，应对数据存储库加以整合，使其能够包含所有有机体、系统或条件相关的统一数据，以便进行精确比较。提高对数据存储库效用的评估水平，并允许运行它们的人可以关注他们需要实现的特定目标，这样就可以为研究团体提供最佳支持，并尽可能地保证数据库的高效运行，NIH 将区分数据库和知识库，并分别给予支持，推动用于分析数据工具的开发和推广。尽管数据库和知识库之间确实存在一个灰色区域，目前适用于知识库的某些数据类型最终可能变硬并成为更适合于数据库的核心数据，但这种区别将提高对现代数据资源的支持、操作的关注和一致性。因为用于数据

① NIH.NIH Strategic Plan for Data Science. https://datascience.nih.gov/sites/default/files/NIH_Strategic_Plan_for_Data_Science_Final_508.pdf[2018-06-04].

库和知识库的资助侧重于用户服务、效用和操作效率，所以 NIH 将建立相应的程序和指标来监测数据使用和影响情况——包括单个数据集中的使用模式。

（4）支持单个数据集的存储和共享。生物医学研究人员生成的大部分数据都是由各个实验室生成的小规模数据集。NIH 将创建一个环境，使各个实验室能够将数据集链接到 NCBI 公共医学中心（PubMed Central）出版物数据库中的出版物。其中一部分工作包括开发 NIH 数据共享试点，这是 NIH 首次为数据存储、访问和计算所创建的共享的基于云的环境。

（5）NIH 将利用相关举措，将其包含的患者健康数据整合到生物医学数据科学生态系统中，采取措施，确保数据的安全性和机密性，并符合知情同意准则，符合法律和高标准的研究伦理。

（6）支持有用的、可通用的和可访问的工具及工作流程。NIH 将分别对数据库和知识库所支持的开发工具进行评估和资助。NIH 还将推动建立一种良好的资源环境，其中不仅可以获得高质量的开源数据管理、分析和可视化工具，还可以直接与 NIH 数据共享环境和（或）其他云环境中的数据一起使用。关键的一步是利用系统集成 / 工程中的合作伙伴或采购专家来改进和强化学术界的工具，改进软件设计、可用性、性能和效率。

（7）扩展专业工具的实用性、可用性和可访问性。新颖的数据科学算法可能催生出与健康差异和疾病预防相关的新知识与创新解决方案。新方法和新工具有可能将各种结构化和非结构化来源的数据转化为可操作信息，这种信息可用于识别需求、提供服务并预测和预防易伤人群的不良结果。为了发现风险和对风险分层，采用标准化的数据格式和词汇表将可能提高我们对人口统计信息、健康的社会决定因素以及健康结果之间关系的理解。更广泛地使用快速发展的移动设备技术和信息共享平台，这对于基于社区的研究而言是一个很成熟的发展机会。这些资源（例如可穿戴设备）可以捕捉个体志愿者的各种与健康和生活方式相关的数据，这些数据有助于深化我们对正常人类生物学和疾病状态的理解。最后，迫切需要更好的方法来挖掘电子病历中可用的丰富数据。

2. 美国能源部联合基因组研究所设施战略

（1）宏基因组检索。目前，宏基因组序列比较在很大程度上基于对参考基因组序列的检索，即比较个体分离基因组序列与参考基因组数据集数据库。通过宏基因组之间的比较，将有可能实现该领域的变革性进展，并成为未来 DOE JGI 用户的主要兴趣。虽然新的 JGI/ NERSC 计算平台和技术可能原则上有能力实现这种功能，但仍有许多细节需要解决，需要大量的开发工作。后续计划包括促进开发针对宏基因组数据的全面搜索技术，包括与 NERSC 的重点互动，以及对该领域的 E 级超算的考虑。

（2）开发新的用户社区。DOE JGI 将持续提升自身能力，以满足新用户的科学设施使用需求。其中，可有效增加 DOE JGI 服务能力的潜在有效性的活动包括：①举办新战略重点领域研讨会，如二次代谢物的研讨会；②开展针对性人员宣传，专门针对能源部资助领域的研究人员，如能源部能量效率与可再生能源办公室（Office of Energy Efficiency and Renewable Energy，EERE）、生物与环境研究办公室（Office of Biological and Environmental Research，BER）资助的下一代生态系统实验研究人员；③ DOE JGI 在戈登研究会议和其他 DOE JGI 相关会议的展示，并附有演示文稿 / 广告。

（3）可搜索的全能环境数据库。DOE JGI 提供了几个独立的序列数据库，它们按其科学内容结构进行组织，并分别含有微生物和宏基因组数据、植物和真菌数据。每一个数据库都是其自身领域的世界领先资源，正是这些资源之间的集成和互操作性，从而提升了用户分析数据的能力以及跨越多个程序项目工作的能力。

3. 欧洲生命科学生物信息基础设施 2014 ～ 2018 年五年战略

（1）建立能够应对挑战的分布式基础设施。ELIXIR 战略的核心在于，意识到生命科学中大规模数据的产生不局限于几个节点。欧洲数据基础设施必须能够实现来自数千个实验室的数据聚合、注释和集成，同时能够为数百万位全球范围内的用户提供数据服务（例如每年有 200 万位用户使用 EMBL-EBI 服务）。随着基础生物学方法在医学研究领域重要性的增加，基础设施应该能够满足全欧洲范围内多种法律、规范和伦理学需求[①]。

ELIXIR 希望能够就特定的议题与特定国家达成合作科学协议或共识备忘录。其能够探索的成熟领域包括：在交互操作性以及数据管理领域与美国合作，与美国 NIH 的大数据知识项目共同深化现有关系；基于美国领导的成功案例，例如“计算植物数计划”，加强植物基因组序列的国际合作；全球范围内进行罕见病及罕见药物相关的合作；就用于长期追踪的基础研究及样品描述、数据类型链接进行国际合作；就健康领域基因组数据的使用进行国际合作。

（2）促进生命科学研究核心数据资源的安全性与交付。从根本上来讲，ELIXIR 是数据基础设施。从在 ELIXIR 筹备阶段对欧洲数据资源现状的调查来看，在已确定的 1000 多家资源中，仅有少部分具有机构支持和长期资助协议。ELIXIR 有必要确定具有广泛应用的核心数据资源。此外，这些资源必须良好地维持用于专业服务交付能力、流程、生命周期管理计划以及对服务的依赖。ELIXIR 将要确认一系列具有全球竞争力的、对生命科学社区具有重大意义的核心资源，积极促进它们的整合及可持续发展。这些核心资源将作为其自有品牌进行节点服务的交付，构成 ELIXIR 数据基础设施的

① ELIXIR.ELIXIR Scientific Programme 2014-2018. https://www.elixir-europe.org/documents/elixir-programme-2014-2018[2019-03-30].

骨架。

（3）提供工具、服务和连接器，从而促进数据的访问和开发。研究人员需要以直截了当的方式知道在何处能够获得何种服务，同时获得关于服务可用性、许可、性能、文件和培训材料的清晰描述。基于该领域有效的社区活动，ELIXIR将开发服务和资源的综合登记册，用于发现服务，提高交互操作性。ELIXIR出于对数据可用性和交互操作性的考虑，重点关注工具，此外还需要能够整合多种数据类型、提供增值注释及比较的服务。

（4）为安全的数据访问、交换和计算提供强大的技术平台和云服务。现代生物学来源的大量数据访问和计算给技术基础设施带来了特殊的挑战。ELIXIR将开发在生命科学领域广泛使用的解决方案，例如生命科学领域的云服务。ELIXIR进行了个人云服务的试点项目，部分节点为国家和国际社区提供常规的生物医药云服务。ELIXIR会在现在及今后推荐生命科学和医药学领域专业数据服务的提供者并提出解决方案。

（5）数据管理、重新使用和整合标准的制定和维护。数据的共享和重新使用与有效的研究数据管理、过程的呈现以及基础设施紧密相关。欧洲范围内ELIXIR开发并维持的数据基础设施必须满足长期数据存档和访问需求，也要能够进行全部数据的整合和访问，从而最大限度地开发欧洲数据收集及拓展的潜能。数据的交互操作性既有技术性，又有社会性。ELIXIR重点关注提高社区使用标准和专业词汇易使用程度的服务。这些服务包括确保访问、数据交互操作性、标识符及开发的技术服务，例如实现标准信息和词汇服务的最简化。ELIXIR还提供社会服务，例如标准的传播和报告、标准培训、数据格式的验证、本体使用以及标准信息的最简化。作为基础设施，ELIXIR的核心贡献在于数据管理活动的可持续化、数据获取和保管人员的职业认同。

（6）与用户社区以可持续的方式进行合作，确保持久性的高度影响力。对ELIXIR服务来说，与生命科学和医药学各个领域紧密联系、应对并满足相关需求至关重要。ELIXIR需要采用案例驱动型方式，与特定项目建立可持续、可拓展的合作关系。这种关系可以是大型合作项目，也可以是与其他基础设施研究或公私伙伴关系的合作，例如与欧洲创新药物计划（Innovative Medicines Initiative，IMI）项目的合作。ELIXIR将试图建立协议框架，共享技术策略或备忘录，合作对象包括IMI项目、其他ESFRI研究基础设施以及电子基础设施。ELIXIR也会支持“特定利益相关方”或特定用户，例如各节点与特定研究领域专家合作，涉及领域有临床基因组学、植物或鱼类基因组学或整合的农业服务等。

（7）通过综合的专业培训项目弥补计算生物学技能的差距。ELIXIR培训战略的目标在于提高欧洲研究人员的技能，从而能够高效地开发ELIXIR提供的数据、工具、标准和计算基础设施。综合的ELIXIR培训项目将为研究人员提供整个职业生涯过程中的专业培训。ELIXIR将会对科研和临床科学家进行培训，使其能够更好地使用来源于高速发展的新技术的数据。ELIXIR 还能弥补基础设施技术人员的短缺，确保建立强有力的专业团队，实现源自技术进步的数据的可持续、可拓展的管理和注释。

（8）支持“大数据生物学”的创新。欧洲很多关键生物信息学资源的使用率都很高，ELIXIR 服务的用户从大型跨国公司到中小企业，跨越各个领域，包括制药、生物技术、食品、农业和蓝色生物技术。因此，激励创新、支持工业发展是 ELIXIR 的核心目标之一。ELIXIR 有专门的职位负责支持 ELIXIR 工业战略的各个方面，特别是创新和中型企业（Medium Sized Enterprises，SME）项目。此外，ELIXIR 节点是战略执行的关键环节，特别是通过直接与工业和本地生物组织的协作，主办 ELIXIR 创新及 SME 项目。

11.2.2 各国家和地区项目部署分析

1. 美国能源部联合基因组研究所设施项目部署

自 2012 年起，DOE JGI 投入大量的时间和精力来打造升级基因库、DOE JGI 8000 多个核计算集群，以及包括“集成微生物基因组”、基因组学网站等的网络服务，并增强了计算机基础设施和用户接口，以使用户团队能更快更简便地获取数据。

2013 年 8 月，DOE JGI 档案与元数据组织器（JGI Archive and Metadata Organizer，JAMO）正式上线。该分层数据管理系统能帮助 DOE JGI 员工定位和重置数据，或耗费几分钟（而不再需数小时）来完成分析。JAMO 成为序列数据管理、质量保证和质量控制、基因组装团队之间的协作工具。在 2013 年，DOE JGI 进一步利用了 NERSC 霍普（Hopper）超级计算机数百万计算小时，而这些计算无法在基因库集群上完成。此外，DOE JGI 员工还利用 NERSC 最新的爱迪生（Edison）超级计算机测试生物信息学算法。

（1）基因组门户（Genome Portal）。基因组门户提供对所有 DOE JGI 基因组数据库和分析工具的统一获取。用户能够搜索、下载和利用所有 DOE JGI 测序计划的多个数据集，包括计划的状态、测序基因组的组装和注释。

（2）集成微生物基因组（Integrated Microbial Genomes，IMG）。集成微生物基因组系统以一种独特的综合的方式，对所有公开可获取的基因组进行比较分析与注释。按照用途，它可以分为以下组成部分。①微生物基因组分析，包括 IMG 为用户提供分析工具——用户界面地图（IMG UI Map），以检验可公开获取的 IMG 基因组；IMG 专家审查系统（IMG/ER），为用户提供分析工具，以检验和修改可公开获取 IMG 基因组中其私有基因组（密码保护）的注释。②微生物组系统（IMG/M），提供用户界面地图，以检验 IMG 中可公开获取的宏基因组样品和基因组；微生物组专家评估系统（IMG/M-ER），提供用户界面地图，以检验和修改他们对可公开获取 IMG 基因组和宏基因组样品中私有基因组和宏基因组（有密码保护）的注释；IMG 人类微生物组计划

（IMG-HMP），为用户提供分析工具，以检验对 IMG 所有可公开获取基因组和宏基因组样品中的人类基因组计划特殊基因组和宏基因组样品的注释。总之，IMG 向全球科学家开放，用于注释、分析和传播他们自身的基因组和宏基因组数据库集，但前提是他们同意 IMG 的数据发布政策，并遵守将数据整合进 IMG 的元数据要求。

（3）维斯塔（VISTA）。它是一个包含对基因组序列进行比较分析的程序与数据库的工具包。对 VISTA 的利用有两种方式：一种是向 VISTA 服务器提交用户自身的序列并进行分析比对，一种是检验预先计算过的不同物种的全基因组比对结果正确性。

（4）植物基因组（Phytozome）门户。植物基因组门户将绿色植物的蛋白质组组织成绿色植物进化树中相应节点对应的基因家族。用户可以研究某基因的进化史或将不同植物的基因放置在最恰当的基因家族中。

（5）真菌（MycoCosm）数据库。MycoCosm 提供有关真菌比较基因组数据的获取、可视化、分析工具，使用户能够浏览测序真菌基因组，对其进行比较和以真菌基因组为中心的分析与注释。

（6）基因预测改进流程（GenePRIMP）。基因预测改进流程是由 DOE JGI 的基因组生物小组开发的质量控制工具，包括一系列计算单元，用于确定错误基因，并校正识别到的缺陷特征。

（7）宏基因组样品分析的保真度（FAMeS）。宏基因组样品分析的保真度提供对模拟数据集的访问，旨在推动宏基因组分析工具的标准化。为了评估当前用于处理宏基因组序列的方法，通过整合从 113 个孤立基因组中随机抽选出的测序标签，构建不同复杂度的模拟数据集。这些数据集被用来模拟真实宏基因组的复杂度和系统构成。

（8）DNA 缺口解析（Gap Resolution）软件。DNA 缺口解析软件（用于科研用途）由 DOE JGI 开发，通过自动识别由 DNA 重复区域所造成的序列缺口来改进罗氏公司研发的纽柏勒（Nembler）软件基因组组装效率。

（9）校正器（Polisher，用于科研用途）软件。Polisher 是一个软件包，用于对组装基因组的错误校正。

（10）注释器（Rnnotator）软件。注释器由 DOE JGI 的一个团队开发，通过提供自动化的软件流程，无须参考基因组即可重新组装 RNA 序列数据，以解决与全面注释和转录物组量化相关的挑战。科研用户可申请免费使用。

（11）基因组在线数据库。基因组在线数据库（Genomes OnLine Database，GOLD）是一个网络资源，用于访问全球与基因组和宏基因组测序计划相关的信息以及相关的元数据。

（12）精确度（RegPrecise）。精确度是一个对由比较基因组重建而成的转录调节子进行搜集、可视化和分析的网络资源。

（13）奇迹（Meraculous）软件。奇迹是与大基因组相关的高通量测序数据全基因组装配器。通过利用轻量级数据结构和多线程并行，它实现了对大数据集的高性能处理，在商业集群上进行人类基因组大小规模的组装仅需一天。同时处理过程的作业控制和监测，实现了高度透明化和移植性。不同的组装阶段能够分别或同时在多种结构上进行。

2. 欧洲生命科学生物信息基础设施项目部署①

（1）数据资源和服务的可持续性。ELIXIR 数据资源和服务工作项目将实现：促进欧洲核心数据资源可持续发展的长期计划；就 ELIXIR 核心资源及核心服务认定过程的标准达成共识，包括 ELIXIR 品牌 / 标志在服务中的应用；ELIXIR 服务和数据资源服务的监测、生命周期的管理、质量控制以及同行评议，确保工作项目工具交互操作性和注册服务之间的有效联系，从而提高 ELIXIR 服务产品的透明性；未来核心服务的发展和实现路径；充分了解核心资源的优势和可靠性，从而推动长期可持续发展。

ELIXIR 数据资源和服务必须建立、加强、形成更多的国际联盟，从而协调活动、共享资源、避免重复和冗余，实现效率的最大化。在欧洲之外，ELIXIR 可以与北美、亚太地区及其他具有良好生物信息学发展基础的地区合作。例如，ELIXIR 可以作为美国 NIH 或 NAS 的资金支持项目，如模式生物数据库、知识大数据中心的合作伙伴。

（2）工具的交互可操作性和注册服务。与工业需求和期望有关的调研强调，工具和资源的能力是 ELIXIR 关键的挑战之一。为了满足这种需求，ELIXIR 将要开拓并提供注册服务。此外，生物工具和资源需要满足日益复杂的分析方法、工具交互操作性的需求，服务和相关资源常常是生物信息学应用的瓶颈。工作项目主要包括：为 ELIXIR 及其他社区服务提供透明、高效的全面综合的注册服务；ELIXIR 内部的工具交互操作性、工作流程系统接口和互换的解决方案；通过注册服务体现 ELIXIR 数据资源和服务的透明度和基准；建立一系列 ELIXIR 品牌核心服务；驱动并提高数据资源整合和发展的标准化程序和工具；通过 ELIXIR 试点项目对新兴技术进行检测，确保服务的相关性。

（3）ELIXIR 技术服务。ELIXIR 技术服务的作用在于，为当前和未来的专业生命科学数据服务供应方提供建议及解决方案。这些服务旨在增强数据的储存、转移、复制、加工和评估。技术服务必须是可持续、可拓展的，因此数据专家才能够依赖并以此为基础进行改进。ELIXIR 技术服务依赖于外部的解决方案、合理的方案配置、特定的修饰、整体的架构和协调以及额外服务的发展。其包括服务及其修饰和发展的架构，这将由生命科学社区的需求所驱动（主要是通过 ELIXIR 合作伙伴），从而确保需求能够被听取和采纳。例如，生命科学领域中云相关服务吸引了人们广泛的兴趣，正在积

① ELIXIR.ELIXIR Governance Structure. https://www.elixir-europe.org/about-us/governance[2019-03-04].

极发展。除了“大使馆”试点云项目，还有几家 ELIXIR 节点提供云服务。这些也是 ELIXIR 的数据加工技术服务。未来，ELIXIR 技术服务的重点是与欧洲和国家范围内的转化、生物库、成像基础设施紧密合作，从而确保服务能够高效地实现数据的访问和交换。例如，目前用于联邦认证的 ELIXIR 试点项目能够实现通过机构登录来进行个人基因组数据的访问和管理。

ELIXIR 将会与欧洲电子基础设施合作，增加覆盖率，从而满足用户需求，并将其整合到欧洲技术全景中。工作项目的重要组成部分之一是定义接口和协作模型，从而使用来自电子基础设施的技术服务并将其整合至 ELIXIR 基础设施中。ELIXIR 技术服务工作项目将通过下列活动来应对欧洲数据管理挑战：ELIXIR 云产品和服务；数据的访问和交换；资源管理和交换政策；技术监测和电子基础设施的协同效应。

（4）数据交互操作性、词汇和本体服务。工作项目包括用于整个欧洲范围内，基于协调发展、执行和部署，用于语义交互操作性，解决方案、映射、词汇与本体服务识别的 ELIXIR 服务，还包括程序性访问、术语、本体以及用于引导沉积、促进信息交换（例如最简化信息标准）的需求报告。ELIXIR 数据交互操作性、词汇和本体服务将关注于重点分析、时间限制的项目，从而实现：社区驱动、关注用户的现有可行性路线图，包括状态、可持续性和使用的数据管理标准和实践，从而支持最佳实践方案，指导国家基础设施；面向用户的生命科学研究交互操作性服务，包括主要数据资源以及其他有价值和影响力的关键合作伙伴关系；用于 ELIXIR 服务所需的资源维护［例如生物共享（BioSharing）注册标准及经常使用的本体］的明确临界标准、规则、词汇和本体；用于提供标志解析、数据引用、出处、交互操作等服务和标准，并充分利用早期成果的新型欧洲架构。

（5）针对特定用户社区的服务。工作项目将要应对下列挑战：确定活跃社区并与他们建立积极的合作方式；协作、支持、帮助用户社区建立大型项目，例如 IMI 项目、ESFRI 生物医学研究基础设施；为特定项目、特定社区的 ELIXIR 工作制定经济上可行、可持续的工作模型；认定与实施能够提供跨学科解决方案、使社区协作程度最大化、为基础设施铺平道路的方法；加强领域驱动的活动与基础设施的联系，从而通过标准的制定、本体论及计算方法实现交互可操作性和数据服务，例如 IMI 项目和生物医学研究基础设施、生物技术行业联盟；通过一系列 ELIXIR 试点项目，实现用户驱动的应用，并提供采纳各个领域用户意见的服务；成功地完成过渡，实现关键试点项目向长期可持续服务的转变。

（6）ELIXIR 培训项目。该项目进行下列活动：在 ELIXIR 范围内建立通用的用于评估培训活动的方法；建立 ELIXIR 范围的培训社区；通过培训门户，传播相关信息；定义 ELIXIR 基础设施用户和运营商的核心竞争力，将这些能力与培训活动相比较；与工业和其他利益相关者合作，确定培训所要弥补的差距及优先级；开展高质量的培训活动并开发和实施新的活动，从而填补已知的差距，满足优先级需求；实现 ELIXIR 基础设施数据发展及相关高质量培训材料和活动的同步性；通过开放教育资源，实现 ELIXIR 培训的获取和发布，包括视频和互动式培训材料。

（7）ELIXIR 工业战略。ELIXIR 创新及项目包括一系列在成员国范围内，由 ELIXIR 节点所主办的关注中小企业的外展服务和培训项目。这些项目的特点是：在每次活动中保证有 30 家当地中小企业参加，确保主办的 ELIXIR 节点能与这些中小企业用户形成并长期维持合作关系；通过 ELIXIR 中心预算以及部分 ELIXIR 节点的支持来获得资源；活动项目包括针对中小企业的培训或研讨会，或是 ELIXIR 网络相关的资源和服务；由 ELIXIR 节点、ELIXIR 中心根据当地情况制定培训议程，例如关于制药业、生物技术或农产品的培训。

（8）知识产权。工作项目的核心目标在于：进行 ELIXIR 操作、性能指标和影响分析；制定开放数据的获取政策、软件许可政策以及知识产权政策；定义 ELIXIR 用户策略和基础设施应达到的基准效率；制定 ELIXIR 永久资助战略；制定并实施 ELIXIR 伦理框架。

11.3 国际生物医学大数据设施学科发展分析

11.3.1 基于重大科技基础设施论文数量分析

1999 ～ 2011 年，美国 DOE JGI 的年发文量基本呈现逐年递增的趋势。1999 年，该机构的发文仅 4 篇，而到 2011 年，发文量达到 190 篇，实现了近 50 倍的发文量增长。自 2012 年开始，该机构的发文量趋于平稳，并在 2015 ～ 2017 年呈现小幅度上升趋势（图 11-1）。

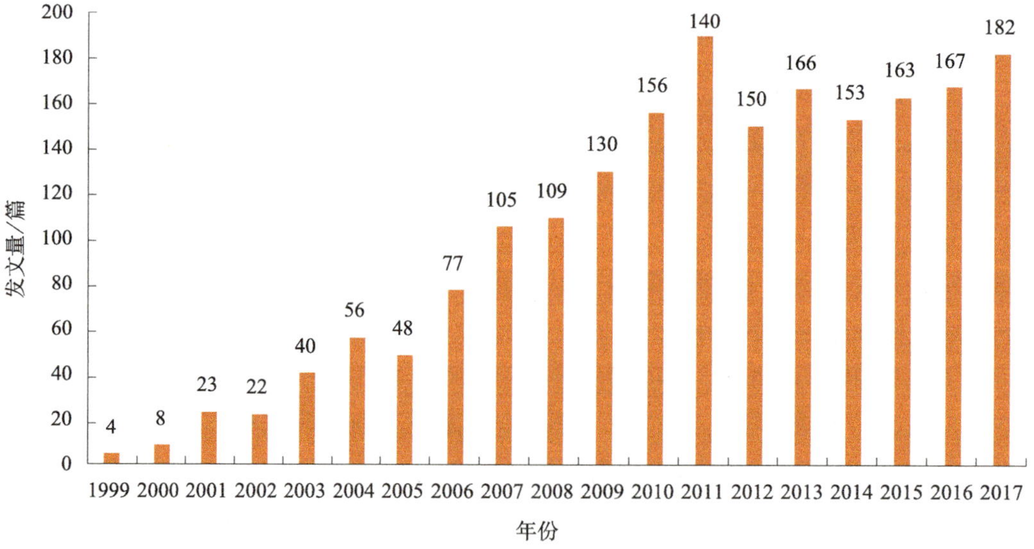

图 11-1 DOE JGI 年发文量变化趋势

EMBL-EBI 年发文量总体呈现逐年上升趋势。1994 年，EMBL-EBI 发文量仅有 12 篇。该机构在 1994 ～ 2000 年发文量几乎没有明显的变化趋势。自 2000 年开始，EMBL-EBI 的发文量总体呈现较大幅度的逐年上升趋势，并于 2017 年达到 273 篇（图 11-2）。

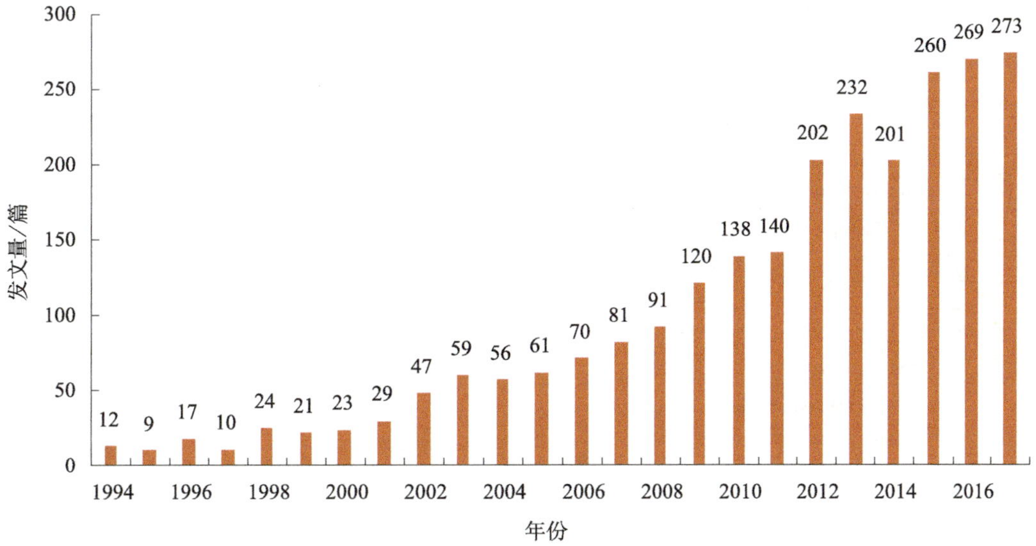

图 11-2　EMBL-EBI 年发文量变化趋势

11.3.2　基于重大科技基础设施论文研究主题变化分析

利用 WoS 核心数据库共检索 DOE JGI 发表文献 1892 篇（检索日期为 2018 年 4 月 18 日），并对检索结果进行如下分析。按照论文引用次数排序，TOP10 文章如表 11-1 所示。DOE JGI 发表的论文被引频次最高的是“Initial Sequencing and Analysis of the Human Genome”，被引频次高达 13 078 次，该论文于 2001 年发表在 *Nature* 杂志上，通讯作者所属国家为美国；“An Integrated Encyclopedia of DNA Elements in the Human Genome”的被引频次为 5226 次，该论文于 2012 年发表在 *Nature* 杂志上，通讯作者所属国家为英国；“Initial Sequencing and Comparative Analysis of the Mouse Genome”的被引频次为 4083 次，该论文于 2002 年发表在 *Nature* 杂志上，通讯作者所属国家为美国。

表 11-1　美国 DOE JGI 按照被引频次 TOP10 文章

编号	文章名称	被引频次 / 次	发文期刊	通讯作者国家	发表年份
1	Initial Sequencing and Analysis of the Human Genome	13 078	*Nature*	美国	2001
2	An Integrated Encyclopedia of DNA Elements in the Human Genome	5 226	*Nature*	英国	2012

续表

编号	文章名称	被引频次 / 次	发文期刊	通讯作者国家	发表年份
3	Initial Sequencing and Comparative Analysis of the Mouse Genome	4 083	*Nature*	美国	2002
4	Greengenes，a Chimera-Checked 16S rRNA Gene Database and Workbench Compatible with ARB	3 442	*Applied and Environmental Microbiology*	美国	2006
5	Structure，Function and Diversity of the Healthy Human Microbiome	2 627	*Nature*	美国	2012
6	The Genome of Black Cottonwood，Populus Trichocarpa（Torr. & Gray）	2 203	*Science*	美国	2006
7	Genome Sequence of the Palaeopolyploid Soybean	1 728	*Nature*	美国	2010
8	Sequence and Comparative Analysis of the Chicken Genome Provide Unique Perspectives on Vertebrate Evolution	1 470	*Nature*	美国	2004
9	Prodigal: Prokaryotic Gene Recognition and Translation Initiation Site Identification	1 384	*BMC Bioinformatics*	美国	2010
10	The Sorghum Bicolor Genome and the Diversification of Grasses	1 318	*Nature*	美国	2009

利用 VOSviewer 软件分析 DOE JGI 在 2013 年、2015 年、2017 年发文的关键词聚类（图 11-3～图 11-5）情况，分析该研究机构的研究热点变化。2013 年，DOE JGI 主要有两个研究热点方向，分别是一些植物基因的测序分析以及植物类蛋白质编码基因。DOE JGI 测序和分析的目标主要包括一些常见的植物和农业上的重要作物，如大豆、高粱、棉花等。不仅这些研究可能使作物能够更好地适应环境压力和其他农艺挑战，而且这些植物也具有更深的研究意义：它们可能导致生物燃料生产的改进。此外，研究人员利用高通量测序技术，揭示了有史以来第一个海藻泛基因组，这项研究有助于解释诸如藻华等现象。一些海洋微生物具有削减的遗传密码，这是一种帮助它们在一些营养贫乏的环境中生存的策略。研究人员采用特殊的单细胞战略，首次研究了细菌在各种具有挑战性的环境中的生存适应性。

图 11-3　2013 年 DOE JGI 发文关键词聚类

DOE JGI 处于许多科学探索的前沿，研究人员正在努力填补生命树的分支，并探查了一些常见的树木、杂草以及其他植物的基因组，以实现生物燃料的有效生产。研究人员通过钻研地下以及水下生物，发现微生物的多样性，并为全球碳循环提供见解。DOE JGI 的研究主要分为三个领域，分别是生物能源、碳循环以及生物地球化学，这些研究领域交织在一起，涵盖了从无限微小微生物到熟悉的农作物的生物体范围，使得研究的成果可以以多种方式产生应用。

2015 年，DOE JGI 的两个主要研究热点方向较 2013 年并无明显性变化，分别是一些植物基因的测序分析以及植物类蛋白质编码基因，但研究相对更加丰富（图 11-4）。DOE JGI 一直致力于发现新生命。2015 年 11 月，DOE JGI 的负责人 Eddy Rubin 以及微生物项目的负责人 Tanja Woyke 在 *Science* 杂志上讨论了利用基因组技术发现地球新生命的正确性。研究人员利用植物生物质开发可持续性生物燃料来源，用于研究、控制大气中温室气体积聚的生物过程，深入了解环境控制，以及环境中关键营养物质循环的生物化学过程。此外，研究人员利用微生物以及微生物群落等分解植物中的木质素和纤维素等，并将其转化为生物燃料或其他生物产品。

图 11-4　2015 年 DOE JGI 发文关键词聚类

2017 年，DOE JGI 的研究前沿更加丰富，DOE JGI 植物计划的重要举措是将计算和实验的工作重心从测序转向功能研究，并最终将通过验证的准确数据集存入数据库（图 11-5）。因此，植物功能基因组学研究团队利用植物模型开发和利用资源，了解诸如基因组织和调控、非生物胁迫耐受性和植物多年生的分子基础等。

利用 WoS 核心数据库检索 EMBL-EBI 发表文献 2534 篇（检索日期为 2018 年 4 月 18 日），并对检索结果进行如下分析。按照论文被引频次排序，TOP10 的文章如表 11-2 所示。EMBL-EBI 发表的论文被引频次最高的是“Initial Sequencing and Analysis of the Human Genome”，被引频次高达 13 078 次，该论文于 2001 年发表在 *Nature* 杂志上，通讯作者所属国家为美国；“An Integrated Encyclopedia of DNA Elements in the Human Genome”的被引频次为 5226 次，该论文于 2012 年发表在 *Nature* 杂志上，通讯作者所属国家为英国；“Velvet: Algorithms for de Novo Short Read Assembly Using de Bruijn Graphs”的被引频次为 4167 次，该论文于 2008 年发表在 *Genome Research* 杂志上，通讯作者所属国家为英国。

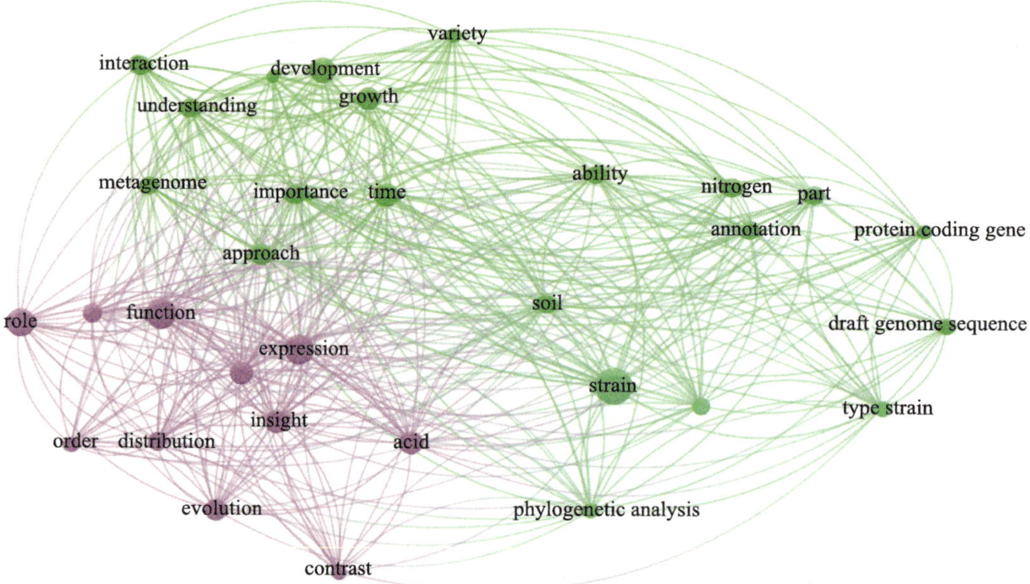

图 11-5　2017 年 DOE JGI 发文关键词聚类

表 11-2　按照被引频次 TOP10 文章列表

编号	文章名称	被引频次 / 次	发文期刊	通讯作者国家	发表年份
1	Initial Sequencing and Analysis of the Human Genome	13 078	*Nature*	美国	2001
2	An Integrated Encyclopedia of DNA Elements in the Human Genome	5 226	*Nature*	英国	2012
3	Velvet: Algorithms for de Novo Short Read Assembly Using de Bruijn Graphs	4 167	*Genome Research*	英国	2008
4	Initial Sequencing and Comparative Analysis of the Mouse Genome	4 083	*Nature*	美国	2002
5	An Integrated Map of Genetic Variation from 1, 092 Human Genomes	3 679	*Nature*	英国	2012
6	A Map of Human Genome Variation from Population-Scale Sequencing	3 571	*Nature*	英国	2010
7	AQUA and PROCHECK-NMR: Programs for Checking the Quality of Protein Structures Solved by NMR	3 487	*Journal of Biomolecular NMR*	英国	1996
8	Multiple Sequence Alignment with the Clustal Series of Programs	3 437	*Nucleic Acids Research*	法国	2003
9	Fast, Scalable Generation of High-Quality Protein Multiple Sequence Alignments Using Clustal Omega	3 227	*Molecular Systems Biology*	爱尔兰	2011
10	Identification and Analysis of Functional Elements in 1% of the Human Genome by the ENCODE Pilot Project	2 897	*Nature*	英国	2007

利用 VOSviewer 软件分析 EMBL-EBI 在 2013 年、2015 年、2017 年发文的关键词聚类（图 11-6 ～图 11-8）情况，分析该研究机构的研究热点变化。2013 年，EMBL-EBI 的研究热点领域主要是生物信息学和基因表达研究。例如，Flieck 团队进行的一项基因表达的相关研究揭示了小鼠基因调控进化的第一步，这对研究人与人之间基因调控差异有重要意义。同样，Teichmann 团队与牛津大学和英国医学研究理事会（MRC）分子生物学实验室研究人员的合作研究表明，蛋白质组装成复合物的具体顺序是由进化驱动的，对它们的功能非常重要。研究人员利用计算机算法进行生命科学领域的基础研究，以了解生命过程。随着生物信息学作用的不断扩大，EMBL-EBI 的研究人员与全球的科学家分享新的研究成果和工具，为生命科学研究做出了贡献。例如，Ziehm 的研究团队创造了一种帮助科学家研究衰老的新资源生存分析（SurCurv）平台，这是第一个全面开放的对模型生物体进行大规模分析的综合开放源。该研究成果发表在 *Journal Ageing Cell* 杂志上。

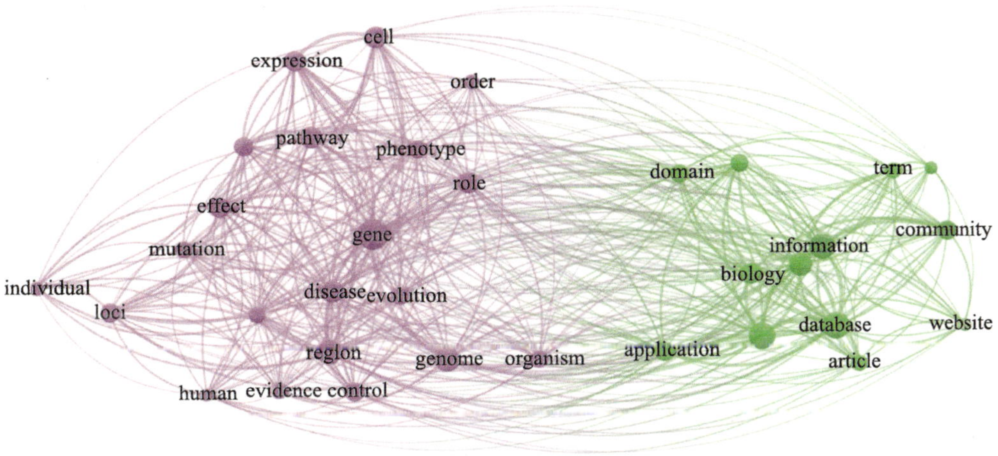

图 11-6　2013 年 EMBL-EBI 发文关键词聚类

2015 年，EMBL-EBI 的研究热点领域主要是生物信息学和基因表达研究，相较 2013 年变化不大（图 11-7）。EMBL-EBI 的服务团队为生物医学研究计划提供技术解决方案。例如 2015 年，EMBL-EBI 技术团队为欧盟自闭症谱系障碍项目提供数据解决方案，并在欧洲医疗信息框架中为分子数据构建了云环境。2015 年期间，EMBL-EBI 还帮助研究人员设定了基因组注释的最低标准，这使得研究人员更容易识别公共基因组和蛋白质组数据集中的相关信息。在代谢组学标准协调的项目背景下，EMBL-EBI 帮助开发了 NMR 数据的 NMR 标记语言开放标准，并推出了代谢组学数据共享平台。这些研究对“组学研究”的进展至关重要。

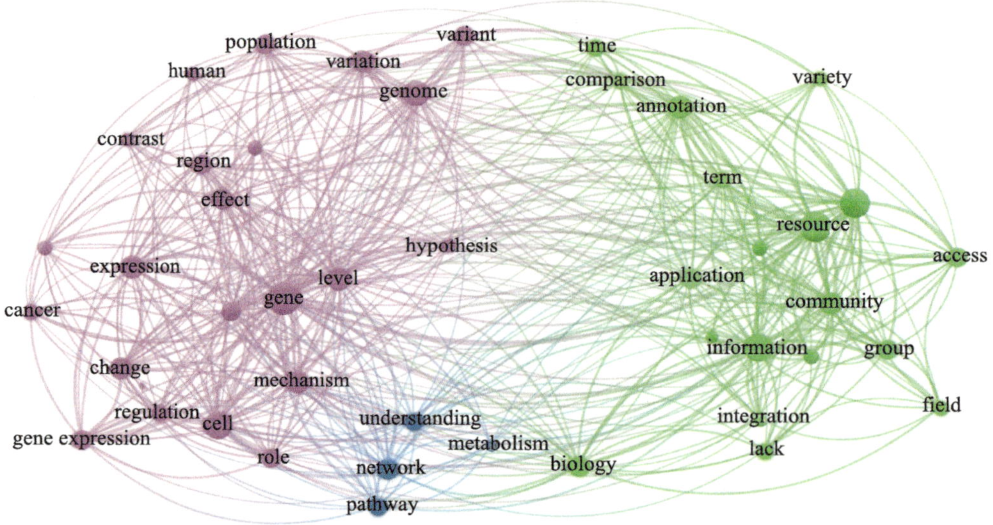

图 11-7　2015 年 EMBL-EBI 发文关键词聚类

2017 年，随着 EMBL-EBI 的发展，其研究热点领域除了生物信息学和基因表达研究，新增了癌症相关基因突变的研究（图 11-8）。在过去，癌症免疫疗法已经取得了显著的成功，同时研究人员对驱动肿瘤的遗传变化研究也有了显著的进展。癌症基因组的相关研究表明，肿瘤可以理解为由进化规则支配的细胞群，导致具有致病性突变的细胞谱系出现和传播。此外，群体进化可以解释为癌细胞群为了更适应细胞状态，而获得具有耐药性的突变。癌症的关键特征是异常转录因子（TF）诱导的转录失调。研究人员通过分析新产生的癌细胞系的转录组测序（RNA-seq）基因表达数据，结合公开可用的数据集来研究癌细胞系和原发性肿瘤，用于推断转录因子的转录活性。

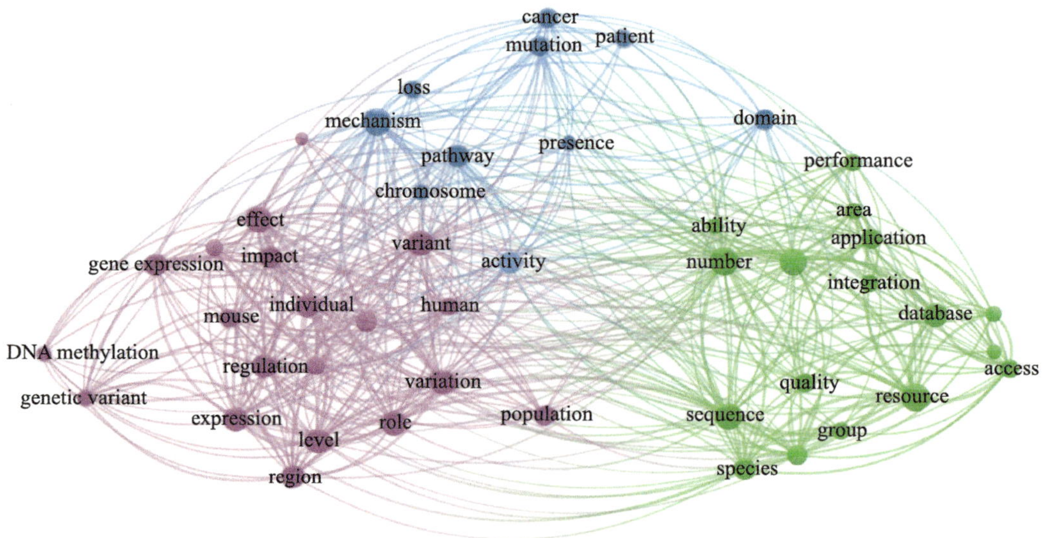

图 11-8　2017 年 EMBL-EBI 发文关键词聚类

11.3.3 基于重大科技基础设施论文机构分析

利用 TDA 软件对 DOE JGI 的发文进行机构合作分析，选择排前十位的机构做矩阵图。从 DOE JGI 发文作者所属机构的矩阵气泡图来看，DOE JGI 与其他机构的合作关系密切。如图 11-9 所示，DOE JGI 与美国其他机构之间合作密切，DOE JGI 与美国加州大学伯克利分校共合作发文 439 篇，与美国洛斯阿拉莫斯国家实验室合作发文 266 篇，与美国橡树岭国家实验室共合作发文 227 篇。此外，DOE JGI 与其他国家机构之间的合作也比较密切。例如，DOE JGI 与德国微生物菌种保藏中心共合作发文 134 篇，与德国亥姆霍兹感染研究中心共合作发文 105 篇。

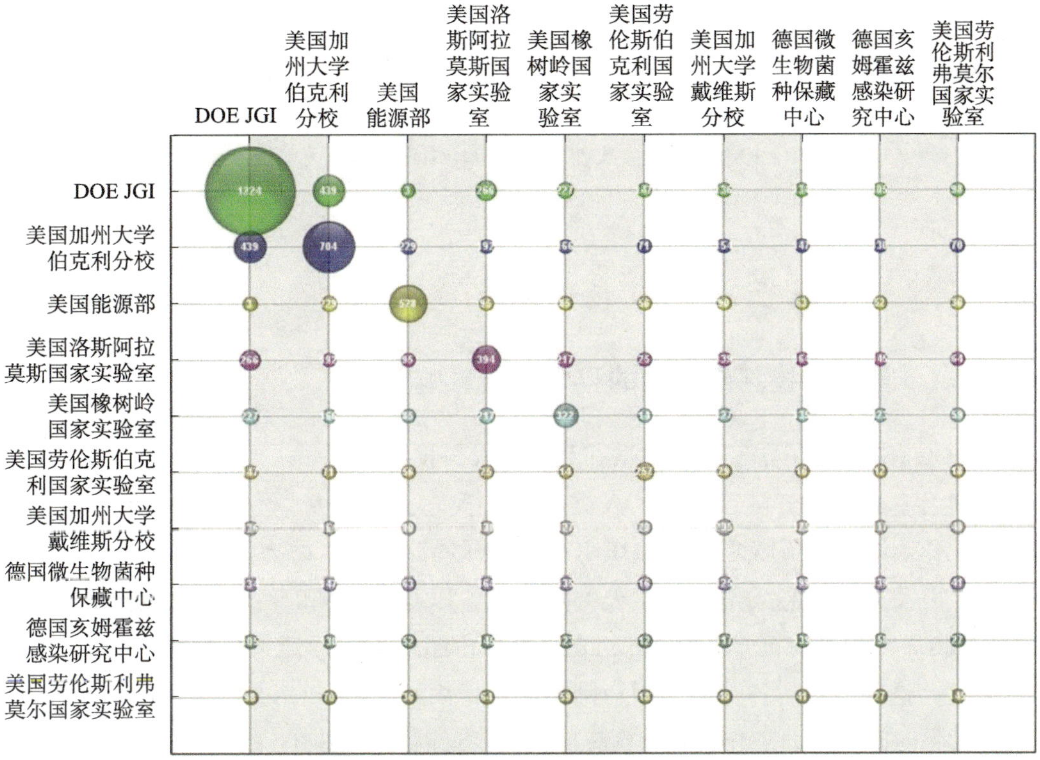

图 11-9　DOE JGI 发文作者所属机构矩阵气泡图（单位：篇）

从 EMBL-EBI 发文作者所属机构合作矩阵气泡图来看，EMBL-EBI 与其他机构的合作关系密切。如图 11-10 所示，EMBL-EBI 与英国其他机构之间合作密切，EMBL-EBI 与英国威康信托桑格研究所共合作发文 308 篇，与剑桥大学合作发文 230 篇，与伦敦大学学院共合作发文 144 篇。此外，EMBL-EBI 与其他国家机构之间的合作也比较密切。例如，EMBL-EBI 与美国哈佛大学共合作发文 81 篇，与美国华盛顿大学共合作发文 75 篇。

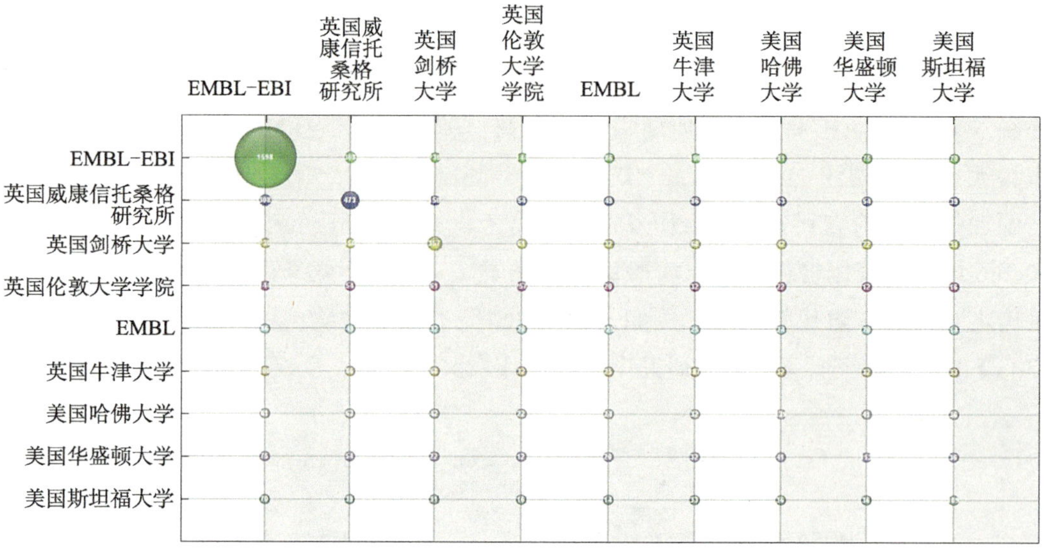

图 11-10　EMBL-EBI 发文作者所属机构矩阵气泡图（单位：篇）

11.4　国际生物医学大数据设施的影响分析

11.4.1　重大科技基础设施的科学产出影响分析

1. DOE JGI 产生了拍字节级数据和系列重大科技结果

2004 年，DOE JGI 陆续完成了人类基因组第 5 号、第 19 号和第 16 号染色体的解码分析工作。继这一成就之后，DOE JGI 继续开展针对微生物物种和典型生物体的测序工作，并将相关信息无偿贡献给公共数据库，以此推进基础科学的发展。DOE JGI 在 DNA 测序方面具有高产出性（仅 2014 年分析超过 1 百万亿条核苷酸），为了保障运行速度，这些信息的各种访问门户网站必须稳固和灵活。在过去两年中，DOE JGI 投入了大量时间和精力来升级其计算集群基因库，以及 DOE JGI 的许多网络服务。

此外，DOE JGI 还发表了许多高质量的出版物，其中数十篇重要论文刊发于 *Science*、*Nature* 上。2013 年，利用新兴的单细胞 DNA 测序技术，科学家窥探了过去难以开展研究的一些微生物，揭示了生命树的不同分支之间意想不到的一些联系。DOE JGI 微生物学家 Tanja Woyke 领导研究人员，利用单细胞测序读取了来自深海热泉和地下金矿等 9 个不同环境、201 种细菌及古细菌细胞的基因组。这些生物体过去从未在实验室中进行过培养或是测序。奇遇（Meraculous）是针对大型基因组的新一代测序数据的全基因组组装软件。这是一个混合 K 碱基 / 基于读取的汇编软件，利用 Illumina 实现高精度的测序，避开明显的错误，从而完成纠正步骤。通过利用轻量级数据结构和多线程并行化，Meraculous 利用大型数据集实现高性能，从而允许在一天内完成在实体集群上组装人类基因组。DOE JGI 的首席信息工程师 Dan Rokhsar 与劳伦斯伯克利国家实验室的 Katherine Yelick 合作研究开发了 Meraculous 的新版本——HipMer，利用该软件可以在几分钟内完成人类基因组的组装。HipMer 加速了宏基因组的组装，使数据集的分析处理更简易。该软件荣获高性能计算专业媒体用户选择奖（the HPCwire Reader's Choice Award）。

2. ELIXIR 参与和支撑了欧盟项目

ELIXIR 参与和支撑了欧盟项目，旨在推动向科学界提供各种生物信息服务。欧盟项目使 ELIXIR 能够与欧洲和全球其他重要机构，以及欧洲科研基础设施战略论坛研究基础设施和电子基础设施合作，包括以下研究项目。

“欧洲药品研究培训网络”（European Medicines Research Training Network，EMTRAIN）建立了一个可持续的泛欧教育培训平台，囊括了从基础科学到临床开发再到药物安全的知识。

“在欧洲生物和医疗基础设施之间搭建数据桥梁”（Building Data Bridges from Biology to Medicine in Europe，BioMedBridges）是 ESFRI 路线图中 12 个生物医学科学研究基础设施的联合举措。该项目开发了一个共享的电子基础设施，允许在生物、医学、翻译和临床领域进行数据整合，从而加强欧洲的生物医学资源。它由欧洲生物信息学研究所协调。

“加速”（EXCELERATE）项目是由“地平线 2020”计划资助 1900 万欧元的项目，旨在帮助 ELIXIR 协调和扩展国内和国际数据资源，并确保提供世界领先的生命科学数据服务。它支持以国家基础设施为基础的泛欧洲培训计划，提高生物信息学能力和竞争力，由 ELIXIR 中心节点协调，有来自 17 个国家的 46 个合作伙伴。

“协调研究基础设施用于建设持久生命科学服务”（Coordinated Research Infrastructures Building Enduring Life-Sciences Services，CORBEL）项目旨在通过协调用户对资源的访问，统一数据管理和创建共同的伦理和法律服务，建立和支持欧洲生物和医学研究的新模式。这是一个 1450 万欧元的项目，汇集了主要的生物医学研究基础设施，并由 ELIXIR 中心节点进行协调。

通过对药物发现过程进行综合知识管理来提高“转化医学安全性”评估（eTRANSAFE）项目由 IMI 资助 4000 万欧元。eTRANSAFE 项目将致力于制定数据共享、使用人类安全数据以及在药物安全性评估中使用汇总数据和模型的总体政策和指导方针。

“环境地球研究基础设施 +”（ENVRIplus）是“地平线 2020”计划中的项目，将环境和地球系统研究基础设施结合在一起，在整个欧洲层面上创建一个更连贯、跨学科和互操作的环境研究基础设施集群。ELIXIR 参与了其中一个主题：科学数据，重点研究基础设施之间的数据互操作性、数据识别和引用服务、数据处理。

欧洲开放科学云研究试点（EOSCpilot）项目正在支持欧洲开放科学云（EOSC）计划开发的第一阶段。它是由 33 个泛欧组织和 15 个第三方组成的联盟，旨在减少欧洲数据基础设施之间的分散性和互操作性。ELIXIR 是数据互操作性工作包和治理工作包的合作伙伴。

欧洲海洋生物研究中心（European Marine Biological Research Center，EMBR）由“地平线 2020”计划提供 900 万欧元资金支持，将科学、工业和区域发展的海洋生物技术研究基础设施连接起来。

11.4.2　基于重大科技基础设施的国际合作分析

利用 TDA 软件对 DOE JGI 的发文进行国家合作分析，选择排名前十的国家做矩阵气泡图（图 11-11）。从 DOE JGI 发文作者所属国家矩阵气泡图来看，美国与其他国家的合作关系密切。如图 11-11 所示，美国与德国合作最为密切，共同发文 450 篇，第二合作密切的是与澳大利亚，合作发文 241 篇，第三合作密切的是与法国，合作发文 205 篇。此外，其他国家之间的合作也比较密切。例如，德国与澳大利亚合作发文 112 篇，英国与德国合作发文 90 篇，加拿大与法国合作发文 63 篇。

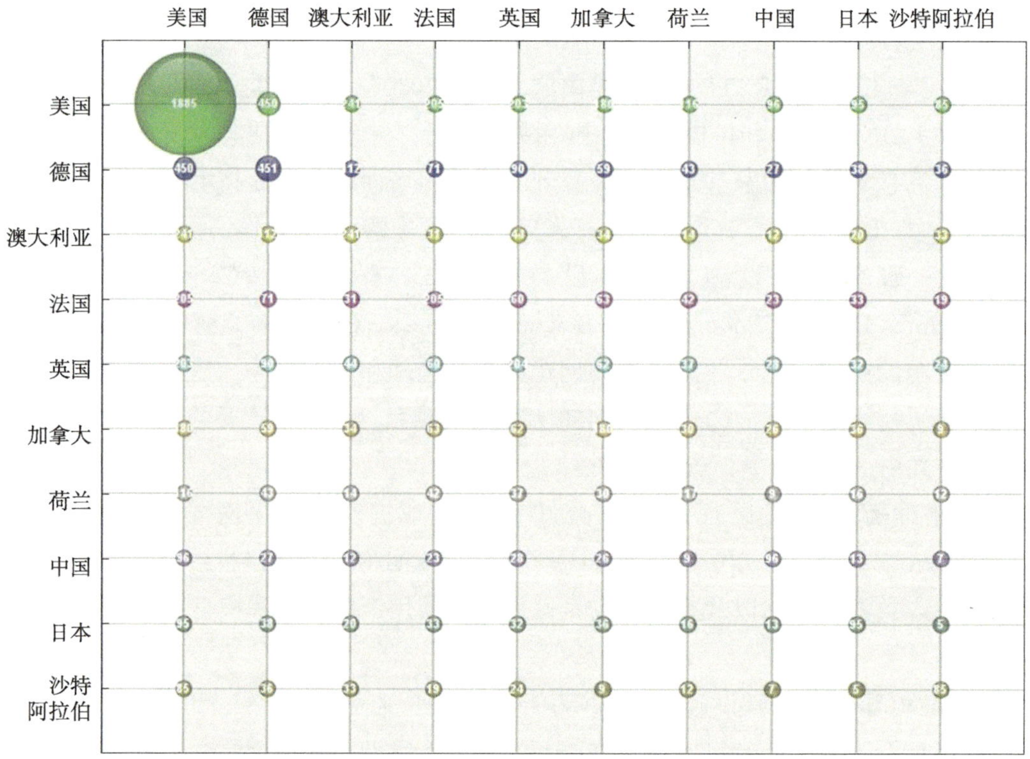

图 11-11　DOE JGI 发文作者所属国家矩阵气泡图（单位：篇）

利用 TDA 软件对 EMBL-EBI 的发文进行作者所属国家合作分析，选择排名前十的国家做矩阵图。从 EMBL-EBI 发文作者所属国家矩阵气泡图来看，英国与其他国家的合作关系密切。如图 11-12 所示，英国与美国合作最为密切，共同发文 918 篇，第二合作密切的是与德国，合作发文 527 篇，第三合作密切的是与瑞士，合作发文 283 篇。此外，其他国家之间的合作也比较密切，例如德国与英国合作发文 627 篇，美国与瑞士合作发文 212 篇，加拿大与美国合作发文 202 篇。

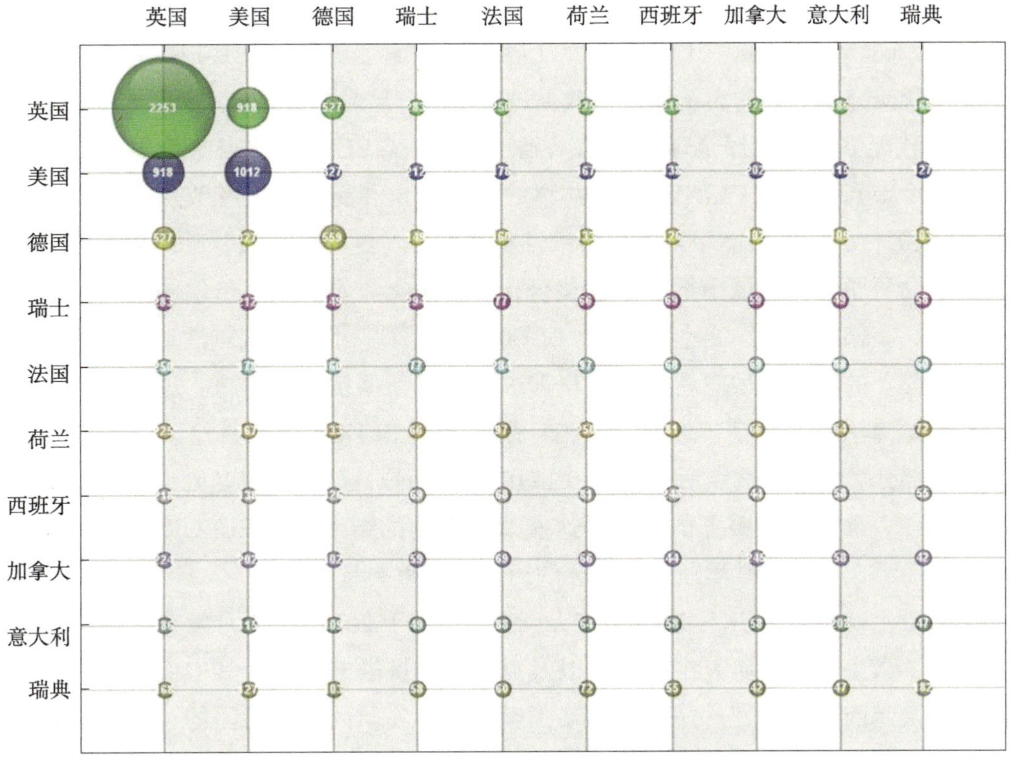

图 11-12　EMBL-EBI 发文作者所属国家矩阵气泡图（单位：篇）

11.4.3　基于重大科技基础设施的重大突破及获奖

DOE JGI 是植物、微生物等基因测序领域的全球引领者，目前拥有 2000 多个来自世界各地的用户。通过基因测序数据处理和科学项目集成活动，DOE JGI 开发了许多基于计算生物方法的工具，应用于特定项目数据集。DOE JGI 成熟的对比分析系统被视为开展基因和元基因研究的重要资源，使全球科学家能进行原本特别昂贵甚至原本无法开展的研究。2007 年，DOE JGI 遗传分析项目负责人 Len Pennacchio 成为科学家和工程师早期职业总统奖获奖者之一①。Pennacchio 因其对人类基因组序列的生成和

① DOE. Joint Genome Institute Progress Report 2007. https://jgi.doe.gov/wp-content/uploads/2013/11/JGI_Progress_2007.pdf[2018-02-22].

解释所做出的重大贡献而获得该奖项。通过比较脊椎动物基因组学和大规模小鼠研究的耦合，利用研究结果建立了全球性小鼠基因资源库，从而用于对人类基因组进行基因调控。DOE JGI 高级科学家 Gerald Tuskan 则获得了 ORNL 杰出领导团队奖。Tuskan 领导团队参与到对杨树基因组进行测序的工作中，这被认为是推动生物质作为能源替代的关键性研究。将团队成员的组织能力和科学实力结合起来，该团队有效实现了一个复杂的科学目标。

ELIXIR 是一个基于现有生物信息学卓越中心（包括欧洲各国的节点和 EMBL-EBI）的分布式基础设施。ELIXIR 汇集了各国生物信息学和 EMBL-EBI 的能力，对现代生命科学研究中产生的大量和混杂数据进行归档、整合、分析和利用。ELIXIR 被认为是极少数能够真正发挥全球意义的基础设施之一。ELIXIR 节点的差异在于节点能力，即某个节点能够与 ELIXIR 框架共享的专业知识和能力，还有节点容量，即通过 ELIXIR 服务传递计划所能带来的可持续性资助服务。这种分布式基础设施能够确保欧洲大陆生命科学各个领域全部数据的整合，实现数据收集和推广价值的最大化，因而是 ELIXIR 战略的核心。在过渡阶段，ELIXIR 进行了一系列的试点活动，借助部分节点（及中心）的能力，适应新增的用户需求，指导新型技术的实施。进行一系列的用户驱动型试点活动或短期“加速”实施计划将会是 ELIXIR 战略首个阶段不可或缺的重要组成部分。在这些试点活动中，ELIXIR 将与用户社区、研究基础设施以及其他成员密切合作，确保相关服务的交付。这些试点活动的结果能为 ELIXIR 战略在今后的发展带来启示，也能为科学顾问委员会的讨论奠定重要基础。

英国微生物学会（UK’s Microbiology Society）于 2017 年 11 月发布了一份政策报告，总结了微生物群落研究中的挑战以及克服这些挑战的建议。其中挑战之一就是组织和共享宏基因组学研究——微生物基因组中遗传物质的研究所需的数据。报告还特别提出了 ELIXIR 在开发和处理微生物群体样本测序产生的大量数据资源方面所做出的贡献。科学家可以利用 ELIXIR 绘制出更多的宏基因组，供其他研究小组做参考数据集。ELIXIR 的海洋宏基因组学门户网站还为科研界提供改进途径，以提高生物多样性和功能分析精度和准确度的参考数据集。

11.5 启示与建议

11.5.1 亟须借助生物医学大数据设施来保障我国“数字主权”

理论上，基于精确的基因差异信息，就可以研制针对特定人类群体、特定种族或人种的选择性精准基因组武器。基于重大烈性病菌的遗传信息，有可能重新合成已经灭绝的病原体或者研制出更具毒性、更强传染性的病原菌。同时，生物技术得到快速发展，生物科技创新门槛降低，生物信息被恐怖分子、生物黑客谬用、滥用的可能性进一步增大。这些情况对未来国际生物安全形势造成了潜在的严重且长期的负面影响[①]。隐私涉及个人价值和社会价值，实际上存在于所有信息应用领域，而在生物信息领域更加突出。由于开源与数据共享已经成为生物学研究重要的驱动力量，整合性生物信息数据，特别是纵向、随时间推移的数据，对研究疾病和健康、理解社会和文化行为、预测未来资源需求、预防犯罪和其他事务等具有重要价值。但与此同时，由于在线数据的不断增长、整合和分析数据能力的不断提升，以及缺乏适当的保护机制将原始数据及其衍生信息进行隔离，隐私保护目前正经受严峻挑战。

生物医学大数据是国家战略资源。中国是生物医学数据产出大国，却没有能够被国际认可的数据库系统，不得不将自己宝贵的数据资源交给他人代管。这与生物数据产出大国的地位不符，因此亟须保障我国"数字主权"。我们必须认识到生物医学大数据的巨大影响力，加快建立国家生物医学大数据中心，保障我国"数字主权"，统筹管理和合理利用国家生物医学大数据战略资源；集中突破生物医学大数据核心技术，提升我国生物医学大数据技术和服务水平，加快生物医学大数据产业的全面发展[②]。

11.5.2 新的重大科技基础设施回应生物医学大数据研发应用重大问题

提高数据可获取性，促进数据分析，供不同群体用户使用。用户必须能够向重大科技基础设施上传自己的数据，并能够利用其他托管数据来计算这个数据集。

提高数据用户群体获取重要的计算能力，为用户群体提供一组核心的参考工具。要有高易用性的应用程序界面，供生物信息学应用程序开发人员群体使用。该界面应该能够支持数据访问服务（上传、下载、发现、报告等），以及对数据存储进行直接分析和计算。该项服务必须能够支持多种标准的计算机编程语言。

控制数据访问，遵守相关生物信息法律法规准则。个人层面的基因组数据必须加以保护，确保个人识别。在大多数情况下，利用数据集之前，用户需要获得中心数据访问委员会的批准。

有关升级和扩展性。考虑到目前的发展趋势，预计在未来会生成大量的公共数据，而现在的数据总量也只是其中的一小部分。所以，对于涉及的数据大小、复杂性、数据解释、同意小组、访问权限以及计算服务等方面，对重大科技基础设施升级至关重要，有必要研发可以在不同规模下运作的系统。

有关互操作性。使用标准格式、数据元素和词汇表来表示数据十分重要。在呈现核心的原数据和加工数据时，应该采用生物医学群体广泛接受的标准。随着新标准的

① 王小理，阮梅花，刘晓，等. 生物信息与国家安全. 中国科学院院刊，2016，31（4）：414-422.

② 中国科学院学部咨询项目《生物信息学的发展与共享平台的建设》项目组. 关于中国"国家生物医学信息中心"的调研报告与建议. 中国科学院学部，2014：9.

不断发展，需要从新的角度诠释数据。此外，还需要一套关于授权和数据访问等基本功能的界面标准。

11.5.3 生物医学大数据设施推动生物医学研究的范式转变

信息基础设施和数据采集技术将为21世纪生物学提供超级技术支持。精确审核的数据存储库将存储大规模、多种类型的生物学数据并为广大研究人员所使用；包含生物学研究人员知识创造的数字图书馆将提供在合作模式下知识分享、注释、审查和传播的新机制；高端的、通用的计算中心等信息基础设施可以提供超级计算能力；高速计算网络将地理上相互分散的计算资源整合①。

生物医学大数据设施可以非常专业、精确地界定所研究的问题。信息和计算工具通过以一种层次格式、巨大的容量来获取、存储、管理、查询和分析生物学数据，使得生物学家可以快速横跨大尺度时间、空间和组织复杂性，从单个局部、生物现象的研究转换到系统、生物学意义背景下的现象研究，通过利用诸如进化保守性等特征，来确定生物的进化功能细节。生物计算模型可以作为生物学现象的抽象表示，从而可以在计算模型上进行假设和验证、定量预测。在缺乏可视化工具、丰富的数据库和难以做出定性预测的情况下，对于特别复杂的生物学问题，甚至生物学问题无法提出的场合，生物计算模型将替代生命科学“湿”实验研究。

构建精准的生物计算模型。如果将生物学现象视为以不同形式处理信息的过程，那么计算科学和信息技术不仅是捕捉生物学现象复杂性的工具，同时也是生物学规律的语言和概念集合。因此，生物学的规律和本质在很大程度上就体现为算法。通过构建智能、高效、准确分析这些生物医学特有大数据的方法及理论体系，可以揭示复杂生物现象背后的本质控制机理。

11.5.4 生物医学大数据设施创新战略布局

《国家重大科技基础设施建设“十三五”规划》将“国家生物医学大数据基础设施”作为筹备论证的后备项目②。经过系统调研和专家访谈，我们了解到，国家生物医学大数据设施目前正处于关键论证和筹备期，北京、上海和广东都有可能争取落户，竞争激烈。

总体上，我们认为，我国建设生物医学大数据科技基础设施的必要性已经充分得到证明。现阶段，生物医学大数据科技基础设施的立项论证需要采取更有力的举措，加强组织领导，与国家有关部委地方统筹协调、科技规划方面工作，推动相关谋

① 王小理，阮梅花，王玥，等. 生物信息技术国际发展态势分析//张晓林，张志强. 国际科学技术前沿报告2013，北京：科学出版社，2013：113-120.

② 国家发展和改革委员会等. 关于印发国家重大科技基础设施建设“十三五”规划的通知. http://www.ndrc.gov.cn/zcfb/zcfbghwb/201701/t20170111_834860.html[2016-12-23].

划落地。

总目标为：以拍字节级的超级云计算平台和艾字节级的海量存储资源设施为依托，建设稳定、安全、标准化和可靠的艾字节级大数据管理体系，开发和部署 200 个以上的大型数据库体系和各类专业知识库；安装 20 个以上的领先大数据搜索引擎；部署 100 个以上的高速并行和先进的数据挖掘与知识发现技术体系；为我国科技投入、生产活动所生产的各类生命科学、医学数据提供一个安全的收集、汇缴、清理、注释、备份和共享的可持续发展、国际上具有权威性的国家级平台和基础设施，提供国家层面的大规模和持续稳定的数据资源、计算和储存资源、高通量生物医学技术以及其他软硬件技术资源的支撑。

致谢：感谢中国科学院计算生物学重点实验室李亦学研究员、上海交通大学分子医学研究院左小磊研究员提出的意见和建议；感谢中国科学院上海生命科学研究院熊燕研究员在重大科技基础设施战略研究方面提供的指导。

第十二章 基于综合极端条件实验室装置的产出及影响分析

于杰平　王　丽
（中国科学院文献情报中心）

12.1　综合极端条件实验室装置的定义及特点①

综合极端条件实验装置由极端实验条件（如极低温、超高压、强磁场、超快激光、微重力等）产生系统、极端条件下的样品表征和测量系统，以及能满足上述各系统研制、升级、维护与运行的支撑系统等部分组成。

任何物质都是在一定的物理条件下形成的。通过使物理实验条件到达极端状态，可以形成许多在常规物理条件下不能得到的新物质和新物态，发现科学新现象，从而大大拓展我们认识自然、改造自然、造福人类的能力。近年来，利用极端实验条件取得创新突破已成为科学研究发展的一种重要范式，并取得了许多具有深远影响的科学突破，其中不少工作获得了诺贝尔奖，也有大量创新性的研究成果得到了重要的实际应用。许多著名的研究机构，如美国佛罗里达州立大学国家强磁场实验室（National High Magnetic Field Laboratory，NHMFL）和劳伦斯利弗莫尔国家实验室、德国马普学会量子光学研究所及核物理研究所、法国格勒诺布尔的尼尔研究所、欧洲磁场实验室（European Magnetic Field Laboratony，EMFL）、日本东京大学固体研究所极端条件实

① 丁洪，吴奇. 极端条件下的重大科学问题与极端条件设施发展现状及展望. 中国科学：物理学·力学·天文学，2014，44（10）：1108-1115.

验室等都拥有先进的极端条件实验设施。可以说，极端条件实验手段的整体水平直接影响着一个国家在相关基础研究领域，乃至与国民经济、国防工业息息相关的核心国际领域的竞争力。

极低温作为最重要的极端物理实验条件之一，可以抑制物质中电子、原子等的无规则热运动，凸现纯净的量子力学现象。极低温的运用为近年来许多宏观量子力学现象的重大发现创造了条件，比如 ^{3}He 超流体的发现（1996 年诺贝尔物理学奖）、激光冷却和捕获原子（1997 年诺贝尔物理学奖）、分数量子霍尔效应的发现（1998 年诺贝尔物理学奖）、原子的玻色 – 爱因斯坦凝聚的实验观察（2001 年诺贝尔物理学奖）等，并且普遍认为，在更低温区还隐藏着更多重要的现象等待发掘。这些新的发现不仅能开拓自然科学的前沿，培育新的学科生长点，而且同以往物质科学研究成果（如晶体管、发光二极管、巨磁阻磁头、液晶等的发明将我们带入了信息时代）一样，具有造福于人类的巨大应用前景。

在 100GPa 的压力作用下，平均每种物质有 5 个以上的不同物相状态①。一些常规条件下不存在的物态将会在高压或超高压和一定的温度、磁场等综合极端条件下形成。因此，高压条件对物质科学研究具有特殊的重要性，可以实现对物质的存在状态和性能在较大范围的有效调控。另外，利用高压条件可以模拟地球内部的高温高压环境，探索地球内部物质的形成与运动规律、成矿成岩过程、石油和天然气的成因以及地质灾害的成因等。高压科学与技术在现代国防中也起着非常重要的作用，特别是在核物理次临界实验和计算机模拟中，需要大量精确的超高压实验数据。正是这些方面的迫切需求，使得近年来超高压研究在国际上得到快速发展。

磁场作为可以调控相变的热力学参量，能改变物质的内部能量，是一种研究物理现象和机理的有力工具，而磁场强度的大小决定着调控材料性质能力的强弱。强磁场下的科学研究涉及对超导体、半导体、关联电子体系、磁性材料等研究的材料科学，以及地球科学、化学、生命科学、工程技术等领域，其中在凝聚态物理领域已经用于输运特性、磁化特性、磁光特性、磁场与极低温组合、磁场与超高压组合、磁共振特性等方面实验。在核磁共振实验中，使用强磁场不仅所研究材料的物理性质会发生明显变化，有利于阐明物理机理，同时核磁共振的信号强度也会随磁场的增强而增大，大大提高实验的分辨率，这一强磁场特点目前在核磁医学成像领域得到快速发展，前景广泛。

超快激光具有无与伦比的超快时间特性，快速变化的光场包络是人们能够测量并且控制的最快物理量，为超快现象的探测和控制提供了前所未有的工具。通过基于超快激光的泵浦探测方法，能够实时地测量原子、分子、离子甚至电子的微观运动。这

① 丁洪，吴奇. 极端条件下的重大科学问题与极端条件设施发展现状及展望. 中国科学：物理学 · 力学 · 天文学，2014，44（10）：1108-1115.

些微观粒子的运动直接决定了相关物质的宏观属性及其变化规律，对它的研究是当今物理学、化学、生物医学等多学科共同的重要基础内容。超短激光脉冲将能量集中在极短的时间尺度上，使得其聚焦后能够产生只有在核爆中心和恒星内部才出现的极端强场高温环境，不仅能够产生温稠密态这样的新物态，而且通过与物质相互作用，能够产生新的超快X射线和电子源。这些超快脉冲源具有飞秒甚至阿秒的时间分辨能力，能够在微观尺度上测量和控制物质演化的瞬态过程，实现物质结构及其变化规律的四维时空研究。从而前所未有地拓展研究物质世界的深度和广度。

12.2 各国综合极端条件实验室装置的发展战略及趋势

12.2.1 各国战略布局分析①②

当今各国科学研究的竞争多体现在科研设备水平方面的竞争上。只有拥有最先进的实验设备并掌握相应的实验技术，才可在相关前沿科学研究探索中取得先机。近年来，人们利用极端条件取得了许多具有深远影响的科学突破，其中不少工作获得了诺贝尔奖，也有大量创新性的研究成果得到了重要的实际应用。世界上许多发达国家和地区，如美国、欧洲、日本都竞相在此领域投入了大量的人力和物力，展开了激烈的竞争，产生了许多著名的研究机构，如美国佛罗里达州立大学国家强磁场实验室和极低温实验室、美国 LLNL 和 LANL 的“极端情况下的物质 – 辐射相互作用”（matter-radiation interactions in extremes，MaRIE）设施、卡内基科学研究所的超高压实验室、法国格勒诺布尔（Grenoble）的奈尔（Néel）研究所和欧洲磁场实验室、日本东京大学固体研究所极端条件实验室、日本东北大学强磁场实验室、日本 NTT 物性科学基础研究所、芬兰赫尔辛基技术大学低温实验室、英国卢瑟福 · 阿普尔顿实验室、德国马普学会量子光学研究所及核物理研究所等。

在高能量密度物理领域，高功率激光扮演着不可替代的角色。惯性约束核聚变研究就是以高功率激光作为点火驱动装置的。尽管高功率激光造价昂贵，但不少发达国家还是基于本国的国情，建造了一些大型激光装置，例如美国的国家点火装置、日本 Gekko 12 号激光（激光Ⅻ号レーザー，Gekko Ⅻ激光）、法国激光使用实验室（Laboratoire pour l'Utilisationdes Lasers Intenses，LULI）、英国的火神以及我国的神光Ⅱ等。其中著名的美国利弗莫尔国家实验室的国家点火装置，共计 192 束激光，总能量高达 2×10^6J。

① 丁洪，吴奇. 极端条件下的重大科学问题与极端条件设施发展现状及展望. 中国科学:物理学 · 力学 · 天文学，2014，44（10）：1108-1115.

② 中国科学院北京综合研究中心. 国际大科学装置介绍. http://www.basic.cas.cn/dkxzz/GJDKXZZ/[2014-02-18].

20 世纪 60 年代左右，随着测量技术的发展，科学家实现了脉冲场下的德哈斯－范阿尔芬效应（de Haas-van Alphen effect）、磁电阻效应等测量，因此欧洲、美国以及日本开始纷纷建立脉冲强磁场实验室。这一时期的电源多为电容器电源。20 世纪 90 年代，为满足科学研究的迫切需要，欧洲、美国以及日本提出 100T 脉冲磁场的计划。面对如此超强磁场所带来的挑战，脉冲磁体走向多线圈结构。2012 年，美国国家强磁场实验室利用四线圈磁体实现了 100.7T 磁场的世界纪录，德国德累斯顿强磁场实验室（High Magnetic Field Laboratory Dresden，HLD）和国家脉冲强磁场科学中心利用双线圈磁体分别实现了 94.2T 和 90.6T 的磁场。

纵观极端实验条件下物质科学研究的发展，可以看到存在这样一些共性的发展趋势与特点：①各个单项指标更极端——“更高”（压力、磁场）、“更低”（温度）、“更快”（瞬态时间分辨）；②各类极端条件的集成能力不断加强，多种极端条件的综合运用成为物质科学研究的总体趋势；③极端条件下材料的制备、结构与性能的测试等环节结合更加紧密；④超快技术迅速发展，并与传统的各种极端条件手段的结合日益密切；⑤极端条件与其他大科学装置（如同步辐射装置、中子源等）的结合更加紧密。

我国在《国家重大科技基础设施建设中长期规划（2012—2030 年）》的总体部署中明确指出，“建设极低温、超快、超高压极端条件研究设施，形成与大型同步辐射光源结合的格局，满足研究和发现新物态、新现象、新规律和创造新材料的需求”，并将该设施的建设确定为“十二五”时期建设的重点内容之一。

12.2.2 各国项目部署分析

2018 年 4 月，美国 NSF 宣布将为美国国家强磁场实验室提供持续五年的拨款，约 1.84 亿美元，较上一个五年资助周期增长了 9%①。

从 2016 年 4 月开始，美国 SLAC 着手对现有的 X 射线激光器进行升级改造，新的激光器的能量将会比现有激光器高 1 万倍，并将成为世界上最强的 X 射线激光器。升级项目预计花费 10 亿美元，计划于 21 世纪 20 年代早期完成②。

欧洲磁场实验室成立于 2015 年，为研究人员提供连续和脉冲强磁场。该实验室由欧洲三大强磁场实验室共同组成，即德国的德累斯顿强磁场实验室、法国的格勒诺布尔强磁场实验室（Laboratoire National des Champs Magnétiques Intenses at Grenoble，LNCMI-G）和图卢兹国家脉冲强磁场实验室（Laboratoire National des

① NSF. NSF ‘Supermagnet’ Laboratory Receives $184 Million Renewal. https://nsf.gov/news/news_summ.jsp?cntn_id=245040&org=NSF&from=news[2018-04-02].

② JOHN TIMMER. World’s Most Powerful X-ray Laser to Get a Major Upgrade. https://arstechnica.com/science/2016/04/worlds-most-powerful-x-ray-laser-to-get-a-major-upgrade/[2016-04-05].

Champs Magnétiques Intenses at Toulouse，LNCMI-T）组成的法国国家强磁场实验室（LNCMI）、荷兰的奈梅亨强磁场磁体实验室（High Field Magnet Laboratory in Nijmegen，HFML）。① 由于强磁场条件的苛刻，在强磁场中进行试验需要量身定制的仪器。除此之外，许多强磁场实验需要特殊的样品环境，例如低温、真空、高压、原位样品旋转、用于光谱的空间分辨样品照射或用于核磁共振的高频电路。由于这些条件与任何"标准"实验室的环境不同，LNCMI-G 开发了各种实验技术和设备，为外部用户提供实验所需的大部分仪器和技术援助，开发了 ^{3}He 和 ^{4}He 低温恒温器，实现了极低温极端环境的构建。

日本东京大学固体研究所拥有强磁场、极低温、超高压极端实验设施，磁体技术致力于开发世界上最大的直流发电机（210MJ）激励的准稳态长脉冲磁铁（1 ～ 10s 的量级），并且还致力于 100T 级别的无损磁体；还拥有激光和同步加速器研究（Laser and Synchrotron Research，LASOR）中心，致力于开发出具有极高性能的超精密、高强度和超短脉冲激光器的新型激光器 ②。

我国的综合极端条件实验装置项目是位于怀柔科学城"一核四区"中核心区的大科学装置集群项目之一，包括极低温、超高压、强磁场、超快激光综合极端条件实验装置。该建设总体设计方案和综合技术指标达到世界一流水平的综合极端条件实验装置，为我国物质科学基础研究、应用研究以及创新驱动发展战略提供最先进的科技基础条件，为我国在材料、能源、信息等领域关键科学问题的破解提供最先进的公共实验装置，为我国科技领域的创新研究提供持续的、重要的支撑。

12.3 各国综合极端条件实验室装置学科发展分析

12.3.1 论文的数量分析

综合极端环境领域最早的 SCI 论文发表于 1929 年。1990 年之前，该领域发文很少，每年发文量均在 3 篇以下，从 1991 年开始，该领域的论文数量快速增加，到 2017 年达到 391 篇，如图 12-1 所示。本章的分析对象为与综合极端条件实验室装置的 WoS 核心合集数据，其中包括 SCIE 和科学会议录引文索引（Conference Proceedings Citation Index-Science，CPCI-S）的数据，最终检索到 4454 篇论文。依托数据分析软件 Excel、DDA 等进行计量分析，检索日期为 2018 年 3 月 20 日，其中 2018 年数据因收录延迟等会有失真。

① EMFL. About EMFL. https://emfl.eu/about-emfl/[2018-04-20].

② 东京大学物性研究所. 国际超强磁场科学研究施设. http://www.issp.u-tokyo.ac.jp/maincontents/organization/mgsl.html[2018-04-26].

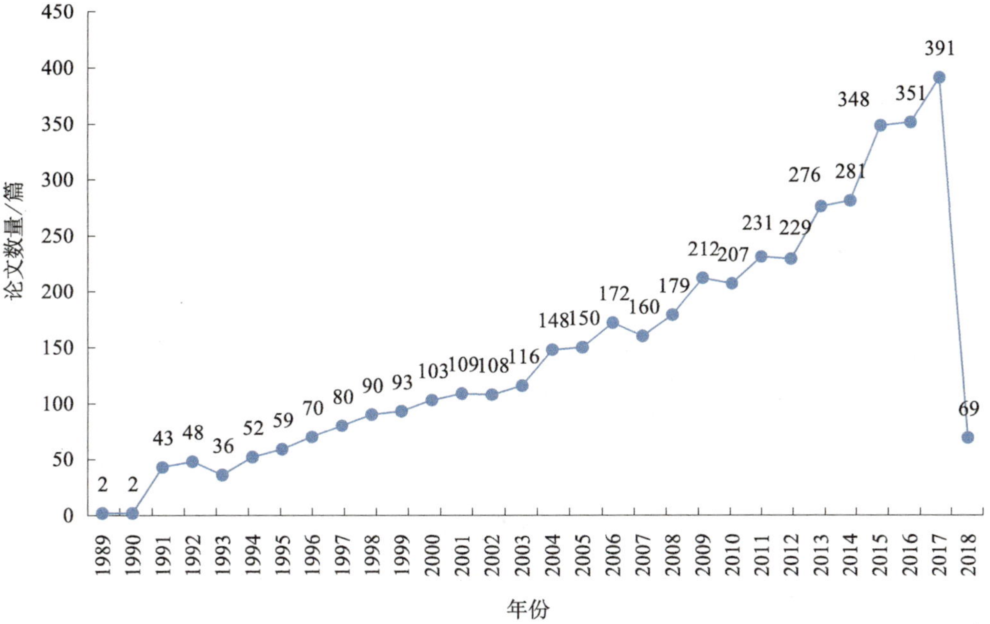

图 12-1　综合极端环境领域 SCI 论文数量年度比较

图 12-2 中展示了综合极端环境领域 TOP10 国家具体论文数量。其中，美国作为科研大国，论文数量以 1385 篇高居榜首，约占全球论文数量的 23.17%，在该领域占据重要地位；排第二位的是中国，为 539 篇，约占全球论文数量的 9.02%；德国论文数量排第三位，为 484 篇；日本论文数量排第四位，是 424 篇。图 12-3 描述了中国和美国 SCI 发文情况，可以看出，美国论文数量一直高于中国，二者均基本呈现持续上升趋势。

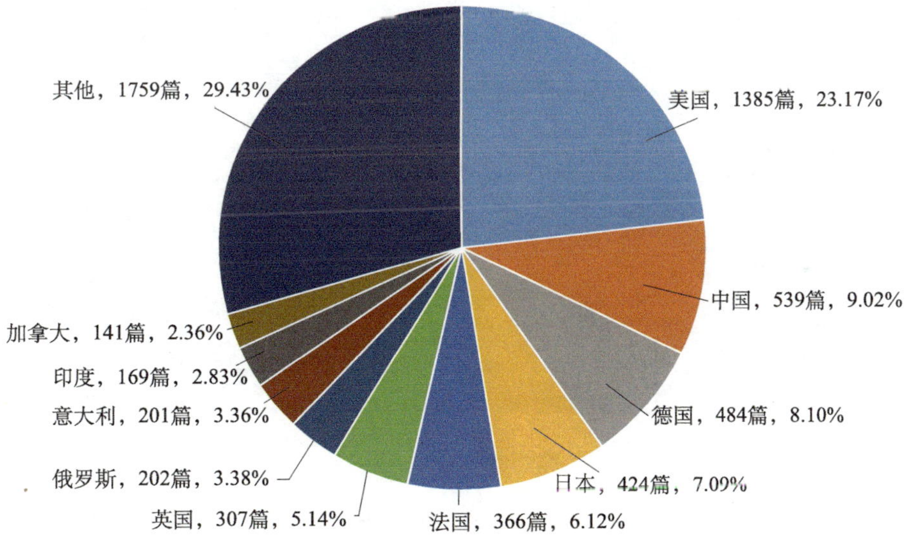

图 12-2　综合极端环境领域 TOP10 国家论文数量分布图

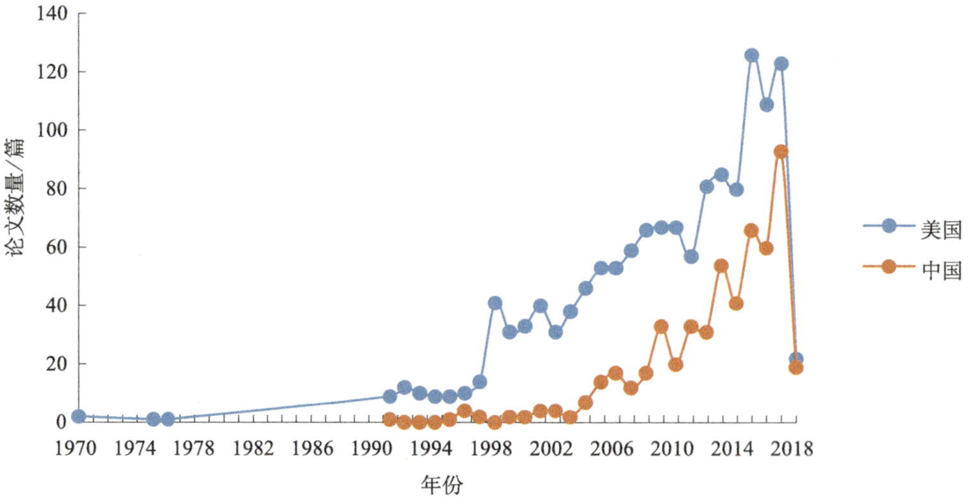

图 12-3　综合极端环境领域中国和美国 SCI 论文数量比较

12.3.2　论文的研究主题变化分析

1. 主题聚类

利用 VOSviewer 对综合极端环境领域的关键词进行聚类分析，可以看出该领域目前的热点研究领域主要有高压（high pressure）、高温（high temperature）、摩擦（friction）、极端环境（extreme environments）、气候变化（climate change）等，如图 12-4 所示。

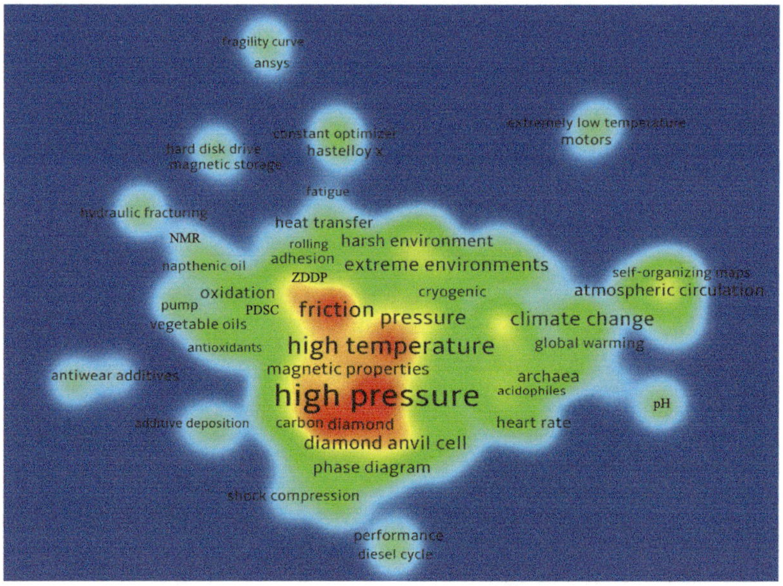

图 12-4　综合极端环境领域关键词聚类

表 12-1 显示了综合极端环境领域 TOP100 的作者关键词，除了涉及高压、高温、摩擦、极端环境、气候变化，还有金刚石压腔、相变、超导、纳米粒子、等离子体、

聚合物等。

表 12-1　综合极端环境领域 TOP100 的关键词

序号	词频 / 次	关键词（英文）	关键词（中文）
1	173	high pressure	高压
2	78	high temperature	高温
3	60	temperature	温度
4	46	equation of state	状态方程
5	40	friction	摩擦
6	34	phase transition	相变
7	33	extreme conditions	极端条件
8	32	climate change	气候变化
9	32	X-ray diffraction	X 射线衍射
10	31	magnetic field	磁场
11	30	extreme environments	极端环境
12	28	diamond anvil cell	金刚石压腔
13	28	pressure	压力
14	28	wear	磨损
15	27	extremophiles	极端微生物
16	24	additives	添加剂
17	24	lubrication	润滑
18	22	laser	激光
19	21	extreme pressure additives	极压添加剂
20	20	iron	铁
21	19	modeling	建模
22	18	shock waves	冲击波
23	18	thermodynamic properties	热力学性质
24	17	extreme temperatures	极端温度
25	17	harsh environment	恶劣环境
26	17	molecular dynamics	分子动力学
27	17	superconductivity	超导
28	16	laser heating	激光加热
29	16	low temperature	低温
30	16	mechanical properties	机械性能
31	16	nanoparticles	纳米粒子
32	16	Raman spectroscopy	拉曼光谱

续表

序号	词频 / 次	关键词（英文）	关键词（中文）
33	16	tribology	摩擦学
34	15	pressure sensor	压力传感器
35	14	carbon dioxide	二氧化碳
36	14	microstructure	微观结构
37	13	extreme pressure	超高压
38	13	fiber bragg grating	光纤光栅
39	13	plasma	等离子体
40	13	sensors	传感器
41	13	viscosity	黏度
42	12	atmospheric circulation	大气环流
43	12	cavitation	气蚀
44	12	fiber optic sensor	光纤传感器
45	12	ionic liquids	离子液体
46	12	melting	熔化
47	12	oxidation	氧化
48	12	phase diagram	相图
49	12	thermodynamics	热力学
50	12	water	水
51	11	astrobiology	天体生物学
52	11	friction coefficient	摩擦系数
53	11	magnetic properties	磁特性
54	11	structure	结构
55	10	ab initio calculations	从头计算
56	10	adaptation	适应
57	10	archaea	古核生物
58	10	heat waves	热波
59	10	phase transformation	相变
60	10	photosynthesis	光合作用
61	10	rheology	流变学
62	10	silicon carbide	碳化硅
63	10	synchrotron radiation	同步辐射
64	9	antarctica	南极洲
65	9	antiwear	耐磨的
66	9	coating	涂层

续表

序号	词频 / 次	关键词（英文）	关键词（中文）
67	9	density	密度
68	9	detonation	爆炸
69	9	extreme-pressure lubrication	极压润滑
70	9	extremes	极端
71	9	heart rate	心率
72	9	heat transfer	热传递
73	9	high magnetic fields	强磁场
74	9	high-pressure effects	高压效应
75	9	inelastic X-ray scattering	非弹性 X 射线散射
76	9	molecular dynamics simulation	分子动力学模拟
77	9	optical sensors	光学传感器
78	9	precipitation	沉淀
79	9	psychrophiles	嗜冷菌
80	9	SEM	扫描电镜
81	9	temperature sensor	温度传感器
82	9	thermal expansivity	热膨胀系数
83	9	tribofilm	摩擦膜
84	9	warm dense matter	温稠密物质
85	8	ceramics	陶瓷
86	8	corrosion	腐蚀
87	8	cryogenic	低温
88	8	crystal structure	晶体结构
89	8	deep sea	深海
90	8	diamond	钻石
91	8	environment	环境
92	8	heat	热
93	8	lubricant	润滑剂
94	8	metals	金属
95	8	methane	甲烷
96	8	moessbauer spectroscopy	穆斯堡尔谱
97	8	piezophiles	嗜压菌
98	8	polymers	聚合物
99	8	simulation	模拟
100	8	stars: neutron	恒星：中子

2. 国家 – 机构 – 主题词分析

表 12-2 对综合极端环境领域排名前十的国家的机构和主要技术主题词进行了分析，可以看出每个国家及其主要发文机构①，以及每个国家的独特的技术主题词。美国排名前三的研究机构是美国加州大学系统、劳伦斯利弗莫尔国家实验室和卡内基科学研究所。中国的主要研究机构是中国科学院、吉林大学和上海交通大学。德国的主要研究机构是拜罗伊特大学、波鸿鲁尔大学、罗斯托克大学。日本的主要研究机构是日本东京大学、日本大阪大学和日本京都大学。独有技术主题词以及其他 TOP10 国家的主要研究机构如表 12-2 所示。

表 12-2　综合极端环境领域 TOP10 国家 – 机构 – 主题词分析

序号	论文数量 / 篇	国家	主要发文机构	2015～2017 年发文量占比 %	主要独有技术主题词（英文）	主要独有技术主题词（中文）
1	1385	美国	美国加州大学系统；劳伦斯利弗莫尔国家实验室；卡内基科学研究所	18	extreme-pressure lubrication; Hastelloy X;Alaska; carbon tetrachloride; constant optimizer ; magneticstorage; optical sensor; ultrahigh vacuum tribometer	极压润滑； 哈氏合金； 阿拉斯加； 四氯化碳； 常量优化器； 磁储存器； 光学传感器； 超高真空摩擦计
2	539	中国	中国科学院；吉林大学；上海交通大学	32	exchange interaction; tribological properties; extreme pressure and antiwear additives; friction and wear behavior; high pressure and high temperature ; up-conversion	交换作用； 摩擦学性能； 极压和抗磨添加剂； 摩擦和磨损特性； 高压高温； 上转换
3	484	德国	拜罗伊特大学；波鸿鲁尔大学；罗斯托克大学	18	alumina; electrical heating; fluorescence spectroscopy; high-speed modulation; laser joining; lattice QCD; lattice quantum field theory; melatonin; optical interconnects; protein-protein interactions; rectal temperature; red blood cell concentrate; vertical-cavity surface-emitting laser	氧化铝； 电加热； 荧光光谱法； 高速调制； 激光焊接； 晶格量子色动力学； 晶格量子场论； 褪黑素； 光互连； 蛋白质相互作用； 直肠温度； 红细胞浓缩物； 垂直腔面发射激光器

① 仅显示排名前三的机构。

续表

序号	论文数量/篇	国家	主要发文机构	2015～2017年发文量占比%	主要独有技术主题词（英文）	主要独有技术主题词（中文）
4	424	日本	日本东京大学；大阪大学；京都大学	14	organic conductor; organic superconductor; grain size; supercritical fluids; terahertz	有机导体；有机超导体；粒度；超临界流体；太赫兹
5	366	法国	欧洲同步辐射实验室；法国国家科学研究中心；巴黎大学	17	carbon compounds ; high speed machining	碳化合物；高速加工
6	307	英国	爱丁堡大学；伦敦大学学院；剑桥大学	22	—	—
7	202	俄罗斯	俄罗斯科学院；莫斯科罗蒙诺索夫国立大学；新西伯利亚国立大学	25	strong laser fields; aqueous mixture; laser technology; safety; strong magnetic field; Tl-atom	强激光场；水混合物；激光技术；安全性；强磁场；铊原子
8	201	意大利	意大利国家研究理事会；拉奎拉大学；卡梅里诺大学	15	free electron laser	自由电子激光
9	169	印度	印度理工学院；古吉拉特邦大学；巴巴原子研究中心	29	biolubricant; mean field potential; MgO; Anderson-Gruneisen parameter; biotechnology; molybdenum complexes; pseudopotential; structural phase transition; tight binding	生物润滑剂；平均场势；氧化镁；Anderson-Gruneisen参数；生物技术；钼配合物；赝势；结构相变；紧密结合
10	141	加拿大	多伦多大学；加拿大国家研究委员会；韦仕敦大学	20	extreme-pressure; harsh environment sensing; XANES spectroscopy; atomic force microscopy; nonlinear optical processes; sulfurized ester	极端压力；恶劣环境感知；X射线吸收近边结构光谱；原子力显微镜；非线性光学过程；硫化酯

12.3.3 论文的机构分析

1. 机构发文分布分析

图 12-5 展示了综合极端环境领域 TOP10 的机构的论文数量，分别为美国加州大学系统、劳伦斯利弗莫尔国家实验室、中国科学院、俄罗斯科学院、卡内基科学研究所、日本东京大学、洛斯·阿拉莫斯国家实验室、日本大阪大学、欧洲同步辐射实验室、加州理工学院。排前 10 位的机构中中国仅占据一席之位，而美国有 5 家。

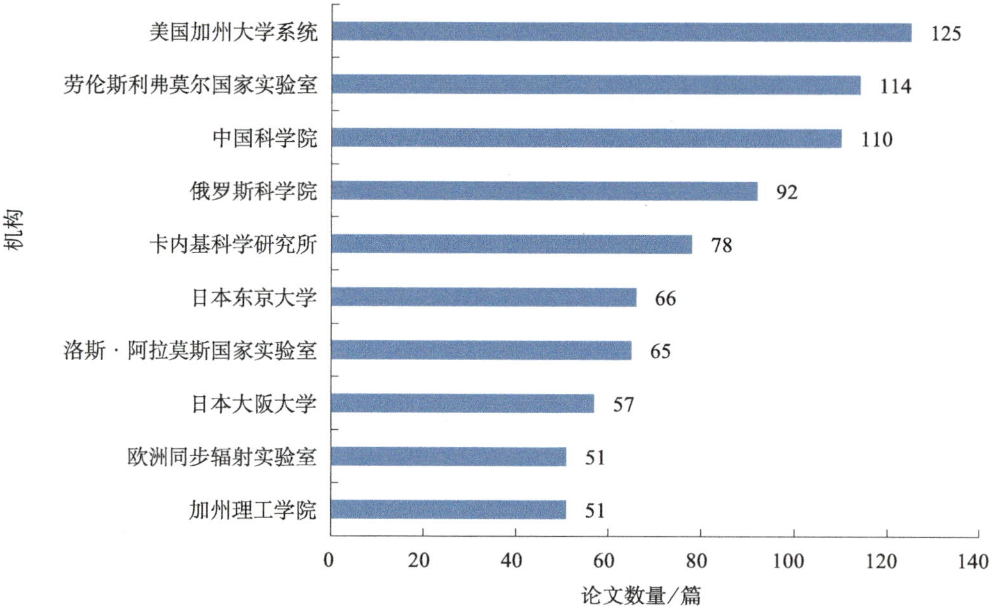

图 12-5　综合极端环境领域 TOP10 机构论文数量比较

2. 机构 – 国家 – 主题词分析

表 12-3 对综合极端环境领域 TOP10 机构的合作国家和主要技术主题词进行了分析，可以看出每个机构的主要合作国家及每个机构的独有技术主题词。美国加州大学系统的主要合作国家是美国和英国，劳伦斯利弗莫尔国家实验室的主要合作国家是美国和英国，中国科学院的主要合作国家是中国、美国和英国。各个机构的主要合作国家和主要独有技术主题词如表 12-3 所示。

表 12-3　综合极端环境领域 TOP10 机构 – 国家 – 主题词分析

序号	论文数量 / 篇	机构	主要合作国家	2015 ～ 2017 年产出比 %	主要独有技术主题词（英文）	主要独有技术主题词（中文）
1	125	美国加州大学系统	美国；英国；德国	20	thermodynamics	热力学

续表

序号	论文数量/篇	机构	主要合作国家	2015～2017年产出比%	主要独有技术主题词（英文）	主要独有技术主题词（中文）
2	114	劳伦斯利弗莫尔国家实验室	美国；英国；法国	14	atomistic simulation; MGPT potentials ; Rayleigh-Taylor instability; strength	原子模拟；赝势理论；瑞利 - 泰勒不稳定性；强度
3	110	中国科学院	中国；美国；英国	34	wear; antiwear ; lubricant; thermal stability; tribofilm; lithium grease; steel; auger electron spectroscopy; solar radiation; wear resistance; extreme pressure and anti-wear additives ; friction and wear behavior; tribological behavior; plasma nitriding; rare earth complex	磨损；抗磨；润滑剂；热稳定性；摩擦膜；锂基润滑脂；钢；俄歇电子能谱；太阳辐射；耐磨性；极压和抗磨添加剂；摩擦和磨损行为；摩擦行为；等离子体氮化；稀土配合物
4	92	俄罗斯科学院	俄罗斯；德国；美国	22	aqueous mixture	水混合物
5	78	卡内基科学研究所	美国；中国；德国	27	iIcosahedrite ; khatyrka meteorite	二十面体；Khatyrka 陨石
6	66	日本东京大学	日本；美国；英国	15	organic superconductor; magnetic susceptibility; supercritical fluids ; cubic anvil press	有机超导体；磁化率；超临界流体；立方顶压机
7	65	洛斯·阿拉莫斯国家实验室	美国；英国；法国	15	superconducting critical field ; upper critical field	超导临界场；上临界场
8	57	日本大阪大学	日本；美国；法国	16	heat capacity	热容

续表

序号	论文数量/篇	机构	主要合作国家	2015～2017年产出比%	主要独有技术主题词（英文）	主要独有技术主题词（中文）
9	51	欧洲同步辐射实验室	法国；德国；美国	24	strongly correlated electron systems；energy-dispersive XAS	强相关电子系统；能量色散X射线谱仪
10	51	加州理工学院	美国；中国；法国	16	technology；NASA	技术；美国国家航空航天局

3. 中国机构分析

对中国各机构的论文数量进行排序，可以发现TOP10机构分别是中国科学院、吉林大学、上海交通大学、清华大学、浙江大学、北京大学、中国科学技术大学、四川大学、大连理工大学、南京大学。具体数量如图12-6所示。

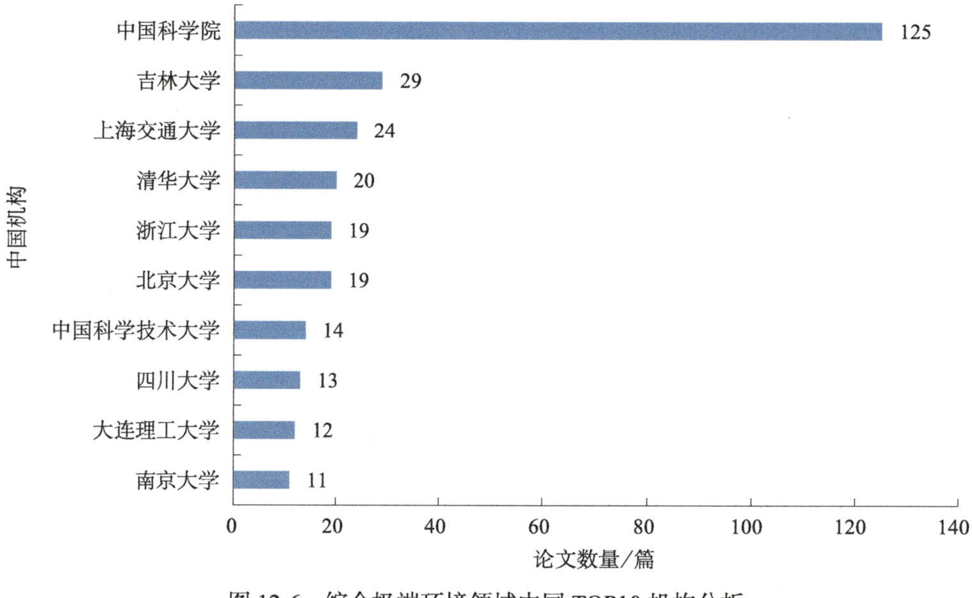

图12-6　综合极端环境领域中国TOP10机构分析

4. 机构合作分析

利用TDA聚类功能得到图12-7极端环境领域TOP10机构合作关系图，图中展示了各个机构间的合作发文情况。

美国加州大学系统发文125篇，其中与劳伦斯利弗莫尔国家实验室合作发表24篇，与加州理工学院合作6篇，与日本东京大学合作3篇；中国科学院的110篇文献中有

13 篇是与其他 TOP10 机构合作完成的，其中与卡内基科学研究所合作 8 篇；欧洲同步辐射实验室发文 51 篇，其中有 9 篇与其他 TOP10 机构合作完成，与卡内基科学研究所合作发文 5 篇；其他的 TOP10 机构之间合作较少。

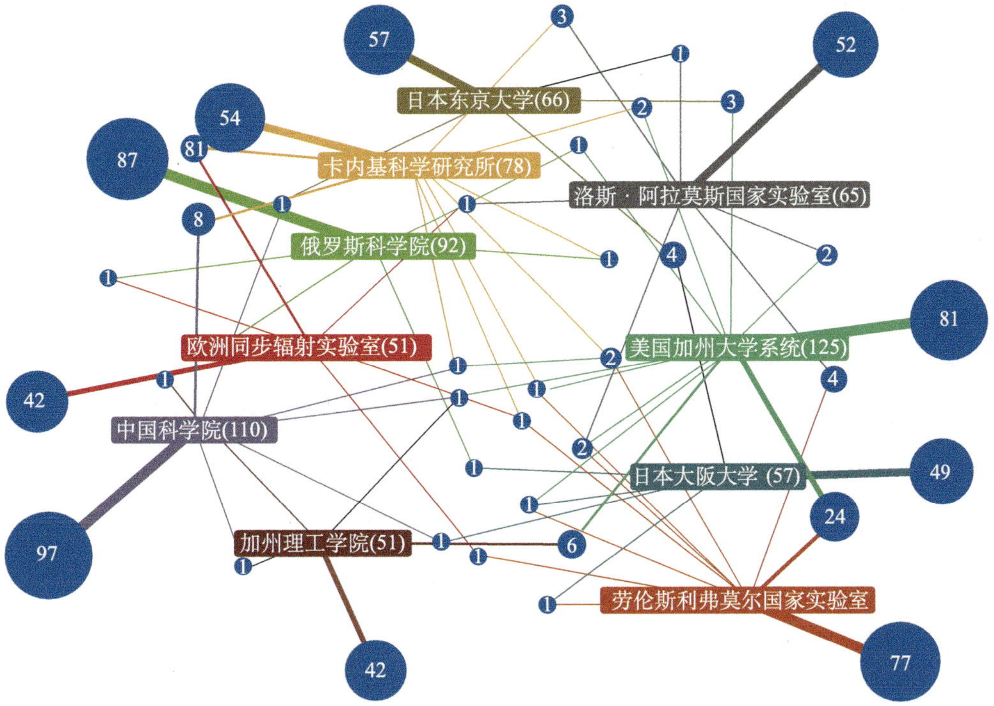

图 12-7 极端环境领域 TOP10 机构合作关系图（单位：篇）

12.4 各国综合极端条件实验室装置的技术发展分析

12.4.1 专利的数量分析

截至 2018 年 4 月 24 日，共检索到综合极端环境领域相关的专利家族 1364 个，专利家族最早优先权年时间的跨度为 1963 ～ 2018 年共 56 年，考虑到专利一般从申请到公开需要最长达 30 个月（12 个月优先权期限 +18 个月公开期限）的时间，再考虑到数据库录入的时间延迟，2017 年、2018 年的专利申请量会有失真情况。

分析综合极端环境领域的专利数量随时间的变化趋势，可以作为预测综合极端环境领域发展趋势的重要参考指标。图 12-8 揭示了综合极端环境领域专利申请数量的年度统计情况。

图 12-8 显示，自 1963 年以来，综合极端环境领域的专利申请数量整体呈现递增趋势。在 1981 年以前，每年专利申请数量在 10 个以下。1982 ～ 1994 年，每年专利申请数量分布在 10 ～ 20 个，之后快速增长。1998 年专利申请数量为 63 个，此后比较稳定。2005 年专利申请数量为 75 个，2007 年专利申请数量大幅下降，降至 49 个，2008 年又迅速增加，增加至 87 个，之后波动式增长，2013 年最多为 128 个。

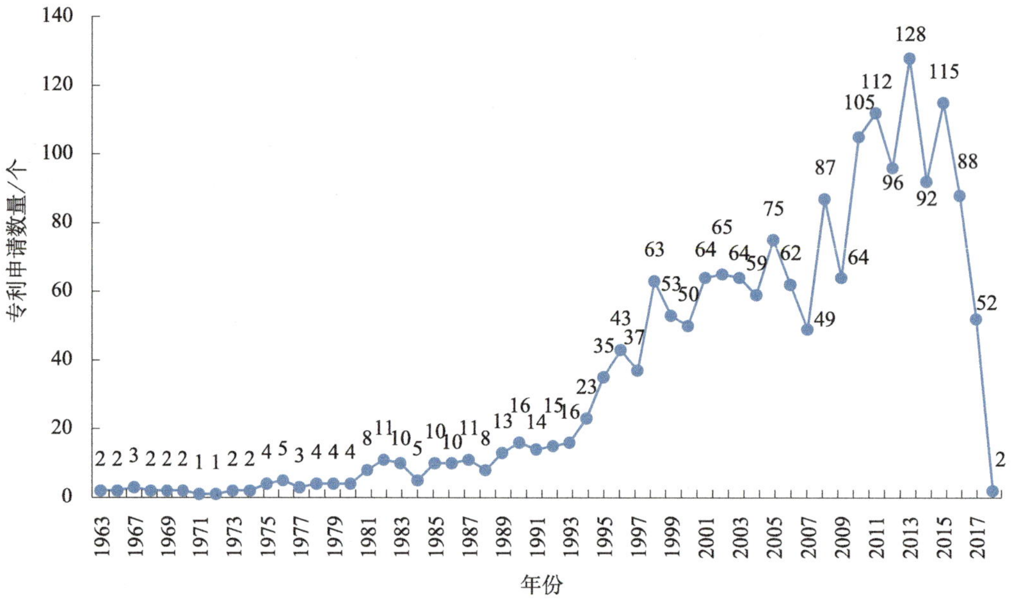

图 12-8　综合极端环境领域专利申请数量时间趋势

12.4.2　专利的技术焦点变化分析

1. 主题聚类分析

为了直观形象地了解综合极端环境领域的研究热点，对该技术专利相关关键词进行处理并绘制专利技术主题聚类图，从而更深入地探索专利技术的发明内容与创新性（图 12-9）。

分析综合极端环境领域主题聚类图，发现综合极端环境领域主题聚焦于 high temperature、low temperature、pressure sensor、magnetic field、composite material 和 optical fiber 等，具体主要研究热点见表 12-4。

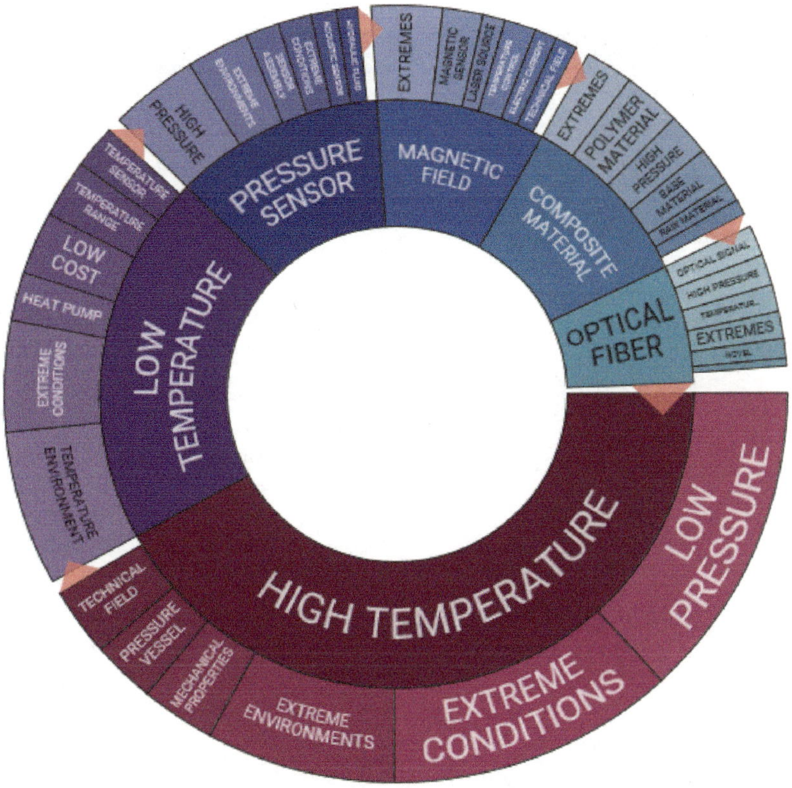

图 12-9　综合极端环境领域专利技术主题分布

表 12-4　综合极端环境领域研究主题及热点

序号	研究主题（英文）	研究主题（中文）	研究热点（英文）	研究热点（中文）
1	high temperature	高温	low pressure; extreme conditions; extreme environments; mechanical properties; pressure vessel; technical field; raw material; laser source; water tank; pulse laser; laser energy; single crystal; stainless steel; hot water	低压； 极端条件； 极端环境； 机械性能； 压力容器； 技术领域； 原材料； 激光源； 水箱； 脉冲激光器； 激光能量； 单晶； 不锈钢； 热水
2	low temperature	低温	temperature environment; extreme conditions; heat pump; low cost	温度环境； 极端条件； 热泵； 低成本

续表

序号	研究主题（英文）	研究主题（中文）	研究热点（英文）	研究热点（中文）
2	low temperature	低温	temperature range; temperature sensor; raw material; negative pressure; mechanical properties; temperature sensing; power source; boiling point; molten metal; base material	温度范围； 温度传感器； 原材料； 负压； 机械性能； 温度感知； 电源； 沸点； 熔融金属； 基础材料
3	pressure sensor	压力传感器	high pressure; extreme environment; sensor assembly; extreme conditions; acoustic sensor; hydraulic fluid; oil pressure; fuel pump; air conditioner; pressure difference; high energy; motor vehicle; negative pressure; inner cavity	高压； 极端环境； 传感器组件； 极端条件； 声传感器； 液压油； 油压； 燃油泵； 空调； 压力差； 高能； 机动车； 负压； 内腔
4	magnetic field	磁场	extremes; magnetic sensor; laser source; temperature control; electric current; technical field; magnetic resonance; magnetic pole; influence; longitudinal axis; cross section	极端； 磁传感器； 激光源； 温度控制； 电流； 技术领域； 磁共振； 磁极； 影响； 纵轴； 横截面
5	composite material	复合材料	extreme; high pressure; base material; thermal insulation; various embodiments; high efficiency; solid particles; carbon fiber; flow control; sealing member; mechanical propertie; temperature range	极端； 高压； 基础材料； 隔热； 不同实施例； 高效率； 固体颗粒； 碳纤维； 流量控制； 密封件； 机械性能； 温度范围

序号	研究主题（英文）	研究主题（中文）	研究热点（英文）	研究热点（中文）
6	optical fiber	光纤	optical signal; high pressure; temperature sensor; extremes; polymer material; metal sleeve; inner layer; magnetic sensor; sensor assembly	光信号； 高压； 温度传感器； 极端； 高分子材料； 金属套管； 内层； 磁传感器； 传感器组件

2. 技术时间走势分析

技术时间走势分析主要是分析综合极端环境领域的技术手段随时间发展的变化情况，揭示综合极端环境领域的发展过程以及最新的技术情况。本书使用德温特手工代码来体现技术分类。

图 12-10 显示 1995 年以来综合极端环境领域排前 10 位的德温特手工代码随时间的变化情况。

从图 12-10 中看出，A12-H08（聚合物、塑料→聚合物应用→机械工程其他→密封机械工程）作为研究最多的一个技术，从 2003 年开始有分布，2010 ～ 2016 年有较多分布，其中 2013 年最多，为 7 个。A12-H（聚合物、塑料→聚合物应用→机械工程其他）从 2005 年开始有分布，主要集中在 2009 ～ 2016 年，其中 2011 年最多，为 6 个。T01-J07D1（计算与控制→数字计算机→数据处理系统→用于工业过程控制→车辆 / 飞机 / 导弹过程控制系统→车辆微处理器系统）、V07-F01A1（电气元件→光纤和光控→光学元件→光导→导向结构→光纤）专利布局和 L03-H05（耐火材料、玻璃、陶瓷→电－有机（无机）→应用→车辆）与 A12-H08 和 A12-H 技术方向的专利布局相似。D05-H09［食品、消毒剂、清洁剂→发酵工业→微生物学、实验室程序（一般和其他）→测试和检测（不包括细菌、真菌、病毒）］在 2001 年和 2002 年分布较多，分别为 4 个、5 个。B14-C03（制药→药物活动→麻醉剂、解热、抗炎和止痛的药物→抗炎）在主要分布在 1999 ～ 2003 年和 2010 ～ 2016 年，且后者分布多一些。

12.4.3 专利权人分析

1. 主要申请人专利数分析

主要申请人专利数分析主要是分析综合极端环境领域专利权人的专利产出数量，从而遴选出主要申请人，作为后续多维组合分析、评价的基础，通过对清洗后的专利家族的专利权人分析，可以了解在综合极端环境领域的主要研发机构。按照专利申请数量进行统计分析，得出该领域排前 10 位的机构如图 12-11 所示。

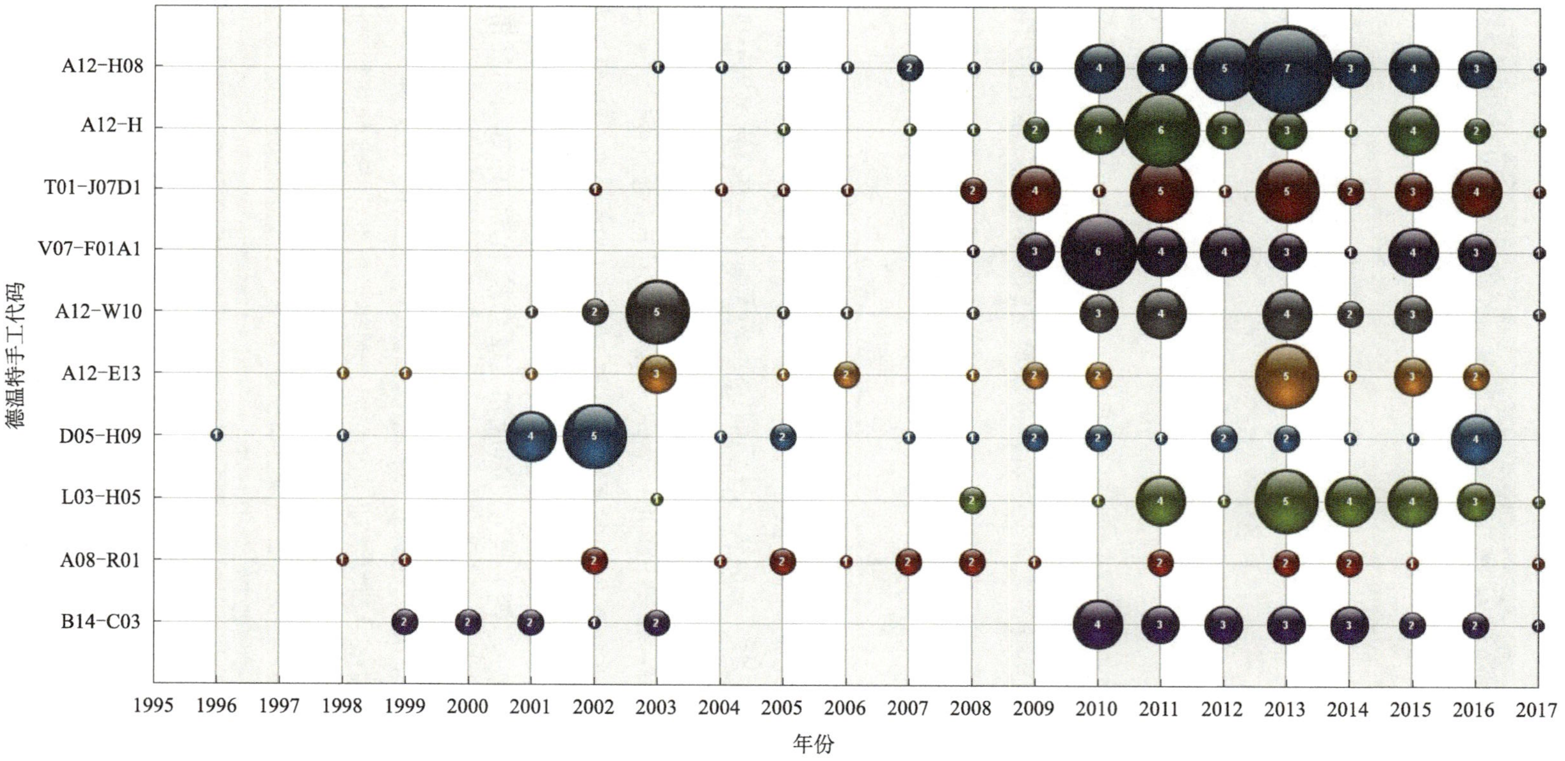

图 12-10　综合极端环境领域时间走势分析（单位：个）

注：A12-W10（聚合物、塑料→聚合物应用→其他应用→采矿、油井）、A12-E13（聚合物、塑料→聚合物应用→电气工程→仪表；测量；测试→电气工程）、A08-R01（聚合物、塑料→添加剂→填料和增强剂）

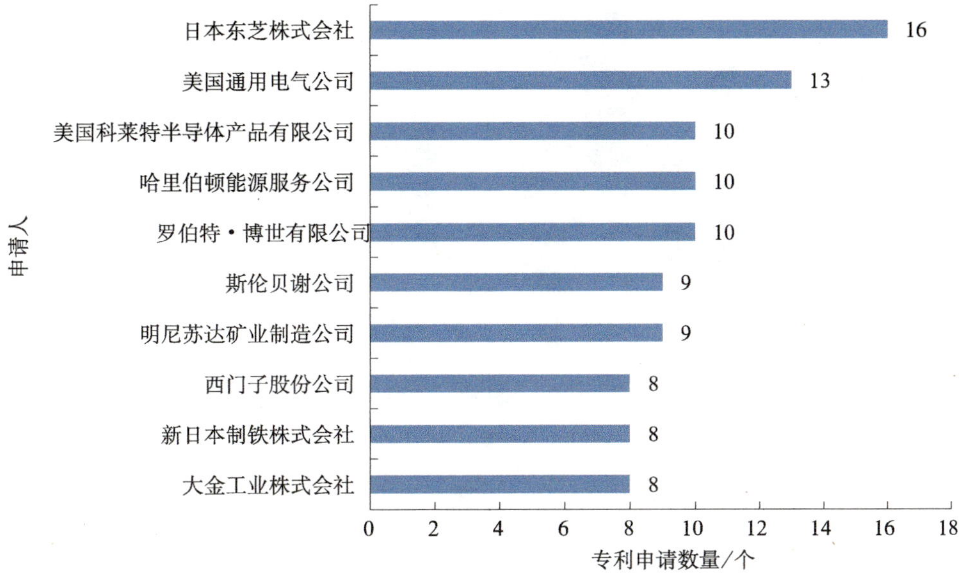

图 12-11　综合极端环境领域专利主要申请人

日本东芝株式会社拥有专利技术 16 个，排第一位；美国通用电气公司拥有专利技术 13 个，居第二位。美国科莱特半导体产品有限公司、哈里伯顿能源服务公司、罗伯特·博世有限公司均拥有 10 个。排前 10 位的研究机构共有专利 101 个，占总量的 7.4%。以上数据显示，该技术并非主要集中在几个大的公司或机构，说明其技术集中性不强。

2. 主要申请人时间趋势

分析综合极端环境领域主要申请人的历年专利数量的趋势，从而了解主要申请人在综合极端环境领域的动态，深入了解申请人各年间的专利布局态势，观察综合极端环境领域的新秀或是退出机构等信息。

图 12-12 显示了综合极端环境领域的前 10 名专利权人历年专利的增长趋势对比。通过该图我们可以看出申请专利最多的日本东芝株式会社从 1982 年开始申请该领域的专利，且主要集中在 1989 ～ 1998 年。美国通用电气公司于 1990 年有产出专利 2 个，专利产出主要集中在 2006 年、2012 年、2015 年。罗伯特·博世有限公司专利产出集中在 2008 ～ 2012 年，哈里伯顿能源服务公司专利产出集中在 2011 ～ 2017 年。大金工业株式会社在 1995 年产出专利 5 个，近几年未有专利产出。新日本制铁株式会社、西门子股份公司专利产出比较分散。

3. 主要申请人技术对比

主要申请人技术对比分析是对主要申请人投资技术领域进行对比分析，透析各申请人的技术布局，从而分析各申请人的技术发展策略。图 12-13 显示了综合极端环境领域的前 10 名专利权人主要技术对比情况。

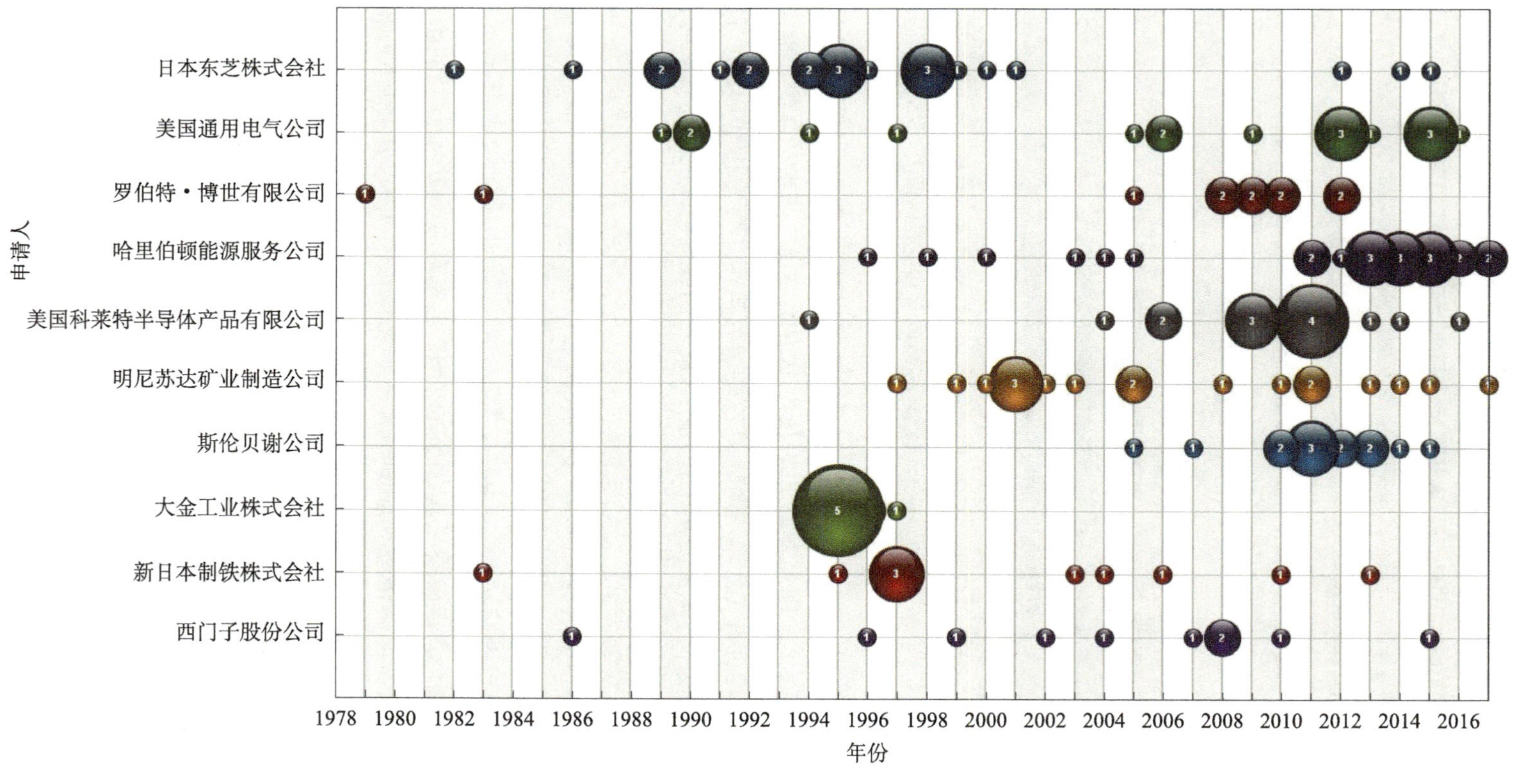

图 12-12　综合极端环境领域专利主要申请人申请时间趋势

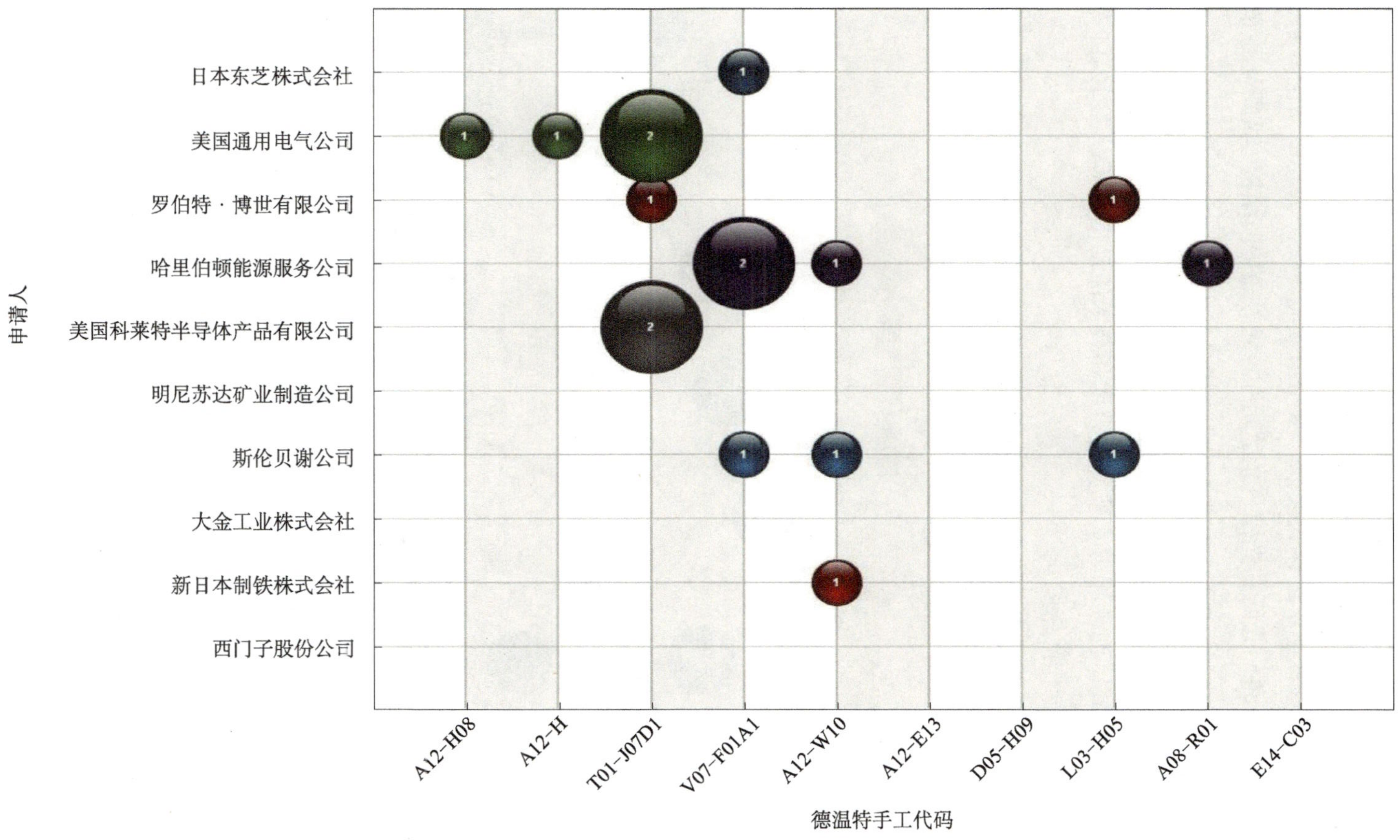

图 12-13　综合极端环境领域专利主要申请人技术对比

图 12-13 中显示，美国通用电气公司、罗伯特·博世有限公司、美国科莱特半导体产品有限公司均在 T01-J07D1（聚合物、塑料→聚合物应用→机械工程其他→密封机械工程）申请了专利。日本东芝株式会社、哈里伯顿能源服务公司、斯伦贝谢公司均在 V07-F01A1（电气元件→光纤和光控→光学元件→光导→导向结构→光纤）申请了专利。

4. 主要申请人合作分析

申请人合作分析是对申请人合作申请专利的情况进行对比分析，借以发现申请人的知识产权共享模式、创新能力、被支持力度和技术流动信息等。图 12-14 是排前 10 位的技术申请人的合作网络图。

从图中看到，该技术的合作性相对较少。只有日本东芝株式会社和大金工业株式会社有一项技术的合作。

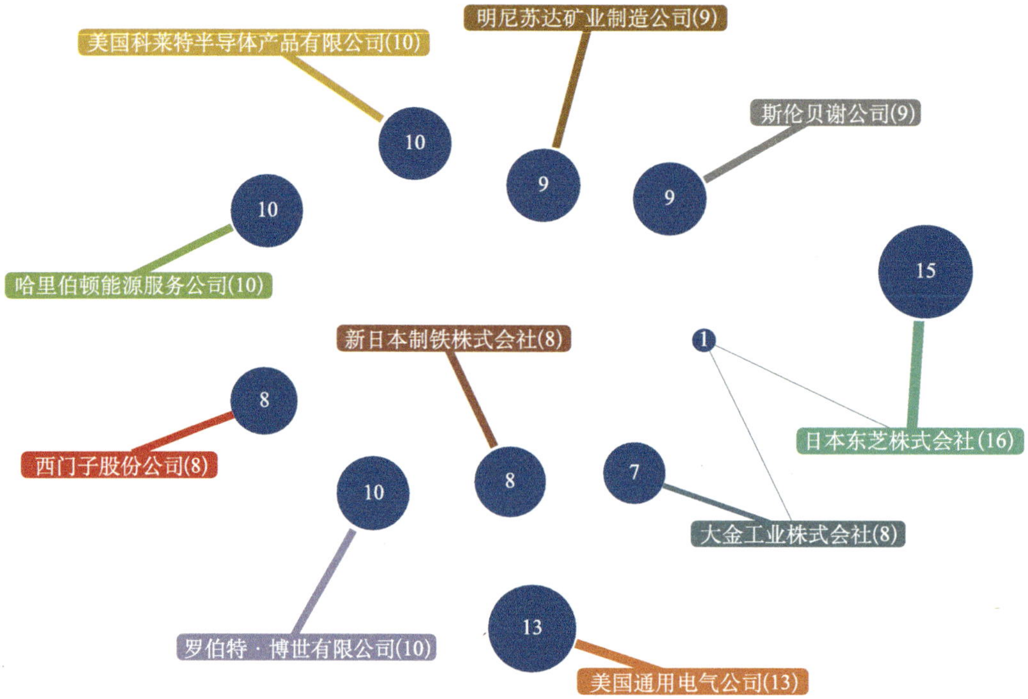

图 12-14　综合极端环境领域专利主要申请人合作（单位：个）

5. 主要申请人技术关联分析

基于技术分类等对申请人潜在关系进行分析，借以发现申请人的技术关联、潜在合作或竞争关系等，图 12-15 为综合极端环境领域专利主要申请人技术关联图。可以看到，技术切合度非常高的机构之间可能存在激烈竞争或密切的合作，而独立的点代表该机构技术的相对独立性。日本东芝株式会社和哈里伯顿能源服务公司技术关联度较强，除此之外日本东芝株式会社、斯伦贝谢公司、哈里伯顿能源服务公司之间有不同程度的关联，美国科莱特半导体产品有限公司和美国通用电气公司技术关联度较强，罗伯特·博世有限公司和美国科莱特半导体产品有限公司存在一定的关联性。

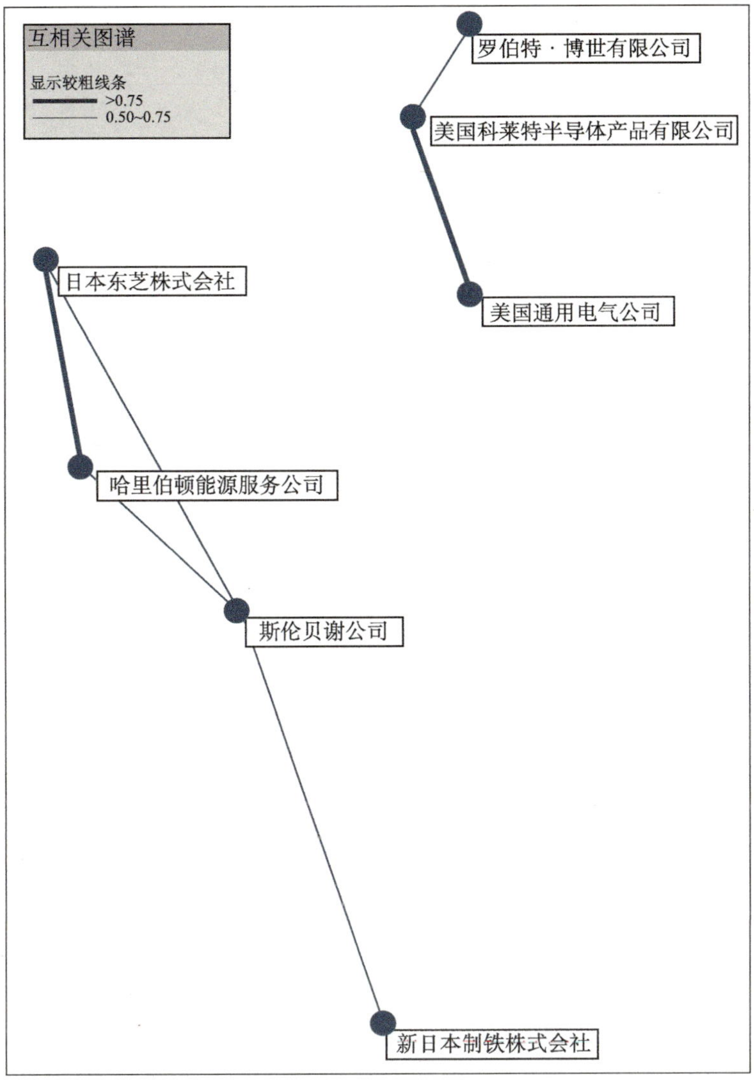

图 12-15　综合极端环境领域专利主要申请人技术关联图

6. 领域专利权人技术和经济实力对比

利用 Innography 软件对 TOP20 专利权人的技术产出和经济实力进行综合分析，将专利数、专利分类、专利引用次数三个指标的综合评分作为公司技术实力的代表（横坐标），将资产、地理位置、诉讼三个指标的综合评分作为公司的经济实力的代表（纵坐标），分析发现：前 20 位专利权人中，美国通用电气公司的经济实力和技术实力都比较强，竞争力不容小觑。斯伦贝谢公司技术实力相当雄厚，但是经济实力偏弱，可能成为潜在的技术转移输出企业；其他专利权人的经济能力和技术产出均不突出（图 12-16）。

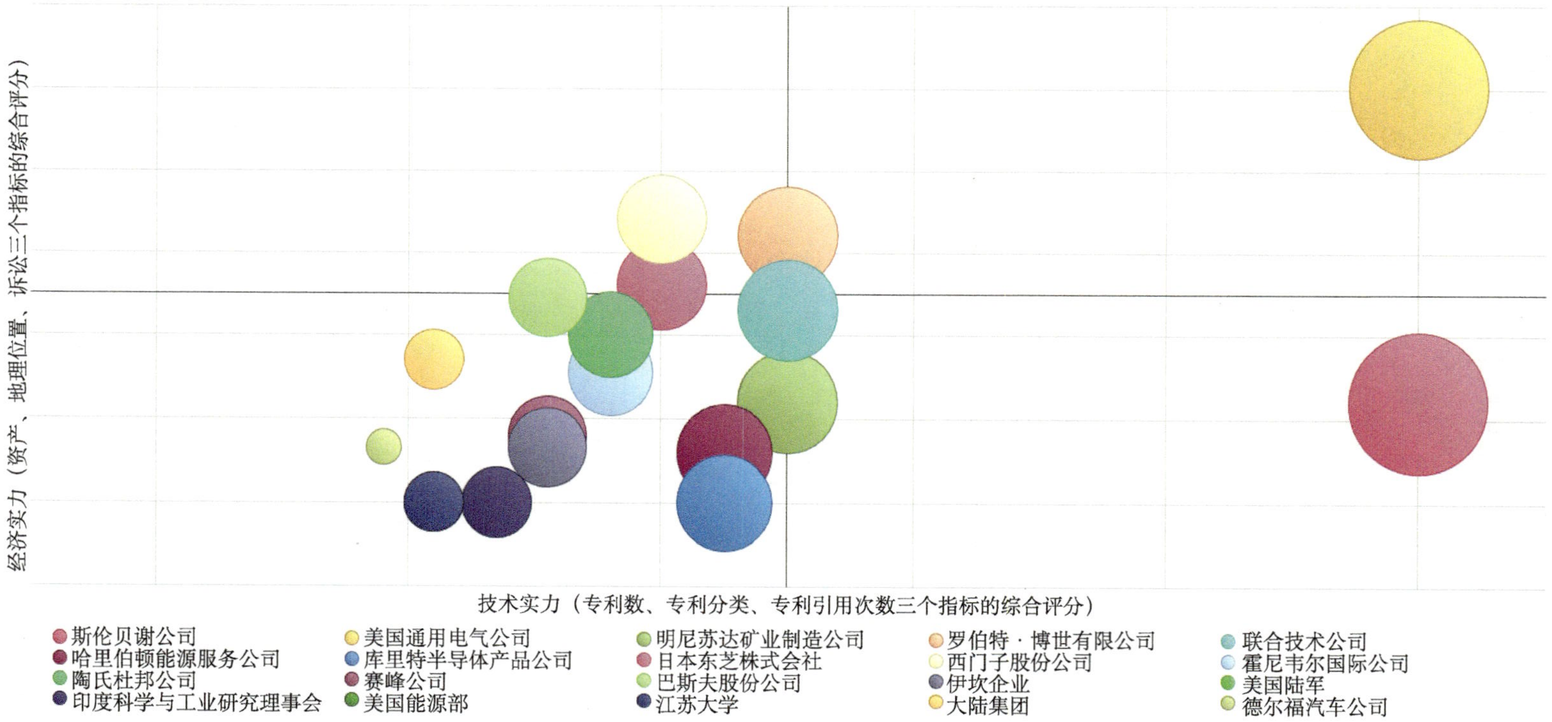

图 12-16 综合极端环境领域研究 TOP20 专利权人的技术实力和经济实力对比

12.5 各国综合极端条件实验室装置的影响分析

12.5.1 科学产出影响分析

1. 学术影响

综合极端环境领域共检索到论文 4454 篇，被引频次共计 80 990 次，篇均被引频次是 18.18 次；中国论文数量是 539 篇，被引频次是 7454 次，篇均被引频次 13.83 次，低于世界平均水平；中国科学院论文数量是 110 篇，被引频次是 3268 次，篇均被引频次是 29.71，远高于世界平均水平和国内平均水平。

表 12-5 篇均影响力比较

项目	全球	中国	中国科学院
论文数量 / 篇	4 454	539	110
被引频次 / 次	80 990	7 454	3 268
篇均被引频次 / 次	18.18	13.83	29.71

2. 学科演化交叉分析

综合极端环境领域共检索到论文 4454 篇，发文数量 TOP10 学科共包含论文 2709 篇，占总发文量的 60.82%，说明一半以上的论文分布在前十位的学科之内。前十位的学科分别为物理应用、材料科学多学科、凝聚态物理、化学物理、光学、工程机械、物理多学科、电气电子工程、化学多学科、物理原子分子化学，其发文数量如图 12-17 所示，可以看出各学科发文数量相加为 3810 篇，说明学科之间存在明显的交叉现象。

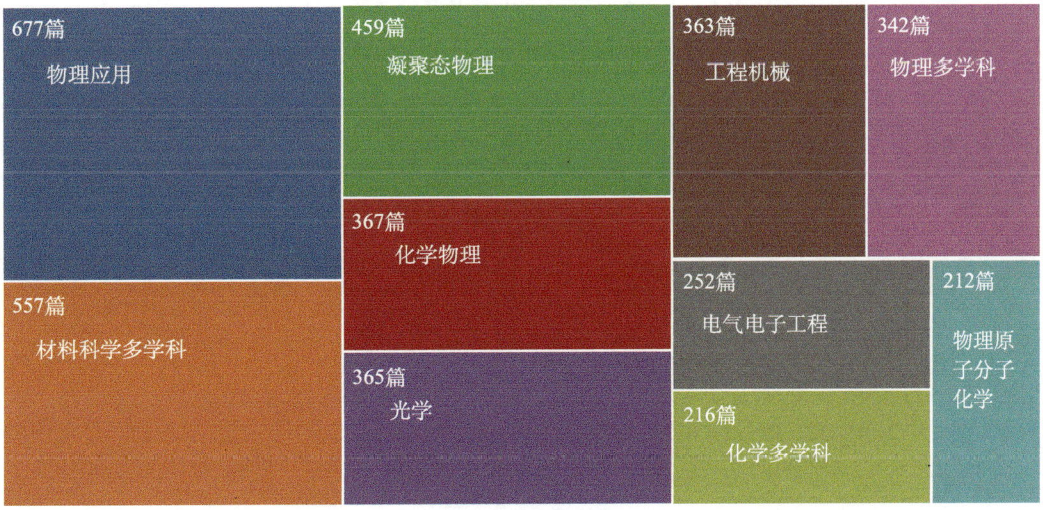

图 12-17 综合极端环境领域发文数量 TOP10 学科

12.5.2 技术转化分析

专利强度（patent strength）是进行专利评价的新指标，可用于快速有效地寻找核心专利。专利强度取值为 0 ～ 100，值越大则代表专利价值越高。专利强度参考了十余个专利价值的相关指标，包括：专利权利要求数量（patent claim）、引用先前技术文献数量（prior art citations made）、专利被引用频次（citations received）、专利及专利申请案的家族（families of applications and patents）、专利申请时程（prosecution length）、专利年龄（patent age）、专利诉讼（patent litigation）及其他指标。

对检索到的 1364 项专利的专利强度进行分析，发现：可检索到的 1364 项专利中共涉及 6982 项同族专利，其中，专利强度在 80% 以上的有 441 项专利，50% ～ 80% 的有 1213 项专利，50% 以下的有 5328 项专利（图 12-18）。

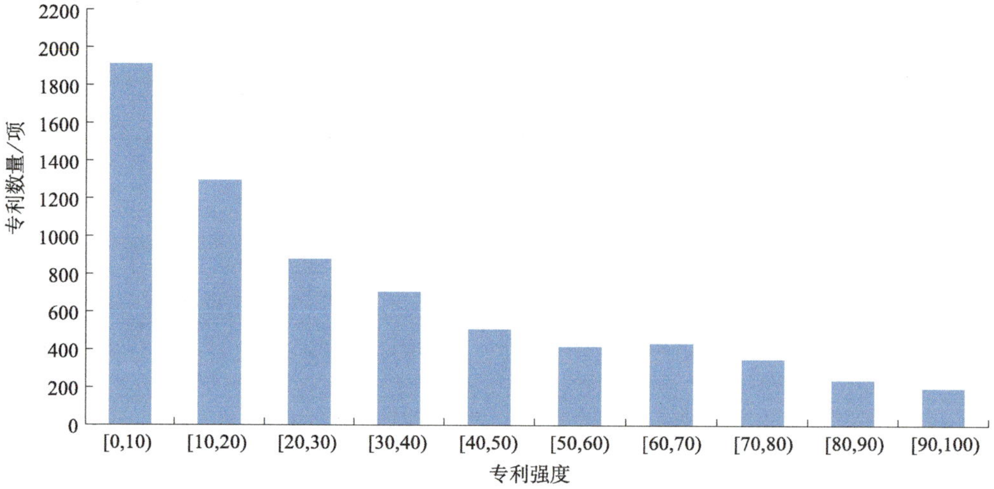

图 12-18 综合极端环境领域专利强度分布

注：[0,10）表示大于等于 0，小于 10。后同

进一步对专利强度在 80% 以上的 441 项专利的法律状态进行分析，发现：有 322 项专利已经取得授权并保持有效状态，119 项专利无效。

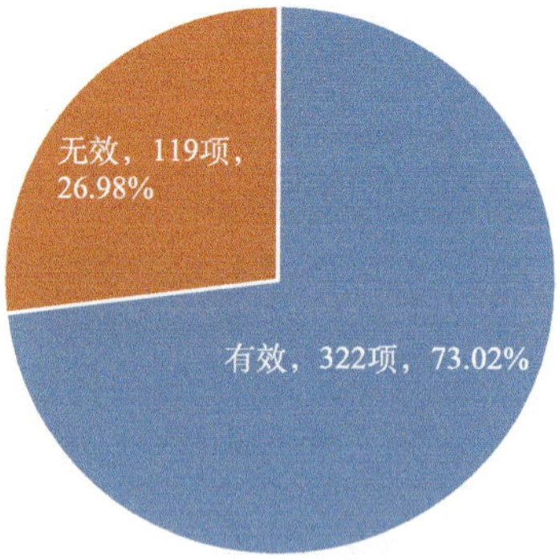

图 12-19 专利法律状态分析

对这 441 项专利的转让情况进行分析，发现有 278 项专利在美国发生转让行为。其中重要专利（被引频次在 100 以上）的转让信息如下（表 12-6）。

表 12-6　美国重要专利转让信息

公开号	标题（英文）	标题（中文）	美国专利转让受让者	美国专利转让转出者	转让日期	被引频次 / 次
US6344271B1	Submicron Non-Stoichiometric Material Useful in e.g. Catalytic and Drug Delivery Applications	用于催化和药物控释的亚微米非化学计量材料	PPG 工业公司	NanoProducts 公司	2008 年 2 月 22 日	381
US7233781B2	Emergency Notification Content Delivery Method, Involves Delivering Notification Content from Originating Source to Transmitting Parties, which Deliver Content to Selected Set of Users Based on Subject Matter of Content	应急通知内容传递方式，包括将通知内容从原始源发送到发送方，发送方根据内容的主题向选定的一组用户发送内容	谷歌有限责任公司	谷歌有限股份公司	2017 年 12 月 5 日	362
US6652967B2	Production of Nano-Dispersed Powder for, e.g. in Electrochemical Products, Involves Heating Slurry Precursor Comprising Mixture of Metal-Containing Precursor and Carrier Particles at Higher Temperature	纳米分散粉体的生产，例如电化学产品中的热浆料前驱体，包含更高温度下含金属的前驱体和载体粒子的混合物	PPG 工业公司	NanoProducts 公司	2008 年 2 月 22 日	226
US6813931B2	Low Cost Multi-Laminate Sensors Comprise Alternate Layers of Sensing Material and Electrodes	低成本多层传感器，它由传感材料和电极的交替层组成	PPG 工业公司	NanoProducts 公司	2008 年 2 月 22 日	165
US6717668B2	Spectroscopic Imaging System Converts Separated Parallel and Perpendicular Light Components into Spectroscopic Image and Spectra of Input Sample	光谱成像系统：将分离的平行和垂直光分量转换为光谱图像和输入样品光谱	ChemImage 公司	ChemImage 公司	2013 年 6 月 9 日	128

续表

公开号	标题（英文）	标题（中文）	美国专利转让受让者	美国专利转让转出者	转让日期	被引频次/次
US6786950B2	Production of Fine Metal Powder Involves Providing Feed Composition Comprising Fluid Precursor, Processing the Precursor at Specified Temperature in Gas Comprising Oxygen and Transforming the Precursor to Fine Metal Powder	精细金属粉末的生产，包括提供包含流体前驱体的进料组合物，在含有氧气的气体中和特定温度下处理前驱体，并将前驱体转化为精细金属粉末	PPG 工业公司	NanoProducts 公司	2008 年 2 月 22 日	124
US6855426B2	Formation of Nanocomposite Plastic Product, e.g. Electronics, Telecommunication, Involves Bonding Nanoparticles to Polymer Powders to Form Nanocomposite Plastic Powder, and Forming Nanocomposite Plastic Product	纳米复合塑料制品的制备，如用于电子、通信等的材料，包括将纳米粒子与聚合物粉末结合，形成纳米复合塑料粉末，进而制成纳米复合塑料制品	PPG 工业公司	NanoProducts 公司	2008 年 2 月 22 日	124
US8699171B1	Disk Drive, has Control Circuitry Operable to Measure Performance Metric of Head Relative to Environmental Condition and Select Disk Surface to Write Data in Response to Measured Environmental Condition and Measured Performance Metric	磁盘驱动器，它具有可操作的控制电路，用于测量磁头相对于环境条件的性能指标，并根据所测环境条件和测量的性能指标选择磁盘表面写入数据	西部数据科技公司	美国银行国家协会	2018 年 3 月 5 日	115
US6705152B2	Device for Gas Sensors, has Nanostructured Anodic Alumina Substrate having Parallel Nanoscale Pores, and Electrodes Formed on Side（s）of Anodic Alumina Substrate and Perpendicular to Nanoscale Pores	气体传感器装置，它具有纳米结构的阳极氧化铝基板，该基板具有平行的纳米级孔和形成在阳极氧化铝衬底侧面并垂直于纳米级孔的电极	PPG 工业公司	NanoProducts 公司	2008 年 2 月 22	111

续表

公开号	标题（英文）	标题（中文）	美国专利转让受让者	美国专利转让转出者	转让日期	被引 频次 / 次
US6267987B1	New Poly-Alpha-（Omega Aminoalkyl）-Glycolic Acid Useful as Carriers for Delivering Bioactive Agents e.g. DNA, RNA, Oligonucleotides, Proteins, Peptides and Drugs	用作生物活性剂载体的新型聚 α -（Ω- 烷基氨基）- 乙醇酸，如 DNA、RNA、反义寡核苷酸、蛋白质、肽和药物	韩国三养生物制药公司	韩国三养公司	2012 年 3 月 6 日	104
US6607821B2	Preparing Devices from Non-Stoichiometric, Non-Equilibrium Materials, Useful e.g. as Catalysts, Drug Delivery Vehicles or Orthopedic Implants	采用非化学计量、非平衡材料制备器件，如催化剂、药物控释载体或骨科植入物	PPG 工业公司	NanoProducts 公司	2008 年 2 月 22 日	102

12.5.3 国际合作分析

利用 TDA 聚类功能得到图 12-20 极端环境领域 TOP10 国家间合作关系图，图中展示了各个国家间的合作发文情况。

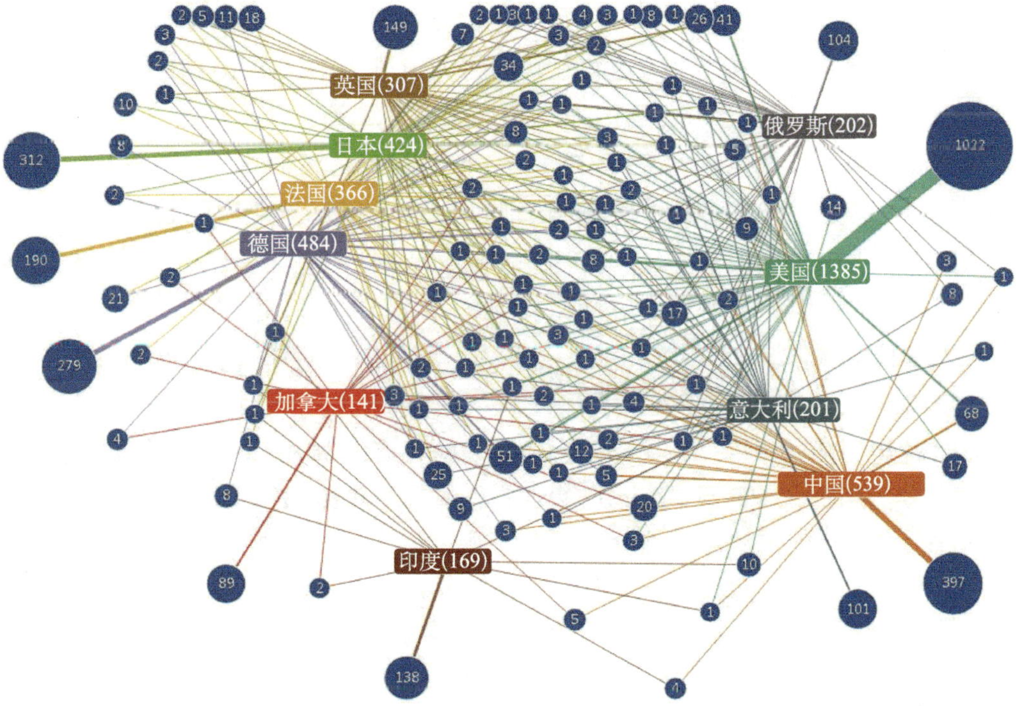

图 12-20 极端环境领域 TOP10 国家间合作关系图（单位：篇）

发文量排第一位的美国（1385 篇）有 363 篇文章是与 TOP10 国家合作完成的，占比约为26.21%，其中合作文章数量最多的国家为中国（68篇），其次是德国（51篇）和英国（41 篇）。

发文量排第二位的中国（539 篇）有 142 篇文章是与 TOP10 国家合作完成的，占比约为 26.35%，其中合作文章数量最多的国家为美国（68 篇），其次是日本（12 篇）和英国（9 篇）。

发文量排第三位的德国（484 篇）有 205 篇文章是与 TOP10 国家合作完成的，占比约为 42.36%，其中合作文章数量最多的国家为美国（51 篇），其次是法国（21 篇）和俄罗斯（17 篇）。

发文量排第四位的日本（424 篇）有 112 篇文章是与 TOP10 国家合作完成的，占比约为 26.42%，其中合作文章数量较多的国家是美国（21 篇）、中国（12 篇）、法国（10 篇）。

发文量排第五位的法国（366 篇）有 176 篇文章是与 TOP10 国家合作完成的，约占 48.09%，其中合作文章数量最多的国家为美国（34 篇）、意大利（25 篇）、英国（18 篇）。

发文量排第六位的英国（307 篇）有 158 篇文章是与 TOP10 国家合作完成的，约占 51.47%，其中合作文章数量最多的国家为美国（41 篇），其次是法国（18 篇）和德国（11 篇）。

发文量排第七位的俄罗斯（202 篇）有 98 篇文章是与 TOP10 国家合作完成的，约占 48.51%，其中合作文章数量最多的国家为德国（17 篇）。

发文量排第八位的意大利（201 篇）有 100 篇文章是与 TOP10 国家合作完成的，约占 49.75%，其中合作文章数量最多的国家为法国（25 篇）、美国（17 篇）。

发文量排第九位的印度（169 篇）有 31 篇文章是与 TOP10 国家合作完成的，约占 18.34%，其中合作文章数量最多的国家为美国（10 篇）和德国（8 篇）。

发文量排第十位的加拿大（141 篇）有 52 篇文章是与 TOP10 国家合作完成的，约占 36.88%，其中合作文章数量最多的国家为美国（20 篇）。

综合合作数据分析可见，英国的合作率最高，达到 51.47%，其次是意大利，有 49.75% 的研究工作和 TOP10 国家合作完成；美国是 TOP10 国家主要的科研合作国家；中国与 TOP10 国家的合作率为 26.35%。

12.5.4 重大突破及获奖

综合极端条件可以大大拓展物质科学的研究空间，为解决当前科学技术中的疑难问题，以及发现新物态、探索新现象、开辟新领域创造前所未有的机遇。借助综合极端条件来取得创新突破已成为科学研究与技术发展的一种重要范式。百年来获得诺贝尔奖的极端条件下的重大突破见表 12-7[①]。

表 12-7　百年来获得诺贝尔奖的极端条件下的重大突破

重大突破	获诺贝尔奖时间 / 奖项	涉及的极端条件
低温下物质性质的研究	1913 年 / 物理学奖	极低温
超高压装置的发展及贡献	1946 年 / 物理学奖	高压
在化学热力学领域的贡献，特别是对超低温状态下的物质的研究	1949 年 / 化学奖	极低温
半导体和超导体的隧道效应	1973 年 / 物理学奖	低温
低温物理领域的基本发明和发现	1978 年 / 物理学奖	极低温
量子霍尔效应	1985 年 / 物理学奖	极低温、强磁场
原子钟和离子陷阱	1989 年 / 物理学奖	极低温
^{3}He 超流体的发现	1996 年 / 物理学奖	极低温、强磁场
激光冷却和捕获原子	1997 年 / 物理学奖	极低温
分数量子霍尔效应	1998 年 / 物理学奖	极低温、强磁场
化学反应动力学	1999 年 / 化学奖	超快激光
原子的玻色 – 爱因斯坦凝聚	2001 年 / 物理学奖	极低温
光学频率梳与精密测量	2005 年 / 物理学奖	超快激光

12.6　启示与建议

世界发达国家和地区如美国、欧洲、日本在极端实验条件建设方面的投入早于中国。目前，该领域的发展趋势是单个极端条件更极端（强磁场、极低温、超高压、超快激光），同时另一个趋势是各类极端条件的集成，即发展综合极端条件实验室装置建设。2017 年，我国启动建成国际上首个集极低温、超高压、强磁场和超快光场等极端条件为一体的用户装置。在利用极端条件实验室进行基础研究和应用研究方面，各个国家有着广泛的合作，并取得了重大科学突破，获得多项诺贝尔奖。在极端实验装置的技术发展方面，美国持续追求国际领先地位，欧洲重视欧洲国家间的合作，广泛的国际合作稍弱。

（1）加快制定国家层面综合极端条件设施的规划。目前，我国综合极端条件设施的建设基本上是自下而上的方式，以相关单位如中国科学院、吉林大学等向国家发展和改革委员会等国家政府机构申请或建议并获得批复的模式开展相关建设，缺乏顶层设计和具体的发展路线图。因此，建议从国家层面出台切实有效的综合极端条件设施

① 丁洪，吴奇. 极端条件下的重大科学问题与极端条件设施发展现状及展望. 中国科学:物理学 · 力学 · 天文学，2014，44（10）：1108-1115.

建设规划，明确发展目标，制订发展计划，重点考虑综合极端条件设施建设类型、规模、需重点突破的核心技术、人才培养、管理等内容，营造良好环境，助力综合极端条件设施有序快速发展。

（2）大力快速推进综合极端条件实验装置重大科技基础设施建设。首先，在单个极端条件实验装置方面寻求突破，研究并建设单个更极低温、更超高压、更强磁场、更超快激光等极端条件设施，追上国际领先水平。其次，继续大力推进极低温、超高压、强磁场、超快激光综合极端条件实验装置，使总体设计方案和综合技术指标达到世界一流水平，并保持持续的领先地位。

（3）提高研究者对极端条件实验装置的利用。首先，部署利用极端条件或综合极端条件实验装置的项目，鼓励研究者在研究中使用极端条件或综合极端条件实验装置。其次，鼓励研究者使用国际上的领先极端条件实验装置进行相关的研究，为我国综合极端条件实验装置的建设积累经验。

（4）重视综合极端条件实验装置建设、管理、研究人员的培养。首先，针对极端条件或综合极端条件实验装置的研发和利用，对相关研究的人员实行交叉培养。其次，培养一批极端条件或综合极端条件实验装置技术或管理方面的人才。

致谢：中国科学院物理研究所的金铎研究员和孙牧研究员审阅了本章内容，并对本章提出了宝贵的修改意见和建议，谨致谢忱！

第十三章 基于强磁场设施的产出及影响分析

朱相丽
（中国科学院文献情报中心）

13.1 强磁场设施的定义及特点

强磁场是一种非接触性的极端物理场。在其作用下，物质的性质会发生非常规的变化，同时物质的热力学和运动行为在宏观、介观以及微观尺度上都有可能发生变化。现在，强磁场被广泛应用于物理学、化学、材料科学、生物、医学等领域，为这些学科的研究提供了新的途径。正是由于强磁场对物质有着各种力（磁化力、洛伦兹力、热电磁力等）和能量的作用，其蕴藏着不可估量的应用前景，从而引起科技界乃至各国政府的高度重视。一些先进国家和地区如美国、德国、法国、英国、荷兰、日本、俄罗斯和波兰等都相继投入大量的人力和物力，建立强磁场实验室，开展强磁场利用方面的研究工作。随着磁场强度的提高，其将会产生更多新的前沿性研究方向，这对科学的发展和新技术的开发和应用都具有重要的意义。

强磁场研究的开展不仅有助于基础研究向更深层次开拓，而且会对国民经济的发展起到重要作用。鉴于此，本章利用定性与定量相结合的方式，重点对强磁场技术的发展、磁体的研究现状与挑战、世界各国强磁场中心和所提供的实验设施，以及强磁场产出和影响力进行阐述，从多个层面客观地反映强磁场研究的发展态势。

13.1.1 强磁场的界定

强磁场通常是指磁感应强度在 2.0T 以上的磁场。一般的永磁铁（最大 0.5T 左右）和水冷电磁铁（1 ～ 2T）难以达到该强度。强磁场主要分为两种。第一种是稳态强磁场，它的脉宽可达到 1s 数量级；第二种是脉冲强磁场。稳态强磁场是指磁场强度和方向不随时间变化的磁场，主要由电阻磁体、超导磁体以及兼有电阻磁体和超导磁体的混合磁体产生。脉冲强磁场是通过向绕组中通入脉冲强电流，从而得到几十甚至上百特斯拉的磁场。脉冲强磁场的脉宽非常窄，只有数十毫秒，甚至几微秒。根据脉冲强磁体是否可以被重复使用，又将它分为两类。一类是磁场强度低于 100T 的脉冲磁体，这种磁体可以重复放电使用，称为非破坏性脉冲磁体；另一类是百特斯拉级的强磁场，它一般是以磁体被破坏为代价来产生强磁场的，这种磁体只能使用一次，称为破坏性脉冲磁体。

13.1.2 强磁场的科学意义

强磁场不仅是极端实验条件的重要手段，而且是实验测量的重要手段。在强磁场的作用下，物质的性质会发生非常规变化，不仅使其可以直接达到原子尺度，而且对纳米尺度的颗粒及宏观物体都会有明显的影响，因此强磁场对众多领域的影响极为深远。自 1913 年以来，与强磁场相关的成果共获得诺贝尔奖 20 项（截至 2019 年 12 月），研究工作涉及物理学、化学、材料科学、地球科学、生命科学与医学等众多学科（表 13-1）。

表 13-1　20 项与强磁场研究相关的诺贝尔奖

年份	学科（中文）	学科（英文）	获得者	发现
2007	物理学	Physics	A. Fert，P. Grunberg	巨磁电阻
2003	医学	Medicine	P. Lauterbur，P. Mansfield	磁共振成像
2003	物理学	Physics	A. Abrikosov，V. Ginzburg，A. Leggett	Ⅱ型超导体，超流体
2002	化学	Chemistry	K. Wuthrich	以核磁共振光谱法确定生物大分子
1998	物理学	Physics	R. Laughlin，H. Stormer，D. Tsui	分数量子霍尔效应
1996	物理学	Physics	D. Lee，D. Osheroff，R. Richardson	氦 -3 的超流动性
1991	化学	Chemistry	R. Ernst	二维和傅里叶变换核磁共振
1987	物理学	Physics	J. Bednorz，K. Muller	高温超导
1985	物理学	Physics	K. von Klitzing	量子霍尔效应
1982	物理学	Physics	K. Wilson	临界行为，相变
1977	物理学	Physics	P. Anderson，N. Mott，J. van Vleck	磁性和无序系数
1973	物理学	Physics	L. Esaki，I. Giaever，B. Josephson	隧道现象

续表

年份	学科(中文)	学科(英文)	获得者	发现
1972	物理学	Physics	J. Bardeen，L. Cooper，J. Schrieffer	超导理论
1970	物理学	Physics	L. Neel	反铁磁性，亚铁磁性
1955	物理学	Physics	P. Kusch	电子磁矩的测量
1952	物理学	Physics	F. Bloch，E. Purcell	凝聚态物质核磁共振
1944	物理学	Physics	I. Rabi	原子和分子的核磁矩阵
1943	物理学	Physics	O. Stern	质子磁矩
1922	化学	Chemistry	F. Aston	质谱仪
1913	物理学	Physics	H. Onnes	超导

强磁场与极低温、超高压一样，被列为现代科学实验最重要的极端条件之一，为物理学、化学、材料科学和生物学等学科研究提供了新途径，对发现和认识新现象、揭示新规律具有重要作用。

（1）发现与认识新现象。强磁场可以非常有效地诱导原子核外电子的自旋、轨道有序，并改变电子能态和原子、分子间的相互作用，使之出现全新的物质状态，呈现多种多样新的物理、化学现象和效应。例如，在强磁场条件下发现的量子霍尔效应和分数量子霍尔效应（这两种新现象的发现者分别获得了1985年和1998年的诺贝尔物理学奖）。强磁场还可以抑制一些因素，突显另外一些效应，从而使原来很复杂，甚至混乱的过程变得较为简单，易于直接了解其物理实质。最典型的例子，如对高温超导体正常态反常行为的认识。

（2）探索和制备新材料。材料的研制往往依赖于极端技术条件，如强磁场、极低温、极高温、超高压、超高真空等。强磁场下的材料研究作为一门新兴的交叉学科已经引起了国际上的广泛重视。例如，强磁场下金属在凝固过程中，晶粒将发生转动，进而融合，形成类似单晶的组织。此外，强磁场对凝固的成核过程也产生显著的影响，起到细化晶粒的作用。在纳米材料制备领域中，纳米材料形状和性能的控制是非常关键的问题，而利用强磁场巨大的磁场作用，有可能控制纳米材料的成核过程，可以控制纳米颗粒朝某一优先方向生长，从而获得高度各向异性的纳米材料。

（3）开发新器件和催生出新的重要应用技术。强磁场霍尔效应和磁光效应是研究多层或低维半导体材料中电学输运性质的强大工具，它可以更好地得到半导体内载流子的信息，在此基础上开发出新型半导体器件和功能元件。强磁场还可催化出新的重大应用技术：例如，强磁场作用下的电磁冶金技术、化学反应合成以及脑功能成像技术等。

13.1.3 强磁场技术的发展

自从 19 世纪 Ampere、Sturgeon、Faraday 和 Ruhmkorff 等推动电磁铁不断向前发展以来，人们为制造强磁场做出了不懈努力。直到 20 世纪初，Onnes 发现了超导体。最初的磁场受铁的饱和磁化强度的限制，只能达到一定强度，并且铁需要被磁化。早期的超导体不能用作磁体，因为它的超导性易被相对较弱的磁场破坏。卡文迪许实验室的 Kapitza 用一个脉冲模型获得了一个强电流，首次攻克了这一难题；1924 年，他用酸性电池在 1mm 的孔径中获得 50T 的场强；1927 年，他用其著名的飞轮发生器获得了 35T 的场强和 10ms 的脉冲宽度。他用这些磁场做出很多先驱性的实验。之后，脉冲磁场理论不断向前发展。静磁场很难像稳态脉冲磁场那样达到 45T 的场强。这个领域的先驱是美国麻省理工学院的 Bitter，他在 1939 年成功地获得了 10T 的场强。他的独创性发明是带金属盘的组套，至今仍被用来产生 33T 以下的强磁场①。混合磁体的概念最先由 Wood 和 Montgomery 在 1965 年提出②，第一个混合磁体在弗朗西斯·比特国家磁体实验室诞生，磁感应强度达到 20T。

19 世纪 70 年代末～ 80 年代初，30T 级别的混合磁体在美国麻省理工学院、荷兰奈梅亨强磁场磁体实验室和法国格勒诺布尔的强磁场实验室相继建成；1999 年，45T 的混合磁体由美国 NHMFL 来建造。

日本东北大学的材料研究协会有着悠久的强磁场设备研究历史，Honda 教授于 1916 年创立这个协会，并认识到强磁场对研究磁性材料的重要性。1935 年，一个卡皮查（Kapitza）型磁体首先在日本建成，磁感应强度最高可以达到 30T，用来测量铋（Bi）的磁阻，后来被毁于第二次世界大战。1955 年建成一个比特（Bitter）磁体，其感应强度能达到 12.5T。

强磁场实验装置是开展强磁场作用下物理实验的最基本条件。建立 20T 以上的稳态强磁场装置是复杂的涉及多学科和高难度的大型综合性科学工程，其建设费用高，磁体装置的运行费用也很高。正因为如此，目前国际上拥有 20T 以上的稳态磁体的强磁场实验中心仅分布在主要的工业大国。世界上第一个强磁场实验室于 1960 年在美国的麻省理工学院落成。随后，欧洲的英国、荷兰、法国、德国和苏联相继在 20 世纪 70 年代建立了强磁场实验室。稳态磁场强度由 20 世纪 60 年代的 20T 提高到 80 年代的 30T。20 世纪 80 年代末至 90 年代初，日本在筑波建立了新的强磁场实验室，稳态磁场目标是 40T；美国在佛罗里达斥巨资建立新的国家强磁场实验室，稳态磁场目标是 45T，并在脉冲场、准稳态场和核磁共振磁场方面提出了更高场强的目标；法国格

① Watanabe K，Motokawa M. Materials science in static high magnetic fields. Advances in Materials Research，2002，4:3-10.

② Motokawa M. Physics in high magnetic fields. Reports on Progress in Physics，2004，67（11）：1995-2052.

勒诺布尔的强磁场实验室和荷兰奈梅亨强磁场磁体实验室，也相继把电源功率增高到20MW，稳态磁场目标同样是40T。

20世纪90年代，中国科学院等离子体物理研究所、物理研究所、电工研究所等单位建设了一些强磁场装置，主要是供本单位开展凝聚态物理等方面特定的基础研究。21世纪初，国内一些高校和科研院所也相继从国外直接引进了一些6～14T的超导磁体，从而有效地增强了我国强磁场材料科学研究的实力。要深入系统地开展强磁场作用下的科学研究，不但要学会利用这类先进的实验装置，更重要的是要提高自主创新能力，掌握设计制造高场强磁场的核心技术。为此，2007年2月国家发展和改革委员会正式批复了国家重大科技基础设施项目——强磁场实验装置建设项目。这一项目包括稳态强磁场实验装置（steady high magnetic field facility，SHMFF）和脉冲强磁场实验装置两大部分，分别由中国科学院合肥物质科学研究院和华中科技大学承担。建设成的中国科学院强磁场科学中心是与美国、法国、荷兰、日本的稳态强磁场科学中心相并列的世界五大稳态强磁场科学中心之一；国家脉冲强磁场科学中心是与美国、法国和德国的脉冲强磁场科学中心相并列的世界四大脉冲强磁场科学中心之一。

13.1.4 磁体研究的现状①

随着科学家对磁场研究的逐渐深入，磁学技术的发展也日新月异，不仅仅在磁体材料的性能方面有了新的发展，而且在材料整合、经济运行等技术挑战方面也取得了新的突破。

产生强磁场的磁体装置可以分为三种类型：电阻磁体（又称水冷磁体）、超导磁体和混合磁体（即外部超导磁体和内部电阻磁体）。它们可以进一步分为稳态型磁体［连续波（continuous wave，CW）］和脉冲型磁体（瞬态）。对于强磁场研究的磁体，线圈通常是沿着孔中心线产生轴向磁场的螺线管。电阻磁体和超导磁体一般都是由连续波操作的，但是最强的磁场是由低温预冷线圈脉冲电阻产生的。相比于没有预冷操作的相同磁体，低温预冷可以实现更高和更长的脉冲长度。

对于其他强磁场的应用，如高能物理加速器、磁控聚变和医疗应用，这些最先进的系统需要大型超导磁体。超导磁体允许以最小的电力输入产生非常大的磁场体积，并且当磁体引线通过超导开关短路时，可以提供非常稳定的瞬态磁场。超导磁体可以是CW型（探测器的螺线管、环形场线圈、磁共振成像、磁体）或者是斜坡型（同步加速器偶极子和四极子），也可以是脉冲型（欧姆加热线圈、极向场线圈）。

各种磁体的技术挑战通常是不同的，但是所有磁体设计必须解决的一个基本问题就是要实现更强的磁场。

① NAP. High Magnetic Field Science and Its Application in the United States: Current Status and Future Directions. https://www.nap.edu/read/18355/chapter/1 [2017-11-02].

1. 电阻磁体

Bitter 磁体片的常导型磁铁技术一直被广泛研究。目前生产的 CW 型磁场达到 33T，主要是受到冷却水和电力供应成本问题的限制。该技术需要大型基础设施进行操作和维护，因此只能在有限数量的实验室（如美国 NHMFL）中使用。磁场强度中一点点的增大都需要以显著的成本来提升冷却能力和电力供应。增加磁体时间的可用性不是需要在多班制条件下进行操作就是需要构建更多的磁体和电源设备。

2. 脉冲磁体

所有场强非常大的脉冲磁体都是电阻。它们也受到冷却能力和电力供应的限制。磁压会随着 B^2（B 为磁场强度）增加，因而工程设计和材料属性是磁体的主要问题。导体电阻（通常为铜合金）随着温度和取决于合金组成的磁场而增加。电阻磁体需要高功率才能让脉冲源达到强的磁场强度和高的能量存储能力，以使峰值场实现较长的持续时间。一般 100ms 已经被认为是很长的时间了。这种相对较短的脉冲时间需要先进的方法来测试和诊断，以防止测试样品过度加热。现在全球只有几个实验室可以提供这种类型的磁体系统。最强大的系统位于美国 NHMFL，它利用结合大的电容器组和开关电路的发电机作为主要的电力和能量存储源。2014 年，LANL 创造了 100T 脉冲的世界纪录。

目前可用的脉冲磁体包括：

（1）电容驱动场强——50 ～ 70T，持续时间为 20 ～ 800ms（总脉冲长度，包括衰减，NHMFL）；

（2）交流电源驱动（长脉冲，可调脉冲形状）－场强——40 ～ 60T，持续时间为 2s［恒定场（平顶）>100ms 持续时间，NHMFL］；

（3）电容＋交流电源－场强——80 ～ 100T，持续时间为 20ms（2017 年在 NHMFL 达到 100T）；

（4）破坏性－电容器＋化学品——100 ～ 250T。

在使用具有破坏性技术的微秒脉冲期间可以获得最大的磁场值（高达 1000T）。使用所谓的单匝线圈可以产生高达 200T 的磁场。将一个高电压陡脉冲施加给一个相对简单和便宜的铜单匝线圈，可以在其中产生强电流。由于惯性，在几微秒期间，中心附近保持高电流密度，而且样品也经历了相同持续时间的强场脉冲。线圈被破坏，但是由于碎片向外突出，所以通常可以把样品和其他的实验基础设施保存下来。在法国图卢兹的国家脉冲强磁场实验室和日本柏市的兆高斯（MegaGauss）实验室，这种技术通常用于光学和简单的运输实验。使用磁通压缩可获得更强的磁场。这里，通过外部线圈中相对较慢的脉冲，将小的种子场注入小铜环内部（衬里）。随后，该衬里中的焊剂被压缩，从而增大了中心的场。磁通压缩可以用爆炸物来实现，如在洛斯·阿拉莫斯国家实验室的狄拉克实验中产生了 1000T 的场强值。或者，也可以通过向外部线圈施加第二个巨大的电脉冲来实现磁通压缩。该外部线圈在该过程中被破坏，但是在内部线圈上产生了短时间的强电场脉冲，该脉冲受到压缩，将会通过磁通压缩来产生强磁场。这种技术由兆高斯实验室开创，他们也报道了这类实验的科学数据达数百特斯拉。该设备正用于研究尖晶石氧化物如铬酸锌（$ZnCr_2O_4$）超强磁场的磁相。显然，磁通压缩技术对外线圈、衬套、样品和场中心附近的任何设备都是具有破坏性的。

从脉冲实验中提取的信息量与脉冲持续时间、实验频带宽度和信噪比二进制对数的乘积成比例。显然，如果一切都相同，在较短的时间内只有较少的信息可以被提取出来。因为增加频带宽度也会增加噪声，从而降低信噪比，所以快速数据采集只能部分缓解这些问题。此外，该技术受限于比脉冲持续时间具有更短时间尺度的物理效应。因此，利用强场不能得到广泛而精确的数据，而且并不是所有的实验都是合适的。然而，在这些独特的条件下，可能获得非常有用的数据，因此这一领域还是非常具有探索潜力的。

3. 超导磁体

2005 年，美国国家研究理事会的报告委员会就强磁场学机遇做了包括具体磁体发展目标的建议。其目标之一就是开发一种用于 NMR 的 30T、高分辨率、小孔（54mm）的超导磁体。最近，美国 NHMFL 展示了一个在 35.4T 场强下运行的高温超导体（high temperature superconductor，HTS）钇钡氧化铜（YBCO）线圈。测试线圈包括一个插入式高温超导体线圈，它在产生 31.2T 背景磁场的电阻磁体的孔内，在 1.8K 下能产生 4.2T 的磁场。虽然这种磁体系统并不总是超导的，但它有助于证明涂层导体 YBCO 磁带具有足够的工程电流密度和机械强度，可用作将来分级全超导小型 32T 研究磁铁的强场插入线圈。

达到 950MHz 的 NMR 磁体目前已商业化。第一个 1GHz 的 NMR 磁体于 2009 年在布鲁克里昂大学欧洲磁场实验室（EMFL）投入使用。该磁体的中心场为 23.5T，通过将 NbTi 外插和 Nb_3Sn 内插冷却至约 1.5K 实现。目前，有几个组织，包括日本筑波的国立材料科学研究所正在设计 1.3GHz 小口径核磁体。该磁体需要产生 30.5T 的中心场，因此需要使用 YBCO 做插入线圈。麻省理工学院弗朗西斯 · 比特国家磁体实验室的 Iwasa 和他的同事设计和构建一个 1.3GHz（30.5T）NMR 的原型，其中使用的 600MHz 插入线圈是结合了 700MHz 低温超导体线圈的 BSCCO-2223 磁带。

4. 混合磁体

混合磁体开发的现状总结在表 13-2 中。

表 13-2 在运行或构建中的电阻 – 超导混合磁体[①]

类别	磁体	磁场 /T	首次运行年份	外场 /T	能量 /M	技术条件
第一代	MIT Ⅰ	20	1972	5.8		通风，可冷冻
	McGill	25	1972	15.0		
	Oxford Ⅰ	16 ~ 25	1973	6.5		稳态 NbTi
	Moscow	25	1973	6.3	4	通风，多芯 strip 带
第二代	Nijmegen Ⅰ	25 ~ 30	1977	8.5		通风，可冷冻
	MIT Ⅱ	25 ~ 30	1981	7.5	4	通风，可冷冻
	Sendai Ⅰ	20	1983	8.0	1	无通风
	Sendai Ⅱ	24	1984	8.0	5	
	Sendai Ⅲ	31	1985	12.0	19	
	Nijmegen Ⅱ	30	1985	10.5	10	通风，可冷冻
	Grenoble Ⅰ	31	1987	11.0	22	通风
	Hefei Ⅰ	20	1992	7.0	1	绝热
第三代	MIT Ⅲ	34 ~ 35	1991	13.0	21	半绝热
	Tsukuba	31 ~ 37	1995	15.0	63	完全稳定单片
	NHMFL Ⅰ	45	1999	14.2	100	CICC
	Sendai Ⅳ	23	2003	6.0	2	免液氮
	Sendai Ⅴ	30	2005	11.0	8	免液氮
截至 2017 年	NHMFL Ⅱ	36 ~ 41	2014	13.0	52	CICC
	Grenoble Ⅱ	42+	2016	8.5	76	淬火盾，RCOCC
	Nijmegen Ⅲ	45	2016	12.0	40	CICC
	Hefei Ⅱ	40	2013	11.0		CICC
	Berlin	25	2013	13.0	52	CICC

注：CICC，导线中的电缆；RCOCC，拉瑟福德导管导体电缆

13.1.5 磁体面临的挑战

电阻磁体简单、稳定，而且相对便宜，仅仅需要提供足够的电源来克服磁体中稳定的电阻损耗和冷却系统的耗散功率就可以稳定运行。在室温下稳定运行的强制对流设计中，加压冷却液（通常为水）通过磁体铜导体的通道泵送，然后通过热交换器将

① National Research Council. High Magnetic Field Science and Its Application in the United States: Current Status and Future Directions. https://www.nap.edu/read/18355/chapter/1 [2017-11-02].

热量排放到环境中，之后返回到泵中。大功率密度下的稳定冷却要求保持导体中的冷却剂流路必须非常短，而且冷却剂流速非常高。

允许电阻磁体用于大型稳态应用的关键点是所需的电磁体电流密度随着电磁铁设计尺寸的增加而减小，即 $J \propto B/R$。由于 $hJ^2 \propto h(B/R)^2$，尺寸越大，功率密度下降得越大，因此冷却大型磁体变得相对容易。此外，由于总导体体积与 R^3 成比例，因此总磁铁功率 $P_{\text{magnet}} \propto B^2R$。

电阻磁体主要的挑战是平衡高导电性和高机械强度，因为它们在实际材料中是相反的。高强度铜合金或者用纳米颗粒或长丝加强的铜比纯铜具有更高的电阻，同时能提供更大的屈服应力和模量。那么，为了实现更高的磁场，实验所需的电功率和冷却功率也必然大大增加，以将工作应力保持在一定范围内。NHMFL 的连续波比特（CW Bitter）磁体通过水冷却，而洛斯·阿拉莫斯国家实验室的脉冲磁场磁体通过液氮预冷却，之后在脉冲期间绝热运行。脉冲速率受到磁体重新磁化所需时间的限制。

超导磁体的设计和构造通常比电阻磁体复杂得多，昂贵得多。但由于它们只需要少量的电力来通过其低温制冷系统保持冷气，所以运行成本较低。

强磁场超导磁体面临许多技术挑战和注意事项，其中包括以下几方面内容。

临界电流密度是场、温度、应变、机械强度和线段长度的函数。由于超导体的制造商数量有限，而且制造和加工方法仍在开发中，在评估高温超导体和低温超导体之间的权衡时，成本和可用性已经成为一个主要问题。

最常被用作低温超导体的是延展性的合金 NbTi［47wt%Ti，临界温度（Tc）约为 9K］或者脆性金属间化合物，如 Nb_3Sn。这类导体材料非常适合被用作多芯复合材料，但其在装配、加工、控制、制造等方面都是相当复杂的。这需要复杂的质量控制和质量保证程序，从而会使成本很高。由于 Nb_3Sn 的脆性很高，所以在分离铌（Nb）和锡（Sn）元素时，必须将导线加工成小直径，然后，通过高温反应形成 Nb_3Sn 化合物，通常需要在 650 ℃环境下反应 100h。该方法通常要求线圈由未反应的、依然具有延展性的线缠绕而来，然后对整个线圈进行反应热处理，以便不对反应的线材造成机械形变。电绝缘体通常在卷绕之前施加到导线上，但是反应热处理会给电绝缘体带来额外的问题，因此电绝缘体必须能够在反应阶段存留下来并保持不变。

对于强磁场应用，最强场 NMR 磁体在 1.0GHz 的质子频率下工作，其中 NbTi 作为线圈绕组的较低场部分，通常磁场达到 9T，Nb_3Sn 作为内部强磁场层，场峰值约高达 23.5T。

在低温环境中操作超导磁体，需要使用精密的低温恒温器和制冷系统。大多数磁体在 4.2K 或接近 4.2K 环境中运行，这个温度是液氦在 1atm① 的沸点。最强场 NMR 磁

① 1atm：1个标准大气压。

体被过冷至约 2K 以获得更高的临界电流密度，但是在大气压下，氦会变为低于 2.2K 的超流体，这就需要更复杂的低温系统。

为了让全超导磁体实现高于 24T 的磁场，有必要在强磁场中操作的线圈部分使用高温超导体。

NbTi 和 Nb_3Sn 线材的生产技术非常成熟，它们的长片长度适用于当代磁体。另一方面，高温超导体在发挥其全部潜力之前还有很长的路要走。目前，由管内粉末法制造的（Bi，Pb）$_2Sr_2Ca_2Cu_3O_{10-x}$（Bi-2223）（T_c≈110K）超导带已经得到广泛应用，然而，高度各向异性的临界电流密度限制了其在高场应用中的应用。$Bi_2Sr_2CaCu_2O_{8-x}$（Bi-2212）（T_c≈90K）在强磁场下具有较高的临界电流密度和较低的各向异性，使线圈绕组更多、更轻松，所以可作为圆线制作。迄今，Bi-2212 仅仅因为研究的目的有少量的生产，主要被美国高能物理学界制作强磁场来使用。

在强磁场应用上潜力最大的高温超导体材料是涂层导体 YBCO，其 T_c≈92K。这些使用如哈斯特镍基合金（Hastelloy）或镍－钨（Ni-W）合金做强大的金属基底，提供了非常大的拉伸强度。目前，这些导体仅可以制成薄的扁平带。它们在横向磁场的存在下表现出强烈的各向异性临界电流密度。用锆掺杂并用钆替代钇的化合物减少并修饰了这种影响。这对磁体运行是非常重要的，因为使用 YBCO 的线圈的性能通常受到线圈端部附近产生的横向磁场的限制，而不是受到由位于线圈内径、轴向中心线处、平行于 C 轴的最高磁场的影响。

13.2 国际强磁场实验室

强磁场的广泛应用使材料科学、生命科学、生物技术、物理学、化学等许多学科的研究不断取得新的突破，形成了以强磁场为研究手段的多个新兴交叉学科。国际上普遍认为，强磁场与相关学科的交叉，不仅具有重要的科学意义，还孕育着广阔的技术创新前景，是具有前沿性、前瞻性和战略性的领域。因此，发达国家不断加强公用性强磁场中心的建设。特别是从 20 世纪 90 年代以来，发达国家进一步整合、优化强磁场设备资源，由政府投入巨资建设国家级强磁场研究中心（或实验室）。目前，世界上一些规模较大、设备齐全的强磁场研究机构主要分布在美国、日本、法国、德国、荷兰等国家。

13.2.1 美国国家强磁场实验室

美国于 1960 年在麻省理工学院建成世界上第一个脉冲强磁场实验室，该实验室至今在强磁场科学的许多研究领域仍然十分活跃，特别是在磁共振方面的研究尤为领先。1990 年，在美国 NSF 和佛罗里达州政府共同资助下，佛罗里达州立大学、佛罗里达大学、洛斯·阿拉莫斯国家实验室在整合已有设备的基础上，三地共建美国国家强磁场实验室（NHMFL），它是全世界最大和实力最强的强磁场实验室之一，配备了世界上类别最全面的磁场系统。其中，佛罗里达州立大学以超导强磁场为主，佛罗里达大学以磁共振、超低温实验设施为主，洛斯·阿拉莫斯国家实验室以脉冲强磁场为主。NHMFL 拥有七大用户设施①，分别为：直流电场、脉冲场、高磁场 / 温度设施（高 B/T facility）、NMR、电子磁共振（electron magnetic resonance，EMR）、离子回旋共振（ion cyclotron resonance，ICR），以及高分辨磁共振成像与光谱（advanced magnetic resonance imaging and spectroscopy，AMRIS）设施。除此之外，NHMFL 还拥有许多重要的内部研究小组，通过开发新技术、理论和设备，如材料与凝聚态科学、地球化学和低温技术等，来补充用户设施。NHMFL 的磁体科技（MS & T）小组和应用超导中心致力于开发世界上最高效和最强大的电阻、脉冲、超导和混合磁体。截至 2018 年 7 月 24 日，NHMFL 已经创造了 15 项与强磁场相关的世界纪录（表 13-3）。

表 13-3　NHMFL 强磁场技术的各项世界纪录（2018 年 7 月 24 日更新）②

磁体名称	磁场强度 /T
稳态场磁体的最高场强	45.0
超导磁体的最高场强	32.0
电阻磁体的最高场强	41.4
100ms 控制波形磁体的最高场强	100.8
100ms 长脉冲磁体的最高场强	60.0
分裂磁体（split magnet）的最高场强	25.0
超导线圈 / 磁铁磁体的最高场强	42.5
用于傅里叶变换离子回旋共振（FT-ICR）质谱的超导磁体的最高场强	21.0
中子散射磁铁（由 NHMFL 为柏林亥姆霍兹中心建造）的最高场强	26.0
用于核磁共振的混合磁体的最高场强 分子间质量差异的最小分辨率（9.4T FT-ICR 仪器实现）	36.0 （0.000452 Da）
核磁共振的拉莫尔频率（Larmor frequency）的最高分辨率	44.7（1.9GHz Proton NMR）
脉冲电子顺磁共振（EPR）的最高频率	12（336GHz）
活体生物 MRI 研究的最高场强	21.1（900MHz）
由高磁场 / 温度设施完成电子系统研究的最低温度捕集磁场（trapped magnetic field）的最高纪录	17.6（0.004K）

① NMFHL. User Facilities. https://nationalmaglab.org/user-facilities[2017-10-02].

② NMFHL. World-Records. https://nationalmaglab.org/about/facts-figures/world-records[2018-08-09].

美国 NHMFL 的研究领域包括物理学、生物学、生物工程系、化学、地球化学、生物化学、材料科学和工程应用等，其中以磁共振和“物理学，凝聚态物质”研究（磁学、量子霍尔效应、量子振动、高温超导和费米子系统）著称。研究人员可以利用 NHMFL 磁体进行多领域的研究。具体如下①。

材料科学家用磁体探索半导体、超导体、晶体和原子薄材料，研究揭示了材料的工作机理，促使 NHMFL 能够开发新技术。研究方向主要涉及石墨烯、相关电子、拓扑问题、近藤 / 重费米子系统、磁性和磁性材料、量子流体和固体、量子比特和量子纠缠、半导体、超导性和分子导体。

能源科学家用磁体研究能源和环境。他们致力于优化石油炼制，推进诸如松针和藻类等潜在生物燃料的开发，并通过研发更好的电池来从根本上改变我们储存和运送能源的方式。研究方向主要涉及石油组学、催化、溶解有机物、锂电池成像、生物燃料、超导性应用研究、燃料电池膜、地球化学和环境分析。

生命科学家研究构建细胞并创造生命本身的蛋白质和疾病分子方面的基础科学。这项工作可以改善未来艾滋病、癌症、阿尔茨海默病等疾病的治疗方法。研究方向主要涉及天然产品、四极核磁共振、动态核极化、钠 MRI、膜蛋白、代谢组学和生物标志物等。

13.2.2　日本强磁场实验室

1993 年，日本在筑波国立材料研究所建立强磁场研究中心，日本筑波强磁场实验室（Tsukuba Magnet Laboratory，TML）于 1998 年投入使用。其建有 17 种不同的强磁场系统，拥有强场磁体、超导磁体、脉冲磁体等多种磁体，包括 35T 直流磁体、30 ～ 50T 长脉冲磁体、220T 爆炸式脉冲磁体。表 13-4 给出了 TML 可供用户使用的磁体参数。近年来，TML 又建成分别用于固体和液体结构研究的 NMR 系统，2014 年，该所开发的用于蛋白质基本构造分析的 1001MHz 的 NMR 磁体达世界最高水平。2015 年，世界最高磁场 NMR 装置（1020MHz，23.5T）开发成功。

日本筑波强磁场实验室着力于强磁场磁体开发以及强磁场物理环境下的基础研究与应用研究，覆盖生物学（固体 NMR）、化学（分子科学）、地质学、冶金与材料科学（磁分选、冶金反应、新材料制备）等研究领域。该中心也是制定超导材料国际标准的主要基地。

① NHMFL. 2016 Annual Report. https://nationalmaglab.org/images/research/publications/searchable_docs/annual_reports/AReport_2016_web.pdf[2017-10-12].

表 13-4　日本筑波强磁场实验室对外开放磁体参数（2018）①

类别	磁体名称	中心磁场 /T	有效孔径 / mm	特征
混合磁体和水冷磁体	混合磁体	32.0	52	^{3}He 低温恒温器，42K 多角度连续可变正时系统（VTI）
		35.0	30	低温恒温器，14T（仅限外部超导磁体）
	水冷磁体	25.0	32	稀释制冷机 100Mk 4.2K 低温恒温器
通用超导磁体	18T 超导磁体	18.0	30	4.2K VTI
	15T 分体式磁体	15.0	44	^{4}He VTI 低温恒温器（样品空间：25mmø）
	10T 低温冷却磁体 #2	10.0	100	可旋转，室温 4.2K，77K
	12T 低温冷却磁体	12.0	100	可旋转，室温 4.2K，77K
	振动样品磁强计（VSM）	± 11.5		温度为 4 ～300K，磁化强度为 10^{-4} ～10emu，样品尺寸为 Φ5mm，磁场扫描速度为 1.0T / min
用于固态物理的超导磁体	20T 超导磁体 # 1	20.0	52	稀释制冷机（样品空间：20mm）， 均匀性为 10^{-4} / 10mm 差示扫描量热仪（DSC）
	20T 超导磁体 # 2	20.0	52	^{3}He 低温恒温器（样品空间：20mm）， 均匀性为 10^{-3}/10mm 差示扫描量热仪
	17T 超导磁体	17.0	52	He VTI 低温恒温器（样品空间：Φ37mm）， 均匀性为 10^{-3} / 10mm 差示扫描量热仪
核磁共振磁体	500MHz NMR 磁体 # 1	11.8	89	均匀性为 2.6×10^{-6}/20mmDSV（室温）RT 垫片
	500MHz NMR 磁体 # 2	11.8	89	均匀性为 2.6×10^{-6}/20mmDSV VTI 低温恒温器
	270MHz NMR 磁体	6.0	89	均匀性为 2.6×10^{-6}/20mmDSV VTI 低温恒温器
	400MHz NMR 磁体	9.4	89	均匀性为 2.6×10^{-6}/20mm 差示扫描量热仪 7mm 交叉极化魔角自旋（CPMAS）测量
	920MHz NMR 磁体	21.6	56	均匀性为 <0.1ppm /10mmø × 20mm， 稳定性为 <0.01ppm / h（10Hz / h）
	930MHz NMR 磁体	21.6	54	均匀性为 <0.1ppm /10mmø × 20mm， 稳定性为 <0.01ppm / h（10Hz / h）
脉冲磁体	水冷脉冲磁体	30.0	30	脉冲宽度为 5ms，^{4}He 低温恒温器
	氮气（N_2）冷却脉冲磁铁	50.0	16	脉冲宽度为 20ms，^{4}He 低温恒温器

① NIMS. Tsukuba Magnet Laboratory . http://www.nims.go.jp/TML/english/spec.html[2018-01-05].

日本东北大学超导材料强磁场实验室（High Field Laboratory for Superconducting Materials）始建于 1981 年，其目的在于开发超导材料以制造熔化反应釜中的等离子体约束用超导磁体。实验室的主要设备是可产生稳态 31T 的混合磁体，该磁体是日本东北大学超导材料强磁场实验室与住友重型机械工业株式会社通过共同研究，开发出的世界上唯一无冷媒混合磁体，能够成功产生 27.5T 的强磁场。这种能产生强磁场的混合磁体，是在大口径超导磁体内侧组装大功率水冷铜磁体而制成（该混合磁体包括外部的超导线圈、内部水冷线圈以及所连接容量 8MW 的电源）①。此外，实验室还拥有一些自己开发的磁体，表 13-5 给出了该实验室主要强磁场设备参数。世界上许多地方所设置的大口径超导磁体，因为其运转需要使用庞大的液氦设备，使用时间受到限制，会使长时间保持一定的磁场强度的实验受到制约。无冷媒混合磁体由于其超导磁体的运转不使用任何液氦，所以去除了时间的制约，这使灵活应用强磁场进行材料研究变得非常便利。

表 13-5　日本东北大学超导材料强磁场实验室主要强磁场设备参数②

磁体型号	有效孔径 /nm	中心磁场 /T	消耗功率 /MW	额定电流 /A	形式
31T-HM, 28T-HM	32/52	31/28	—	—	SM（12T）和 WM（19T、16T）的组合
12T360-SM	360	12	—	—	NbTi，Nb_3Sn，稳定化双重饼型线圈
19T-WM1	32	19	7.4	22 500	双重比特型
16T-WM1	52	16	7.0	22 300	双重比特型
29T-CHM, 26-CHM	32/52	30/27	—	—	CSM（10T）和 WM（19T、16T）的组合
10T360-CSM	360	10	—	350/246	NbTi，CuNi-NbTi 内部加强 Nb_3Sn
19T-WM2	32	19	7.4	22 500	双重比特型
16T-WM2	52	16	7.0	22 300	双重比特型
20T-SM	52	20	—	142	NbTi，Nb_3Sn，高均一磁场
18T-SM	52	18	—	266	NbTi，Nb_3Sn
15T-SM	52	20	—	100	NbTi，Nb_3Sn

① 王强，赫冀成. 强磁场材料科学. 北京：科学出版社，2014:25-26.

② Tohoku Unniversity. 強磁場センターにあるマグネット. http://www.hflsm.imr.tohoku.ac.jp/cgi-bin/index.cgi?num=80317112752[2017-10-25].

续表

磁体型号	有效孔径 /nm	中心磁场 /T	消耗功率 /MW	额定电流 /A	形式
18T-CSM	52	18	—	427/182/161	NbTi，CuNi-NbTi 内部加强 Nb_3Sn
15T-CSM	52	15	—	153/95	NbTi，Nb_3Sn
11T-CSM1	52	11	—	153	NbTi，Nb_3Sn
11T-CSM2	52	11	—	149	NbTi，Nb_3Sn，强磁场 CVD 装置用
10T100-CSM	52	11	—	164	NbTi，Nb_3Sn
8T360-CSM	360	8	—	201/196	NbTi，Nb_3Sn
8T220-CSM	220	8	—	220/177	NbTi，CuNb 内部加强 Nb_3Sn
6T220-CSM	220	6	—	151	NbTi
5T-CSSM	$\Phi 50 \times 10$	5	—	69	NbTi，强磁场 X 射线衍射装置用
5T-CSSM	$\Phi 50 \times 10$	5	—	69	NbTi，强磁场 X 射线衍射装置用

注：HM，混合磁体；SM，超导磁体；WM，水冷磁体；CSM，无冷媒超导磁体；CHM，无冷媒混合磁体；CSSM，无媒超导分离磁场

无冷媒混合磁体和无冷媒超导磁体的开发是该实验室在磁体研发上的主要特色。19T 无冷媒超导磁体是使用高温超导体 $Bi_2Sr_2Ca_2Cu_3O_{10}$ 带状材料制造的超导磁体，可产生无冷媒型超导磁体的世界最强磁场。此外，实验室还进行强磁场条件下超导、晶体长大及强磁场的化学、生物学效果的研究。

13.2.3 法国格勒诺布尔强磁场实验室

2015 年，法国格勒诺布尔强磁场实验室、图卢兹国家脉冲强磁场实验室、德国德累斯顿强磁场实验室和荷兰的奈梅亨强磁场磁体实验室统一组成欧洲磁场实验室（EMFL）。成立欧洲磁场实验室的目的是，保证欧洲在超强磁场生产与利用方面的世界领导地位。其中，格勒诺布尔强磁场实验室成立于 1992 年，由法国国家科学研究中心和德国马克斯·普朗克学会在格勒诺布尔联合建成。法国格勒诺布尔强磁场实验室着力研发包括同步辐射加速器配套装置在内的一系列应用型仪器设备，以利用高能 X 射线研究强脉冲磁场条件下物质的相关性质。该实验室的主要研究领域包括半导体、超导电性、磁体设计、磁性、介观物理学、电子顺磁共振、磁电传送、磁光学、核磁共振、点触光谱学等。该实验室现可提供的磁体如表 13-6 和表 13-7 所示。

表 13-6　法国格勒诺布尔强磁场实验室可提供的电阻磁体磁场参数 ①

中心磁场 /T	有效孔径 /mm	功率 /MW	场均匀度（1cm 差示扫描量热仪）/ppm
35	34	24	700
31	50	24	860
24	50	12	1300
19	170	24	600
13	130	12	30
10	376	12	250
6	284	12	450

表 13-7　法国格勒布尔强磁场实验室可提供的超导磁体磁场参数

中心磁场 /T	有效孔径 /mm	实验温度	实验装置
15.8	50 冷钻孔	VTI：1.8 ～ 300K	电子顺磁共振
9	80 冷钻孔	VTI：1.4 ～ 300K	核磁共振
15.4 / 17.1	52 冷钻孔	VTI：1.4 ～ 300K	核磁共振
15/17	52 冷钻孔	VTI：1.4 ～ 300K DR：30mK ～ 1.0K	核磁共振
15/17	52 冷钻孔	DR：30mK ～ 4K （样品孔直径 34mm）	介观物理学
15/17	52 冷钻孔	VTI：1.5 ～ 300K （样品孔直径 31mm）	介观物理学
12/14	52 冷钻孔	^{3}He 300mK ～ 8K （样品孔直径 31mm）	介观物理学
12/14	52 冷钻孔	VTI：1.2 ～ 300K	比热
14/16	50 暖孔 33 冷钻孔	1.5 ～ 300K	光谱学
11/13	50 冷钻孔	4K	红外光谱
11	30 冷钻孔	VTI：1.2 ～ 300K	传输，原位旋转，远红外（FIR）激光器

13.2.4　德国强磁场实验室

2007 年，罗森道夫研究中心、莱布尼茨固体与材料研究所（德累斯顿）、马克斯·普朗克固体物理化学研究所、马克斯·普朗克复杂体系物理研究所、德累斯顿工业大学固体物理研究所物价机构发起，德国科技部和德国萨克森州科技部联合出资，在德累斯顿建成了欧洲最大的脉冲磁场（100T/10ms）实验室。它设置了 5 个脉冲磁体

① LNCMI. Resistive Magnet Facilities. http://lncmi-g.grenoble.cnrs.fr/spip.php?rubrique105&lang=en[2017-10-15].

和 2 个超导磁体。表 13-8 给出了这 5 个脉冲磁体的规格。利用 50MJ 的电容器，为建设中的 3 套脉冲强磁场装置提供电能。该实验室主要研究方向为超导性、强关联电子系统、半导体和磁学。

表 13-8　德累斯顿脉冲强磁场中心脉冲磁体规格①

磁体规格	最大磁感应强度 /T	脉冲持续时间 /ms	磁体孔径 /mm
A	70	150	24
B	70	150	24
C	90+	10	16
D	65	25	20
E	51	75	24

13.2.5　荷兰奈梅亨强磁场磁体实验室

荷兰于 2003 年改造并升级了奈梅亨强磁场磁体实验室。该实验室在原有 20T 磁场的基础上，新建 3 个 33T 稳态磁场，其中一个由美国塔拉哈西佛罗里达（Tallahassee Florida）实验室提供，其余 2 个与其合作安装，之后还自行设计并建造了 32T/50mm 稳态磁场，目前正在设计 45T 混合磁体。实验室拥有超稳定的 20MW 的电力系统与冷却系统，54T、75ms 脉冲磁场和其他 14 ～ 18T 磁场，磁场孔腔数为 33 ～ 53 个不等。表 13-9 给出了该实验室强磁体的基本参数。实验室主要为欧洲用户提供实验条件。该实验室的研究领域主要包括纳米科学（包括局域探针 / 扫描近场光线显微镜 / 共聚焦显微学 / 单分子光谱学）、量子现象（如低维电子系统 / 分子物质微观操纵）、磁光谱学（低维系统光谱学 / 电子自旋共振 / 回旋共振）以及大于 25T 强磁场作用下的核磁共振等。

表 13-9　奈梅亨强磁场磁体实验室强磁体的基本参数②

磁体类型	最大磁感应强度 /T	磁体孔径 /mm	消耗功率 /MW	场均匀度（1cm DSV）
Bitter 磁体	30	50（室温）	17.0	10^{-3}
Bitter 磁体	33	32（室温）	17.0	10^{-3}
Bitter 磁体	37.5	32（室温）	20.7	10^{-3}
Bitter 磁体	37.9	32（室温）		10^{-3}

① HZDR.Dresden High Magnetic Field Laboratory User Program. https://www.hzdr.de/db/Cms?pNid=1482&pOid=23421[2017-10-15].

② HFML. Magnet Specifications. https://www.ru.nl/hfml/facility/experimental/magnets/[2017-10-15].

续表

磁体类型	最大磁感应强度 /T	磁体孔径 /mm	消耗功率 /MW	场均匀度（1cm DSV）
混合磁体	45	32（室温）	10.5	10^{-3}
固体电极磁体	2	38（室温）		
超导磁体	16	36（液氦温度），21.6（1.5 ～ 50K）	—	$<10^{-4}$
超导磁体	16	33（液氦温度），24（1.5 ～ 50K）	—	$<10^{-4}$

13.2.6　中国的强磁场科学中心

中国科学院等离子体物理研究所、物理研究所、电工研究所等单位于 20 世纪 90 年代开始，相继建设了一些强磁场装置。其中，中国科学院电工研究所应用超导重点实验室成立于 1970 年，1998 年起自行对外开放，是一个探索强磁场与生命科学和材料科学交叉学科前沿科学问题的专门实验室，主要研究强磁场对生命作用和对材料性能影响的基本规律，并研制产生强磁场所需的各种超导磁体系统。

21 世纪初，东北大学、大连理工大学、清华大学、上海大学、西北工业大学等少数高校分别购入了应用性较强的大孔径超导强磁场设备，用于开展强磁场材料科学研究。2007 年 2 月，国家发展和改革委员会正式批复了国家重大科技基础设施项目——强磁场实验装置建设项目。这一项目包括稳态强磁场实验装置和脉冲强磁场实验装置两大部分，分别由中国科学院合肥物质科学研究院和华中科技大学承担。

1. 中国科学院强磁场科学中心

中国科学院强磁场科学中心成立于 2008 年 4 月 30 日，是为发展我国强磁场科学事业，择稳态强磁场实验装置大科学工程建设之机成立的，挂靠在合肥物质科学研究院名下的非法人研究单位。其主要任务是：建设满足我国多学科前沿实验研究所需要的具有国际先进水平的强磁场实验条件；开展强磁场实验条件下多学科的科学研究；不断发展更先进的强磁场技术及促进相关高技术的广泛应用；为建设国家强磁场科学中心奠定基础。中心承建的国家“十一五”重大科技基础设施稳态强磁场实验装置（图 13-1）于 2008 年 5 月开工，2017 年 9 月通过国家验收。该实验装置的稳态混合磁体磁场强度为 42.9T，位居世界第二。建成的 5 台水冷磁体中，有 3 台磁体的性能指标创世界纪录——32mm 孔径水冷磁体 WM1 产生了最高为 38.5T 的稳态磁场，32mm 孔径水冷磁体 WM4 在 10MW 功率下产生了 27.5T 稳态磁场，50mm 孔径水冷磁体 WM5 产生了最高为 35T 的稳态磁场，均为国际同类磁体的最高水平。同时，围绕磁体装置建成了一系列具有国际先进水平的、有特色的、有自主知识产权的科学实验测试设备，如集扫描隧道显微镜（scanning tunneling microscope，STM）、磁力显微镜（magnetic force microscope，MFM）与原子力显微镜（atomic force microscope，AFM）为一体的组合显微系统（STM-MFM-AFM，SMA），综合了极高压（最高 200GPa）、强磁场（最高 35T）和低温（1.8K）三种极端条件的超高压物性测量系统、^{3}He 极低温输运测量系统、25T 电子磁共振系统等，使得中国稳态强磁场相关实验条件达到了国际领先水平。

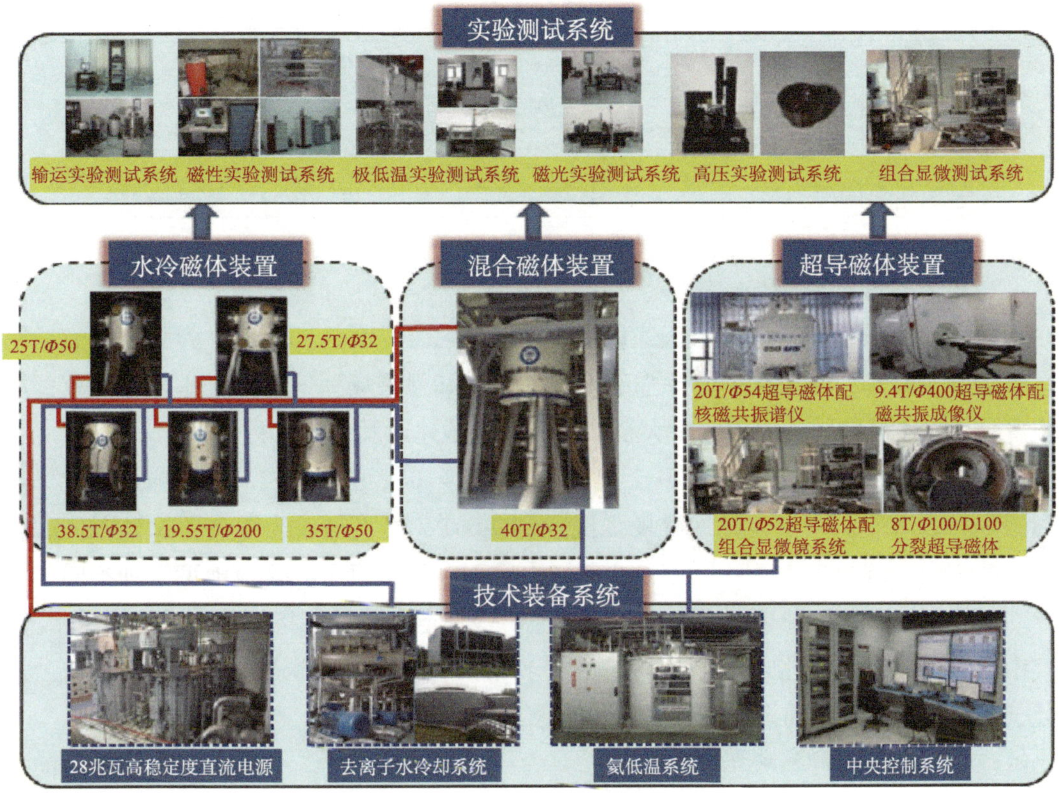

图 13-1　稳态强磁场实验装置

中心在强磁场下关联电子材料、铁基超导体、新型拓扑超导体、非常规超导体、低维体系量子效应及输运研究、生物大分子在疾病中的分子机制、肿瘤发病机理和小分子药物作用机制等研究领域均取得了重要进展。稳态强磁场实验装置磁体的基本参数如表 13-10 所示。

表 13-10 中国科学院强磁场科学中心稳态强磁场实验装置磁体的基本参数[①]

磁体类型	磁体名称	中心磁场 /T	磁体孔径 /mm	研制类型
混合磁体	HM1	40.0	32	自行研制
水冷磁体	WM1	33.0	32	自行研制
	WM2	25.0	50	
	WM3	19.5	200	
	WM4	26.0	32	
	WM5	35.0	50	
超导磁体	SM1	10.0（分离磁体对）	100	SM1 为自行研制
	SM2	18.0（一般用途）	52	
	SM3	18.8（核磁共振）	54	
	SM4	9.4T（核磁共振成像）	310	

2. 国家脉冲强磁场科学中心[②]

国家脉冲强磁场科学中心正式成立于 2011 年 3 月 28 日，其前身为脉冲强磁场教育部重点实验室，主要从事脉冲强磁场技术研究和强磁场环境下的基础科学研究，承担着脉冲强磁场实验装置国家重大科技基础设施的建设及开放运行任务。

该装置于 2008 年 4 月正式开工建设，2013 年 10 月建设完成，其多项技术指标达到国际一流水平。其中，脉冲磁场强度达到 90.6T，使我国成为继美国、德国之后世界上第三个突破 90T 大关的国家；研制了电容型、发电机型、蓄电池型三种不同类型脉冲电源系统，电源种类在世界同类实验室中最为丰富，性能指标达到世界先进水平，其中电容型、发电机型电源规模均位居世界第二。该装置在高温超导、拓扑半金属、分子磁体、石墨烯等前沿研究领域取得丰硕成果。

该中心依托脉冲强磁场实验装置，将为物理学、材料学、化学、生命科学等前沿基础研究领域提供极端实验条件，提升基础研究领域的原始创新能力，建成国际一流的强磁场科学中心；同时，将不断发展脉冲强磁场新技术及其应用，挑战电磁极限、拓展强磁场应用，成为引领脉冲强磁场技术的创新中心和推动强磁场应用的工程中心。

① 中国科学院强磁场科学中心. 磁体装置. http://www.hmfl.cas.cn/dkxgcshmff/zzyx/syss/201107/t20110708_79731.html[2017-11-05].

② 国家脉冲强磁场科学中心. 国家脉冲强磁场科学中心（筹）简介. http://whmfc.hust.edu.cn/zxgk/zxjj.htm[2017-11-25].

13.3 强磁场的科学产出分析

依托强磁场条件开展的科学研究工作非常活跃。自 1913 年以来，至 2019 年，与强磁场相关的成果共获得 20 项诺贝尔奖，众多研究成果发布在物理学、化学、工程等领域的期刊上。科睿唯安的 SCIE 收录了世界各学科领域内优秀的科技期刊，其收录的论文能在一定程度上及时反映学科前沿的发展动态。对 SCIE 数据库收录的强磁场相关的科学文献进行统计，从文献计量的角度，可以分析强磁场科学论文随时间的变化趋势、国家和机构的研究产出及影响力、强磁场领域的最新的研究方向等，以此把握世界强磁场领域的竞争发展态势。

13.3.1 数据来源与分析工具

在 SCIE 数据库的 WoS 核心合集中，以强磁场相关的主题词和世界强磁场中心构建检索式[①]，检索 2008 ～ 2017 年的文献，共得到 24 343 篇，数据检索日期为 2018 年 12 月 10 日。利用 Incites、TDA、Gephi 等工具进行统计分析与图形绘制。本章中的中国数据中，不包含澳门和香港的数据。

13.3.2 论文产出分析

1. 强磁场领域世界论文数量

论文产出数量可在一定程度上反映研究规模的大小。2008 ～ 2017 年，世界强磁场领域的论文数量为 24 343 篇，并呈现波动式增长趋势，年复合增长率为 4.0%，论文总量从 2008 年的 1994 篇增加至 2017 年的 2839 篇（图 13-2）。

2. 强磁场领域主要国家论文数量

2008 ～ 2017 年，美国强磁场领域的论文数量为 7006 篇，占世界发文总量的 28.8%，居世界首位；中国论文数量为 4088 篇（占世界份额的 16.8 %），居第二位；日本论文数量为 3433 篇（占世界份额的 14.1 %），居世界第三位；第四至九位均为欧洲国家，分别是德国、法国、俄罗斯、英国、意大利和瑞士；韩国发文量为 958 篇（占世界份额的 3.9 %），居世界第十位（表 13-11）。

① 检索式：（TS=（“High *Magnet* Field*” or “high field *magnet*” or “strong *magnet* field*” or “strong field* *magnet*” or “ultra high magnet*” or “ultra high field*” or “puls* Magnet* Field*” or “puls* high field*” or “puls field*” or “puls* field* magnet*” or “high filed* MRI” or “strong filed* MRI” or “superconduc* *magnet*” or “hybrid *magnet*” or “puls* *magnet*” or “resist* *magnet*” or “bitter magnet” or “Water Cool* *Magnet*” or “MRI *magnet*” or “DC magnet” or “DC magnets”）or FT=（NHMFL or High Magnetic Field Laboratory or High Magnetic Field Center or European Magnetic Field Laboratory or EMFL or HFML or LNCMI or High Field Laboratory for Superconducting Materials））and py=（2008-2017）。

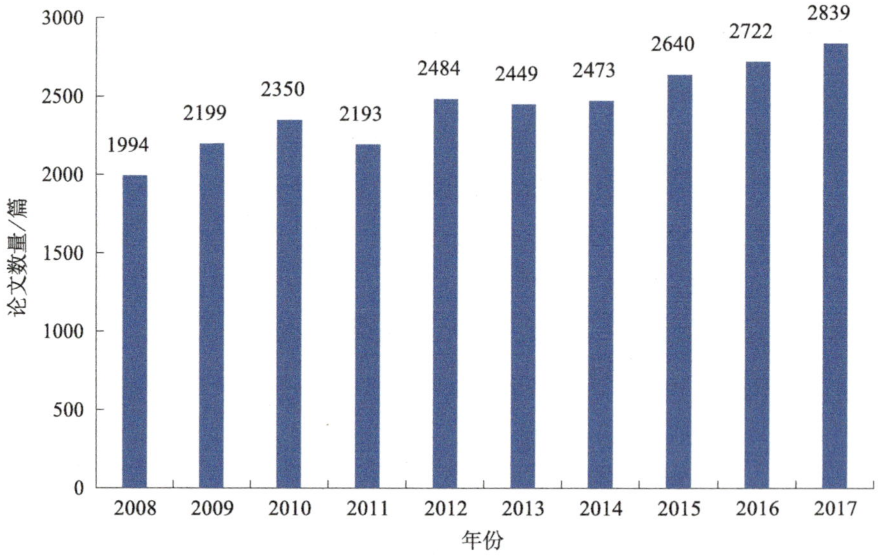

图 13-2　2008～2017 年强磁场领域世界论文数的变化趋势

表 13-11　2008～2017 年强磁场领域论文数量 TOP10 国家

名称	论文数量/篇	世界排名	占世界份额/%
美国	7 006	1	28.8
中国	4 088	2	16.8
日本	3 433	3	14.1
德国	2 978	4	12.2
法国	2 120	5	8.7
俄罗斯	1 818	6	7.5
英国	1 687	7	6.9
意大利	1 128	8	4.6
瑞士	983	9	4.0
韩国	958	10	3.9
世界	24 343	—	100.0

从主要国家强磁场领域各年论文数量来看，美国强磁场领域论文数量呈稳步上升趋势，各年稳居世界第一位；中国论文数量呈现快速增长趋势，2012 年超过日本，跃居世界第二位；日本论文数量总体呈现下降趋势，在 2008～2011 年保持世界第二位，2012～2014 年居世界第三位，2015 年被德国赶超降至世界第四位（图 13-3）。

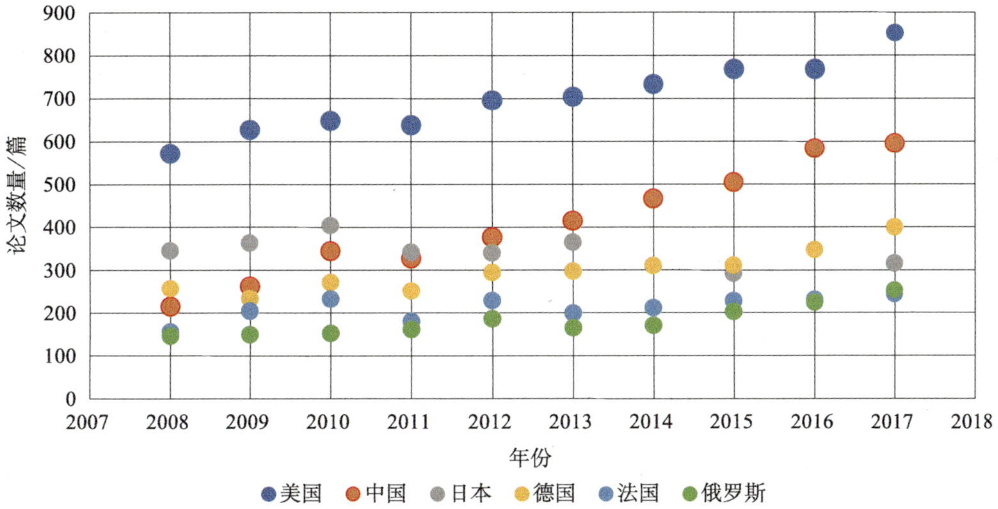

图 13-3 2008 ～ 2017 年强磁场领域主要国家论文数量随时间的变化图

2008 ～ 2017 年的前后两个五年期相比，2008 ～ 2012 年，美国发表论文数量占世界份额的 28.4%，排第一位；其次是日本，占世界份额的 16.0%；中国发表论文数量占世界份额的 13.6%，世界排第三位；德国相应份额为 11.7%，排第四位。2013 ～ 2017 年，中国在该领域发表论文数量占世界份额的 19.5%，超过日本相应份额（12.5 %），排第二位，仅次于美国（29.2 %）；德国相应份额的 12.7%，超越日本，排第三位。十年论文数量 TOP10 国家中，除日本、法国和韩国外，其余国家在 2013 ～ 2017 年占世界份额均比 2008 ～ 2012 年的有所增加（图 13-4）。

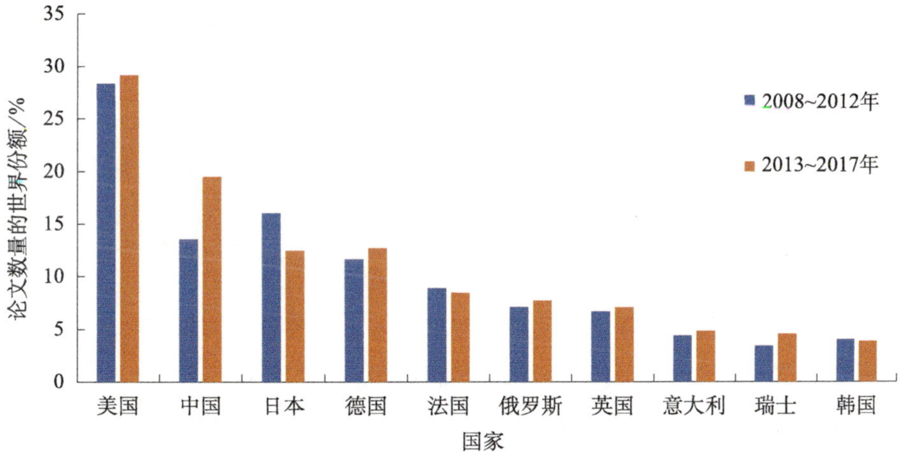

图 13-4 强磁场领域 TOP10 国家两个五年期论文数量占同期世界份额

（按 2008 ～ 2017 年论文数量排名）

3. 强磁场领域主要机构论文数量

2008 ～ 2017 年，强磁场领域论文数量排名 TOP10 的机构中，排名第一的是佛罗里达州立大学系统（State University System of Florida），论文数量为 2013 篇，居世界第一位；第二位是美国能源部，论文数量为 1474 篇。法国国家科学研究中心（1310 篇）、中国科学院（1209 篇）和俄罗斯科学院（1104 篇）分别居第三位至第五位。强磁场领域排名前十的机构中，一共有美国机构三家，德国和日本机构各两家，法国、中国、俄罗斯机构各一家（表 13-12）。

表 13-12　2008 ～ 2017 年论文数量排名 TOP10 机构列表

名称	论文数量 / 篇	排名
佛罗里达州立大学系统	2013	1
美国能源部	1474	2
法国国家科学研究中心	1310	3
中国科学院	1209	4
俄罗斯科学院	1104	5
亥姆霍兹联合会	890	6
加州大学系统	723	7
东京大学	634	8
马普学会	619	9
日本东北大学	592	10

13.3.3　论文影响力分析

1. 强磁场领域世界论文五年累计被引频次

被引频次指标反映了论文发表之后产生的学术影响力。2008 ～ 2017 年，强磁场领域的世界论文的被引频次呈现逐步增长的趋势，从 2008 ～ 2012 年的 26 018 次增长到 2013 ～ 2017 年的 36 206 次（图 13-5）。

2. 强磁场领域主要国家的论文影响力

2008 ～ 2017 年，强磁场领域论文被引频次总排名居前十位的国家中，美国（134 866 次）居第一位，德国（47 610 次）、日本（38 341 次）和英国（36 390 次）分别居第二位、第三位和第五位。中国被引频次（36 556 次）居世界第四位。从篇均被引频次来看，英国为 21.6 次，居世界第一位；美国为 19.3 次，居世界第二位；瑞士（16.5 次）和德国（16.0 次）分别居世界第三位和第四位。中国十年论文的篇均被引频次位次靠后，论文影响力有待提升（表 13-13）。

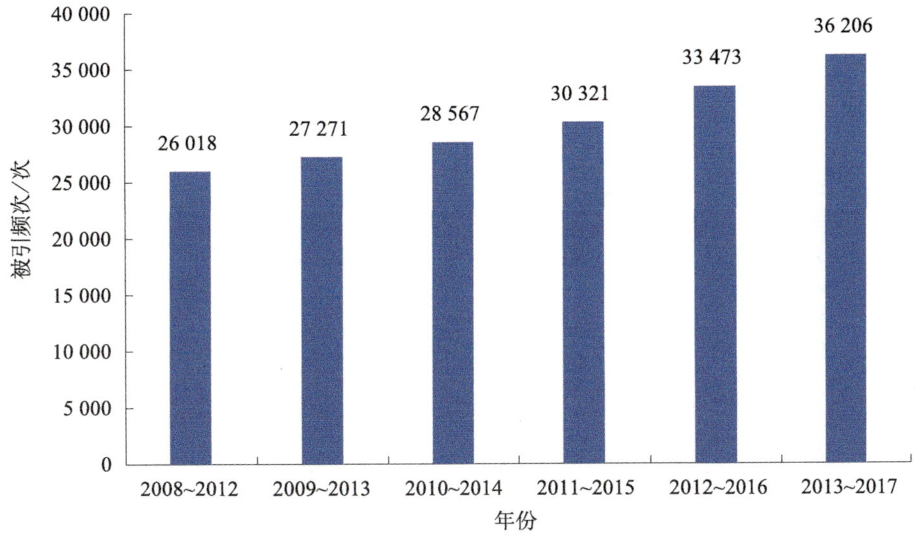

图 13-5　强磁场领域五年累计被引频次数随时间的变化

表 13-13　2008 ～ 2017 年强磁场领域主要国家的被引频次及篇均被引频次（单位：次）

排名	国家	被引频次	篇均被引频次
1	美国	134 866	19.3
2	德国	47 610	16.0
3	日本	38 341	11.2
4	中国	36 556	8.9
5	英国	36 390	21.6
6	法国	32 120	15.2
7	意大利	16 363	14.5
8	俄罗斯	16 336	9.0
9	瑞士	16 196	16.5
10	韩国	9 615	10.0
世界		290 539	11.9

2008 ～ 2017 年，对比前后两个五年期，2013 ～ 2017 年，美国论文被引频次占世界份额有小幅增加，由 2008 ～ 2012 年的 46.4% 增加到 46.5%，保持世界第一位不变，中国相应份额从 10.3% 增加到 16.8%，排名从世界第六位上升到第二位，仅次于美国，

而日本、德国和法国等的相应份额均有所下降（图 13-6）。

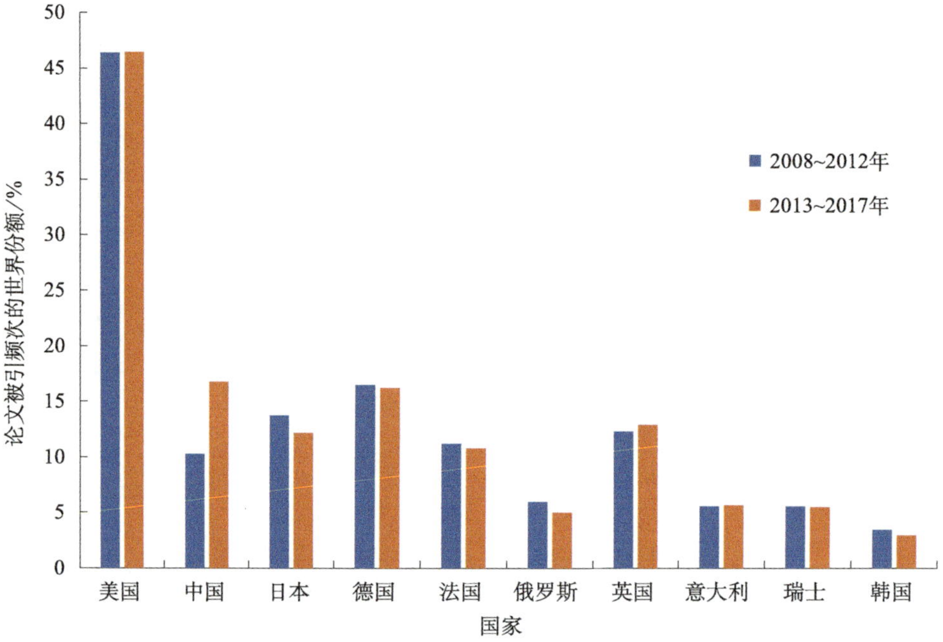

图 13-6　强磁场领域 TOP10 国家两个五年期论文被引频次占同期世界份额

（按 2008 ～ 2017 年论文数量排名）

3. 学科规范化引文影响力（category normalized citation impact，CNCI）

被引频次，尤其是国家的被引频次在很大程度上受研究规模（论文数量）和学科的影响。学科规范化引文影响力是指一篇论文相对于同行论文的被引表现。该指标消除了学科、发表时间和文献类型对论文被引频次的影响，是标准化且独立于论文规模的指标。

对比 2012 年和 2017 年的学科规范化引文影响力，强磁场领域 2008 ～ 2017 年论文数量 TOP10 国家的学科规范化引文影响力均有所增加。2012 年，美国的学科规范化引文影响力值最大，为 1.28；2017 年，瑞士的学科规范化引文影响力值最大，为 1.69。美国、德国和英国的学科规范化引文影响力值在 2012 年和 2017 年均超过世界平均水平；法国、俄罗斯、意大利、瑞士和韩国的学科规范化引文影响力值在 2012 年低于世界平均水平，但在 2017 年超过世界平均水平；中国和日本在 2012 年和 2017 年的学科规范化引文影响力值均低于世界平均水平，论文学术影响力较低（图 13-7）。

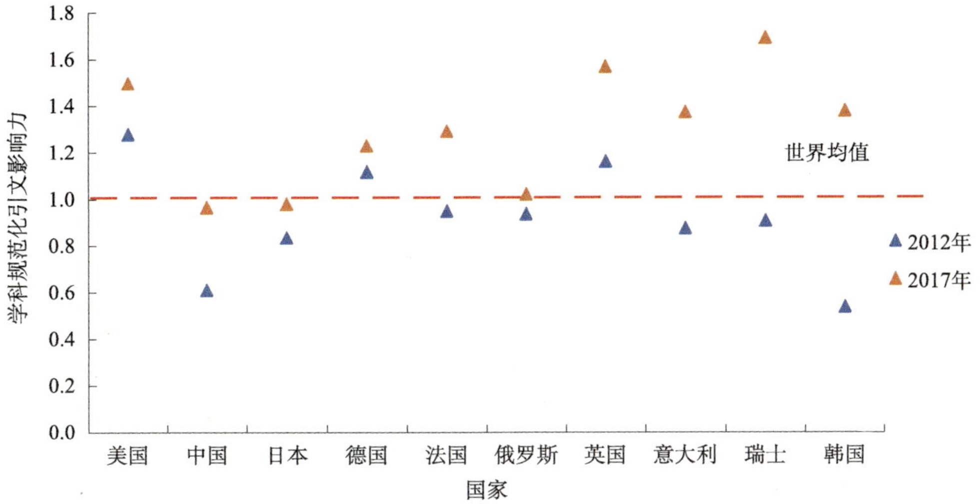

图 13-7　强磁场领域 2012 年和 2017 年 TOP10 国家学科规范化引文影响力（按 2008 ～ 2017 年论文数量排名）

13.3.4　高被引论文分析

2008 ～ 2017 年，美国的高被引论文数量为 126 篇，居世界首位，约为排第二位的英国（45 篇）的三倍；中国和德国的高被引论文数量分别为 35 篇和 34 篇，排名居第三位和第四位（图 13-8）。

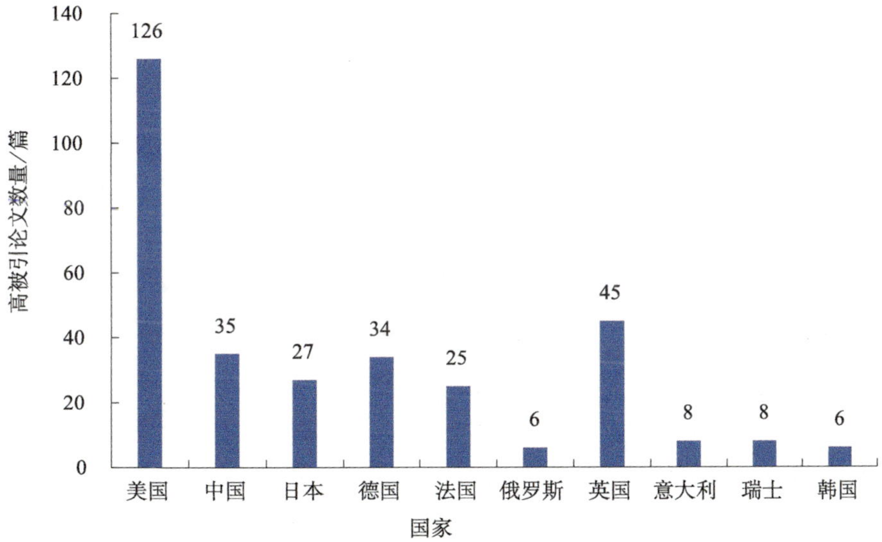

图 13-8　强磁场领域 TOP10 国家高被引论文数量分布（按 2008 ～ 2017 年论文数量排名）

2008 ～ 2017 年强磁场领域论文数量 TOP10 国家，除韩国外，其余九个国家在 2013 ～ 2017 年五年间的高被引论文数量均比 2008 ～ 2012 年的有所增加。2008 ～ 2012 年，美国的高被引论文数量最多，为 49 篇；德国和英国并列第二位，为 14 篇；中国仅有 6 篇，居世界第六位。2013 ～ 2017 年，美国高被引论文数量增加到 77 篇，仍居世界第一位；英国由 2008 ～ 2012 年的 14 篇增加到 2013 ～ 2017 年的 31 篇，仍居世界第二位；中国由 2008 ～ 2012 年的 6 篇增加到 2013 ～ 2017 年的 29 篇，超过德国、法国和日本，居世界第三位（图 13-9）。

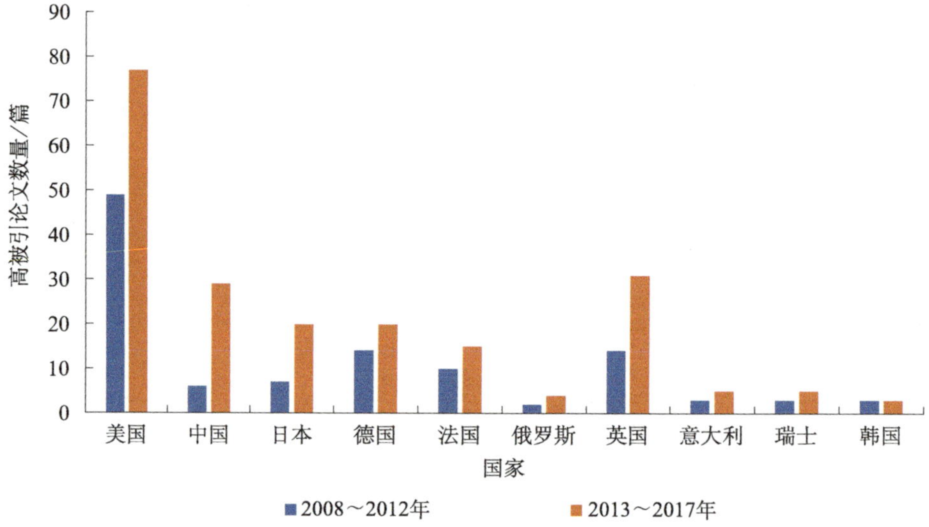

图 13-9　2008 ～ 2012 年、2013 ～ 2017 年 TOP10 国家高被引论文数量分布

（按 2008 ～ 2017 年论文数量排名）

13.3.5　国际合作

1. 国际合作网络

2008 ～ 2017 年，强磁场领域十年论文数量排名 TOP10 国家合作网络中，美国处于科研合作网络的核心区域，是其他九个国家的主要合作对象，尤其是美国与德国、英国、日本和中国的合作论文数量明显高于与其他国家之间的合作数目；除美国外，德国与英国、法国、俄罗斯之间的合作论文数也较多。韩国、意大利和瑞士在整个 TOP10 科研合作网络中的合作情况较弱。在中国与其他国家的合作情况中，中国与美国的合作最多，其次是日本、法国、英国和德国，与韩国、瑞士、俄罗斯和意大利的合作论文数量最少（图 13-10）。

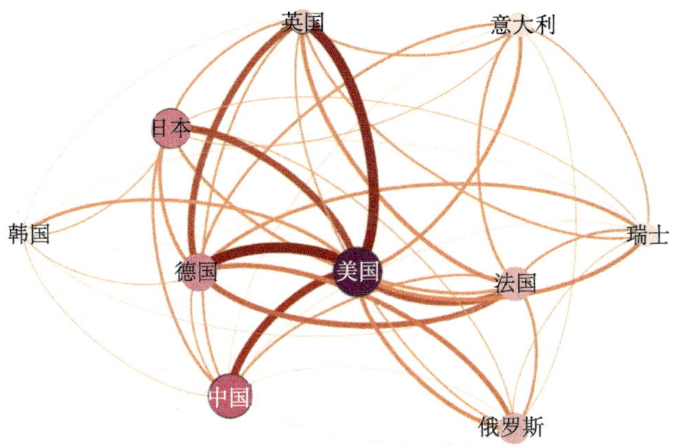

图 13-10 TOP10 国家合作网络图（按 2008 ～ 2017 年论文数排名）

注：图中节点的大小和颜色深浅代表该国发文量的多少。节点越大、颜色越深，表明该国发文量越多，节点之间连线的粗细和颜色深浅代表合作论文数量的多少。颜色越深、连线越粗，表明国家之间的合作论文数量越大

2. 国际合作与自主研究

2008 ～ 2017 年，与一些科技发达国家相比，中国、日本和韩国的强磁场领域论文更多地来自自主研究。十年间，中国在强磁场领域的自主研究论文数量占本国强磁场领域研究论文总数的 71.28%，居世界第一位，而在国际合作中所占份额最低；瑞士在该领域国际合作中论文所占份额最高，为 73.75%。

与 2008 ～ 2012 年相比，2013 ～ 2017 年除俄罗斯外，其余 9 个国家的国际合作论文所占份额均有所增加，中国国际合作论文所占份额由 2008 ～ 2012 年的 26.23% 增加到 2013 ～ 2017 年的 30.20%，但在十年论文数量 TOP10 国家中仍然最低，其自主研究所占份额在前后五年间保持世界首位不变（表 13-14）。

13.3.6 强磁场研究的学科布局

强磁场是一种重要的极端实验条件，强磁场下的科学研究涉及学科范围广泛。按照 ESI 的 22 个学科分类，2008 ～ 2017 年，强磁场领域论文数量排第一位的学科是物理学，共 11 011 篇，约占世界的份额的 52.9 %，远超过排第二位和第三位的化学（2229 篇，10.7 %）和材料科学（1875 篇，9.0 %）；第四位至第六位分别为临床医学、工程学和空间科学，论文数量的世界份额为 5.7% ～ 7.0 %；第七位至第十位分别为神经科学与行为、生物与生物化学、分子生物学与遗传学和地球科学，论文数量的世界份额在 3.1 % 及以下（表 13-15）。

表 13-14　强磁场领域 TOP10 国家的自主研究、国际合作论文数量及本国份额（按 2008 ～ 2017 年论文数量排名）

国家	2008 ～ 2017 年					2008 ～ 2012 年					2013 ～ 2017 年				
	论文数量 / 篇	自主研究		国际合作		论文数量 / 篇	自主研究		国际合作		论文数量 / 篇	自主研究		国际合作	
		论文数量 / 篇	份额 /%	论文数量 / 篇	份额 /%		论文数量 / 篇	份额 /%	论文数量 / 篇	份额 /%		论文数量 / 篇	份额 /%	论文数量 / 篇	份额 /%
美国	7006	3632	51.84	3374	48.16	3181	1765	55.49	1416	44.51	3825	1867	48.81	1958	51.19
中国	4088	2914	71.28	1174	28.72	1525	1125	73.77	400	26.23	2563	1789	69.80	774	30.20
日本	3433	2295	66.85	1138	33.15	1798	1285	71.47	513	28.53	1635	1010	61.77	625	38.23
德国	2978	995	33.41	1983	66.59	1311	503	38.37	808	61.63	1667	492	29.51	1175	70.49
法国	2120	612	28.87	1508	71.13	1005	335	33.33	670	66.67	1115	277	24.84	838	75.16
俄罗斯	1818	872	47.96	946	52.04	799	377	47.18	422	52.82	1019	495	48.58	524	51.42
英国	1687	464	27.50	1223	72.50	751	249	33.16	502	66.84	936	215	22.97	721	77.03
意大利	1128	429	38.03	699	61.97	496	208	41.94	288	58.06	632	221	34.97	411	65.03
瑞士	983	258	26.25	725	73.75	385	119	30.91	266	69.09	598	139	23.24	459	76.76
韩国	958	557	58.14	401	41.86	454	278	61.23	176	38.77	504	279	55.36	225	44.64

表 13-15　强磁场领域 2008 ～ 2017 年论文数量 TOP10 ESI 学科列表

排名	学科	论文数量 / 篇	占世界份额 /%
1	物理学	11 011	52.9
2	化学	2 229	10.7
3	材料科学	1 875	9.0
4	临床医学	1 449	7.0
5	工程学	1 210	5.8
6	空间科学	1 188	5.7
7	神经科学与行为	646	3.1
8	生物与生物化学	458	2.2
9	分子生物学与遗传学	159	0.8
10	地球科学	151	0.7

注：2008 ～ 2017 年，强磁场领域论文进入 ESI 的论文为 20 823 篇

我国国务院学位委员会学科分类（Subject Categories by State Council of China，SCADC）中的学科分类共有 77 个二级学科，相较 ESI 的分类更加细一些。因而，对强磁场领域十年论文按照 SCADC 分类进行进一步的统计分析。

（1）2008～2017年，按照SCADC学科论文数量排名，居前三位的分别是物理学、材料科学与工程和化学，这与 ESI 学科的前三位大致相同；排第一位的物理学学科十年论文数量为 14 351 篇，远超第二位的材料科学与工程（3035 篇）。

（2）2008 ～ 2017 年、2008 ～ 2012 年和 2013 ～ 2017 年三个时间段的第一位至第八位顺序完全一致，分别是物理学、材料科学与工程、化学、天文学、临床医学、医疗技术、特种医学、生物学。

（3）2013 ～ 2017 年和 2008 ～ 2012 年相比，变化主要集中在第九位至第二十位，其中基础医学从第十二位提升到了第九位，石油与天然气工程从第十八位提升到了第十五位，但是整体来讲，这些学科的排名前后变化不大（表 13-16）。

表 13-16　2008 ～ 2017 年、2008 ～ 2012 年、2013 ～ 2017 年 TOP 20 SCADC 学科论文分布[①]
（按 2008 ～ 2017 年论文数量排名）

学科	2008 ～ 2017 年		2008 ～ 2012 年		2013 ～ 2017 年	
	排名	论文数量 / 篇	排名	论文数量 / 篇	排名	论文数量 / 篇
0702 物理学	1	14 351	1	6 980	1	7 371
0805 材料科学与工程	2	3 035	2	1 262	2	1 773
0703 化学	3	2 708	3	1 098	3	1 610

① SCADC学科分类模式基于中华人民共和国教育部和国务院学位委员会颁布的《学位授予和人才培养学科目录》。

续表

学科	2008 ～ 2017 年		2008 ～ 2012 年		2013 ～ 2017 年	
	排名	论文数量 / 篇	排名	论文数量 / 篇	排名	论文数量 / 篇
0704 天文学	4	1 752	4	819	4	933
1002 临床医学	5	1 067	5	457	5	610
1010 医疗技术	6	1 052	6	450	6	602
1009 特种医学	7	1 037	7	445	7	592
0710 生物学	8	944	8	405	8	539
0804 仪器科学与技术	9	697	9	333	10	364
1001 基础医学	10	648	12	243	9	405
0806 冶金工程	11	634	10	317	11	317
0827 核科学与技术	12	539	13	226	12	313
0807 动力工程及工程热物理	13	511	11	257	13	254
0812 计算机科学与技术	14	393	15	161	14	232
0831 生物医学工程	15	355	14	166	16	189
0820 石油与天然气工程	16	294	18	101	15	193
0802 机械工程	17	268	16	125	18	143
0801 力学	18	265	17	120	17	145
0811 控制科学与工程	19	229	20	92	19	137
0708 地球物理学	20	188	19	97	20	91

13.4 启示与建议

通过对强磁场研究的科学意义、磁场技术面临的挑战、世界各国强磁场装置现状以及强磁场领域科学产出的综合分析，得出如下结论。

（1）世界各国政府投入巨资建设国家级强磁场研究中心（或实验室），并通过进一步整合、优化强磁场设备资源，不断提升强磁场的世界纪录。截至 2018 年 7 月 24 日，美国 NHMFL 已创造了 16 项与强磁场相关的世界纪录。中国稳态强磁场实验装置已成为国际上五大稳态强磁场实验装置之一，建设完成的稳态强磁场装置磁体技术和综合性能达到了国际领先水平。

（2）从科学论文产出的国家排名来看，2008 ～ 2017 年，美国强磁场领域论文数量呈稳步上升趋势，各年稳居世界第一位；中国论文数量呈现快速增长趋势，2012 年超过日本，跃居世界第二位，德国于 2015 年超过日本居世界第三位。

（3）从科学论文产出的机构排名来看，2008 ～ 2017 年，强磁场领域论文数量居前十位的机构中，美国机构有三家，德国和日本机构各两家，法国、中国、俄罗斯机构各一家。排前五位的机构分别是：佛罗里达州立大学系统、美国能源部、法国国家科学研究中心、中国科学院和俄罗斯科学院。

（4）从科学论文的学术影响力来看，2008 ～ 2017 年强磁场领域论文被引频次排名第一的是美国（134 866 次），其次是德国（47 610 次）、日本（38 341 次）；中国论文的被引频次（36 556 次）居世界第四位，但学科规范化影响力以及论文的篇均被引频次均低于世界平均水平，学术影响力有待进一步提升。

（5）强磁场支持多科学前沿探索，强磁场科学研究涉及多个学科，从 2008 ～ 2017 年论文学科分布来看，物理学、化学和材料科学是强磁场研究最集中的三大学科领域，其次临床医学、工程学和空间科学。

（6）从国际合作来看，美国处于科研合作网络的核心区域，是其他九个国家的主要合作对象；中国与其他国家的合作情况中，以与美国的合作最多，其次是日本、法国、英国和德国。2008 ～ 2017 年，亚洲国家（如中国、日本和韩国）强磁场领域论文更多地来自自主研究。欧洲国家（德国、法国、英国、意大利、瑞士）强磁场领域的论文更倾向于国际合作。美国的自主研究（51.84%）与国际合作（48.16%）的比例基本一致。

中国强磁场领域的科学论文产出已经居世界第二位，学术影响力逐步提升，居世界第四位，但相对于美国、法国、德国和英国，学术影响力还有一定差距，需要进一步提升。建成的中国科学院强磁场科学中心是与美国、法国、荷兰、日本的稳态强磁场科学中心相并列的世界五大稳态强磁场科学中心之一；国家脉冲强磁场科学中心是与美国、法国和德国的脉冲强磁场科学中心相并列的世界四大脉冲强磁场科学中心之一。这两个实验装置已经推动了中国强磁场技术的发展，推动了中国基础科学研究的发展。未来，中国依托强磁场实验装置将进一步开展高场磁体技术研究，为中国的科学研究提供更加先进的强磁场实验条件。中国科学家利用稳态强磁场实验条件和脉冲强磁场实验装置进行科学研究，必将推动中国基础前沿科学的探索，推动中国学科的发展。

致谢：中国科学院强磁场科学中心申飞研究员审阅了本章内容，并对本章内容提出了宝贵的修改意见和建议，谨致谢忱！

第十四章 基于重大科技基础设施分析的总结与启示

郭世杰　李泽霞

（中国科学院文献情报中心）

经过对 12 类重大科技基础设施的国际发展态势进行分析，总体而言，各发达国家均重视对各类重大科技基础设施的发展规划和长期支持，但根据国情不同，在支持力度上各有所侧重。不同类型的设施也因所属学科领域不同、建设进度和运行时间不一，在科学产出、成果影响力、学科交叉、国际合作情况上有各自的特点。但是，经过对比 12 类重大科技基础设施，能够看出一些与我国相关的共性问题，值得我国在未来的重大科技基础设施建设乃至综合性国家科学中心的创建过程中予以关注。

14.1　关于科学产出和影响力

依靠我国已经建成并运行的一些重大科技基础设施，我国科学家做出了许多科学成果，已经在国际上占有一席之地：在综合极端条件实验设施、强磁场设施领域，我国科学论文数量均居世界第二位；在蛋白质研究设施、核聚变设施、地球数值模拟器设施领域，我国科学论文数量均居世界第三位。但是，无论从论文的篇均被引频次，还是从各国论文被引总数来看，我国科学论文的影响力都偏低；从高被引论文数量、*H* 指数等指标衡量，也能看出我国重大科技基础设施的科学产出数量多，但影响力偏弱的特点。

从国际科研机构层面来看，中国科学院表现不俗，在核聚变设施、超强超短激光装置、地球数值模拟器领域，论文产出数量均居世界第二位，在综合极端条件实验装置、高性能计算设施领域论文数量居世界第三位，在强磁场设施、蛋白质研究设施领域论文数量居世界第四位。论文产出数量的第一位一般由美国能源部国家实验室、加州理工大学、德国马普学会等国际一流的科研机构占据。与总体情况类似，中国科学院的科学产出总体被引频次和篇均被引频次也均偏低，前者一般在 TOP10 机构之外，后者低于 TOP10 机构的平均水平。

如何使重大科技基础设施更好地支撑科学研究，提升我国科研能力和水平，产出有影响力的成果，推动科学产出从量大到质优的转变，也是我们亟待研究和考虑的问题。

14.2 关于优势和空白领域

在 12 类重大科技基础设施的部署建设上，我国具有明显的优势和空白领域。

我国高性能计算设施、核聚变设施均属于国际知名、技术较为先进的设施。在世界上性能最强大的 500 个超级计算设施中，我国拥有其中 160 个设施，且计算峰值性能、内核数量也位于领先地位，因此从数量规模和计算性能上，我国高性能计算设施已经接近美国的水平，但软件水平仍有待加强；我国的全超导托卡马克装置曾在世界上首次实现百秒级别的稳态高约束等离子体运行，并支持我国制订了至 2050 年的中国聚变工程实验堆发展计划，使我国的聚变设施有望持续保持在世界一流水平。

我国综合极端条件设施是目前世界上唯一综合各类极端条件的实验室，虽然在强磁场和激光等单项条件方面与国际知名设施，如美国佛罗里达州立大学国家强磁场实验室和极低温实验室、日本东京大学固体研究所极端条件实验室，仍存在差距，但我国的集成技术和能力已经达到世界领先水平，可实现各类极端条件的集成。设施建成后，将具备世界上最先进的综合极端条件试验研究能力，与北京同步辐射光源结合，为能源、材料、生命科学等研究提供强大的实验能力。

我国同步辐射光源、X 射线自由电子激光装置、超强超短激光装置、地球数值模拟器均在国际上拥有一席之地，但面临激烈的国际竞争。这种竞争一方面体现在数量上，例如世界上同步辐射存储环光源约有 52 个，而我国仅有 3 个（美国 7 个、日本 8 个），其中只有一个三代同步辐射光源；另一方面体现在设施的性能参数、技术水平和投资金额上，例如我国上海超强超短激光用户装置的主要科技目标是建成峰值功率为 10PW 级的超强超短激光系统，并通过组束技术建成峰值功率为 100PW 级的系统，而欧洲极端光设施计划提出拟发展峰值功率为 200PW 的超强超短激光装置，并且自 2012 年以来已投入经费 8.5 亿欧元。因此，对于这一类设施而言，我国应密切关注国际进展，广泛开展国际合作、取长补短，在我国设施的升级发展、人才培养及引进、设施高效运行和利用等方面加大支持力度。

我国生物医学大数据设施与发达国家相比具有明显差距，是我国的空白领域。生物医学大数据是国家战略资源，但我国尚无被国际认可的数据库系统，使我国生物医学的“数字主权”受到威胁，目前我国的生物医学大数据科技基础设施仍处在论证阶段，急需推进落地实施。

14.3 关于与基础研究和关键核心技术的关系

重大科技基础设施是国家综合国力的体现，设施的性能受到基础研究水平的制约，同时应用设施从事基础研究的能力也制约了设施水平的提高和能力的释放。例如，超强超短激光装置的性能受到光学元件材料（晶体、光栅等）、大能量高重复频率泵浦激光器的制约；地球数值模拟器的性能受到高性能计算设施的计算能力制约；高性能计算设施的性能受到芯片、半导体产业的制约；空间科技基础设施不仅受到雷达、光学镜片性能制约，还与一个国家的国土面积、地缘环境等有关，例如美国能够在南北半球的不同维度上建设航天器跟踪测控的台站，而我国要实现这一目标则要困难得多。因此，对于我国目前与发达国家存在差距的重大科技基础设施，我们一方面应当有耐心，不能强求建设和规划的每一项新的重大科技基础设施都达到世界领先水平，应与我国的研究能力相适应；另一方面应当厘清限制我国重大科技基础设施性能和水平的关键技术、关键材料，加大对设施相关基础研究的投资力度。

此外，还需关注重大科技基础设施的实验技术、分析方法进展，提高设施建成之后的运行、管理、实验研究能力；加强设施产出的科研数据的开放管理、分析利用效率，特别是不同种类的重大科技基础设施数据之间的协同分析能力，例如综合应用地球数值模拟器数据和空间对地观测设施数据研究气候变化，或综合应用 X 射线自由电子激光装置数据和冷冻电镜观测数据研究蛋白质结构等。

14.4 关于产业集群和带动效应

在国外，许多企业在重大科技基础设施的建设和利用中扮演了重要角色。例如，在 ESRF 建设期间，德国柏林哈恩 · 迈特纳公司曾经发表论文，研究了利用 ESRF 开展康普顿散射的可能性。在 ESRF 建成后，许多在医疗健康、生物制药领域具有全球影响力的大型企业（如法国的赛诺菲公司、瑞士的诺华公司、丹麦的诺维信集团等）均利用 ESRF 开展与药物研发、生命过程与机理相关的研究；还有许多企业利用 ESRF 进行有关纳米材料、催化剂、结晶过程、磁测量、半导体、聚合物加工等研究，如美国国际商业机器公司、荷兰 DSM 公司、德国 Bayer 公司等。

对于一些在社会经济中应用广泛、具有较大商业价值的设施，大型企业甚至是其设计研发和制造的主体。例如，在生物成像设施（包括核磁共振等）中，专利排前10位的机构中只有1家属于高校（加州大学系统），其余9家全部属于大型跨国公司，包括美国通用电气公司、荷兰皇家飞利浦公司、德国西门子股份公司等。在蛋白质研究设施中，制药企业也是许多重要专利的所有者。

值得引起我国重视的是，在大部分重大科技基础设施领域，我国企业发挥的作用远没有像外国那样显著；但是在高性能计算设施领域，我国企业的地位却明显强于科研院所——我国高性能计算设施大多被部署在互联网公司、云服务提供商、电信运营商、电力公司和政府部门，这与美国大多数高性能计算机被部署在国家实验室、大学以及研究机构中的情况相反，可能导致我国一些尖端的高性能计算研究的开展受到限制。因此，如何平衡企业和科研院所在重大科技基础设施的建设、利用等环节所扮演角色的关系，使重大科技基础设施获取最大的科学效益，同时又能最大限度地发挥产业经济带动作用，这可能是需要在实践中认真探索和解决的问题。

最后，尽管目前我国重大科技基础设施的建设发展还存在一些问题和差距，但是相信随着我国综合国力和整体研究水平的提升，我国重大科技基础设施的性能也必将水涨船高，逐步走向世界一流水平。届时，基于世界一流的重大科技基础设施，我国实现创建国际一流的综合性国家科学中心的目标也将水到渠成。